建筑企业专业技术管理人员
业务必备丛书

质量员

本书编委会◎编写

ZHI LIANG YUAN

U0342834

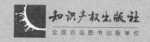
知识产权出版社
全国百佳图书出版单位

内容提要

本书根据国家最新颁布实施的《建筑与市政工程施工现场专业人员职业标准》JGJ/T 250－2011、《建筑工程施工质量验收统一标准》GB 50300－2001 以及《砌体结构工程施工质量验收规范》GB 50203－2011、《屋面工程质量验收规范》GB 50207－2012、《混凝土结构工程施工质量验收规范 (2010 版)》GB 50204－2002、《建筑地基基础工程施工质量验收规范》GB 50202－2002、《钢结构工程施工质量验收规范》GB 50205－2001 等现行国家标准、行业规范为依据，详细地介绍了质量员应掌握的施工现场业务管理及技术要求。本书主要介绍了建筑工程项目质量管理、地基基础工程质量控制、砌体工程质量控制、混凝土结构工程质量控制、钢结构工程质量控制、建筑屋面工程质量控制、建筑装饰装修工程质量控制、建筑工程质量检查与验收等内容。

本书可作为建筑施工现场质量员的培训教材，也可供建筑施工企业技术管理人员、质量检验人员以及监理人员参考使用。

责任编辑：陆彩云　高志方　　　　　　　　责任出版：卢运霞

图书在版编目(CIP)数据

质量员 /《质量员》编委会编写. —北京：知识产权出版社，2013.12

（建筑企业专业技术管理人员业务必备丛书）

ISBN 978-7-5130-2024-4

Ⅰ. ①质… Ⅱ. ①质… Ⅲ. ①建筑工程—质量管理—基本知识 Ⅳ. ①TU712

中国版本图书馆 CIP 数据核字(2013)第 077012 号

建筑企业专业技术管理人员业务必备丛书

质量员

本书编委会 编写

出版发行：知识产权出版社

社　　址：北京市海淀区马甸南村 1 号		邮　　编：100088	
网　　址：http://www.ipph.cn		邮　　箱：lcy@cnipr.com	
发行电话：010-82000893		传　　真：010-82000860 转 8240	
责编电话：010-82000860 转 8110/8512		责编邮箱：lcy@cnipr.com	
印　　刷：北京雁林吉兆印刷有限公司		经　　销：新华书店及相关销售网点	
开　　本：720mm×960mm　1/16		印　　张：27.75	
版　　次：2014 年 1 月第 1 版		印　　次：2014 年 1 月第 1 次印刷	
字　　数：528 千字		定　　价：65.00 元	

ISBN 978-7-5130-2024-4

前　言

随着我国社会经济的快速发展,建筑行业的发展速度非常迅速,建筑规模也在不断扩大。建筑工程企业为了能够持续和稳定的发展,必须保证工程的施工质量,质量是企业的生命,质量是企业发展的根本保证。为了加强建筑工程施工现场专业人员队伍建设,规范质量管理人员的能力评价,促进科学施工,确保工程质量和安全生产,住房和城乡建设部经过深入调查,结合当前我国建设施工现场专业人员开发的实践经验,制定了《建筑与市政工程施工现场专业人员职业标准》JGJ/T 250—2011,该标准的颁布实施,对建筑工程施工现场各专业人员的要求也越来越高。基于上述原因,我们组织编写了此书。

本书共分八章,内容包括建筑工程项目质量管理、地基基础工程质量控制、砌体工程质量控制、混凝土结构工程质量控制、钢结构工程质量控制、建筑屋面工程质量控制、建筑装饰装修工程质量控制、建筑工程质量检查与验收。具有很强的针对性和实用性,内容丰富,通俗易懂。

本书体例新颖,包含"本节导读"和"业务要点"两个模块,在"本节导读"部分对该节内容进行概括,并绘制出内容关系图;在"业务要点"部分对关系图中涉及的内容进行详细的说明与分析。力求能够使读者快速把握章节重点,理清知识脉络,提高学习效率。

本书可作为建筑施工现场质量员的培训教材,也可供建筑施工企业技术管理人员、质量检验人员以及监理人员参考使用。

由于编者学识和经验有限,虽经编者尽心尽力,但难免存在疏漏或不妥之处,望广大读者批评指正。

编　者

2013.12

目　录

第一章 建筑工程项目质量管理

第一节 质量管理体系

本节导读

质量管理体系是指为了实现质量管理的方针目标,有效地开展各项质量管理活动,必须建立相应的管理体系。本节主要介绍了质量管理体系标准、质量管理体系建立的程序、要素,及质量管理体系的运行和认证,其内容关系图如图1-1所示。

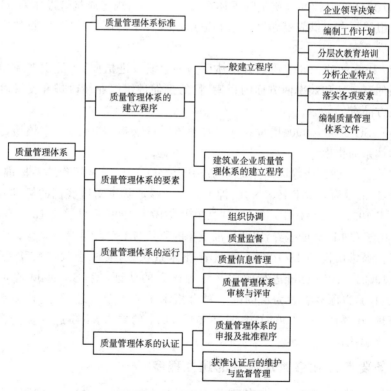

图1-1 本节内容关系图

业务要点 1：质量管理体系标准

ISO 9000 族标准是世界上许多经济发达国家质量管理实践经验的科学总结，该系列标准目前已被 90 多个国家等同或等效采用，是全世界最通用的国际标准。我国于 1992 年等同采用 ISO 9000 为国家标准。该标准的基本思想是通过过程控制、预防为主、持续改进，从而达到系统化、科学化、规范化的管理目的。

ISO 9000 是指质量管理体系标准，不是指一个标准，而是一族标准的统称。ISO 9000 族标准是由国际标准化组织（ISO）质量管理和质量保证技术委员会（TC176）编制的一族国际标准，于 1987 年开始发布。随着国际贸易发展的需要和标准实施中出现的问题，对系列标准不断进行全面修订，于 1994 年 7 月正式发布了 1994 年版。随后，于 2000 年 12 月发布了 2000 年新版。

2000 年版的 ISO 9000 族的核心标准有 4 项，其编号和名称如下：

（1）ISO 9000：2005《质量管理体系——基本原理和术语》 表述质量管理体系基础知识，并规定质量管理体系术语。

（2）ISO 9001：2008《质量管理体系——要求》 规定质量管理体系要求，用于证实组织具有提供满足顾客要求和适用法规要求的产品的能力，目的在于增进顾客满意度。

（3）ISO 9004：2000《质量管理体系——业绩改进指南》 提供考虑质量管理体系的有效性和效率两方面的指南，目的是促进组织业绩改进和使顾客及其他相关方满意。

（4）ISO 9011：2000《质量和环境管理体系审核指南》 提供审核质量和环境管理体系的指南。

如前所述，我国按等同采用的原则，引入 ISO 9000 质量管理体系标准，翻译发布后，标准号为 GB/T 19×××，即上述 4 个核心标准对应我国的标准号分别为 GB/T 19000—2008、GB/T 19001—2010、GB/T 19004—2011、GB/T 19011—2003。由于发布时间的差异，因此标准发布的年号与 ISO 标准尚有差异。

我们通常所说的 ISO 9000 质量管理体系认证，实际上仅指按 ISO 9001 GB/T 19001—2008 标准进行的质量管理体系的认证，就 ISO 9000 族标准而言，这也仅是以顾客满意为目的的一种合格水平的质量管理，要达到高水平的质量管理，还要按 ISO 9004 GB/T 19004—2011 的要求，不断进行质量管理体系的改进和优化。

业务要点 2：质量管理体系的建立程序

按照《质量管理体系——基础和术语》GB/T 19000，建立一个新的质量管理体系或更新、完善现行的质量管理体系，一般有以下步骤：

1. 企业领导决策

企业主要领导要下决心走质量效益型的发展道路,有建立质量管理体系的迫切需要。建立质量管理体系涉及企业内部很多部门参加的一项全面性的工作,如果没有企业主要领导亲自领导、亲自实践和统筹安排,是很难搞好这项工作的。因此,领导真心实意地要求建立质量管理体系,是建立、健全质量管理体系的首要条件。

2. 编制工作计划

工作计划包括培训教育、体系分析、职能分配、文件编制、配备仪器仪表设备等内容。

3. 分层次教育培训

组织学习 GB/T 19000 系列标准,结合本企业的特点,了解建立质量管理体系的目的和作用,详细研究与本职工作有直接联系的要素,提出控制要素的办法。

4. 分析企业特点

结合建筑业企业的特点和具体情况,确定采用哪些要素和采用程度。要素要对控制工程实体质量起主要作用,能保证工程的适用性、符合性。

5. 落实各项要素

企业在选好合适的质量管理体系要素后,要进行二级要素展开,制订实施二级要素所必需的质量活动计划,并把各项质量活动落实到具体部门或个人。

一般,企业在领导的亲自主持下,合理地分配各级要素与活动,使企业各职能部门都明确各自在质量管理体系中应担负的责任、应开展的活动和各项活动的衔接办法。分配各级要素与活动的一个重要原则就是责任部门只能是一个,但允许有若干个配合部门。

在各级要素和活动分配落实后,为了便于实施、检查和考核,还要把工作程序文件化,即把企业的各项管理标准、工作标准、质量责任制、岗位责任制形成与各级要素和活动相对应的有效运行的文件。

6. 编制质量管理体系文件

质量管理体系文件按其作用可分为法规性文件和见证性文件两类。质量管理体系的法规性文件是用以规定质量管理工作的原则,阐述质量管理体系的构成,明确有关部门和人员的质量职能,规定各项活动的目的要求、内容和程序的文件。在合同环境下这些文件是供方向需方证实质量管理体系适用性的证据。质量管理体系的见证性文件是用以表明质量管理体系的运行情况和证实其有效性的文件(如质量记录、报告等)。这些文件记载了各质量管理体系要素的实施情况和工程实体质量的状态,是质量管理体系运行的见证。

7. 建筑业企业质量管理体系的建立程序

建筑业企业,因其性质、规模和活动、产品和服务的复杂性不同,其质量管理体系也与其他管理体系有所差异,但不论情况如何,组成质量管理体系的管理要素是相同的。建立质量管理体系的步骤也基本相同,一般建筑业企业认证周期最快需半年。企业建立质量管理体系一般步骤如下:

(1) 准备阶段

1) 最高管理者决策。

2) 任命管理者代表、建立组织机构。

3) 提供资源保障(人、财、物、时间)。

准备阶段所需时间由企业自定。

(2) 人员培训

1) 内审员培训。

2) 体系策划、文件编写培训。

人员培训所需时间约为半个月到一个月。

(3) 体系分析与设计

1) 企业法律、法规符合性。

2) 确定要素及其执行程度和证实程度。

3) 评价现有的管理制度与 ISO 9001 的差距。

体系分析与设计所需时间约为半个月到一个月。

(4) 体系策划和文件编写

1) 编写质量管理守则/程序文件/作业书指导。

2) 文件修改一至两次并定稿。

体系策划和文件编写大约需要两个月的时间。

(5) 体系试运行

1) 正式颁布文件。

2) 进行全员培训。

3) 按文件的要求实施。

体系试运行需要三至六个月的时间。

(6) 内审及管理评审

1) 企业组成审核组进行审核。

2) 对不符合项进行整改。

3) 最高管理者组织管理评审。

内审及管理评审的时间约为半个月到一个月。

(7) 模拟审核

1) 由咨询机构对质量管理体系进行审核。

2) 对不符合项进行整改建议。

3) 协助企业办理正式审核前期工作。

模拟审核大约需要一周至一个月的时间。

（8）认证审核准备

1）选择确定认证审核机构。

2）提供所需文件及资料。

3）必要时接受审核机构预审。

认证审核准备所需时间约为半个月到一个月。

（9）认证审核

1）现场审核。

2）不符合项整改。

认证审核所需时间约为半个月到一个月。

（10）颁发证书

1）提交整改结果。

2）审核机构的评审。

3）审核机构打印并颁发证书。

颁发证书所需时间约为半个月到一个月。

业务要点 3:质量管理体系的要素

质量管理体系的要素是构成质量管理体系的基本单元,它是产生和形成工程产品的主要因素。

质量管理体系是由若干个相互关联、相互作用的基本要素组成。在建筑施工企业施工建筑安装工程的全部活动中,工序内容多,施工环节多,工序交叉作业多,既有外部条件和环境的因素,也有内部管理和技术水平的因素,企业要根据自身的特点,参照质量管理和质量保证国际标准和国家标准中所列的质量管理体系要素的内容,选用和增删要素,建立和完善施工企业的质量体系。

质量管理体系的要素中,根据建筑企业的特点可列出 17 个要素。这 17 个要素可分为 5 个层次:

1）第一层次阐述了企业的领导职责,指出厂长、经理的职责是制定实施本企业的质量方针和目标,对建立有效的质量管理体系负责,是质量的第一责任人。质量管理的职能就是负责质量方针的制定与实施。这是企业质量管理的第一步,也是最关键的一步。

2）第二层次阐述了展开质量管理体系的原理和原则,指出建立质量管理体系必须以质量形成规律——质量环为依据,要建立与质量管理体系相适应的组织机构,并明确有关人员和部门的质量责任和权限。

3）第三层次阐述了质量成本,从经济角度来衡量质量管理体系的有效性,这是企业的主要目的。

4）第四层次阐述了质量形成的各阶段如何进行质量控制和内部质量保证。

5）第五层次阐述了质量形成过程中的间接影响因素。

施工企业质量管理体系要素构成如图 1-2 所示。

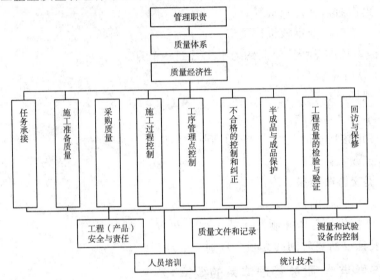

图 1-2　施工企业质量管理体系要素构成

项目是建筑施工企业的施工对象。企业要实施 ISO 9000 系列标准，就要把质量管理和质量保证落实到工程项目上。一方面，要按企业质量管理体系要素的要求形成本工程项目的质量管理体系，并使之有效运行，达到提高工程质量和服务质量的目的；另一方面，工程项目要实施质量保证，特别是建设单位或第三方提出的外部质量保证要求，以赢得社会信誉，并且是企业进行质量管理体系认证的重要内容。

工程项目施工应达到的质量目标有：

1）工程项目领导班子应坚持全员、全过程、各职能部门的质量管理，保持并实现工程项目的质量，以不断满足规定要求。

2）应使企业领导和上级主管部门相信工程施工正在实现并能保证所期望的质量；开展内部质量审核和质量保证活动。

3）开展一系列有系统、有组织的活动，提供证实文件，使建设单位、建设监理单位确信该工程项目能达到预期的目标。若有必要，应将这种证实的内容和证实的程度明确地写入合同之中。

根据以上工程项目施工应达到的质量目标，从工程施工实际出发，对工程质量管理和质量管理体系要素进行的讨论，仅限于从承接施工任务、施工准备开始，直至竣工交验。从目前市场竞争角度出发，增加竣工交验后的工程回访与保修服务。

业务要点 4：质量管理体系的运行

质量管理体系的有效运行是依靠体系的组织机构进行组织协调、实施质量监督、开展信息反馈、进行质量管理体系审核与评审实现的。

1. 组织协调

质量管理体系是借助于质量管理体系组织结构的组织和协调来进行运行的。组织和协调工作是维护质量管理体系运行的动力。质量管理体系的运行涉及企业众多部门的活动。

2. 质量监督

质量监督有企业内部监督和外部监督两种，质量监督是符合性监督。质量监督的任务是对工程实体进行连续性的监视和验证，发现偏离管理标准和技术标准的情况时及时反馈，要求企业采取纠正措施，严重者责令停工整顿，从而促使企业的质量活动和工程实体质量均符合标准所规定的要求。

实施质量监督是保证质量管理体系正常运行的手段。外部质量监督应与企业本身的质量监督考核工作相结合，杜绝重大质量的发生，促进企业各部门认真贯彻各项规定。

3. 质量信息管理

企业的组织机构是企业质量管理体系的骨架，而企业的质量信息反馈系统则是质量管理体系的神经系统，是保证质量管理体系正常运行的重要系统。在质量管理体系的运行中，通过质量信息反馈系统对异常信息的反馈和处理，进行动态控制，从而使各项质量活动和工程实体质量保持受控状态。

4. 质量管理体系审核与评审

企业进行定期的质量管理体系审核与评审。一是对体系要素进行审核、评价，确定其有效性；二是对运行中出现的问题采取纠正措施、对体系的运行进行管理，保持体系的有效性；三是评价质量管理体系对环境的适应性，对体系结构中不适用的采取改进措施。开展质量管理体系审核与评审是保持质量管理体系持续有效运行的主要手段。

业务要点 5：质量管理体系的认证

质量认证制度是由公正的第三方——认证机构对企业的产品及质量管理体系作出正确可靠的评价，从而使社会对企业产品建立信心。它对供方、需方、社会和国家的利益都具有重要意义。

1. 质量管理体系的申报及批准程序

（1）申请和受理

具有法人资格，并已按 ISO 9000 族标准或其他国际公认的质量管理体系规范建立了文件化的质量管理体系，并在生产经营全过程贯彻执行的企业可提出申请。申请单位须按要求填写申请书，认证机构经审查符合要求后接受申请,如不符合则不接受申请,是否接受申请均须发出书面通知书。

（2）审核

认证机构派出审核组对申请方质量管理体系进行检查和评定。包括文件审查、现场审核,并提出审核报告。

（3）审批与注册发证

认证机构对审核组提出的审核报告进行全面审查,符合标准者批准给予注册,发给认证证书。

2. 获准认证后的维护与监督管理

企业获准认证的有效期为3年。企业获准认证后,应通过经常性的内部审核,维持质量管理体系的有效性,并接受认证机构对企业质量管理体系实施监督管理。获准认证后的质量管理体系维持与监督管理内容包括:

（1）企业通报

认证合格的企业质量管理体系在运行中出现较大变化时,须向认证机构通报,认证机构接到通报后,视情况采取必要的监督检查措施。

（2）监督检查

认证机构对认证合格单位质量维持情况进行监督性现场检查,包括定期和不定期的监督检查。定期检查通常是每年一次,不定期检查视需要临时安排。

（3）认证注销

注销是企业的自愿行为。在企业质量管理体系发生变化或有效期届满时未提出重新申请等情况下,认证持证者提出注销的,认证机构予以注销,收回体系认证证书。

（4）认证暂停

认证机构对获证企业质量管理体系发生不符合认证要求情况时采取的警告措施。认证暂停期间,企业不得用体系认证证书作宣传。企业在规定期间采取纠正措施满足规定条件下,认证机构撤销认证暂停。否则将撤销认证注册,收回合格证书。

（5）认证撤销

当获证企业发生质量管理体系存在严重不符合规定或在认证暂停的规定期限未予整改的,或发生其他构成撤销体系认证资格情况时,认证机构作出撤销认证的决定。企业不服可提出申诉。撤销认证的企业两年后可重新提出认证申请。

（6）复评

认证合格有效期满前,如企业愿意继续延长,可向认证机构提出复评申请。

（7）重新换证

在认证证书有效期内,出现体系认证标准变更、体系认证范围变更、体系认证证书持有者变更可按规定重新换证。

第二节　施工项目质量管理与控制

本节导读

本节主要介绍了施工项目质量管理的原则、过程和阶段，施工准备质量管理、材料构配件质量管理、施工方案与机械设备质量管理、施工工序质量管理、施工现场成品保护等。其内容关系图如图 1-3 所示。

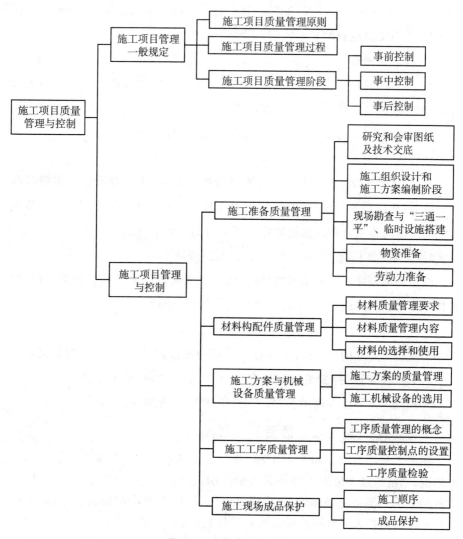

图 1-3　本节内容关系图

业务要点 1：施工项目质量管理原则

对于施工项目,质量控制就是为了确保合同、规范所规定的质量标准,所采取的一系列检测、监控措施、手段和方法。在进行施工项目质量控制过程中,应遵循以下几点原则:

1. 坚持"质量第一,用户至上"

建筑产品作为一种特殊的商品,使用年限较长,是"百年大计",直接关系到人民生命财产的安全。所以,工程项目在施工中应自始至终地把"质量第一,用户至上"作为质量控制的基本原则。

2. "以人为核心"

人是质量的创造者,质量控制必须"以人为核心",把人作为控制的动力,调动人的积极性、创造性;增强人的责任感,树立"质量第一"观念;提高人的素质,避免人的失误;以人的工作质量保工序质量、促工程质量。

3. "以预防为主"

"以预防为主"就是要从对质量的事后检查把关,转向对质量的事前控制、事中控制;从对产品质量的检查,转向对工作质量的检查、对工序质量的检查、对中间产品的质量检查。这是确保施工项目的有效措施。

4. 坚持质量标准、严格检查,一切用数据说话

质量标准是评价产品质量的尺度,数据是质量控制的基础和依据。产品质量是否符合质量标准,必须通过严格检查,用数据说话。

5. 贯彻科学、公正、守法的职业规范

建筑施工企业的项目经理,在处理质量问题过程中,应尊重客观事实,尊重科学,正直、公正,不持偏见;遵纪、守法,杜绝不正之风;既要坚持原则、严格要求、秉公办事,又要谦虚谨慎、实事求是、以理服人、热情帮助。

业务要点 2：施工项目质量管理过程

任何工程项目都是由分项工程、分部工程和单位工程组成的,而工程项目的建设,则是通过一道道工序来完成的。所以,施工项目的质量管理是从工序质量到分项工程质量、分部工程质量、单位工程质量的系统控制过程(图 1-4);也是一个由对投入原材料的质量控制开始,直到完成工程质量检验为止的全过程的系统过程(图 1-5)。

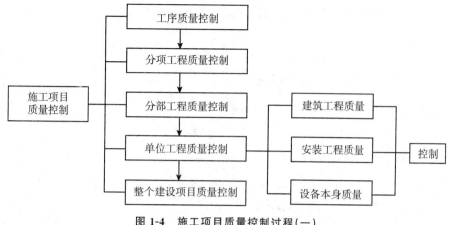

图 1-4　施工项目质量控制过程(一)

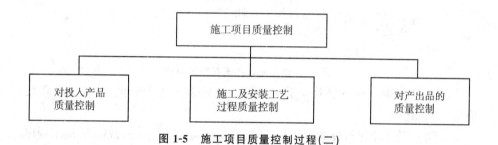

图 1-5　施工项目质量控制过程(二)

业务要点 3:施工项目质量管理阶段

为了加强对施工项目的质量管理,明确各施工阶段管理的重点,可把施工项目质量分为事前控制、事中控制和事后控制三个阶段,如图 1-6 所示。

1. 事前控制

事前控制即对施工前准备阶段进行的质量控制。它是指在各工程对象正式施工活动开始前,对各项准备工作及影响质量的各因素和有关方面进行的质量控制。

1) 施工技术准备工作的质量控制应符合下列要求:

① 组织施工图纸审核及技术交底。

a. 应要求勘查设计单位按国家现行的有关规定、标准和合同规定,建立、健全质量保证体系,完成符合质量要求的勘查设计工作。

b. 在图纸审核中,审核图纸资料是否齐全,标准尺寸有无矛盾及错误,供图计划是否满足组织施工的要求及所采取的保证措施是否得当。

c. 设计采用的有关数据及资料是否与施工条件相适应,能否保证施工质量和施工安全。

d. 进一步明确施工中具体的技术要求及应达到的质量标准。

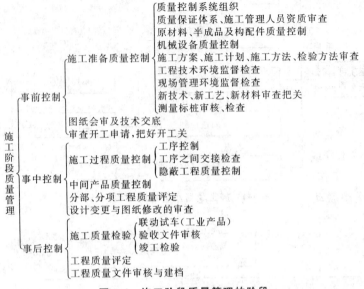

施工阶段质量管理
- 事前控制
  - 施工准备质量控制
    - 质量控制系统组织
    - 质量保证体系、施工管理人员资质审查
    - 原材料、半成品及构配件质量控制
    - 机械设备质量控制
    - 施工方案、施工计划、施工方法、检验方法审查
    - 工程技术环境监督检查
    - 现场管理环境监督检查
    - 新技术、新工艺、新材料审查把关
    - 测量标桩审核、检查
  - 图纸会审及技术交底
  - 审查开工申请，把好开工关
- 事中控制
  - 施工过程质量控制
    - 工序控制
    - 工序之间交接检查
    - 隐蔽工程质量控制
  - 中间产品质量控制
  - 分部、分项工程质量评定
  - 设计变更与图纸修改的审查
- 事后控制
  - 施工质量检验
    - 联动试车（工业产品）
    - 验收文件审核
    - 竣工检验
  - 工程质量评定
  - 工程质量文件审核与建档

图 1-6　施工阶段质量管理的阶段

② 核实资料。核实和补充对现场调查及收集的技术资料,应确保可靠性、准确性和完整性。

③ 审查施工组织设计或施工方案。重点审查施工方法与机械选择、施工顺序、进度安排及平面布置等是否能保证组织连续施工,审查所采取的质量保证措施。

④ 建立保证工程质量的必要试验设施。

2）现场准备工作的质量控制应符合下列要求：

① 场地平整度和压实程度是否满足施工质量要求。

② 测量数据及水准点的埋设是否满足施工要求。

③ 施工道路的布置及路况质量是否满足运输要求。

④ 水、电、热及通信等的供应质量是否满足施工要求。

3）材料设备供应工作的质量控制应符合下列要求：

① 材料设备供应程序与供应方式是否能保证施工顺利进行。

② 所供应的材料设备的质量是否符合国家有关法规、标准及合同规定的质量要求。设备应具有产品详细说明书及附图,进场的材料应检查验收,验规格、验数量、验品种、验质量,做到合格证、化验单与材料实际质量相符。

2. 事中控制

事中控制即对施工过程中进行的所有与施工有关方面的质量控制。也包括对施工过程中的中间产品(工序产品或分部、分项工程产品)的质量控制。

事中控制的策略是全面控制施工过程,重点控制工序质量。具体措施是工序交接有检查;质量预控有对策;施工项目有方案;技术措施有交底;图纸会审有记录;配制材料有试验;隐蔽工程有验收;计量器具校正有复核;设计变更有手续;钢筋代换有制度;质量处理有复查;成品保护有措施;行使质控有否决;质量文件有档案(凡是与质量有关的技术文件,如水准、坐标位置,测量、放线记录,沉降、变形观测记录,图纸会审记录,材料合格证明、试验报告,施工记录,隐蔽工程记录,设计变更记录,调试、试压运行记录,试车运转记录,竣工图等都要编目建档)。

3. 事后控制

事后控制是指对通过施工过程所完成的具有独立功能和使用价值的最终产品(单位工程或整个建设项目)及其有关方面(例如质量文档)的质量进行控制。其具体工作内容有:

1) 组织联动试车。

2) 准备竣工验收资料,组织自检和初步验收。

3) 按规定的质量评定标准和办法,对完成的分项工程、分部工程、单位工程进行质量评定。

4) 组织竣工验收应遵循的标准有:

① 按设计文件规定的内容和合同规定的内容完成施工,质量达到国家质量标准,能满足生产和使用的要求。

② 主要生产工艺设备已安装配套,联动负荷试车合格,形成设计生产能力。

③ 交工验收的建筑物要求窗明、地净、水通、灯亮、气来、采暖通风设备运转正常。

④ 交工验收的工程要求内净外洁,施工中的残余物料运离现场,灰坑填平,临时建(构)筑物拆除,2m 以内地坪整洁。

⑤ 技术档案资料齐全。

业务要点 4:施工准备质量管理

施工准备工作的基本任务是:掌握施工项目工程的特点;了解对施工总进度的要求;摸清施工条件;编制施工组织设计;全面规划和安排施工力量;制订合理的施工方案;组织物资供应,做好现场"三通一平"和平面布置;兴建施工临时设施,为现场施工做好准备工作。

(1) 研究和会审图纸及技术交底

通过研究和会审图纸,可以广泛听取使用人员、施工人员的正确意见,弥补设计上的不足,提高设计质量;可以使施工人员了解设计意图、技术要求、施工难点,为保证工程质量打好基础。技术交底是施工前的一项重要准备工作,以使参与施工的技术人员与工人了解承建工程的特点、技术要求、施工工艺及施工操作要点。

（2）施工组织设计和施工方案编制阶段

施工组织设计或施工方案是指导施工的全面性技术经济文件,保证工程质量的各项技术措施是其中的重要内容。这个阶段的主要工作有以下几点:

1）签订承发包合同和总分包协议书。

2）根据建设单位和设计单位提供的设计图纸和有关技术资料,结合施工条件编制施工组织设计。

3）及时编制并提出施工材料、劳动力和专业技术工种培训以及施工机具、仪器的需用计划。

4）认真编制场地平整、土石方工程、施工场区道路和排水工程的作业计划。

5）及时参加全部施工图纸的会审工作,对设计中的问题和有疑问之处应随时解决和弄清,要协助设计部门消除图纸差错。

6）属于国外引进工程项目,应认真参加与外商进行的各种技术谈判和引进设备的质量检验,以及包装运输质量的检查工作。

施工组织设计编制阶段,质量管理工作除上述几点外,还要着重制订好质量管理计划,编制切实可行的质量保证措施和各项工程质量的检验方法,并相应地准备好质量检验测试器具。质量管理人员要参加施工组织设计的会审,以及各项保证质量技术措施的制定工作。

（3）现场勘查与"三通一平"、临时设施搭建

掌握现场地质、水文等勘查资料,检查"三通一平"、临时设施搭建能否满足施工需要,保证工程顺利进行。

（4）物资准备

检查原材料、构配件是否符合质量要求;施工机具是否可以进入正常运行状态。

（5）劳动力准备

施工力量的集结,能否进入正常的作业状态;特殊工种及缺门工种的培训,是否具备应有的操作技术和资格;劳动力的调配,工种间的搭接,能否为后续工种创造合理的、足够的工作面。

⊙ 业务要点 5：材料构配件质量管理

1. 材料质量管理要求

1）掌握材料信息,优选供货厂家。

2）合理组织材料供应,确保施工正常进行。

3）合理组织材料使用,减少材料的损失。

4）加强材料检查验收,严把材料质量关。

① 对用于工程的主要材料,进场时必须具备正式的出厂合格证的材质化验

单。如不具备或对检验证明有影响时,应补做检验。

② 工程中所有各种构件,必须具有厂家批号和出厂合格证。钢筋混凝土和预应力钢筋混凝土构件,均应按规定的方法进行抽样检验。由于运输、安装等原因出现的构件质量问题,应分析研究,经处理鉴定后方能使用。

③ 凡标志不清或认为质量有问题的材料,对质量保证资料有怀疑或与合同规定不符的一般材料;由于工程重要程度决定,应进行一定比例试验的材料;需要进行追踪检验,以控制和保证其质量的材料等,均应进行抽检。对于进口的材料设备和重要工程或关键施工部位所用的材料,则应进行全部检验。

④ 材料质量抽样和检验的方法,应符合相关的建筑材料质量标准与管理规定,要能反映该批材料的质量性能。对于重要构件或非匀质的材料,还应酌情增加采样的数量。

⑤ 在现场配制的材料,如混凝土、砂浆、防水材料、防腐材料、绝缘材料、保温材料等的配合比,应先提出试配要求,经试配检验合格后才能使用。

⑥ 对进口材料、设备应会同商检局检验,如核对凭证书发现问题,应取得供方和商检人员签署的商务记录,按期提出索赔。

⑦ 高压电缆、电压绝缘材料要进行耐压试验。

5) 要重视材料的使用认证,以防错用或使用不合格的材料。

① 对主要装饰材料及建筑配件,应在订货前要求厂家提供样品或看样订货;主要设备订货时,要审核设备清单,是否符合设计要求。

② 对材料性能、质量标准、适用范围和对施工要求必须充分了解,以便慎重选择和使用材料。

③ 凡是用于重要结构、部位的材料,使用时必须仔细地核对、认证,其材料的品种、规格、型号、性能有无错误,是否适合工程特点和满足设计要求。

④ 新材料应用,必须通过试验和鉴定;代用材料必须通过计算和充分的论证,并要符合结构构造的要求。

⑤ 若材料认证不合格,不可用于工程;不合格的材料(如过期、受潮的水泥)是否降级使用,亦需结合工程的特点予以论证,但绝不允许用于重要的工程或部位。

2. 材料质量管理内容

材料质量控制的内容主要有材料的质量标准、材料的性能、材料取样、试验方法、材料的适用范围和施工要求等。

(1) 材料质量标准

材料质量标准是用以衡量材料质量的尺度,也是作为验收、检验材料质量的依据。不同的材料有不同的质量标准,掌握材料的质量标准,就便于可靠地控制材料和工程的质量。

（2）材料质量的检（试）验

材料质量检验的目的，是通过一系列的检测手段，将所取得的材料数据与材料的质量标准相比较，借以判断材料质量的可靠性，决定能否用于工程中；同时，还有利于掌握材料信息。

1）材料质量检验方法：有书面检验、外观检验、理化检验和无损检验四种。

① 书面检验是通过对提供的材料质量保证资料、试验报告等进行审核，取得认可方能使用。

② 外观检验是对材料从品种、规格、标志、外形尺寸等进行直观检查，看其有无质量问题。

③ 理化检验是借助试验设备和仪器对材料样品的化学成分、机械性能等进行科学的鉴定。

④ 无损检验是在不破坏材料样品的前提下，利用超声波、X射线、表面探伤仪等进行检测。

2）材料质量检验程度：根据材料信息和保证资料的具体情况，其质量检验程度分免检、抽检和全部检查三种。

① 免检就是免去质量检验过程。对有足够质量保证的一般材料，以及实践证明质量长期稳定且质量保证资料齐全的材料可予免检。

② 抽检就是按随机抽样的方法对材料进行抽样检验。当对材料的性能不清楚、对质量保证资料有怀疑或对成批生产的构配件，均应按一定比例进行抽样检验。

③ 全检验。凡对进口的材料、设备和重要工程部位的材料，以及贵重的材料，应进行全部检验，以确保材料和工程质量。

3）材料质量检验的取样：必须有代表性，即所采取样品的质量应能代表该批材料的质量。在采取试样时，必须按规定的部位、数量及采选的操作要求进行。

4）材料抽样检验的判断：抽样检验一般适用于对原材料、半成品或成品的质量鉴定。由于产品数量大或检验费用高，不可能对产品逐个进行检验，特别是破坏性和损伤性的检验。通过抽样检验，可判断整批产品是否合格。

3. 材料的选择和使用

材料的选择和使用不当，均会严重影响工程质量或造成质量事故。为此，必须针对工程特点，根据材料的性能、质量标准、适用范围和对施工要求等方面进行综合考虑，慎重地选择和使用材料。

例如，储存期超过3个月的过期水泥或受潮、结块的水泥，需重新检定其强度等级，并且不允许用于重要工程中；不同品种、强度等级的水泥，由于水化热不同，不能混合使用；硅酸盐水泥、普通水泥因水化热大，适宜冬期施工，而不适宜大体积混凝土工程；矿渣水泥适用于配制大体积混凝土和耐热混凝土，但具有泌水性大的特点,易降低混凝土的匀质性和抗渗性,因此,在施工时必须加以注意。

业务要点6:施工方案与机械设备质量管理

1. 施工方案的质量管理

施工方案正确与否,是直接影响施工项目质量、进度和成本的关键。施工方案考虑不周往往会拖延工期、影响质量、增加投资。为此,在制订施工方案时,必须结合工程实际,从技术、组织、管理、经济等方面进行全面分析、综合考虑,以确保施工方案在技术上可行,有利于提高工程质量,在经济上合理,有利于降低工程成本。在选用施工方案时,应根据工程特点、技术水平和设备条件进行多方案技术经济比较,从中选择最佳方案。

2. 施工机械设备的选用

施工机械设备是实现施工机械化的重要物质基础,是现代化施工中必不可少的设备,对施工项目的进度、质量均有直接影响。为此,施工机械设备的选用,必须综合考虑施工场地的条件、建筑结构形式、机械设备性能、施工工艺和方法、施工组织与管理、建筑经济等各种因素进行多方案比较,使之合理装备、配套使用、有机联系,以充分发挥机械设备的效能,力求获得较好的综合经济效益。

机械设备的选用。应着重从机械设备的选型、机械设备的主要性能参数和机械设备使用与操作要求三方面予以控制。

(1) 机械设备的选型

机械设备的选型,应本着因地制宜、因工程制宜,按照技术上先进、经济上合理、生产上适用、性能上可靠、使用上安全、操作方便和维修方便的原则,贯彻执行机械化、半机械化与改良工具相结合的方针,突出施工与机械相结合的特色,使其具有工程的适用性,具有保证工程质量的可靠性,具有使用操作的方便性和安全性。

(2) 机械设备的主要性能参数

机械设备的主要性能参数是选择机械设备的依据,要能满足需要和保证质量的要求。

(3) 机械设备使用与操作要求

合理使用机械设备,正确地进行操作,是保证项目施工质量的重要环节。应贯彻"人机固定"原则,实行定机、定人、定岗位责任的"三定"制度。操作人员必须认真执行各项规章制度,严格遵守操作规程,防止出现安全质量事故。机械设备在使用中,要尽量避免发生故障,尤其是预防事故损坏(非正常损坏),即指人为的损坏。造成事故损坏的主要原因有:操作人员违反安全技术操作规程和保养规程;操作人员技术不熟练或麻痹大意;机械设备保养、维修不良;机械设备运输和保管不当;施工使用方法不合理和指挥错误,气候和作业条件的影响等。这些都必须采取措施,严加防范,随时要以"五好"标准予以检查控制,即:

1) 完成任务好。要做到高效、优质、低耗和服务好。

2) 技术状况好。要做到机械设备经常处于完好状态,工作性能达到规定要求,机容整洁和随机工具部件及附属装置等完整齐全。

3）使用好。要认真执行以岗位责任制为主的各项制度，做到合理使用、正确操作和原始记录齐全准确。

4）保养好。要认真执行保养规程，做到精心保养，随时搞好清洁、润滑、调整、紧固、防腐。

5）安全好。要认真遵守安全操作规程及安全制度，做到安全生产，无机械事故。

只要调动人的积极性，建立、健全合理的规章制度，严格执行技术规定，就能提高机械设备的完好率、利用率和效率。

◉ 业务要点 7：施工工序质量管理

1. 工序质量管理的概念

工程项目的施工过程，是由一系列相互关联、相互制约的工序所构成的。工序质量是基础，直接影响工程项目的整体质量。要控制工程项目施工过程的质量，首先必须控制工序的质量。

工序质量是指施工中人、材料、机械、工艺方法和环境等对产品综合起作用的过程的质量，也称过程质量，它体现为产品质量。

工序质量包含两方面的内容：即工序活动条件的质量和工序活动效果的质量。

从质量管理的角度来看，这两者是互为关联的，一方面要管理工序活动条件的质量，即每道工序投入品的质量（即人、材料、机械、方法和环境的质量）是否符合要求；另一方面又要管理工序活动效果的质量，即每道工序施工完成的工程产品是否达到有关质量标准。

工序质量的管理就是对工序活动条件的质量管理和工序活动效果的质量管理，以此来达到整个施工过程的质量管理。工序质量管理时要着重于以下几方面工作：

1）确定工序质量控制工作计划。一方面要求对不同的工序活动制定专门的保证质量的技术措施，作出物料投入及活动顺序的专门规定；另一方面须规定质量控制工作流程、质量检验制度等。

2）主动控制工序活动条件的质量。工序活动条件主要指影响质量的五大因素，即人、材料、机械设备、方法和环境等。

3）及时检验工序活动效果的质量。主要是实行班组自检、互检、上下道工序交接检，特别是对隐蔽工程和分项（部）工程的质量检验。

4）设置工序质量控制点（工序管理点），实行重点控制。工序质量控制点是针对影响质量的关键部位或薄弱环节而确定的重点控制对象。正确设置控制点并严格实施是进行工序质量控制的重点。

2. 工序质量控制点的设置

（1）工序质量控制点设置的原则

工序质量控制点设置的原则是根据工程的重要程度，即质量特性值对整个工程质量的影响程度来确定。为此，在设置工序质量控制点时，首先要对施工的工程对象进行全面分析、比较,以明确质量控制点;而后进一步分析所设置的质量控制点在施工中可能出现的质量问题或造成质量隐患的原因,针对隐患的原因,相应地提出对策措施予以预防。由此可见,设置质量控制点,是对工程质量进行预控的有力措施。

质量控制点的涉及面较广,根据工程特点,视其重要性、复杂性、精确性、质量标准和要求,可能是结构复杂的某一道工程项目,也可能是技术要求高、施工难度大的某一结构构件或分项、分部工程,也可能是影响质量关键的某一环节中的某一工序或若干工序。总之,无论是操作、材料、机械设备、施工顺序、技术参数、自然条件、工程环境等,均可作为质量控制点来设置,主要是视其对质量特征影响的大小及危害程度而定。

（2）工序质量控制点数量

质量控制点一般设置在下列部位:

1）重要的和关键性的施工环节和部位。

2）质量不稳定、施工质量没有把握的施工工序和环节。

3）施工技术难度大的、施工条件困难的部位或环节。

4）质量标准或质量精度要求高的施工内容和项目。

5）对后续施工或后续工序质量或安全有重要影响的施工工序或部位。

6）采用新技术、新工艺、新材料施工的部位或环节。

3. 工序质量检验

工序质量检验,就是利用一定的方法和手段,对工序操作及其完成产品的质量进行实际而及时的测定、查看和检查,并将所测得的结果同该工序的操作规程及形成质量特性的技术标准进行比较,从而判断是否合格或是否优良。

工序质量检验,也是对工序活动的效果进行评价。工序活动的效果,实质上就是指通过每道工序所完成的工程项目质量或产品的质量如何,是否符合质量标准。

业务要点 8：施工现场成品保护

成品保护一般是指在施工过程中,某些分项工程已经完成,而其他一些分项工程尚在施工;或者是在其分项工程施工过程中,某些部位已完成,而其他部位正在施工。在这种情况下,施工单位必须负责对已完成部分采取妥善措施予以保护,以免因成品缺乏保护或保护不善而造成损伤或污染,影响工程整体质量。

1. 施工顺序

合理安排施工顺序,按正确的施工流程组织施工,是成品保护有效途径之一。

1）遵循"先地下后地上"、"先深后浅"的施工顺序,就不至于破坏地下管网和道路路面。

2）地下管道与基础工程相配合进行施工,可避免基础完工后再打洞挖槽安装管道,影响质量和进度。

3）在室内回填土后再做基础防潮层,则可保护防潮层不致受填土夯实损伤。

4）装饰工程采取自上而下的流水顺序,可以使房屋主体工程完成后,有一定沉降期;已做好的屋面防水层,可防止雨水渗漏。这些都有利于保护装饰工程质量。

5)先做地面,后做顶棚、墙面抹灰,可以保护下层顶棚、墙面抹灰不致受渗水污染;但在已做好的地面上施工,需对地面加以保护。若先做顶棚、墙面抹灰,后做地面时,则要求楼板灌缝密实,以免漏水污染墙面。

6)楼梯间和踏步饰面,宜在整个饰面工程完成后,再自上而下地进行;门窗扇的安装通常在抹灰后进行;一般先油漆,后安装玻璃。这些施工顺序,均有利于成品保护。

7)当采用单排外脚手砌墙时,由于砖墙上面有脚手洞眼,故一般情况下内墙抹灰需待同一层外墙粉刷完成,脚手架拆除,洞眼填补后,才能进行,以免影响内墙抹灰的质量。

8)先喷浆而后安装灯具,可避免安装灯具后又修理浆活,从而污染灯具。

9)当铺贴连续多跨的卷材防水屋面时,应按先高跨、后低跨,先远(离交通进出口)、后近,先天窗油漆、玻璃,后铺贴卷材屋面的顺序进行。这样可避免在铺好的卷材屋面上行走和堆放材料、工具等物,有利于保护屋面的质量。

2. 成品保护

根据建筑产品的特点的不同,可以分别对成品采取"防护""包裹""覆盖""封闭"等保护措施,以及合理安排施工顺序等来达到保护成品的目的。

(1)防护

防护是针对被保护对象的特点采取各种防护的措施。例如,对清水楼梯踏步,可以采取护棱角钢上下连接固定;对于进出口台阶可垫砖或方木搭脚手板供人通过的方法来保护台阶。

(2)包裹

包裹是将被保护物包裹起来,以防损伤或污染。例如,对镶面大理石柱可用立板包裹捆扎保护;铝合金门窗可用塑料布包扎保护等。

(3)覆盖

覆盖是用表面覆盖的办法防止堵塞或损伤。例如,对地漏、落水口排水管等安装后可加以覆盖,以防止异物落入而被堵塞;预制水磨石或大理石楼梯可用木板覆盖加以保护;地面可用锯末、苫布等覆盖以防止喷浆等污染;其他需要防晒、防冻、保温养护等项目也应采取适当的防护措施。

(4)封闭

封闭是采取局部封闭的办法进行保护。例如,垃圾道完成后,可将其进口封闭起来,以防止建筑垃圾堵塞通道;房间水泥地面或地面砖完成后,可将该房间局部封闭,防止人们随意进入而损害地面等。

(5)合理安排施工顺序

主要是通过合理安排不同工作间的施工顺序先后以防止后道工序损坏或污染前道工序。例如,采取房间内先喷浆或喷涂而后安装灯具的施工顺序可防止喷浆污染、损害灯具;做顶棚、装修后再做地坪,也可避免顶棚及装修施工污染、损害地坪。

第三节　质量员岗位职责

本节导读

　　质量员也可称做质量工程师,对于一个建设工程来说,项目质量员应对现场质量管理全权负责。因此,质量员的人选非常重要,其必须具备必要的岗位职责。本节主要介绍了质量员的素质要求、管理责任、工作范围及工作程序的内容。其内容关系图如图1-7所示。

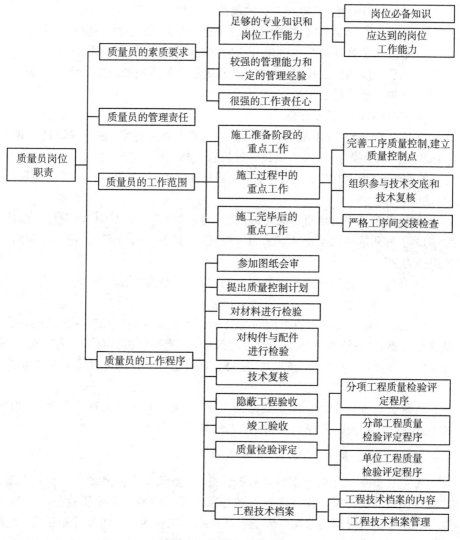

图 1-7　本节内容关系图

◉ 业务要点 1：质量员的素质要求

1. 足够的专业知识和岗位工作能力

质量员的工作具有很强的专业性和技术性，必须由专业技术人员承担，一般要求应从事本专业工作三年以上；并由建设行政主管部门授权的培训机构，按照建设部规定的建筑企业专业管理人员岗位必备知识和能力要求，对其进行系统的培训考核，取得相应质量员或质量工程师等上岗证书。

（1）岗位必备知识

1）具有建筑识图、建筑力学和建筑结构的基本知识。

2）了解设计规范，熟悉施工验收规范和规程。

3）熟悉常用建筑材料、构配件和制品的品种、规格、技术性能和用途。

4）掌握质量管理的基本概念、内容、方法以及国家的有关法律、法规。

5）熟悉一般的施工技术、施工工艺及工程质量通病的产生和防治办法。

6）懂得全面质量管理的原理、方法。

（2）应达到的岗位工作能力

1）能掌握分部、分项工程的检验方法和验收评定标准，较正确地进行观感检查和实测实量操作，能熟悉填报各种检查表格。

2）能较正确地判定各分部、分项工程检验结果，了解原材料主要的物理（化学）性能。

3）能提出工程质量通病的防治措施，制定新工艺、新技术的质量保证措施。

4）了解和掌握发生质量事故的一般规律，具备对质量事故的分析、判断和处理能力。

5）参加组织指导全面质量管理活动的开展，并提供有关数据。

2. 较强的管理能力和一定的管理经验

质量员是现场质量监控体系的组织者和负责人，具有一定的组织协调能力是非常必要的，一般有三年以上的管理经验，才能胜任质量员的工作。质量员除派专人负责外，还可以由技术员、项目经理资格者等其他工程技术人员担任。

3. 很强的工作责任心

质量员负责工程的全部质量控制工作，要求其必须对工作认真负责，批批检验，层层把关，及时发现问题，解决问题，确保工程质量。

◉ 业务要点 2：质量员的管理责任

质量员负责工程的全部质量控制工作，明确质量控制系统中的岗位配置，并规定相应的职责和责任。负责现场各组织部门的各类专业质量控制工作的执行。质量员负责向工程项目班子人员介绍该工程项目的质量控制制度，负责指导和保证制度的实施，通过质量控制来保证工程建设满足技术规范和合同规定的质量要求。具体职责有：

1) 负责适用标准的识别和解释。

2) 负责质量控制手段的实施，指导质量保证活动。如负责对机械、电气、管道、钢结构以及混凝土工程的施工质量进行检查、监督；对到达现场的设备、材料和半成品进行质量检查，对焊接、铆接、螺栓、设备定位以及技术要求严格的工序进行检查；检查和验收隐蔽工程并做好记录等。

3) 组织现场试验室和项目部质量监控人员实施质量控制。

4) 建立文件和报告制度，包括建立日常报表体系。报表、汇录应反映以下信息：将要开始的工作；各负责人员的监管活动；业主提出的检查工作要求；施工中的检验或现场试验；其他质量工作内容。此外，现场试验简报是极为重要的记录，每月月底须以表格或图表形式送达项目经理及业主；每季度或每半年及工程竣工也要进行同样汇报，报告各项质量管理工作的结果。

5) 组织工程质量检查，主持质量分析会，严格执行质量奖罚制度。

6) 接受工程建设各方关于质量控制的申请和要求。包括认真处理建设方、监理单位的整改通知，向各有关部门传达必要的质量措施。质量员有权停止分包商不符合验收标准的工作，有权决定需要进行实验室分析的项目并亲自准备样品、监督实验工作等。

7) 指导现场质量监督员的质量监督工作。

项目较大的工程可设置项目质量监督员、质监员，其主要职责有：

① 巡查工程，发现并纠正错误操作。

② 记录有关工程质量的详细情况，随时向质量员报告质量信息并执行有关任务。

③ 协助工长搞好工程质量自检、互检和交接检，随时掌握各分项工程的质量情况。

④ 整理分项工程、分部工程和单位工程检查评定的原始记录，及时填报各种质量报表，建立质量档案。

🌀 业务要点 3：质量员的工作范围

1. 施工准备阶段的重点工作

在正式施工活动开始前进行的质量控制称为事前控制。事前控制对保证工程质量具有很重要的意义。

（1）建立质量控制系统

建立质量控制系统，制定本项目的现场质量管理制度，包括现场会议制度、现场质量检验制度、质量统计报表制度、质量事故报告处理制度，完善计量及质量检测技术和手段。督促与指导分包单位完善其现场质量管理制度，并组织整个工程项目的质量保证活动。

(2)进行质量检查与控制

对工程项目施工所需的原材料、半成品、构配件进行质量检查与控制。通过一系列检验手段,将所取得的数据与厂商所提供的技术证明文件相对照,验证原材料、半成品、构配件质量是否满足工程项目的质量要求,及时处置不合格品。对影响建筑物性能、寿命、安全、可靠、经济等问题提出修改意见。

2. 施工过程中的重点工作

施工过程中进行质量控制称为事中控制。事中控制是施工单位控制工程质量的重点,任务是很繁重的。

(1)完善工序质量控制,建立质量控制点

施工单位应把影响工序质量的因素纳入管理范围。以科学方法来提高人的工作质量,以保证工序质量,并通过工序质量来保证工程项目实体的质量。对需要重点控制的质量特性、工程关键部位、特殊过程或质量薄弱环节,在一定的时期内,一定条件下强化管理,使工序处于良好的控制状态。

(2)组织参与技术交底和技术复核

技术交底与复核制度是施工阶段技术管理制度的一部分,也是工程质量控制的经常性任务。

技术交底是参与施工的人员在施工前了解设计与施工的技术要求,以便科学地组织施工,按合理的工序、工艺进行作业的重要制度。在单位工程、分部工程、分项工程正式施工前,都必须认真做好技术交底工作。技术复核一方面是在分项工程施工前指导、帮助施工人员正确掌握技术要求;另一方面是在施工过程中再次督促检查施工人员是否已按施工图纸、技术交底及技术操作规程施工,避免发生重大差错。

(3)严格工序间交接检查

主要作业工序,包括隐蔽作业,应按有关验收规定的要求由质量员检查,签字验收。如出现下述情况,质量员有权向项目经理建议下达停工令。

1)施工中出现异常情况。

2)隐蔽工程未经检查擅自封闭、掩盖。

3)使用了无质量合格证的工程材料,或擅自变更、替换工程材料等。

3. 施工完毕后的重点工作

对施工完的产品进行质量控制称为事后控制。事后控制的目的是对工程产品进行验收把关,以避免不合格产品投入使用。

1)按照建筑安装工程质量验收标准验收分项工程、分部工程和单位工程的质量。

2)办理工程竣工验收手续,填写验收记录。

3）整理有关的工程项目质量的技术文件,并编目建档。

业务要点 4:质量员的工作程序

1. 参加图纸会审

1）对图纸的质量问题提出意见。

2）对施工中可能出现的技术质量难点提出保证质量的技术措施。

3）对质量通病提出预防措施。

2. 提出质量控制计划

1）将质量控制计划向班组进行交底。

2）组织实施控制计划。

3. 对材料进行检验

建筑材料质量的优劣,在很大程度上影响建筑产品质量的好坏。正确、合理地使用材料,也是确保建筑安装工程质量的关键。

为了做好这项工作,施工企业要根据实际需要建立和健全材料试验机构,配备人员和仪器。试验机构在企业总工程师及技术部门的领导下,严格遵守国家有关的技术标准、规范和设计要求,并按照相关的试验操作规程进行操作,提出准确、可靠的数据,确保试验工作质量。

4. 对构件与配件进行检验

由生产提供的构件与配件不参加分部工程质量评定,但构件与配件必须符合合格标准,检查出厂合格证。

构件与配件检验一般分为门窗制作质量和钢筋混凝土预制构件质量检验。门窗制作质量检查数量,按不同规格的框、扇件数各抽查 5%,但均不少于 3 件。

5. 技术复核

在施工过程中,对重要的或影响全工程的技术工作,必须在分项工程正式施工前进行复核,以免发生重大差错,影响工程的质量和使用。

技术复核的项目及内容:

1）建筑物的项目及高程:包括四角定位轴线桩的坐标位置,各轴线桩的位置及其间距,龙门板上轴线钉的位置,轴线引桩的位置,水平桩上所示室内地面的绝对标高。

2）地基与基础工程:包括基坑（槽）底的土质,基础中心线的位置,基础的底标高,基础各部分尺寸。

3）钢筋混凝土工程:包括模板的位置、标高及各部分尺寸,预埋件及预留孔的位置和牢固程度,模板内部的清理及湿润情况,混凝土组成材料的质量情况,现浇混凝土的配合比,预制构件的安装位置及标高、接头情况、起吊时预测强度以及预埋件的情况。

4）砖石工程：包括墙身中心线位置，皮数杆上砖皮划分及其竖立的标高，砂浆配合比。

5）屋面工程：指沥青玛琋脂的配合比。

6）管道工程：包括暖气、热力、给水、排水、燃气管道的标高及坡度，化粪池检查井的底标高及各部分的尺寸。

7）电气工程：包括变电、配电的位置，高低压进出口方向，电缆沟的位置及标高，送电方向。

8）其他：包括工业设备、仪器仪表的完好程度、数量和规格，以及根据工程需要指定的复核项目。

6. 隐蔽工程验收

隐蔽工程是指那些在施工过程中，上一道工序的工作结果将被下一道工序所掩盖，是否符合质量要求已无法再进行复查的工程部位。例如，钢筋混凝土工程的钢筋，地基与基础工程中的地基土质、基础尺寸及标高，打桩的数量和位置等。为此，这些工程在下一道工序施工以前，应由项目质量总监邀请建设单位、监理单位、设计单位共同进行隐蔽工程检查和验收，并认真办好隐蔽工程验收签证手续。隐蔽工程验收资料是今后各项建筑安装工程的合理使用、维护、改造、扩建的一项重要技术资料，必须归入工程技术档案。

应当注意的是，隐蔽工程验收应结合技术复核、质量检查工作进行，重要部位改变时还应摄影，以备查考。

隐蔽工程验收项目与检查内容如下：

1）土方工程：包括基坑（槽）或管沟开挖竣工图，排水盲沟设置情况，填方土料、冻土块含量及填土压实试验记录。

2）地基与基础工程：包括基坑（槽）底土质情况，基底标高及宽度，对不良基土采取的处理情况，地基夯实施工记录、打桩施工记录及桩位竣工图。

3）砖石工程：包括基础砌体，沉降缝、伸缩缝和防震缝，砌体中的配筋情况。

4）钢筋混凝土工程：包括钢筋的品种、规格、形状、尺寸、数量及位置，钢筋接头情况，钢筋除锈情况，预埋件数量及其位置，材料代用情况。

5）屋面工程：包括保温隔热层、找平层、防水层的施工记录。

6）地下防水工程：包括卷材防水层及沥青胶结材料防水层的基层，防水层被地面、砌体等掩盖的部位，管道设备穿过防水层的固封处等。

7）地面工程：包括地面下的地基土、各种防护层及经过防腐处理的结构或连接件。

8）装饰工程：指各类装饰工程的基础情况。

9）管道工程：包括各种给水、排水、暖、卫、暗管道的位置、标高、坡度、试压、通风试验、焊接、防腐与防锈保温、预埋件等情况。

10）电气工程：包括各种暗配电气线路的位置、规格、标高、弯度、防腐、接头等情况，电缆耐压绝缘试验记录，避雷针接地电阻试验。

11）其他：包括完工后无法进行检查的工程、重要结构部位和有特殊要求的隐蔽工程。

7. 竣工验收

工程竣工验收是对建筑企业生产、技术活动成果进行的一次综合性检查验收。因此，在工程正式交工验收前，应由施工安装单位进行自检与自验，发现问题及时解决。

建设单位收到工程验收报告后，应由建设单位（项目）负责人组织施工（含分包单位）设计、监理等单位（项目）负责人进行单位（子单位）工程验收。所有工程项目都要严格按照建筑工程施工质量检验统一标准和验收规范办理验收手续，填写竣工验收记录。竣工验收文件要归入工程技术档案。在竣工验收时，施工单位应提供竣工资料。

8. 质量检验评定

建筑安装工程质量检验评定应按分项工程、分部工程及单位工程三个阶段进行。

（1）分项工程质量检验评定程序

1）确定分项工程名称：根据实际情况参照建筑工程分部分项工程名称表、建筑设备安装工程分部分项工程名称表确定该工程的分项工程名称。

2）主控项目检验：按照规定的检验数量，对主控项目各项进行质量情况检验。

3）一般项目检验：按照规定的检验数量，对一般项目各项逐点进行质量情况检验。对允许偏差各测点逐点进行实测。

4）填写分项工程质量检验评定表：将主控项目的质量情况、一般项目的质量情况及允许偏差的实测值逐项填入分项工程质量检验评定表内，并评出主控项目各项的质量。统计允许偏差项目的合格点数，计算其合格率；综合质量结果，对应分项工程质量标准来评定该分项工程的质量。工程负责人、工长（施工员）及班组长签名，专职质量检查员签署核定意见。

（2）分部工程质量检验评定程序

1）汇总分项工程：将该分部工程所属的分项工程汇总在一起。

2）填写分部工程质量检验评定表：把各分项工程名称、项数、合格项数逐项填入表内，并统计合格率，对应分部工程质量标准评定其质量。最后，由有关技术人员签名。

（3）单位工程质量检验评定程序

1）观感质量评分：按照单位工程观感质量评分表上所列项目，对应质量检验评定标准进行观感检查。

各项评定等级填入表内,统计应得分及实得分,计算其得分率。检查人员签名。

2) 填写单位工程质量综合评定表:将分部工程评定汇总、质量保证资料及质量观感评定情况一起填入单位工程质量综合评定表内,根据这3项评定情况对照单位工程质量检验评定标准,评定单位工程质量。单位工程质量综合评定表填好后,在表下盖企业公章,并由企业经理或企业技术负责人签名。业主代表、监理单位、设计单位在该单位工程的负责人或技术负责人栏签名,盖上公章,报政府质监部门备案。

9. 工程技术档案

(1) 工程技术档案的内容

工程技术档案一般由两部分组成。

1) 第一部分是有关建筑物合理使用、维护、改建、扩建的参考文件。在工程交工时,随同其他交工资料一并提交建设单位保存。其主要内容包括:施工执照复印件;地质勘探资料;永久水准点的坐标位置;建筑物测量记录;工程技术复核记录;材料试验记录(含出厂证明);构件、配件出厂证明及检验记录;设备的调整和试运转记录;图纸会审记录及技术核定单;竣工工程项目一览表及其预决算书;隐蔽工程验收记录;工程质量事故的发生和处理记录;建筑物的沉降和变形观测记录;由施工和设计单位提出的建筑物及其设备使用注意事项文件;分项、分部及单位工程质量检验评定表;其他有关该工程的技术决定。

2) 第二部分是系统积累的施工经济技术资料。其主要内容包括:施工组织设计、施工方案和施工经验;新结构、新技术、新材料的试验研究资料,以及施工方法、施工操作专题经验;重大质量和安全事故情况、原因分析及其补救措施的记录;技术革新建议、试验、采用、改进记录,有关技术管理的经验及重大技术决定;施工日记。

(2) 工程技术档案管理

工程技术档案的建立、汇集和整理工作应当从施工准备开始,直到工程交工为止,贯穿于施工的全过程。

凡是列入工程技术的文件和资料,都必须经各级技术负责人正式审定。所有的文件和资料都必须如实反映情况,不得擅改、伪造或事后补做。

工程技术档案必须严加管理,不得遗失或损坏。人员调动必须办理交接手续。由施工单位保存的工程技术档案,根据工程的性质,确定其保存期限。由建设单位保存的工程技术档案应永久保存,直到该工程拆毁。

第二章 地基基础工程质量控制

第一节 地基工程

本节导读

建筑地基根据其土质类别主要分为灰土地基、砂和砂石地基、土工合成材料地基、粉煤灰地基、强夯地基、注浆地基、预压地基、振冲地基、高压喷射注浆桩地基、水泥土搅拌桩复合地基、土和灰土挤密桩复合地基、水泥粉煤灰碎石桩复合地基、夯实水泥土桩复合地基及砂桩地基等。本节主要介绍了上述地基工程的质量控制要求和质量验收标准,其内容关系图如图 2-1 所示。

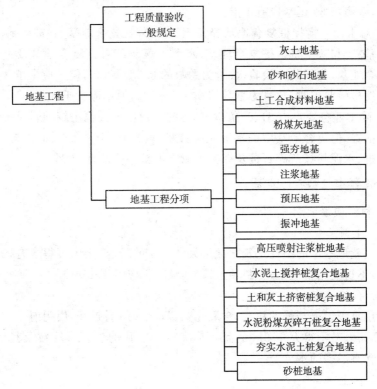

图 2-1 本节内容关系图

业务要点 1：工程质量验收一般规定

1) 建筑物地基的施工应具备下述资料：

① 工程勘查资料。

② 建设筑物和地下设施类型、分布及结构质量情况。

③ 设计图纸、设计要求及需达到的标准，检验手段。

2) 砂、石子、水泥、钢材、石灰、粉煤灰等原材料的质量、检验项目、批量和检验方法，应符合国家现行标准的规定。

3) 地基施工结束，宜在一个间歇期后，进行质量验收，间歇期由设计确定。

4) 地基加固工程，应在正式施工前进行试验段施工，论证设定的施工参数及加固效果。为验证加固效果所进行的载荷试验，其施加载荷应不低于设计载荷的 2 倍。

5) 对灰土地基、砂和砂石地基、土工合成材料地基、粉煤灰地基、强夯地基、注浆地基、预压地基，其竣工后的结果（地基强度或承载力）必须达到设计要求的标准。检验数量，每单位工程不应少于 3 点，1000m² 以上工程，每 100m² 至少应有 1 点，3000m² 以上工程，每 300m² 至少应有 1 点。每一独立基础下至少应有 1 点，基槽每 20 延米应有 1 点。

6) 对水泥土搅拌桩复合地基、高压喷射注浆桩复合地基、砂桩地基、振冲桩复合地基、土和灰土挤密桩复合地基、水泥粉煤灰碎石桩复合地基及夯实水泥土桩复合地基，其承载力检验，数量为总数的 0.5%～1%，但不应少于 3 处。有单桩强度检验要求时，数量为总数的 0.5%～1%，但不应少于 3 根。

7) 除本业务要点中 5)、6)条指定的主控项目外，其他主控项目及一般项目可随意抽查，但复合地基中的水泥土搅拌桩、高压喷射注浆桩、振冲桩、土和灰土挤密桩、水泥粉煤灰碎石桩及夯实水泥土桩至少应抽查 20%。

业务要点 2：灰土地基

1. 材料质量要求

（1）土料

采用就地挖出的黏性土及塑性指数大于 4 的粉土，土内不得含有松软杂质和冻土，不得使用耕植土；土料须过筛，其颗粒不应大于 15mm。

（2）石灰

应用Ⅲ级以上新鲜的块灰，含氧化钙、氧化镁越高越好，使用前 1～2d 消解并过筛，其颗粒不得大于 5mm，且不应夹有未熟化的生石灰块粒及其他杂质，也不得含有过多的水分。

（3）灰土

灰土配合比应严格符合设计要求，且要求搅拌均匀，颜色一致。

2. 工程质量控制

1）铺设前应先检查基槽，若发现有软弱土层或孔穴，应挖除并用素土或灰土分层填实；有积水时，采取相应排水措施。待合格后方可施工。

2）灰土施工时，应适当控制其含水量，以手握成团，两指轻捏能碎为宜，如土料水分过多或不足时，可以晾干或洒水润湿。

3）灰土搅拌好后，应分层进行铺设，每层铺土厚度按表 2-1 规定。厚度用样桩控制，每层灰土夯打遍数，应根据设计的干土质量密度在现场试验确定。

表 2-1　灰土最大虚铺厚度

序　号	夯实机具	质量/t	厚度/mm	备　　注
1	石夯、木夯	0.04～0.08	200～250	人力送夯，落距 400～500mm，一夯压半夯，夯实后 80～100mm 厚
2	轻型夯实机械	0.12～0.40	200～250	蛙式打夯机、柴油打夯机，夯实后约 100～150mm 厚
3	压路机	6～10	200～300	双轮

4）灰土分段施工时，不得在墙角、柱墩及承重窗间墙下接缝，上下相邻两层灰土的接缝间距不得小于 500mm，接缝处的灰土应充分夯实。

5）质量检查可用环刀取样测量土质量密度，按设计要求或不小于表 2-2 规定。

表 2-2　灰土质量标准

项　次	土料种类	最小干土质量密度/(g/cm³)
1	粉土	1.55～1.60
2	粉质黏土	1.50～1.55
3	黏土	1.45～1.50

6）压实填土的承载力是设计的重要参数，也是检验压实填土质量的主要指标之一。在现场采用静载荷试验或其他原位测试，其结果较准确，可信度高。

7）压实系数检测：

① 压实系数宜用环刀法抽样，取样点应位于每层 2/3 的深度处，测定其干密度。

② 合格标准：经检查求得的压实系数不得低于设计或表 2-3 的规定。

表 2-3　压实填土的质量控制

结构类型	填土部位	压实系数 λ_c	控制含水量（%）
砌体承重结构和框架结构	在地基主要受力层范围内	≥0.97	$\omega_{op} \pm 2$
	在地基主要受力层范围以下	≥0.95	
排架结构	在地基主要受力层范围内	≥0.96	$\omega_{op} \pm 2$
	在地基主要受力层范围以下	≥0.94	

注:1. 压实系数 λ_c 为压实土的控制干密度 ρ_d 与最大干密度 ρ_{dmax} 的比值,ω_{op} 为最优含水量。

　　2. 地坪垫层以下及基础底面标高以上的压实填土,压实系数应不小于 0.94。

3. 工程质量验收标准

灰土地基工程的质量验收标准应符合表 2-4 规定。

表 2-4　灰土地基工程的质量验收标准

项　目	序　号	检验项目	允许偏差或允许值		检验方法
			单位	数值	
主控项目	1	地基承载力	设计要求		按规定方法
	2	配合比	设计要求		按拌和时的体积比
	3	压实系数	设计要求		现场实测
一般项目	1	石灰粒径	mm	≤5	筛分法
	2	土料有机质含量	%	≤5	试验室焙烧法
	3	土颗粒粒径	mm	≤15	筛分法
	4	含水量(与要求的最优含水量比较)	%	±2	烘干法
	5	分层厚度偏差(与设计要求比较)	mm	±50	水准仪

◉ 业务要点 3:砂和砂石地基

1. 材料质量要求

1)砂应使用颗粒级配良好、质地坚硬的中砂或粗砂,当用细砂、粉砂时,应掺加粒径为 20～50mm 的卵石(或碎石),但要分布均匀。砂中不得含有杂草、树根等有机杂质,含泥量应小于 5%,兼作排水垫层时,含泥量不得超过 3%。

2)砂石用自然级配的砂石(或卵石、碎石)混合物,粒级应在 50mm 以下,其含量应在 50%以内,不得含有植物残体、垃圾等杂物,含泥量小于 5%。

2. 工程质量控制

1)铺设前应先验槽,清除基底表面浮土、淤泥杂物,地基槽底如有孔洞、沟、井、墓穴应先填实,基底无积水。槽应有一定坡度,防止振捣时塌方。

2)由于垫层标高不尽相同,施工时应分段施工,接头处应控成斜坡或阶梯搭接,并按先深后浅的顺序施工,搭接处,每层应错开 0.5～1.0m,并注意充分捣实。

3)砂石地基应分层铺垫、分层夯实。每层铺设厚度、捣实方法可参照表 2-5 的规定选用。每铺好一层垫层,经干密度检验合格后方可进行上一层施工。

表 2-5 砂和砂石地基每层铺筑厚度及最优含水量

序 号	压实方法	每层铺筑厚度/mm	施工时的最优含水量(%)	施工说明	备 注
1	平振法	200~250	15~20	用平板式振捣器往复振捣	不宜使用干细砂或含泥量较大的砂所铺筑的砂地基
2	插振法	振捣器插入深度	饱和	1) 用插入式振捣器 2) 插入点间距可根据机械振幅大小决定 3) 不应插至下卧黏性土层 4) 插入振捣完毕后,所留的孔洞,应用砂填实	不宜使用细砂或含泥量较大的砂所铺筑的砂地基
3	水撼法	250	饱和	1) 注水高度应超过每次铺筑面层 2) 用钢叉摇撼捣实插入点间距为100mm 3) 钢叉分四齿,齿的间距为80mm,长为300mm,木柄长90mm	—
4	夯实法	150~200	8~12	1) 用木夯或机械夯 2) 木夯重40kg,落距400~500mm 3) 一夯压半夯全面夯实	—
5	碾压法	250~350	8~12	6~12t压路机往复碾压	适用于大面积施工的砂和砂石地基

注:在地下水位以下的地基其最下层的铺筑厚度可比上表增加50mm。

4) 垫层铺设完毕,应立即进行下道工序的施工,严禁人员及车辆在砂石层面上行走,必要时应在垫层上铺板行走。

5) 冬期施工时,不得采用含有冰块的砂石。

3. 工程质量验收标准

砂和砂石地基工程质量验收标准应符合表 2-6 的规定。

表 2-6 砂和砂石地基工程质量验收标准

项 目	序 号	检验项目	允许偏差或允许值		检验方法
			单位	数值	
主控项目	1	地基承载力	设计要求		按规定的方法
	2	配合比	设计要求		检查拌和时的体积比或重量比
	3	压实系数	设计要求		现场实测
一般项目	1	砂石料有机质含量	%	≤5	焙烧法
	2	砂石料含泥量	%	≤5	水洗法
	3	石料粒径	mm	≤100	筛分法
	4	含水量(与最优含水量比较)	%	±2	烘干法
	5	分层厚度(与设计要求比较)	mm	±50	水准仪

业务要点 4：土工合成材料地基

1. 材料质量要求

1) 所用土工合成材料的品种与性能和填料土类,应根据工程特性和地基土条件,通过现场试验确定,垫层材料宜用黏性土、中砂、粗砂、砾砂、碎石等内摩阻力高的材料。如工程要求垫层排水,垫层材料应具有良好的透水性。

2) 施工前应对土工合成材料的物理性能(单位面积的质量、厚度、相对密度)、强度、延伸率以及土、砂石料等做检验。土工合成材料以 $100m^2$ 为一批。每批应抽查 5%。

2. 工程质量控制

1) 施工前,应先检验基槽,清除基土中杂物、草根,将基坑修整平顺,尤其是水面以下的基底面,要先抛一层砂,将凹凸不平的面层予以平整,再由潜水员下去检查。

2) 当土工织物用作反滤层时,应使织物有均匀褶皱,使其保持一定的松紧度,以防在抛填石块时超过织物弹性极限的变形。

3) 铺设土工织物反滤层的关键是保证织物的连续性,使织物的弯曲、褶皱、重叠以及拉伸至显著程度时,仍不丧失抗拉强度,尤其应注意接缝的连接质量

4) 土工织物应沿堤轴线的横向展开铺设,不容许有褶皱,更不容许断开,并尽量以人工拉紧。

5) 铺设应从一端向另外一端进行,最后是中间,铺设松紧适度,端部须精心铺设、铺固。

6) 土工织物铺完之后,不得长时间受阳光暴晒,最好在一个月之内把上面的保护层做好。备用的土工织物在运送、储存过程中,也应加以遮盖,不得长时

间受阳光暴晒。

7) 若用块石保护土工织物,施工时应将块石轻轻铺放,不得在高处抛掷。如块石下落的情况不可避免时,应先在织物上铺一层砂保护。

8) 土工织物上铺垫层时,第一层铺设厚度在 50mm 以下,用推土机铺设,施工时,要防止刮土板损坏土工织物,局部不得应力过度集中。

9) 在地基中埋设孔隙水压力计,在土工织物垫层下埋设钢弦压力盒,在基础周围设置沉降观测点,对各阶段的测试数据进行仔细整理。

3. 工程质量验收标准

土工合成材料地基工程质量验收标准应符合表 2-7 的规定。

表 2-7 土工合成材料地基工程质量验收标准

项 目	序 号	检验项目	允许偏差或允许值		检验方法
			单位	数值	
主控项目	1	土工合成材料强度	%	≤5	置于夹具上做拉伸试验（结果与设计标准相比）
	2	土工合成材料延伸率	%	≤3	置于夹具上做拉伸试验（结果与设计标准相比）
	3	地基承载力	设计要求		按规定方法
一般项目	1	土工合成材料搭接长度	mm	≥300	用钢尺量
	2	土石料有机质含量	%	≤5	焙烧法
	3	层面平整度	mm	≤20	用 2m 靠尺
	4	每层铺设厚度	mm	±25	水准仪

业务要点 5:粉煤灰地基

1. 材料质量要求

1) 粉煤灰材料可用电厂排放的硅铝型低钙粉煤灰。$SiO_2 + Al_2O_3$ 总含量不低于 70%（或 $SiO_2 + Al_2O_3 + Fe_2O_3$ 总含量），烧失量不大于 12%,粒径应控制在 0.001~2.0mm 之间,含水量应控制在 3%~4% 范围内,且还应防止被污染。

2) 粉煤灰可选用湿排灰、调湿灰和干排灰,且不得含有植物、垃圾和有机物杂质。

2. 工程质量控制

1) 铺设前应先验槽,清除地基底面垃圾杂物。

2) 粉煤灰铺设含水量应控制在最佳含水($\omega_{op} \pm 2\%$)范围内;如含水量过大时,需摊铺沥干后再碾压。粉煤灰铺设后,应于当天压完;如压实时含水量过低,呈松散状态,则应洒水湿润再碾压密实,洒水的水质不得含有油质,pH 应为

6～9。

3）垫层应分层铺设与碾压，分层厚度、压实遍数等施工参数应根据机具种类、功能大小、设计要求通过实验确定。铺设厚度用机动夯为 200～300mm，夯完后厚度为 150～200mm；用压路机铺设厚度为 300～400mm，压实后厚度为 250mm 左右。对小面积基坑、槽垫层，可用人工分层摊铺，用平板振动器和蛙式打夯机压实，每次振（夯）板应重叠 1/3～1/2 板，往复压实由两侧或四周向中间进行，夯实不少于 3 遍。大面积垫层应用推土机摊铺，先用推土机预压 2 遍，然后用 8t 压路机碾压，施工时压轮重叠 1/3～1/2 轮宽，往复碾压，一般碾压 4～6 遍。

4）在软弱地基上填筑粉煤灰垫层时，应先铺设 20cm 的中砂、粗砂或高炉干渣，以免下卧软土层表面受到扰动，同时有利于下卧的软土层的排水固结，并切断毛细水的上升。

5）夯实或碾压时，如出现"橡皮土"现象，应暂停压实，可采取将垫层开槽、翻松、晾晒或换灰等方法处理。

6）每层铺完经检测合格后，应及时铺筑上层，以防干燥、松散、起尘、污染环境，并应严格使延伸率对比不大于 3‰为合格。

7）冬期施工，最低气温低于 0℃时，不得施工，以免粉煤灰含水冻胀。

3. 工程质量验收标准

粉煤灰地基工程质量验收标准应符合表 2-8 的规定。

表 2-8　粉煤灰地基工程质量验收标准

项　　目	序　　号	检验项目	允许偏差或允许值		检验方法
			单位	数值	
主控项目	1	压实系数	设计要求		现场实测
	2	地基承载力	设计要求		按规定方法
一般项目	1	粉煤灰粒径	mm	0.001～2.000	过筛
	2	氧化铝及二氧化硅含量	%	≥70	试验室化学分析
	3	烧失量	%	≤12	试验室烧结法
	4	每层铺筑厚度	mm	±50	水准仪
	5	含水量（与最优含水量比较）	%	±2	取样后试验室确定

◉ 业务要点 6：强夯地基

1. 工程质量控制

1）施工前做好强夯地基地质勘查，对不均匀土层适当增加钻孔和原位测试工作，掌握土质情况，作为制订强夯方案和对比夯前、夯后加固效果之用。查明强夯影响范围内的地下构筑物和各种地下管线的位置及标高，采取必要的防护措施，避免因强夯施工而造成破坏。

2）施工前应检查夯锤质量、尺寸、落锤控制手段及落距、夯击遍数、夯点位置、夯击范围,进行现场试夯,用以确定施工参数。

3）施工中应检查落距、夯击遍数、夯点位置、夯击范围。如无经验,宜先试夯取得各类施工参数后再正式施工。对透水性差、含水量高的土层,前后两遍夯击应有一定间歇期,一般为2～4周。夯点超出需加固的范围为加固深度的1/3～1/2,且不小于3m。

4）夯击时,落锤应保持平稳,夯位应准确,夯击坑内积水应及时排出。坑底含水量过大时,可铺砂石后再进行夯击。

5）强夯应分段进行,顺序从边缘夯向中央。对厂房柱基亦可一排一排夯,起重机直线行驶,从一边驶向另一边,每夯完一遍,进行场地平整,放线定位后再进行下一遍夯击。强夯的施工顺序是先深后浅,即先加固深层土,再加固中层土,最后加固浅层土。干夯坑底面以上的填土(经推土机推平夯坑)比较疏松,加上强夯产生的强大振动,亦会使周围已夯实的表层土有一定的振松。如前所述,一定要在最后一遍点夯完之后,再以低能量满夯一遍。有条件的满夯时宜采用小夯锤夯击,并适当增加满夯的夯击次数,以提高表层土的夯实效果。

6）对于高饱和度的粉土、黏性土和新饱和填土进行强夯时,很难控制最后两击的平均夯沉量在规定的范围内,可采取以下措施:

① 适当将夯击能量降低。

② 将夯沉量差适当加大。

③ 填土采取将原土上的淤泥清除,挖纵横盲沟,以排出土内的水分,同时在原土上铺50cm厚的砂石混合料,以保证强夯时土内的水分排出,在夯坑内回填块石、碎石或矿渣等粗颗粒材料,进行强夯置换等措施。

通过强夯将坑底软土向四周挤出。使在夯点下形成块(碎)石墩,并与四周软土构成复合地基,有明显加固效果。

7）做好施工过程中的监测和记录工作,包括检查夯锤重和落距,对夯点放线进行复核,检查夯坑位置,按要求检查每个夯点的夯击次数、每夯的夯沉量等,对各项施工参数、施工过程实施情况做好详细记录,作为质量控制的依据。

8）雨期强夯施工,场地四周设排水沟、截洪沟,防止雨水入侵夯坑;填土中间稍高;土料含水率应符合要求,分层回填、摊平、碾压,使表面保持1‰～2‰的排水坡度,当班填、当班压实;雨后抓紧排水,推掉表面稀泥和软土,再碾压,夯后夯坑立即填平、压实,使之高于四周。

9）冬期施工应清除地表冰冻再强夯、夯击次数相应增加,如有硬壳层要适当增加夯次或提高夯击质量。

2. 工程质量验收标准

强夯地基工程质量验收标准应符合表2-9的规定。

表 2-9 强夯地基工程质量验收标准

项 目	序 号	检验项目	允许偏差和允许值		检验方法
			单位	数值	
主控项目	1	地基强度	设计要求		按规定方法
	2	地基承载力	设计要求		按规定方法
一般项目	1	夯锤落距	mm	±300	钢索设标志
	2	锤重	kg	±100	称重
	3	夯击遍数及顺序	设计要求		计数法
	4	夯点间距	mm	±500	用钢尺量
	5	夯击范围(超出基础范围距离)	设计要求		用钢尺量
	6	前后两边间歇时间	设计要求		

业务要点 7:注浆地基

1. 工程质量控制

1)施工前应掌握有关技术文件(注浆点位置、浆液配比、注浆施工技术参数、检测要求等),浆液组成材料的性能应符合设计要求,注浆设备应确保正常运转。

2)为确保注浆加固地基的效果,施工前应进行室内浆液配比试验及现场注浆试验,以确定浆液配方及施工参数。常用浆液类型见表 2-10。

表 2-10 常用浆液类型

浆 液		浆液类型
粒状浆液(悬液)	不稳定粒状浆液	水泥浆
		水泥砂浆
	稳定粒状浆液	黏土浆
		水泥黏土浆
化学浆液(溶液)	无机浆液	硅酸盐
	有机浆液	环氧树脂类
		甲基丙烯酸酯类
		丙烯酰胺类
		木质素类
		其他

3)根据设计要求制订施工技术方案,选定送注浆管下沉的钻机型号及性能、压送浆液压浆泵的性能(必须附有自动计量装置和压力表);规定注浆孔施工程序;规定材料检验取样方法和浆液拌制的控制程序;注浆过程所需的记录等。

4)连接注浆管的连接件与注浆管同直径,防止注浆管周边与土体之间有间隙而产生冒浆。

5)每天检查配制浆液的计量装置正确性,配制浆液的主要性能指标。储浆桶中应有防沉淀的搅拌叶片。

6）如实记录注浆孔位的顺序、注浆压力、注浆体积、冒浆情况及突发事故处理等。

7）对化学注浆加固的施工顺序宜按以下规定进行：

① 加固渗透系数相同的土层应自上而下进行。

② 如土的渗透系数随深度而增大，应自下而上进行。

③ 如相邻土层的土质不同，应首先加固渗透系数大的土层。

检查时，如发现施工顺序与此有异，应及时制止，以确保工程质量。

8）施工结束后，应检查注浆体强度、承载力等。检查孔数为总量的 2％～5％，不合格率大于或等于 20％时应进行二次注浆。检验应在注浆后 15d（砂土、黄土）或 60d（黏性土）进行。

2. 工程质量验收标准

注浆地基工程质量验收标准应符合表 2-11 的规定。

表 2-11　注浆地基工程质量验收标准

项目	序号	检验项目		允许偏差或允许值		检验方法
				单位	数值	
主控项目	1	原材料检验	水泥	设计要求		查产品合格证书或抽样送检
	2	原材料检验	注浆用砂：粒径	mm	<2.5	试验室试验
			细度模数		<2.0	
			含泥量及有机物含量	%	<3	
			注浆用黏土：塑性指数	%	>14	试验室试验
			黏粒含量	%	>25	
			含砂量	%	<5	
			有机物含量	%	<3	
			粉煤灰：细度	不粗于同时使用的水泥		试验室试验
			烧失量	%	<3	
			水玻璃：模数	2.5～3.3		抽样送检
			其他化学浆液	设计要求		查产品合格证书或抽样送检
	3	注浆体强度		设计要求		取样检验
	4	地基承载力		设计要求		按规定方法
一般项目	1	各种注浆材料称量误差		%	<3	抽查
	2	注浆孔位		mm	±20	用钢尺量
	3	注浆孔深		mm	±100	量测注浆管长度
	4	注浆压力（与设计参数比）		%	±10	检查压力表读数

● 业务要点 8:预压地基

1. 工程质量控制

1)水平排水垫层施工时,应避免对软土表层的过大扰动,以免造成砂和淤泥混合,影响垫层的排水效果。另外,在铺设砂垫层前,应清除干净砂井顶面的淤泥或其他杂质,以利于砂井排水。

2)对于预压软土地基,因软土固结系数较小,软土层较厚时,达到工作要求的固结度需要较长时间,为此,对软土预压应设置排水通道,排水通道的长度和间距宜通过试压试验确定。

3)堆载预压法施工。

① 塑料排水带要求滤水膜渗透性好。

② 塑料排水带滤水膜在转盘和打设过程中应避免损坏,防止淤泥进入带芯堵塞输水孔而影响塑料排水带的排水效果。塑料排水带与桩尖的连接要牢固,避免提管时脱开将塑料带拔出。塑料排水带需接长时,采用滤水膜内平搭接的连接方式,搭接长度宜大于 200mm。

③ 堆载预压过程中,堆在地基上的荷载不得超过地基的极限荷载,避免地基失稳破坏。应分级加载,一般堆载预压控制指标是:地基最大下沉量不宜超过 10~15mm/d;水平位置不宜大于 4~7mm/d;孔隙水压力不超过预压荷载所产生应力的 60%。通常加载在 60kPa 之前,加荷速度可不加限制。

a. 不同型号塑料排水带的厚度应符合表 2-12 的要求。

表 2-12　不同型号塑料排水带的厚度　　　　　　　（单位:mm）

型　　号	A	B	C	D
厚　　度	>3.5	>4.0	>4.5	>6.0

b. 塑料排水带的性能应符合表 2-13 的要求。

表 2-13　塑料排水带的性能

项目		单位	A 型	B 型	C 型	条件
纵向通水量		cm³/s	≥15	≥25	≥40	侧压力
滤膜渗透系数		cm/s		≥5×10⁴		试件在水中浸泡 24h
滤膜等效孔径		μm		<75		以 D_{98} 计,D 为孔径
复合体抗拉强度(干态)		kN/10cm	≥1.0	≥1.3	≥1.5	延伸率为 10%
滤膜抗拉强度	干态	N/cm	≥15	≥25	≥30	延伸率为 10%
	湿态		≥10	≥20	≥25	延伸率为 15%时,试件在水中浸泡 24h
滤膜重度		N/m²	—	0.8	—	

注:1. A 型塑料排水带适用于插入深度小于 15m。

2. B 型塑料排水带适用于插入深度小于 25m。

3. C 型塑料排水带适用于插入深度小于 35m。

④ 预压时间应根据建筑物的要求和固结情况来确定,一般达到如下条件即可卸荷:

a. 地面总沉降量达到预压荷载下计算最终沉降量的 80% 以上。

b. 理论计算的地基总固结度达到 80% 以上。

c. 地基沉降速度已降到 $0.5\sim1.0$mm/d。

4) 真空预压法施工。

① 真空预压的抽气设备宜采用射流真空泵,真空泵的设置应根据预压面积大小、真空泵效率以及工程经验确定,但每块预压区至少应设置两台真空泵。

② 真空管路的连接点应严格进行密封,为避免膜内真空度在停泵后很快降低,在真空管路中应设置止回阀和截门。

③ 密封膜热合黏结时宜用两条膜的热合黏结缝平搭接,搭接宽度应大于 15mm。密封膜宜设三层,覆盖膜周边可采用挖沟折铺、平铺、黏土压边、围埝沟内覆水、膜上全面覆水等方法密封。

④ 真空预压的真空度可一次抽气至最大,当连续 5d 实测沉降小于每天 2mm 或固结度≥80%,或符合设计要求时,可以停止抽气。

5) 施工结束后,应检查地基土的强度及要求达到的其他物理力学指标。一般工程在预压结束后,做十字板剪切强度或标准贯入、静力触探试验即可,但重要建筑物地基应做承载力检验。如设计有明确规定应按设计要求进行检验。

2. 工程质量验收标准

预压地基工程质量验收标准应符合表 2-14 的规定。

表 2-14　预压地基工程质量验收标准

项目	序号	检验项目	允许偏差或允许值		检验方法
			单位	数值	
主控项目	1	预压载荷	%	≤2	水准仪
	2	固结度(与设计要求比)	%	≤2	根据设计要求采用不同的方法
	3	承载力或其他性能指标	设计要求		按规定方法
一般项目	1	沉降速率(与控制值比)	%	±10	水准仪
	2	砂井或塑料排水带位置	mm	±100	用钢尺量
	3	砂井或塑料排水带插入深度	mm	±200	插入时用经纬仪检查
	4	插入塑料排水带时回带长度	mm	≤500	用钢尺量
	5	塑料排水带或砂井高出砂垫层距离	mm	≥200	用钢尺量
	6	插入塑料排水带的回带根数	%	<5	目测

注:如真空预压,主控项目中预压载荷的检查为真空度降低值<2%。

业务要点 9:振冲地基

1. 工程质量控制

1)施工前应检查振冲器的性能,电流表、电压表的准确度及填料的性能。为确切掌握好填料量、密实电流和留振时间,使各段桩体都符合规定的要求,应通过现场试成桩确定这些施工参数。填料应选择不溶于地下水,或不受侵蚀影响且本身无侵蚀性和性能稳定的硬粒料。

2)施工前应进行振冲试验,以确定成孔合适的水压、水量、成孔速度和填料方法;达到土体密度时的密实电流、填料量和留振时间。一般来说,密实电流不小于50A,填料量每米桩长不小于 0.6m³,每次搅拌时间控制在 0.20~0.35m³,留振时间 30~60s。

3)振冲前应按设计图要求定出桩孔中心位置并编好孔号,施工时应复查孔位和编号,并做好记录。

4)振冲施工的孔位偏差,应符合以下规定:

① 施工时振冲器尖端喷水中心与孔径中心偏差不得大于 50mm。

② 振冲造孔后,成孔中心与设计定位中心偏差不得大于 100mm。

③ 完成后的桩顶中心与定位中心偏差不得大于 100mm。

④ 桩数、孔径、深度及填料配合比必须符合设计要求。

5)造孔时,振冲器贯入速度一般为 1~2m/min。每贯入 0.5~1.0m,宜悬留振冲 5~10s 扩孔,待孔内泥浆溢出时再继续贯入。当造孔接近加固深度时,振冲器应在孔底适当停留并减小射水压力。

6)振冲填料时,宜保持小水量补给。采用边振边填,应对称均匀;如将振冲器提出孔口再加填料时,每次加料量以孔高 0.5m 为宜。每根桩的填料总量必须符合设计要求或规范规定。

7)填料密实度以振冲器工作电流达到规定值为控制标准。完工后,应在距地表面 1m 左右深度桩身部位加填碎石进行夯实,以保证桩顶密实度。密实度必须符合设计要求或施工规范规定。

8)振冲地基施工时对原土结构造成扰动,强度降低。因此,质量检验应在施工结束后间歇一定时间,对砂土地基间隔 1~2 周,对黏性土地基间隔 3~4 周,对粉土、杂填土地基间隔 2~3 周。桩顶部位由于周围土体约束力小,密实度较难达到要求,检验取样时应考虑此因素。

9)对用振冲密实法加固的砂土地基,如不加填料,质量检验主要是地基的密实度。可用标准贯入、动力触探等方法进行,但选点应有代表性。质量检验具体选择检验点时,宜由设计、施工、监理(或业主方)在施工结束后根据施工实施情况共同确定检验位置。

2. 工程质量验收标准

振冲地基工程质量验收标准应符合表 2-15 的规定。

表 2-15 振冲地基工程质量验收标准

项目	序号	检验项目	允许偏差或允许值		检验方法
			单位	数值	
主控项目	1	填料粒径	设计要求		抽样检查
	2	密实电流(黏性土)	A	50～55	电流表读数
		密实电流(砂性土或粉土)	A	40～50	
		(以上为功率 30kW 振冲器)			
		密实电流(其他类型振冲器)	A_0	1.5～2.0	电流表读数,A_0 为空振电流
	3	地基承载力	设计要求		按规定方法
一般项目	1	填料含泥量	%	<5	抽样检查
	2	振冲器喷水中心与孔径中心偏差	mm	≤50	用钢尺量
	3	成孔中心与设计孔位中心偏差	mm	≤100	用钢尺量
	4	桩体直径	mm	<50	用钢尺量
	5	孔深	mm	±200	量钻杆或重锤测

业务要点 10:高压喷射注浆桩地基

1. 工程质量控制

1)施工前应检查水泥、外掺剂等的质量,桩位、压力表、流量表的精度和灵敏度,高压喷射设备的性能等。

2)高压喷射注浆工艺宜用普通硅酸盐水泥,强度等级不得低于 32.5 级,水泥用量、压力宜通过试验确定,如无条件可参考表 2-16。

表 2-16 1m 桩长喷射桩水泥用量表

桩径/mm	桩长/m	强度为 32.5 普通硅酸盐水泥单位用量	喷射施工方法		
			单管	二重管	三管
φ600	1	kg/m	200～250	200～250	—
φ800	1	kg/m	300～350	300～350	—
φ900	1	kg/m	350～400(新)	350～400	—
φ1000	1	kg/m	400～450(新)	400～450(新)	700～00
φ1200	1	kg/m	—	500～600(新)	800～900
φ1400	1	kg/m	—	700～800(新)	900～1000

注:"新"系指采用高压水泥浆泵,压力为 36～40MPa,流量为 80～110L/min 的新单管法和二重管

法。

水压比为 0.7～1.0 较妥。为确保施工质量,施工机具必须配置准确的计量仪表。

3) 施工中应检查施工参数(压力、水泥浆量、提升速度、旋转速度等)及施工程序。

4) 旋喷施工前,应将钻机定位并安放平稳,旋喷管的允许倾斜度不得大于1.5%。

5) 由于喷射压力较大,容易发生窜浆(即第二个孔喷进的浆液,从相邻的孔内冒出),影响邻孔的质量,应采用间隔跳打法施工,一般两孔间距大于 1.5m。

6) 水泥浆的水灰比一般为 0.7～1.0。水泥浆的搅拌宜在旋喷前一小时以内搅拌。旋喷过程中冒浆量应控制在 10%～25% 之间。

7) 当高压喷射注浆完毕,应迅速拔出注浆管,用清水冲洗管路。为防止浆液凝固收缩影响桩顶高程,必要时可在原孔位采用冒浆回灌或第二次注浆等措施。

8) 施工结束后,应检验桩体强度、平均直径、桩身中心位置、桩体质量及承载力等。桩体质量及承载力检验应在施工结束后 28d 进行。

2. 工程质量验收标准

高压喷射注浆地基工程质量验收标准应符合表 2-17 的规定。

表 2-17　高压喷射注浆地基工程质量验收标准

项目	序号	检验项目	允许偏差或允许值		检验方法
			单位	数值	
主控项目	1	水泥及外掺剂质量	符合出厂要求		查产品合格证书或抽样送检
	2	水泥用量	设计要求		查看流量表及水泥浆水灰比
	3	桩体强度或完整性检验	设计要求		按规定方法
	4	地基承载力	设计要求		按规定方法
一般项目	1	钻孔位置	mm	≤50	用钢尺量
	2	钻孔垂直度	%	≤1.5	经纬仪测钻杆或实测
	3	孔深	mm	±200	用钢尺量
	4	注浆压力	按设定参数指标		查看压力表
	5	桩体搭接	mm	>200	用钢尺量
	6	桩体直径	mm	≤5	开挖后用钢尺量
	7	桩身中心允许偏差	—	≤0.2D	开挖后桩顶下 500mm 处用钢尺量

注:D 为桩径。

业务要点 11：水泥土搅拌桩地基

1. 工程质量控制

1）检查水泥外掺剂和土体是否符合要求，调整好搅拌机、灰浆泵、拌浆机等设备。

2）施工现场事先应予平整，必须清除地上、地下一切障碍物。潮湿和场地低洼时应抽水和清淤，分层夯实回填黏性土料，不得回填杂填土或生活垃圾。

3）进行承重水泥土搅拌桩施工时，设计停浆（灰）面应高出基础底面标高300～500mm（基础埋深大取小值，反之取大值），在开挖基坑时，应将该施工质量较差段用手工挖除，以防止发生桩顶与挖土机械碰撞断裂现象。

4）为保证水泥土搅拌桩的垂直度，要注意起吊搅拌设备的平整度和导向架的垂直度，水泥土搅拌桩的垂直度控制在≤1.5%范围内，桩位布置偏差不得大于50mm，桩径偏差不得大于4D%（D为桩径）。

5）每天上班开机前，应先量测搅拌头刀片直径是否达到700mm，搅拌刀片有磨损时应及时加焊，防止桩径偏小。

6）施工中应检查机头提升速度、水泥浆或水泥注入量、搅拌桩的长度及标高。

水泥土搅拌桩施工过程中，为确保搅拌充分，桩体质量均匀，搅拌机头提速不宜过快，否则会使搅拌桩体局部水泥量不足或水泥不能均匀地拌和在土中，导致桩体强度不一。

7）施工时因故停浆，应将搅拌头下沉至停浆点以下0.5m处，待恢复供浆时再喷浆提升。若停机3h以上，应拆卸输浆管路，清洗干净，防止恢复施工时堵管。

8）壁状加固时桩与桩的搭接长度宜为200mm，搭接时间不大于24h，如因特殊原因超过24h时，应对最后一根桩先进行空钻留出榫头以待下一个桩搭接；如间隔时间过长，与下一根桩无法搭接时，应在设计和业主方认可后，采取局部补桩或注浆措施。

9）拌浆、输浆、搅拌等均应有专人记录，桩深记录误差不得大于100mm，时间记录误差不得大于5s。

10）施工结束后，应检查桩体强度、桩体直径及地基承载力。

进行强度检验时，对承重水泥土搅拌桩应取90d后的试件；对支护水泥土搅拌桩应取28d后的试件。强度检验取90d的试样是根据水泥土的特性而定，如工程需要（如作为围护结构用的水泥土搅拌桩）可根据设计要求，以28d强度为准。由于水泥土搅拌桩施工的影响因素较多，故检查数量略多于一般桩基。

2. 工程质量验收标准

水泥土搅拌桩地基工程质量验收标准应符合表2-18的规定。

表 2-18　水泥土搅拌桩地基工程质量验收标准

项目	序号	检验项目	允许偏差或允许值		检验方法
			单位	数值	
主控项目	1	水泥及外掺剂质量	设计要求		查产品合格证书或抽样送检
	2	水泥用量	参数指标		查看流量计
	3	桩体强度	设计要求		按规定方法
	4	地基承载力	设计要求		按规定方法
一般项目	1	机头提升速度	m/min	≤0.5	量机头上升距离及时间
	2	桩底标高	mm	±200	测机头深度
	3	桩顶标高	mm	+100 −50	水准仪（最上部 500mm 不计入）
	4	桩位偏差	mm	<50	用钢尺量
	5	桩径	—	≤0.04D	用钢尺量
	6	垂直度	%	≤1.5	经纬仪
	7	搭接	mm	>200	用钢尺量

注：D 为桩径。

业务要点 12：土和灰土挤密桩复合地基

1. 工程质量控制

1）施工前应对土及灰土的质量、桩孔放样位置等做检查。施工前应在现场进行成孔、夯填工艺和挤密效果试验，以确定填料厚度、最优含水量、夯击次数及干密度等施工参数及质量标准。成孔顺序应先外后内，同排桩应间隔施工。填料含水量如过大，宜预干或预湿处理后再填入。

① 桩间土的挤密效果可通过检测桩间土的平均干密度及压实系数确定，通常宜在施工前或土层有显著变化时，由设计单位提出检验要求，并根据检测结果及时调整桩孔间距的设计。

② 桩孔内填料夯实质量的检验，可采用触探击数对比法、小孔深层取样或开剖取样试验等方法。对灰土挤密桩采用触探法检验时，为避免灰土胶凝强度的影响，宜于施工当天检测完毕。

③ 桩孔内的填料，应根据工程要求或处理地基的目的确定，并应用压实系数 $λ_c$ 应不小于 0.95。

④ 当用灰土回填夯实时，压实系数应不小于 0.97，灰与土的体积配合比宜为 2：8 或 3：7。

⑤ 桩孔内的填料与土或灰土垫层相同，填料夯实的质量规定用压实系数控制。

2）施工中应对桩孔直径、桩孔深度、夯击次数、填料的含水量等做检查。

3）施工结束后,应检验成桩的质量及地基承载力。

2．工程质量验收标准

土和灰土挤密桩复合地基工程质量验收标准应符合表 2-19 的规定。

表 2-19　土和灰土挤密桩复合地基工程质量验收标准

项目	序号	检验项目	允许偏差或允许值		检验方法
			单位	数值	
主控项目	1	桩体及桩间土干密度	设计要求		现场取样检查
	2	桩长	mm	+500	测桩管长度或垂球测孔深
	3	地基承载力	设计要求		按规定方法
	4	桩径	mm	-20	用钢尺量
一般项目	1	土料有机质含量	%	≤5	试验室焙烧法
	2	石灰粒径	mm	≤5	筛分法
	3	桩位偏差	—	满堂布桩≤0.40D 条基布桩≤0.25D	用钢尺量
	4	垂直度	%	≤1.5	用经纬仪测桩管
	5	桩径	mm	-20	用钢尺量

注:D 为桩径;桩径允许偏差负值是指个别断面。

业务要点 13:水泥粉煤灰碎石桩复合地基

1．工程质量控制

1）施工前应按设计要求由试验室进行配合比试验,施工时按配合比配制混合料。长螺旋钻孔、管内泵压混合料成桩施工的混合料坍落度宜为 160～200mm。振动沉管灌筑成孔所需混合料坍落度宜为 30～50mm。振动沉管灌筑成桩后桩顶浮浆厚度不宜超过 200mm。

2）施工前应进行成桩工艺和成桩质量试验。当成桩质量不能满足设计要求时,应及时与设计联系,调整设计与施工有关参数(如配合比、提管速度、夯填度、振动器振动时间、电动机工作电流等),重新进行试验。

3）长螺旋钻孔、管内泵压混合料成桩施工在钻至设计深度后,应准确掌握提拔钻杆时间,混合料泵送量应与拔管速度相配合,遇到饱和砂土或饱和粉土层,不得停泵待料;振动沉管灌筑成桩施工拔管速度应按匀速控制,拔管速度应控制在 1.2～1.5m/min 左右,如遇淤泥或淤泥质土,拔管速度应适当放慢。

4）施工桩顶标高宜高出设计桩顶标高不少于 0.5m。

5）成桩过程中,抽样做混合料试块,每台机械 1d 应做一组(3 块)试块(边长为 150mm 的立方体),进行标准养护,测定其立方体抗压强度。

6)桩体施工垂直度偏差不应大于 1‰;对满堂布桩基础,桩位偏差不应大于 0.4 倍桩径;对条形基础,桩位偏差不应大于 0.25 倍桩径;对单排布桩,桩位偏差不得大于 60mm。

7)桩体经 7d 达到一定强度后,始可进行基槽开挖;如桩顶离地面在 1.5m 以内,宜用人工开挖;如大于 1.5m,下部 700mm 亦宜用人工开挖,以避免损坏桩头部分。为使桩与桩间土更好地共同工作,在基础下宜铺一层 150～300mm 厚的碎石或灰土垫层。

8)褥垫层铺设宜采用静力压实法,当基础底面下桩间土的含水量较小时,也可采用动力夯实法,夯填度(夯实后的褥垫层厚度与虚铺厚度的比值)不得大于 0.9。

9)冬期施工时混合料入孔温度不得低于 5℃,对桩头和桩间土应采取保温措施。

10)施工结束后,应对桩顶标高、桩位、桩体质量、地基承载力以及褥垫层的质量做检查。

2. 工程质量验收标准

水泥粉煤灰碎石桩复合地基工程质量验收标准应符合表 2-20 的规定。

表 2-20　水泥粉煤灰碎石桩复合地基工程质量验收标准

项目	序号	检验项目	允许偏差或允许值		检验方法
			单位	数值	
主控项目	1	原材料	设计要求		查产品合格证书或抽样送检
	2	桩径	mm	−20	用钢尺量或计算填料量
	3	桩身强度	设计要求		查 28d 试块强度
	4	地基承载力	设计要求		按规定方法
一般项目	1	桩身完整性	按桩基检测技术规范		按桩基检测技术规范
	2	桩位偏差	—	满堂布桩≤0.40D 条基布桩≤0.25D	用钢尺量
	3	桩垂直度	%	≤1.5	用经纬仪测桩管
	4	桩长	mm	+100	测桩管长度或垂球测孔深
	5	褥垫层夯填度		≤0.9	用钢尺量

注:1. 夯填度指夯实后的褥垫层厚度与虚体厚度的比值。

　　2. D 为桩径;桩径允许偏差负值是指个别断面。

⚙ 业务要点 14:夯实水泥土桩复合地基

1. 工程质量控制

1)水泥及夯实用土料的质量应符合设计要求。

2）施工中应检查孔位、孔深、孔径，水泥和土的配合比、混合料含水量等。

3）采用人工洛阳铲或螺旋钻机成孔时，按梅花形布置进行并及时成桩，以避免大面积成孔后再成桩，由于夯机自重和夯锤的冲击，地表水灌入孔内而造成塌孔。

4）向孔内填料前，先夯实孔底虚土，采用两夯一填的连续成桩工艺。每根桩要求一气呵成，不得中断，防止出现松填或漏填现象。桩身密实度要求成桩1h后，击数不小于30击，用轻便触探检查"检定击数"。

5）施工结束应对桩体质量及复合地基承载力做检验，褥垫层应检查其夯填度。承载力检验一般为单桩的载荷试验，对重要、大型工程应进行复合地基载荷试验。

6）其他要求可参考土和灰土挤密桩地基。

2. 工程质量验收标准

夯实水泥土桩复合地基工程质量验收标准应符合表 2-21 的规定。

表 2-21　夯实水泥土桩复合地基工程质量验收标准

项目	序号	检验项目	允许偏差或允许值		检验方法
			单位	数值	
主控项目	1	桩径	mm	−20	用钢尺量
	2	桩长	mm	+500	测桩孔深度
	3	桩体干密度	设计要求		现场取样检查
	4	地基承载力	设计要求		按规定的方法
一般项目	1	土料有机质含量	%	≤5	焙烧法
	2	含水量 （与最优含水量比）	%	±2	烘干法
	3	土料粒径	mm	≤20	筛分法
	4	水泥质量	设计要求		查产品质量合格证书或抽样送检
	5	桩位偏差	满堂布桩≤0.40D 条基布桩≤0.25D		用钢尺量
	6	桩孔垂直度	%	≤1.5	用经纬仪测桩管
	7	褥垫层夯填度	≤0.9		用钢尺量

注：1. 夯填度指夯实后的褥垫层厚度与虚体厚度的比值。

2. D 为桩径；桩径允许偏差负值是指个别断面。

业务要点 15：砂桩地基

1. 工程质量控制

1）施工前应检查砂料的含泥量及有机质含量、样桩的位置等。

2）振动法施工时，控制好填砂石量、提升速度和高度、挤压次数和时间，电动机的工作电流等，拔管速度约为 1～1.5m/min，且振动过程不断以振动棒捣实管中砂子，使其更密实。

3）砂桩施工应从外围或两侧向中间进行。灌砂量应按桩孔的体积和砂在中密状态时的干密度计算（一般取 2 倍桩管入土体积），其实际灌砂量（不包括水量）不得少于计算的 95％。如发现砂量不足或砂桩中断等情况，可在原位进行复打灌砂。

4）施工中检查每根砂桩的桩位、灌砂量、标高、垂直度等。

5）施工结束后，应检验被加固地基的强度或承载力。

2. 工程质量验收标准

砂桩地基工程质量验收标准应符合表 2-22 的规定。

表 2-22　砂桩地基工程质量验收标准

项目	序号	检验项目	允许偏差或允许值		检验方法
			单位	数值	
主控项目	1	灌砂量	％	≥95	实际用砂量与计算体积比
	2	地基强度	设计要求		按规定方法
	3	地基承载力	设计要求		按规定方法
一般项目	1	砂料的含泥量	％	≤3	试验室测定
	2	砂料的有机质含量	％	≤5	焙烧法
	3	桩位	mm	≤50	用钢尺量
	4	砂桩标高	mm	±150	水准仪
	5	垂直度	％	≤1.5	经纬仪检查桩管垂直度

第二节　桩基工程

本节导读

桩基是指由设置于岩土中的桩和与桩顶联结的承台共同组成的基础或由

柱与桩直接联结的单桩基础,主要分为静力压桩、先张法预应力管桩、混凝土预制桩、钢桩、混凝土灌注桩等。本节主要介绍了上述桩基工程的质量控制要点及质量验收标准。其内容关系图如图 2-2 所示。

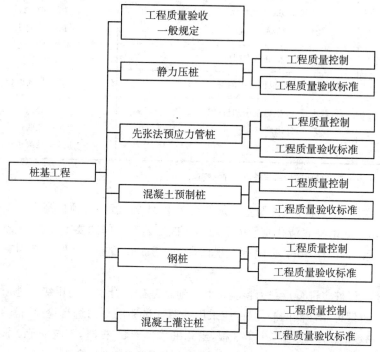

图 2-2　本节内容关系图

业务要点 1:工程质量验收一般规定

1) 桩位的放样允许偏差如下:

① 群桩:20mm。

② 单排桩:10mm。

2) 桩基工程的桩位验收,除设计有规定外,应按下述要求进行:

① 当桩顶设计标高与施工场地标高相同时,或桩基施工结束后,有可能对桩位进行检查时,桩基工程的验收应在施工结束后进行。

② 当桩顶设计标高低于施工场地标高,送桩后无法对桩位进行检查时,对打入桩可在每根桩桩顶沉至场地标高时,进行中间验收,待全部桩施工结束,承台或底板开挖到设计标高后,再做最终验收。灌注桩可对护筒位置做中间验收。

3) 打(压)入桩(预制混凝土方桩、先张法预应力管桩、钢桩)的桩位偏差,必须符合表 2-23 的规定。斜桩倾斜度的偏差不得大于倾斜角正切值的 15%(倾斜角系桩的纵向中心线与铅垂线间夹角)。

表 2-23　预制桩(钢桩)桩位的允许偏差　　　　（单位:mm）

项	项　　目	允许偏差
1	盖有基础梁的桩: 1) 垂直基础梁的中心线 2) 沿基础梁的中心线	$100+0.01H$ $150+0.01H$
2	桩数为 1～3 根桩基中的桩	100
3	桩数为 4～16 根桩基中的桩	1/2桩径或边长
4	桩数大于 16 根桩基中的桩: 1) 最外边的桩 2) 中间桩	1/3桩径或边长 1/2桩径或边长

注:H 为施工现场地面标高与桩顶设计标高的距离。

　　4）灌注桩的桩位允许偏差必须符合表 2-24 的规定,桩顶标高至少要比设计标高高出 0.5m,桩底清孔质量按不同的成桩工艺有不同的要求,应按本章的各节要求执行。每浇注 50m³ 必须有 1 组试件,小于 50m³ 的桩,每根桩必须有 1 组试件。

　　5）工程桩应进行承载力检验。对于地基基础设计等级为甲级或地质条件复杂,成桩质量可靠性低的灌注桩,应采用静载荷试验的方法进行检验,检验桩数不应少于总数的 1%,且不应少于 3 根,当总桩数少于 50 根时,不应少于 2 根。

表 2-24　灌注桩的平面位置和垂直度的允许偏差

序　　号		成孔方法	桩径允许偏差/mm	垂直度允许偏差(%)	桩位允许偏差/mm	
					1～3 根、单排桩垂直于中心线方向和群桩基础的边桩	条形桩基沿中心线方向和群桩基础的中间桩
1	泥浆护壁钻孔桩	D≤1000mm	±50	<1	D/6,且不大于 100	D/4,且不大于 150
		D>1000mm	±50		$100+0.01H$	$150+0.01H$
2	套管成孔灌注桩	D≤500mm	−20	<1	70	150
		D>500mm			100	150
3	干成孔灌注桩		−20	<1	70	150
4	人工挖孔桩	混凝土护壁	+50	<0.5	50	150
		钢套管护壁	+50	<1	100	200

注:1. 桩径允许偏差法负值是指个别断面。
　　2. 采用复打法、反插法施工的桩,其桩径允许偏差不受上表限制。
　　3. H 为施工现场地面标高与桩顶设计标高的距离,D 为设计桩径。

6) 桩身质量应进行检验。对设计等级为甲级或地质条件复杂,成桩质量可靠性低的灌注桩,抽检数量不应少于总数的 30%,且不应少于 20 根;其他桩基工程的抽检数量不应少于总数的 20%,且不应少于 10 根;对混凝土预制桩及地下水位以上且终孔后经过核验的灌注桩,抽检数量不应少于总数的 10%,且不得少于 10 根。每根柱子承台下不得少于 1 根。

7) 对砂、石子、钢材、水泥等原材料的质量、检验项目、批量和检验方法,应符合国家现行标准的规定。

8) 除本业务要点 5)、6)条规定的主控项目外,其他主控项目应全部检查,对一般项目,除已明确规定外,其他可按 20%抽查,但混凝土灌注桩应全部检查。

业务要点 2:静力压桩

1. 工程质量控制

1) 静力压桩包括锚杆静压桩及其他各种非冲击力沉桩。

静力压桩的方法较多,有锚杆静压、液压千斤顶加压、绳索系统加压等,凡非冲击力沉桩均按静力压桩考虑。

2) 施工前应对成品桩(锚杆静压成品桩一般均由工厂制造,运至现场堆放)做外观及强度检验,按桩用焊条或半成品硫黄胶泥应有产品合格证书,或送有关部门检验,压桩用压力表、锚杆规格及质量也应进行检查,硫黄胶泥半成品应每 100kg 做一组试件(3 件)。

用硫黄胶泥接桩,在大城市因污染空气已较少使用,半成品硫黄胶泥必须在进场后做检验。压桩用压力表必须标定合格方能使用,压桩时的压力数值是判断承载力的依据,也是指导压桩施工的一项重要参数。

3) 压桩过程中应检查压力、桩垂直度、接桩间歇时间、桩的连接质量及压入深度、重要工程应对电焊接桩的接头做 10%的探伤检查。对承受反力的结构应加强观测。

施工中检查压力的目的在于检查压桩是否下沉。接桩间歇时间对硫黄胶泥必须控制,间歇过短,硫黄胶泥强度未达到,容易被压坏,接头处存在薄弱环节,甚至断桩。浇注硫黄胶泥时间必须快,慢了硫黄胶泥在容器内硬结,浇注入连接孔内不能均匀流淌,质量也不易保证。

4) 施工结束后,应做桩的承载力及桩体质量检验。

2. 工程质量验收标准

静力压桩工程质量验收标准应符合表 2-25 的规定。

表 2-25　静力压桩工程质量验收标准

项目	序号	检验项目	允许偏差或允许值		检验方法
			单位	数值	
主控项目	1	桩体质量检验	按基桩检测技术规范		按基桩检测技术规范
	2	桩位偏差	见表 2-23		用钢尺量
	3	承载力	按基桩检测技术规范		按基桩检测技术规范
一般项目	1	成品桩质量:外观	表面平整,颜色均匀,掉角深度<10mm,蜂窝面积小于总面积的 0.5%		直观
		外形尺寸	见表 2-30		见表 2-30
		强度	满足设计要求		查产品合格证书或钻芯试压
	2	硫黄胶泥质量(半成品)	设计要求		查产品合格证书或抽样送检
	3	接桩 电焊接桩: 焊缝质量	见表 2-30		见表 2-30
		电焊结束后的停歇时间	min	>1.0	秒表测定
		硫黄胶泥接桩: 胶泥浇注时间	min	<2	秒表测定
		浇注后停歇时间	min	>7	秒表测定
	4	电焊条质量	设计要求		查产品合格证书
	5	压桩压力(设计有要求时)	%	±5	查压力表读数
	6	接桩时上下节平面偏差	mm	<10	用钢尺量
		接桩时节点弯曲矢高		<1/1000l	用钢尺量
	7	桩顶标高	mm	±50	水准仪

注:l 为两节桩长。

业务要点 3:先张法预应力管桩

1. 工程质量控制

1) 施工前应检查进入现场的成品桩,接桩用电焊条等产品质量。

先张法预应力管桩均为工厂生产后运到现场施打,工厂生产时的质量检验应由生产的单位负责,但运入工地后,打桩单位有必要对外观及尺寸进行检验并检查产品合格证书。

2) 场地应碾压平整,地基承载力不小于 0.2~0.3MPa,打桩前应认真检查施工设备,将导杆调直。

3) 按施工方案合理安排打桩路线,避免压桩及挤桩。

4) 桩位放样应采用不同方法二次核样。桩身倾斜率应控制在:底桩倾斜率≤0.5%,其余桩倾斜率≤0.8%。

5）桩间距小于 $3.5d$（d 为桩径）时，宜采用跳打，应控制每天打桩根数，同一区域内不宜超过 12 根桩，避免桩体上浮，桩身倾斜。

6）施打时应保证桩锤、桩帽、桩身中心线在同一条直线上，保证打桩时不偏心受力。

7）打底桩时应采用锤重或冷锤（不挂挡位）施工，将底桩徐徐打入，调直桩身垂直度，遇地下障碍物及时清理后再重新施工。

8）接桩时焊缝要连续饱满，焊渣要清除；焊接自然冷却时间应不少于 1min，地下水位较高的应适当延长冷却时间，避免焊缝遇水如淬火易脆裂；对接后间隙要用不超过 5mm 钢片充填，保证打桩时桩顶不偏心受力；避免接头脱节。

9）施工过程中应检查桩的贯入情况、桩顶完整状况；电焊接桩质量、桩体垂直度、电焊后的停歇时间。重要工程应对电焊接头做 10％的焊缝探伤检查，对接头做 X 射线拍片检查。

10）施工结束后，应做承载力检验及桩体质量检验。由于锤击次数多，对桩体质量进行检验是有必要的，可检查桩体，是否被打裂，电焊接头是否完整。

2. 工程质量验收标准

先张法预应力管桩工程质量验收标准应符合表 2-26 的规定。

表 2-26　先张法预应力管桩工程质量验收标准

项目	序号	检验项目		允许偏差或允许值		检验方法
				单位	数值	
主控项目	1	桩体质量检验		按基桩检测技术规范		按基桩检测技术规范
	2	桩位偏差		见表 2-23		用钢尺量
	3	承载力		按基桩检测技术规范		按基桩检测技术规范
一般项目	1	成品桩质量	外观	无蜂窝、露筋、裂缝、色感均匀、桩顶处无空隙		直观
			桩径	mm	±5	用钢尺量
			管壁厚度	mm	±5	用钢尺量
			桩尖中心线	mm	<2	用钢尺量
			顶面平整度		10	用水平尺量
			桩体弯曲		<1/1000l	用钢尺量，l 为桩长
	2	电焊接桩：焊缝质量		见表 2-30		见表 2-30
		电焊结束后停歇时间		min	>10	秒表测定
		上下节平面偏差		mm	<10	用钢尺量
		节点弯曲矢高			<1/1000l	用钢尺量，l 为两节桩长
	3	停锤标准		设计要求		现场实测或查沉桩记录
	4	桩顶标高		mm	±50	水准仪

业务要点 4：混凝土预制桩

1. 工程质量控制

1）桩在现场预制时，应对原材料、钢筋骨架、混凝土强度进行检查；采用工厂生产的成品桩时，桩进场后应进行外观及尺寸检查。

2）施工中应对桩体垂直度、沉桩情况、桩顶完整状况、接桩质量等进行检查，对电焊接桩、重要工程应做 10% 的焊缝探伤检查。

3）打桩的控制：

① 对于桩尖位于坚硬土层的端承型桩，应以贯入度控制为主，桩尖进入持力层深度或桩尖标高可作参考。如贯入度已达到而桩尖标高未达到时，应继续锤击 3 阵，每阵 10 击的平均贯入度不应大于规定的数值。

② 对于桩尖位于软土层的摩擦型桩，应以桩尖设计标高控制为主，贯入度可作参考。如主要控制指标已符合要求，而其他指标与要求相差较大时，应会同有关单位研究解决。

4）测量最后贯入度应在下列正常条件下进行：桩顶没有破坏；锤击没有偏心；锤的落距符合规定；桩帽和弹性垫层正常；汽锤的蒸汽压力符合规定。

5）打桩时，如遇桩顶破碎或桩身严重裂缝，应立即暂停，在采取相应的技术措施后，方可继续施打。

6）打桩时，除了注意桩顶与桩身由于桩锤冲击破坏外，还应注意桩身受锤击拉应力而导致的水平裂缝。在软土中打桩，在桩顶以下 1/3 桩长范围内常会因反射的张力波使桩身受拉而引起水平裂缝。开裂的地方往往出现在吊点和混凝土缺陷处，这些地方容易形成应力集中。采用重锤低速击桩和较软的桩垫可减少锤击拉应力。

7）打桩时，引起桩区及附近地区的土体隆起和水平位移，由于邻桩相互挤压导致桩位偏移，会影响整个工程质量。如在已有建筑群中施工，打桩还会引起邻近已有地下管线、地面交通道路和建筑物的损坏和不安全。为此，在邻近建（构）筑物打桩时，应采取适当的措施，如挖防振沟、砂井排水（或塑料排水管排水）、预钻孔取土打桩、采取合理打桩顺序、控制打桩速度等。

8）对长桩或总锤击数超过 500 击的锤击桩，应符合桩体强度及 28d 龄期的两项条件才能锤击。

9）施工结束后，应对承载力及桩体质量做检验。

2. 工程质量验收标准

1）混凝土预制桩钢筋骨架工程质量验收标准应符合表 2-27 的规定。

表 2-27　混凝土预制桩钢筋骨架工程质量验收标准

项目	序号	检验项目	允许偏差或允许值	检验方法
主控 项目	1	主筋距桩顶距离	±5	用钢尺量
	2	多节桩锚固钢筋位置	5	用钢尺量
	3	多节桩预埋铁件	±3	用钢尺量
	4	主筋保护层厚度	±5	用钢尺量
一般 项目	1	主筋间距	±5	用钢尺量
	2	桩尖中心线	10	用钢尺量
	3	箍筋间距	±20	用钢尺量
	4	桩顶钢筋网片	±10	用钢尺量
	5	多节桩锚固钢筋长度	±10	用钢尺量

2）钢筋混凝土预制桩工程质量验收标准应符合表 2-28 的规定。

表 2-28　钢筋混凝土预制桩工程质量验收标准

项目	序号	检验项目	允许偏差或允许值		检验方法
			单位	数值	
主控 项目	1	桩体质量检验	按基桩检测技术规范		按基桩检测技术规范
	2	桩位偏差	见表 2-23		用钢尺量
	3	承载力	按基桩检测技术规范		按基桩检测技术规范
一般 项目	1	砂、石、水泥、钢材等 原材料(现场预制时)	符合设计要求		查出厂质保文件或抽样送检
	2	混凝土配合比及强度 (现场预制时)	符合设计要求		检查称量及查试块记录
	3	成品桩外形	表面平整,颜色均匀,掉 角深度＜10mm,蜂窝面积 小于总面积的 0.5%		直观
	4	成品桩裂缝(收缩裂 缝或起吊、装运、堆放引 起的裂缝)	深度＜20mm,宽度＜ 0.25mm,横向裂缝不超过 边长的一半		裂缝测定仪,该项在地下 水有侵蚀地区及锤击数超 过 500 击的长桩不适用
	5	成品桩尺寸: 横截面边长 桩顶对角线差 桩尖中心线 桩身弯曲矢高 桩顶平整度	mm mm mm	±5 ＜10 ＜10 ＜1/1000l ＜2	用钢尺量 用钢尺量 用钢尺量 用钢尺量,l 为桩长 用水平尺量

项目	序号	检验项目	允许偏差或允许值		检验方法
			单位	数值	
一般项目	6	电焊接桩： 　焊缝质量 　电焊结束后停歇时间 　上下节平面偏差 　节点弯曲矢高	见表 2-30		见表 2-30 秒表测定
			min	>1.0	
			mm	<10	用钢尺量
				<1/1000l	用钢尺量，l 为两节桩长
	7	硫黄胶泥接桩： 　胶泥浇注时间 　浇注后停歇时间	min min	<2 >7	秒表测定
	8	桩顶标高	mm	±50	水准仪
	9	停锤标准	设计要求		现场实测或查沉桩记录

⊙ 业务要点 5：钢桩

1. 工程质量控制

1）施工前应检查进入现场的成品钢桩。钢桩包括钢管桩、型钢桩等。成品钢桩也是在工厂生产，应有一套质检标准，但也会因运输堆放造成桩的变形，因此，进场后需再做检验。

2）H 型钢桩断面刚度较小，锤重不宜大于 4.5t 级（柴油锤），且在锤击过程中桩架前应有横向约束装置，防止横向失稳。持力层较硬时，H 型钢桩不宜送桩。

3）钢管桩如锤击沉桩有困难，可在管内取土以助沉。

4）施工过程中应检查钢桩的垂直度、沉入过程、电焊连接质量、电焊后的停歇时间、桩顶锤击后的完整状况。

5）施工结束后应做承载力检验。

2. 工程质量验收标准

成品钢桩、钢桩工程质量验收标准应符合表 2-29 及表 2-30 的规定。

表 2-29　成品钢桩质量验收标准

项目	序号	检验项目		允许偏差或允许值		检验方法
				单位	数值	
主控项目	1	外径或断面尺寸	桩端部	—	$\pm0.5\%D$	用钢尺量,D 为外径或边长
			桩身	—	$\pm1D$	
	2	矢高		—	$\leqslant1/1000l$	用钢尺量,l 为桩长
一般项目	1	长度		mm	+10	用钢尺量
	2	端部平整度		mm	$\leqslant2$	用水平尺量
	3	H 型钢桩的方正度				用钢尺量,h、T、T' 见图示
		$h>300$		mm	$T+T'\leqslant8$	
		$h<300$		mm	$T+T'\leqslant6$	
	4	端部平面与桩身中心线的倾斜值		mm	$\leqslant2$	用水平尺量

表 2-30　钢桩工程质量验收标准

项目	序号	检验项目	允许偏差或允许值		检验方法
			单位	数值	
主控项目	1	桩位偏差	见表 2-23		用钢尺量
	2	承载力	按基桩检测技术规范		按基桩检测技术规范
一般项目	1	电焊接桩焊缝:			
		1) 上下节端部错口			
		钢管桩外径≥700	mm	$\leqslant3$	用钢尺量
		钢管桩外径<700	mm	$\leqslant2$	用钢尺量
		2) 焊缝咬边深度	mm	$\leqslant0.5$	焊缝检查仪
		3) 焊缝加强层高度	mm	2	焊缝检查仪
		4) 焊缝加强层宽度	mm	2	焊缝检查仪
		5) 焊缝电焊质量外观	无气孔、无焊瘤、无裂缝		直观
		6) 焊缝探伤检验	满足设计要求		按设计要求
	2	电焊结束后的停歇时间	min	>1	秒表测定
	3	节点弯曲矢高		$<1/1000l$	用钢尺量,l 为两节桩长
	4	桩顶标高	mm	±50	水准仪
	5	停锤标准	设计要求		用钢尺量或沉桩记录

🌀 业务要点 6：混凝土灌注桩

1. 工程质量控制

1) 施工前应对水泥、砂、石子(如现场搅拌)、钢材等原材料进行检查,对施工组织设计中制定的施工顺序、监测手段(包括仪器、方法)也应检查。

2) 成孔深度应符合下列要求:

① 摩擦型桩:摩擦桩以设计型桩长控制成孔深度;端承摩擦型桩必须保证设计桩长及桩端进入持力层深度;当采用锤击沉管法成孔时,桩管入土深度控制以标高为主,以贯入度控制为辅。

② 端承型桩:当采用冲(钻)、挖掘成孔时,必须保证桩孔进入设计持力层的深度;当采用锤击沉管法成孔时,沉管深度控制以贯入度为主,设计持力层为辅。

3) 灌筑桩的桩位允许偏差见表 2-24。

4) 钢筋笼的制作应符合下列要求:

① 钢筋的种类、钢号及规格尺寸应符合设计要求。

② 钢筋笼的绑扎场地宜选择现场内运输和就位都较方便的地方。

③ 钢筋笼的绑扎顺序是先将主筋间距布置好,待固定住架立筋后,再按规定的间距绑扎箍筋。主筋净距必须大于混凝土粗骨料粒径 3 倍以上。主筋与架立筋、箍筋之间的接点固定可用电弧焊接等方法。主筋一般不设弯钩,根据施工工艺要求所设弯钩不得向内圆伸露,以免妨碍导管工作。钢筋笼的内径应比导管接头处外径大 100mm 以上。

④ 从加工、控制变形以及搬运、吊装等综合因素考虑,钢筋笼不宜过长,应分段制作。钢筋分段长度一般为 8m 左右。但对于长桩,在采取一些辅助性措施后,也可为 12m 左右或更长一些。

⑤ 为防止钢筋笼在搬运、吊装和安放时变形,可采取下列措施:

a. 每隔 2.0～2.5m 设置加劲箍一道,加劲箍宜设置在主筋外侧;在钢筋笼内每隔 3～4m 装一个可拆卸的十字形临时加劲架,在钢筋笼安放入孔后再拆除。

b. 在直径为 2～3m 的大直径桩中,可使用角钢或扁钢作为架立钢筋,以增大钢筋笼的刚度。

c. 在钢筋笼外侧或内侧的轴线方向安设支柱。

5) 钢筋笼的堆放与搬运。钢筋笼的堆放、搬运和起吊应严格执行规程,应考虑安放入孔的顺序、钢筋笼变形等因素。堆放时,支垫数量要足够,支垫位置要适当,以堆放两层为好。如果能合理使用架立筋牢固绑扎,可以堆放三层。对在堆放、搬运和起吊过程中已经发生变形的钢筋笼,应进行修理后再使用。

6) 清孔。钢筋笼入孔前,要先进行清孔。清孔时应把泥渣清理干净,保证实际有效孔深满足设计要求,以免钢筋笼放不到设计深度。

7) 钢筋笼的安放与连接。钢筋笼安放入孔要对准孔位,垂直缓慢地放入孔内,避免碰孔壁。钢筋笼放入孔内后,要立即采取措施固定好位置。当桩长度较大时,钢筋笼采用逐段接长放入孔内。先将第一段钢筋笼放入孔中,利用其上部架立筋暂时固定在护筒(泥浆护壁钻孔桩)或套管(贝诺托桩)等上部。然后吊起第二段钢筋笼对准位置后,其接头用焊接连接。钢筋笼安放完毕后,一定要检测确认钢筋笼顶端的高度。

8) 钢筋笼主筋保护层应符合下列要求:

① 为确保钢筋笼主筋保护层的厚度,可采取下列措施:

a. 在钢筋笼周围主筋上每隔一定间距设置混凝土垫块,混凝土垫块根据保护层厚度及孔径设计。

b. 用导向钢管控制保护层厚度,钢筋笼由导管中放入,导向钢管长度宜与钢筋笼长度一致,在灌筑混凝土过程中再分段拔出导管或灌筑完混凝土后一次拔出。

c. 在主筋外侧安设定位器,其外形呈圆弧状突起。定位器在贝诺托法中通常使用直径 9~13mm 的普通圆钢,在反循环钻成孔法和钻斗钻成孔法中,为了防止桩孔侧面受到损坏,大多使用宽度为 50mm 左右的钢板,长度 400~500mm。在同一断面上定位器有 4~6 处,沿桩长的间距为 2~10m。

② 主筋的混凝土保护层厚度不应小于 50mm(水下浇注混凝土桩),或不应小于 30mm(非水下浇注混凝土桩)。

③ 钢筋笼主筋的保护层允许偏差如下:

a. 水下浇注混凝土桩:±20mm。

b. 非水下浇注混凝土桩:±10mm。

9) 施工结束后,应检查混凝土强度,并应做桩体质量及承载力的检验。

2. 工程质量验收标准

混凝土灌筑桩工程质量验收标准应符合表 2-31、表 2-32 的规定。

表 2-31　混凝土灌注桩钢筋笼工程质量验收标准　　（单位:mm）

项目	序号	检验项目	允许偏差或允许值	检验方法
主控项目	1	主筋间距	±10	用钢尺量
	2	钢筋骨架长度	±100	用钢尺量
一般项目	1	钢筋材质检验	设计要求	抽样送检
	2	箍筋间距	±20	用钢尺量
	3	直径	±10	用钢尺量

表 2-32　混凝土灌注桩工程质量验收标准

项目	序号	检验项目	允许偏差或允许值		检验方法
			单位	数值	
主控项目	1	桩位	见表 2-24		基坑开挖前量护筒,开挖后量桩中心
	2	孔深	mm	+300	只深不浅,用重锤测,可测钻杆、套管长度,嵌岩桩应确保进入设计要求的嵌岩深度
	3	桩体质量检验	按基桩检测技术规范。如钻芯取样,大直径嵌岩桩应钻至桩尖下 500mm		按基桩检测技术规范
	4	混凝土强度	设计要求		试件报告或钻芯取样送检
	5	承载力	按基桩检测技术规范		按基桩检测技术规范
一般项目	1	垂直度	见表 2-24		测套管或钻杆,或用超声波探测,干施工时吊垂球
	2	桩径	见表 2-24		井径仪或超声波检测,干施工时用钢尺量,人工挖孔桩不包括内衬厚度
	3	泥浆密度(黏土或砂性土中)	1.15～1.2		用比重计测,清孔后在距孔底 50cm 处取样
	4	泥浆面标高(高于地下水位)	m	0.5～1.0	目测
	5	沉渣厚度:端承桩　　摩擦桩	mm	≤50　　≤150	用沉渣仪或重锤测量
	6	混凝土坍落度	mm	160～220	坍落度仪
	7	钢筋笼安装深度	mm	±100	用钢尺量
	8	混凝土充盈系数	>1		检查每根桩的实际灌注量
	9	桩顶标高	mm	+30,−50	水准仪,需扣除桩顶浮浆层及劣质桩体

第三节　土方工程

本节导读

本节主要介绍了土方开挖、土方回填以及季节性施工的工程质量控制要点及工程质量验收标准,其内容关系图如图 2-3 所示。

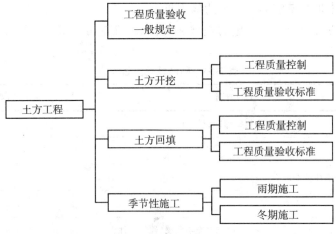

图 2-3　本节内容关系图

业务要点 1：工程质量验收一般规定

1）土方工程施工前应进行挖、填方的平衡计算，综合考虑土方运距最短、运程合理和各个工程项目的合理施工程序等，做好土方平衡调配，减少重复挖运。

土方平衡调配应尽可能与城市规划和农田水利相结合，将余土一次性运到指定弃土场，做到文明施工。

2）当土方工程挖方较深时，施工单位应采取措施，防止基坑底部土的隆起并避免危害周边环境。

3）在挖方前，应做好地面排水和降低地下水位工作。

4）平整场地的表面坡度应符合设计要求，如设计无要求时，排水沟方向的坡度不应小于 2‰。平整后的场地表面应逐点检查。检查点为每 $100 \sim 400 \text{m}^2$ 取 1 点，但不应少于 10 点；长度、宽度和边坡均为每 20m 取 1 点，每边不应少于 1 点。

5）土方工程施工，应经常测量和校核其平面位置、水平标高和边坡坡度。平面控制桩和水准控制点应采取可靠的保护措施，定期复测和检查。土方不应堆在基坑边缘。

6）对雨期和冬期施工还应遵守国家现行有关标准。

业务要点 2：土方开挖

1. 工程质量控制

1）在土方工程施工测量中，应对平面位置（包括控制边界线、分界线、边坡的上口线和底口线等）、边坡坡度（包括放坡线、变坡等）和标高（包括各个地段的标高）等经常进行测量，校核是否符合设计要求。

上述施工测量的基准——平面控制桩和水准控制点，应定期进行复测和检查。

2) 挖土堆放不能离基坑上边缘太近。

3) 土方开挖应具有一定的边坡坡度,临时性挖方边坡值应符合表 2-33 的规定。

表 2-33　临时性挖方边坡值

土的类别		边坡值(高∶宽)
砂土(不包括细砂、粉砂)		1∶1.25～1∶1.50
一般性黏土	硬	1∶0.75～1∶1.00
	硬、塑	1∶1.00～1∶1.25
	软	1∶1.50 或更缓
碎石类土	充填坚硬、硬塑黏性土	1∶0.50～1∶1.00
	充填砂土	1∶1.00～1∶1.50

注:1. 设计有要求时,应符合设计标准。

　　2. 如采用降水或其他加固措施,可不受本表限制,但应计算复核。

　　3. 开挖深度,对软土不应超过 4m,对硬土不应超过 8m。

4) 为了使建(构)筑物有一个比较均匀的下沉,对地基应进行严格的检验,与地质勘查报告进行核对,检查地基土与工程地质勘查报告、设计图纸是否相符,有无破坏原状土的结构或发生较大的扰动现象。进行验槽的方法主要有:

① 表面检查验槽法:

a. 根据槽壁土层分布情况及走向,初步判明全部基底是否已挖至设计所要求的土层。

b. 检查槽底是否已挖至原(老)土,是否需继续下挖或进行处理。

c. 检查整个槽底土的颜色是否均匀一致;土的坚硬程度是否一样,有否局部过松软或过坚硬的部位;有否局部含水量异常现象,走上去有没有颤动的感觉等。如有异常部位,要会同设计等有关单位进行处理。

② 钎探检查验槽法:基坑挖好后,用锤把钢钎打入槽底的基土内,根据每打入一定深度的锤击次数,来判断地基土质情况。

a. 钢钎的规格和重量:钢钎用直径 22～25mm 的钢筋制成,钎尖呈 60°尖锥状,长度为 1.8～2.0m。配合重量为 3.6～4.5kg 铁锤。打锤时,举高离钎顶 50～70cm,将钢钎垂直打入土中,并记录每打入土层 30cm 的锤击数。

b. 钎孔布置和钎探深度:应根据地基土质的复杂情况和基槽宽度、形状而定,一般可参考表 2-34。

表 2-34　钎孔布置表

基槽宽/cm	排列方式及图示	间距 L/m	钎孔深度/m
小于 80	中心一排	1～2	1.2
80～200	两排错开	1～2	1.5
大于 200	梅花形	1～2	2.0
柱基	梅花形	1～2	≥1.5m，并不浅于短边宽度

注：对于较软弱的新近沉积黏性土和人工杂填土的地基，钎孔间距应不大于 1.5m。

c. 钎探记录和结果分析：先绘制基槽平面图，在图上根据要求确定钎探点的平面位置，并依次编号制成钎探平面图。钎探时按钎探平面图标定的钎探点顺序进行，最后整理成钎探记录表。

d. 全部钎探完后，逐层分析研究钎探记录，然后逐点进行比较，将锤击数显著过多或过少的钎孔在钎探平面图上做上记号，然后再在该部位进行重点检查，如有异常情况，要认真进行处理。

③ 洛阳铲钎探验槽法：在黄土地区基坑挖好后或大面积基坑挖土前，根据建筑物所在地区的具体情况或设计要求，对基坑底以下的土质、古墓、洞穴用专用洛阳铲进行钎探检查。

a. 探孔的布置：探孔布置见表 2-35。

表 2-35　探孔布置表

基槽宽/mm	排列方式及图示	间距 L/m	探孔深度/m
小于 2000		1.5～2.0	3.0
大于 2000		1.5～2.0	3.0

基槽宽/mm	排列方式及图示	间距 L/m	探孔深度/m
柱基		1.5～2.0	3.0(荷重较大时 为 4.0～5.0)
加孔		<2.0(如基础过宽时中间再加孔)	3.0

b. 探查记录和成果分析：先绘制基础平面图，在图上根据要求确定探孔的平面位置，并依次编号，再按编号顺序进行探孔。探查过程中，一般每 3～5 铲看一下土，查看土质变化和含有物的情况。遇有土质变化或含有杂物情况，应测量深度并用文字记录清楚。遇有墓穴、地道、地窖、废井等时，应在此部位缩小探孔距离(一般为 1m 左右)，沿其周围仔细探查清其大小、深浅、平面形状，并在探孔平面图中标注出来，全部探查完后，绘制探孔平面图和各探孔不同深度的土质情况表，为地基处理提供完整的资料。探完以后，尽快用素土或灰土将探孔回填。

④ 轻型动力触探法验槽：

a. 遇到下列情况之一时，应在基坑底普遍进行轻型动力触探：

(a) 持力层明显不均匀。

(b) 浅部有软弱下卧层。

(c) 有浅埋的坑穴、古墓、古井等，直接观察难以发现时。

(d) 勘查报告或设计文件规定应进行轻型动力触探时。

b. 采用轻型动力触探进行基槽检验时，检验深度及间距按表 2-36 执行。

表 2-36 轻型动力触探检验深度及间距表 　　　　(单位:mm)

排列方式	基槽宽度	检验深度	检验间距
中心一排	<0.8	1.2	
两排错开	0.8～2.0	1.5	1.0～1.5m 视地层复杂情况定
梅花形	>2.0	2.1	

2. 工程质量验收标准

土方开挖工程质量验收标准应符合表 2-37 的规定。

表 2-37　土方开挖工程质量验收标准　　　（单位：mm）

项目	序号	检验项目	允许偏差或允许值					检验方法
			柱基基坑基槽	挖方场地平整		管沟	地（路）面基层	
				人工	机械			
主控项目	1	标高	−50	±30	±50	−50	−50	水准仪
	2	长度、宽度（由设计中心线向两边量）	+200 −50	+300 −100	+500 −150	+100	—	经纬仪，用钢尺量
	3	边坡	设计要求					观察或用坡度尺检查
一般项目	1	表面平整度	20	20	50	20	20	用 2m 靠尺和楔形塞尺检查
	2	基底土性	设计要求					观察或土样分析

注：地（路）面基层的偏差只适用于直接在挖、填方上做地（路）面的基层。

业务要点 3：土方回填

1. 工程质量控制

1）土方回填前应清除基底的垃圾、树根等杂物，抽除坑穴积水、淤泥，验收基底标高。如在耕植土或松土上填方，应在基底压实后再进行。

填方基底处理，属于隐蔽工程，必须按设计要求施工。如设计无要求时，必须符合以上规定。

2）填方基底处理应做好隐蔽工程验收，重点内容应画图表示，基底处理经中间验收合格后，才能进行填方和压实。

3）经中间验收合格的填方区域场地应基本平整，并有 0.2% 坡度有利于排水，填方区域有陡于 1/5 的坡度时，应控制好阶宽不小于 1m 的阶梯形台阶，台阶面口严禁上抬造成台阶上积水。

4）回填土的含水量控制：土的最佳含水量和最少压实遍数可通过试验求得。土的最佳含水量和最大干密度也可参见表 2-38。

表 2-38　土的最佳含水量和最大干密度参考表

土的种类	变动范围	
	最佳含水量（重量比%）	最大干密度/（g/cm³）
砂土	8~12	1.80~1.88
黏土	19~23	1.58~1.70
粉质黏土	12~15	1.85~1.95
粉土	16~22	1.61~1.80

注：1. 表中土的最大干密度应根据现场实际达到的数字为准。

2. 一般性的回填可不作此项测定。

5) 填土的边坡控制见表 2-39。

表 2-39　填土的边坡控制

土的种类	填方高度/m	边坡坡度
黏土类土、黄土、类黄土	6	1：1.50
粉质黏土、泥灰岩土	6～7	1：1.50
中砂和粗砂	10	1：1.50
砾石和碎石土	10～12	1：1.50
易风化的岩土	12	1：1.50
轻微风化、尺寸在 25cm 内的石料	6 以内	1：1.33
	6～12	1：1.50
轻微风化、尺寸大于 25cm 的石料,边坡用最大石块、分排整齐铺砌	12 以内	1：1.50～1：0.75
轻微风化、尺寸大于 40cm 的石料,其边坡分排整齐	5 以内	1：0.50
	5～10	1：0.65
	>10	1：1.00

注:1. 当填方高度超过本表规定限值时,其边坡可做成折线形,填方下部的边坡坡度应为 1：1.75～1：2.00。

　　2. 凡永久性填方,土的种类未列入本表者,其边坡坡度不得大于 $\phi+45°/2$,ϕ 为土的自然倾斜角。

6) 对填方土料应按设计要求验收后方可填入。

7) 填方施工过程中应检查排水措施,每层填筑厚度、含水量控制、压实程度。

8) 填筑厚度及压实遍数应根据土质、压实系数及所用机具确定。如无试验依据,应符合表 2-40 的规定。

表 2-40　填土施工时的分层厚度及压实遍数

压实机具	分层厚度/mm	每层压实遍数/遍
平碾	250～300	6～8
振动压实机	250～350	3～4
柴油打夯机	200～250	3～4
人工打夯	<200	3～4

9) 分层压实系数 λ_c 的检查方法按设计规定方法进行。

当设计没有规定时,分层压实系数 λ_c 采用环刀取样测定土的干密度,求出土的密实系数($\lambda_c=\rho_d/\rho_{dmax}$,$\rho_d$ 为土的控制干密度,ρ_{dmax} 为土的最大干密度);或用小轻便触探仪直接通过锤击数来检验压实系数;也可用钢筋贯入深度法检查填土地基质量,但必须按击实试验测得的钢筋贯入深度的方法。

环刀取样、小轻便触探仪锤数、钢筋贯入深度法取得的压实系数均应符合设计要求的压实系数。当设计无详细规定时,可参见填方的压实系数(密实度)要求(表 2-41)。

表 2-41　填方的压实系数(密实度)要求

结构类型	填土部位	压实系数 λ_c
砌体承重结构和框架结构	在地基主要持力层范围内	>0.96
	在地基主要持力层范围以下	0.93～0.96
简支结构和排架结构	在地基主要持力层范围内	0.94～0.97
	在地基主要持力层范围以下	0.91～0.93
一般工程	基础四周或两侧一般回填土	0.90
	室内地坪、管道地沟回填土	0.90
	一般堆放物体场地回填土	0.85

注:压实系数 λ_c 为土的控制干密度 ρ_d 与最大干密度 ρ_{dmax} 的比值。控制含水量为 $\omega_{op} \pm 2\%$。

2. 工程质量验收标准

填方施工结束后,应检查标高、边坡坡度、压实程度等,验收标准应符合表 2-42 的规定。

表 2-42　土方回填工程质量验收标准　　　　　(单位:mm)

项目	序号	检验项目	允许偏差或允许值					检验方法
			桩基基坑基槽	场地平整		管沟	地(路)面基础层	
				人工	机械			
主控项目	1	标高	−50	±30	±50	−50	−50	水准仪
	2	分层压实系数	设计要求					按规定方法
一般项目	1	回填土料	设计要求					取样检查或直观鉴别
	2	分层厚度及含水量	设计要求					水准仪及抽样检查
	3	表面平整度	20	20	30	20	20	用靠尺或水准仪

⊚ 业务要点 4:季节性施工

1. 雨期施工

土方工程施工应尽可能避开雨期,或安排在雨期之前,也可安排在雨期之后进行。对于无法避开雨期的土方工程,应做好如下主要的措施:

1) 大型基坑或施工周期长的地下工程,应先在基础边坡四周做好截水沟、挡水堤,防止场内雨水灌槽。

2) 一般挖槽要根据土的种类、性质、湿度和挖槽深度,按照安全规程放坡,挖土过程中加强对边坡和支撑的检查。必要时放缓边坡或加设支撑,以保证边坡的稳定。

3) 雨期施工,土方开挖面不宜过大,应逐段、逐片分期完成。

4) 挖出的土方应集中运至场外,以避免场内积水或造成塌方。留作回填土的应集中堆放于槽边 3m 以外。机械在槽外侧行驶应距槽边 5m 以外,手推车运输应距槽边 1m 以外。

5) 回填土时,应先排出槽内积水,然后方可填土夯实。

6) 雨期进行灰土基础垫层施工时,应做到"四随"(即随筛、随拌、随运、随打),如未经夯实而淋雨时,应挖出重做。在雨期施工期间,当天所下的灰土必须当日打完,槽内不准留有虚土。

2. 冬期施工

土方工程不宜在冬期施工,以免增加工程造价。如必须在冬期施工,其施工方法应经过技术经济比较后确定。施工前应周密计划、充分准备,做到连续施工。

1) 凡冬期施工期间新开工程,可根据地下水位、地质情况,尽先采用预制混凝土桩或钻孔灌注桩,并及早落实施工条件,进行变更设计洽商,以减少大量的土方开挖工程。

2) 冬期施工期间,原则上尽量不开挖冻土。如必须在冬期开挖基础土方,应预先采取防冻措施,即沿槽两侧各加宽 30～40cm 的范围内,于冻结前,用保温材料覆盖或将表面不小于 30cm 厚的土层翻松。此外,也可以采用机械开冻土法或白灰(石灰)开冻土法。

3) 开挖基坑(槽)或管沟时,必须防止基土遭受冻结。如基坑(槽)开挖完毕至垫层和基础施工之间有间歇时间,应在基底的标高之上留适当厚度的松土或保温材料覆盖。

4) 冬期开挖土方时,如可能引起邻近建筑物(或构筑物)的地基或地下设施产生冻结破坏时,应预先采取防冻措施。

5) 冬期施工基础应及时回填,并用土覆盖表面免遭冻结。用于房心回填的土应采取保温防冻措施。不允许在冻土层上做地面垫层,防止地面的下沉或裂缝。

6) 为保证回填土的密实度,规范规定室外的基坑(槽)或管沟,允许用含有冻土块的土回填,但冻土块的体积不得超过填土总体积的 15%;管沟底至管顶 50cm 范围内,不得用含有冻土块的土回填;室内的基坑(槽)或管沟不得用含有冻块的土回填,以防常温后发生沉陷。

7) 灰土应尽量错开严冬期施工,灰土不准许受冻,如必须在严冬期打灰土时,要做到随拌、随打、随盖。一般当气温低于 -10℃ 时,灰土不宜施工。

第四节　基坑工程

本节导读

基坑工程是指为保证基坑施工、主体地下结构的安全和周围环境不受损害而采取的支护结构、降水和土方开挖与回填,包括勘查、设计、施工、监测和检测等,是一项综合性很强的系统工程。本节主要介绍了排桩墙支护工程、水泥土桩墙支护工程、锚杆及土钉墙支护工程及地下连续墙工程质量控制要点及工程质量验收标准。其内容关系图如图 2-4 所示。

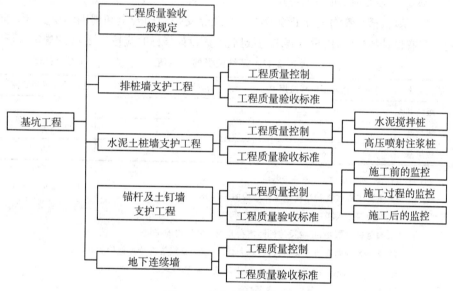

图 2-4　本节内容关系图

业务要点 1:工程质量验收一般规定

1) 在基坑(槽)或管沟工程等开挖施工中,现场不宜进行放坡开挖,当可能对邻近建(构)筑物、地下管线、永久性道路产生危害时,应对基坑(槽)、管沟进行支护后再开挖。

2) 基坑(槽)、管沟开挖前应做好以下工作:

① 基坑(槽)、管沟开挖前,应根据支护结构形式、挖深、地质条件、施工方法、周围环境、工期、气候和地面载荷等资料制订施工方案、环境保护措施、监测方案,经审批后方可施工。

② 土方工程施工前,应对降水、排水措施进行设计,系统应经检查和试运转,一切正常时方可开始施工。

③ 支护结构应经验收合格后方可进行土方开挖。

3）土方开挖的顺序、方法必须与设计工况相一致,并遵循"开槽支撑,先撑后挖,分层开挖,严禁超挖"的原则。

4）基坑(槽)、管沟的挖土应分层进行。在施工过程中基坑(槽)、管沟边堆置土方不应超过设计荷载,挖方时不应碰撞或损伤支护结构、降水设施。

5）基坑(槽)、管沟土方施工中应对支护结构、周围环境进行观察和监测,如出现异常情况应及时处理,待恢复正常后方可继续施工。

6）基坑(槽)、管沟开挖至设计标高后,应对坑底进行保护,经验槽合格后,方可进行垫层施工。对特大型基坑,宜分区分块挖至设计标高,分区分块及时浇筑垫层。必要时,可加强垫层。

7）基坑(槽)、管沟土方工程验收必须确保支护结构安全和周围环境安全为前提。当有设计指标时,以设计要求为依据,如无设计指标时应按表 2-43 的规定执行。

表 2-43　基坑变形的监控值　　　　　　　　（单位:mm）

基坑类别	支护结构墙顶位移监控值	支护结构墙体最大位移监控值	地面最大沉降监控值
一级坑基	3	5	3
二级坑基	6	8	6
三级坑基	8	10	10

注:1. 符合下列情况之一,为一级基坑:

　　1）重要工程或支护结构做主体结构的一部分。

　　2）开挖深度大于 10m。

　　3）与邻近建筑物,重要设施的距离在开挖深度以内的基坑。

　　4）基坑范围内有历史文物、近代优秀建筑、重要管线等需严加保护的基坑。

2. 三级基坑为开挖深度小于 7m,且周围环境无特别要求时的基坑。

3. 除一级和三级外的基坑属二级基坑。

4. 当周围已有的设施有特殊要求时,尚应符合这些要求。

业务要点 2:排桩墙支护工程

构成排桩墙的桩型主要有钻(冲)孔灌注桩、预制管桩、钢板桩等。应用于排桩墙的钻(冲)孔灌注桩、预制管桩的工艺与应用于桩基工程的基本相同,稍有区别的是检测验收项目。

1. 工程质量控制

(1) 施工前的监控

1）新桩需提供出厂检验合格证,并详细丈量尺寸,检验其是否符合要求。

2）旧桩抽查垂直度、弯曲度及齿槽平直度及光滑度是否符合要求。

3）进场的桩按不同长度分别堆放,做好标志。

4）桩在打入前应将桩尖处的凹槽口封闭,避免泥土挤入,锁口应涂以黄油或其他油脂。对于年久失修、锁口变形、锈蚀严重的钢板桩,应进行整修矫正。弯曲变形的桩,可用油压千斤顶顶压或火烘等方法进行矫正。

（2）施工过程的监控

在拼接钢板桩时,两端钢板桩要对正顶紧夹持于牢固的夹具内施焊,要求两钢板桩端头间缝隙不大于 3mm,断面上的错位不大于 2mm,全部的锁口均要涂防水混合材料,使锁口嵌缝严密。

开始打设的一两块钢板桩的位置和方向应确保精确,以便起到导向样板作用,故每打入 1m 应测量一次,打至预定深度后立即用钢筋或钢板与围檩支架电焊作临时固定。

打桩时必须在桩顶安装桩帽,以免桩顶被破坏。切忌锤击过猛,以免桩尖弯卷,造成拔桩困难。钢板桩施工质量通病见表 2-44。

表 2-44 钢板桩施工质量通病

序 号	通 病	产生原因	防治措施
1	桩间搭接不严	定桩位不准确或打桩施工过程中偏移	打桩前准确定位;锤击时注意方向及力量
2	桩不垂直	前一支桩不垂直,锤击过猛	每根桩施工时准确定位,锤击时注意方向及力量
3	拔桩困难	桩尖折弯	锤击时不得过猛、偏击

（3）施工后的监控

拔除钢板桩时,首先选择一组或一块较易拔除的钢板桩,拔桩时要先震动 1～2min,再慢慢启动卷扬机拔桩。在有松动后再边震边拔,防止蛮干。

2. 工程质量验收标准

1）灌注桩、预制桩工程质量验收标准应符合本章第二节业务要点 1 的规定。钢板桩均为工厂成品,新桩可按出厂标准检验,重复使用的钢板桩工程质量验收标准应符合表 2-45 的规定,混凝土板桩工程质量验收标准应符合表 2-46 的规定。

表 2-45 重复使用的钢板桩工程质量验收标准

序号	检验项目	允许偏差或允许值		检验方法
		单位	数值	
1	桩垂直度	%	<1	用钢尺量
2	桩身弯曲度		<2%l	用钢尺量,l 为桩长
3	齿槽平直度	无电焊渣或毛刺		用 1m 长的桩段做通过试验
4	桩长度	不小于设计长度		用钢尺量

表 2-46　混凝土板桩工程质量验收标准

项目	序号	检验项目	允许偏差或允许值		检验方法
			单位	数值	
主控项目	1	桩长度	mm	+10 0	用钢尺量
	2	桩身弯曲度	mm	<0.1%l	用钢尺量,l 为桩长
一般项目	1	保护层厚度	mm	±5	用钢尺量
	2	模截面相对两面之差	mm	5	用钢尺量
	3	桩尖对桩轴线的位移	mm	10	用钢尺量
	4	桩厚度	mm	+10 0	用钢尺量
	5	凹凸槽尺寸	mm	±3	用钢尺量

2) 排桩墙支护的基坑,开挖后应及时支护,每一道支撑施工应确保基坑变形在设计要求的控制范围内。

3) 在含水地层范围内的排桩墙支护基坑,应有确实可靠的止水措施,确保基坑施工及邻近构筑物的安全。

业务要点 3:水泥土桩墙支护工程

水泥土桩墙主要指利用水泥与原状土混合后改良原状土的物理力学性质,起到提高土体承载力、阻隔地下水渗流通道的作用。常用的方法有水泥搅拌桩、高压喷射注浆桩等。

1. 工程质量控制

(1) 水泥搅拌桩

1) 施工前的监控:

① 桩机组装检测,制浆及灌浆设备安装检测。

② 水泥原材料进场送检。

③ 桩位测量放线并做好标记。

2) 施工过程的监控:施工过程中主要监控点是定桩位、水泥用量、灌浆压力及成桩深度。

① 定桩位:根据设计图纸,现场定桩位,移动搅拌机将搅拌头中心点对准桩位点,并用水平尺核平机台。

② 水泥用量:用流量计控制,水泥掺入量不得少于设计值,一般为 13%～15%,监控水泥用量的同时注意控制水灰比符合设计要求,用比重计测量,一般为 0.5 左右。

③ 灌浆压力:从输送泵压力表读出,压力值符合设计要求,一般为 0.5～

1.5MPa。

④ 成桩深度：从桩机上的读数盘读出，注意钻头在地面时初始值归零。

其中压力灌浆过程应做旁站监控。

水泥搅拌桩施工中的通病见表 2-47。

表 2-47　水泥搅拌桩施工中的通病

序号	通病	产生原因	防治措施
1	桩间搭接过大或过小	桩位测定不准确或桩基施工过程中偏移	开钻前准确桩位；开钻前及钻进过程用水平尺测机台及立杆，保证机台平稳、立杆垂直
2	段桩	提升速度过快、灌浆中断或灌浆压力不足	机头提升速度不大于 0.5m/min 或不大于设计值；制备足够水泥浆备用并保持满足设计要求的灌浆压力
3	斜桩	桩基施工过程中偏移、倾斜	开钻前及钻进过程用水平尺测机台及立杆，保证机台平稳、立杆垂直
4	水泥土强度不足	水泥掺入量不足、灌浆提升过程搅拌不充分	通过流量计读数，水泥掺入量不得小于设计值；机头提升过程保持桩机的搅拌动作，机头提升速度不大于 0.5m/min 或不大于设计值
5	基坑开挖后漏水	桩间搭接过小或无搭接	开钻前按设计要求准确定桩位，并采取应对断桩的措施

3）施工后的监控：施工完成后注意桩头的保护，很多情况下，桩头并不是到地表的，即使有一段空桩，桩头提出地表后必须向孔内回填土压实，避免安全隐患。

施工完成 28d 后按《建筑地基基础工程施工质量验收规范》GB 50202—2002 进行分项工程验收。

（2）高压喷射注浆桩

高压喷射注浆的原理是利用钻机把带有喷头的注浆管钻至土层的预定位置后，以高压设备使浆液成为高压流冲击破坏土体，土粒与浆液搅拌混合，浆液以填充、渗透和挤密等方式扩散至土体中，经人工控制一定时间后，浆液将原来松散的土粒或裂隙胶结成一个整体，从而达到形成隔水帷幕、提高地基承载力的目的。

2. 工程质量验收标准

1）水泥土墙支护结构指水泥土搅拌桩（包括加筋水泥土搅拌桩）、高压喷射注浆桩所构成的围护结构。

2）水泥土搅拌桩及高压喷射注浆桩的质量检验应满足水泥土搅拌桩地基和高压喷射注浆桩地基的规定。

3）加筋水泥土搅拌桩工程质量验收标准应符合表 2-48 的规定。

表 2-48　加筋水泥土搅拌桩工程质量验收标准

序号	检验项目	允许偏差或允许值		检验方法
		单位	数值	
1	型钢长度	mm	±10	用钢尺量
2	型钢垂直度	%	<1	经纬仪
3	型钢插入标高	mm	±10	水准仪
4	型钢插入水平面位置	mm	10	用钢尺量

业务要点 4：锚杆及土钉墙支护工程

1. 工程质量控制

锚杆及土钉墙是基坑工程中最为常见的支护方式。锚杆又可细分为全长黏结型和预应力型,土钉墙是由土钉+坡面喷混凝土结合而成。

锚杆及土钉墙支护工程施工前应熟悉地质资料、设计图纸及周围环境,降水系统应确保正常工作,必需的施工设备如挖掘机、钻机、压浆泵、搅拌机等应能正常工作。

锚杆正式施工前应按设计及规范要求做抗拔力试验,以验证设计参数。试验锚杆的施工工艺与正式锚杆相同,试验所取得的各项数据报设计单位,设计单位确认后方可进入正式锚杆的施工。

一般情况下,应遵循分段开挖、分段支护的原则,不宜按一次挖就再行支护的方式施工。

施工中应对锚杆或土钉位置,钻孔直径、深度及角度,锚杆或土钉插入长度,注浆配比、压力及注浆量,喷锚墙面厚度及强度、锚杆或土钉应力等进行检查。

每段支护体施工完后,应检查坡顶或坡面位移,坡顶沉降及周围环境变化,如有异常情况应采取措施,恢复正常后方可继续施工。

（1）施工前的监控

1）施工设备进场安装调试。

2）进场材料报审送检,主要是钢筋原材、钢筋焊接、砂、石子、水泥等。

3）锚杆抗拔力试验。

4）土方开挖至设计锚杆位置或具备土钉墙工作面后及时进行锚杆、土钉墙施工。

5）锚杆孔位测量、复核。

（2）施工过程的监控

1）锚杆成孔角度、深度、锚杆长度符合设计要求。

2）锚杆注浆压力、注浆量符合要求。

3）土钉墙施工前坡面修整,坡率符合设计要求。

4）土钉墙初喷后钢筋网或铁丝网挂设符合设计要求,喷混凝土厚度符合设计要求。

5）施工过程做好记录,主要包括锚杆的成孔、锚杆制作、注浆,土钉墙钢筋网或铁丝网挂设、喷混凝土等。

锚杆及土钉墙施工中的通病见表 2-49。

表 2-49 锚杆及土钉墙施工中的通病

序号	通病	产生原因	防治措施
1	锚杆孔位偏移	孔位测定不准确	开钻前准确定桩位,可采用成批测放
2	锚杆无法置入孔内	孔深不足或孔内堵塞	钻孔深度满足要求,锚杆置入前清孔
3	锚杆受拉出（未达设计应力）	锚杆长度不足、注浆不充分或地层差	锚杆长度及注浆严格按设计进行,地层与设计有明显差别应通知相关单位调整施工工艺
4	土钉墙开裂	喷混凝土施工后养护不足、大面积施工未设伸缩缝	喷混凝土施工后进行养护不少于 7d,按设计要求设置伸缩缝
5	土钉墙厚度不足	偷工减料	喷混凝土施工前在坡面上设置厚度标记,严格按设计厚度施工

（3）施工后的监控

土钉墙完成后可能因雨水冲刷有掉块甚至坍塌现象,应及时进行抢险修补。锚杆检测工作,主要是锚杆锁定力的抗拔试验;土钉墙检测工作,主要是土钉墙的厚度,检测工作严格按《建筑地基基础工程施工质量验收规范》GB 50202—2002 执行。

2. 工程质量验收标准

锚杆及土钉墙支护工程质量验收标准见表 2-50。

表 2-50 锚杆及土钉墙支护工程质量验收标准

项目	序号	检验项目	允许偏差或允许值		检验方法
			单位	数值	
主控项目	1	锚杆土钉长度	mm	±30	用钢尺量
	2	锚杆锁定力	设计要求		现场实测

续表

项目	序号	检验项目	允许偏差或允许值		检验方法
			单位	数值	
一般项目	1	锚杆或土钉位置	mm	±100	用钢尺量
	2	钻孔倾斜度	°	±1	测钻机倾角
	3	浆体强度	设计要求		试样送检
	4	注浆量	大于理论计算浆量		检查计量数据
	5	土钉墙面厚度	mm	±10	用钢尺量
	6	墙体强度	设计要求		试样送检

业务要点 5：地下连续墙

1. 质量控制要点

1）地下连续墙均应设置导墙，导墙形式有预制及现浇两种，现浇导墙形状有"L"形或倒"L"形，可根据不同土质选用。

2）地下连续墙施工前宜先试成槽，以检验泥浆的配比、成槽机的选型并可复核地质资料。

3）作为永久结构的地下连续墙，其抗渗质量标准可按现行国家标准《地下防水工程质量验收规范》GB 50208—2011执行。

4）地下连续墙槽段间的连接接头形式，应根据地下连续墙的使用要求选用，且应考虑施工单位的经验，无论选用何种接头，在浇注混凝土前，接头处必须刷洗干净，不留任何泥砂或污物。

5）地下连续墙与地下室结构顶板、楼板、底板及梁之间连接可预埋钢筋或接驳器（锥螺纹或直螺纹），对接驳器也应按原材料检验要求，抽样复验。数量为每500套为一个检验批，每批应抽查3件，复验内容为外观、尺寸、抗拉试验等。

6）施工前应检验进场的钢材、电焊条。已完工的导墙应检查其净空尺寸，墙面平整度与垂直度。检查泥浆用的仪器、泥浆循环系统应完好。地下连续连续墙应用商品混凝土。

7）施工中应检查成槽的垂直度、槽底的淤积物厚度、泥浆比重、钢筋笼尺寸、浇注导管位置、混凝土上升速度、浇注面标高、地下连续墙连接面的清洗程度、商品混凝土的坍落度、锁口管或接头箱的拔出时间及速度等。

8）成槽结束后应对成槽的宽度、深度及倾斜度进行检验，重要结构每段槽段都应检查，一般结构可抽查总槽段数的20%，每槽段应抽查1个段面。

9）永久性结构的地下连续墙，在钢筋笼沉放后，应做二次清孔，沉渣厚度应符合要求。

10）每 50m³地下连续墙应做 1 组试件,每幅槽段不得少于 1 组,在强度满足设计要求后方可开挖土方。

2. 质量检查与验收

1）作为永久性结构的地下连续墙,土方开挖后应进行逐段检查,钢筋混凝土底板也应符合现行国家标准《混凝土结构工程施工质量验收规范(2011 版)》GB 50204—2002 的规定。

2）地下连续墙的钢筋笼质量验收标准应符合表 2-31 的规定。其他标准应符合表 2-51 的规定。

表 2-51　地下连续墙工程质量验收标准

项目	序号	检验项目		允许偏差或允许值		检验方法
				单位	数值	
主控项目	1	墙体强度		设计要求		查试件记录或取芯试压
	2	垂直度:永久结构 临时结构		—	1/300 1/500	测声波测槽仪或 成槽机上的检测系统
一般项目	1	导墙尺寸	宽度	mm	W+40	用钢尺量,W 为地下墙设计厚度
			墙面平整度	mm	<5	用钢尺量
			导墙平面位置	mm	±10	用钢尺量
	2	沉渣厚度:永久结构 临时结构		mm mm	≤100 ≤200	重锤测或沉积物测定仪测
	3	槽深		mm	+100	重锤测
	4	混凝土坍落度		mm	180～220	坍落度测定器
	5	钢筋笼尺度		见表 2-31		见表 2-31
	6	地下墙表面平整度	永久结构	mm	<100	此为均匀黏土层,松散及 易坍土层由设计决定
			临时结构	mm	<150	
			插入式结构	mm	<20	
	7	永久结构时预埋件位置	水平向	mm	≤10	用钢尺量
			垂直向	mm	≤20	水准仪

第三章　砌体工程质量控制

第一节　砌筑砂浆

◎ 本节导读

　　将砖、石、砌块等黏结成为砌体的砂浆称为砌筑砂浆,它起着传递荷载的作用,是砌体的重要组成部分。本节主要介绍了砌筑砂浆材料要求、砂浆的拌制和使用、砂浆试块的抽样及强度评定,其内容关系图如图 3-1 所示。

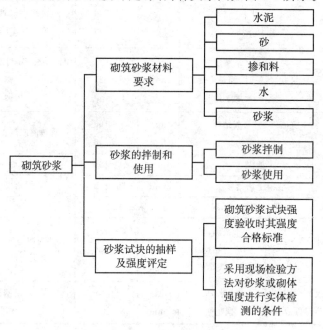

图 3-1　本节内容关系图

◎ 业务要点 1:砌筑砂浆材料要求

　　1. 水泥

　　1) 水泥进场时应对其品种、等级、包装或散装仓号、出厂日期等进行检查。并应对其强度、安定性进行复验,其质量必须符合现行国家标准《通用硅酸盐水泥》GB 175—2007/XG1—2009 的有关规定。

2）当在使用中对水泥质量有怀疑或水泥出厂超过三个月（快硬硅酸盐水泥超过一个月）时，应复查试验，并按复验结果使用。

3）同品种的水泥，不得混合使用。

进行质量检查时，按同一生产厂家、同一品种、同一等级、同一批号连续进场的水泥，袋装水泥不超过 200t 为一批，散装水泥不超过 500t 为一批，每批抽样不少于一次。

检查产品合格证、出厂检验报告和进场复验报告。

2. 砂

砂浆用砂宜采用过筛中砂，并应满足下列要求：

1）不应混有草根、树叶、树枝、塑料、煤块、炉渣等杂物。

2）砂中含泥量、泥块含量、石粉含量、云母、轻物质、有机物、硫化物、硫酸盐及氯盐含量（配筋砌体砌筑用砂）等应符合现行行业标准《普通混凝土用砂、石质量及检验方法标准》JGJ 52—2006 的有关规定。

3）人工砂、山砂及特细砂，应经试配能满足砌筑砂浆技术条件要求。

4）砂中有害杂质的含量。

① 天然砂中含泥量应符合表 3-1 的规定。

表 3-1　天然砂中含泥量

混凝土强度等级	≥C60	C55～C30	≤C25
含泥量（按质量计，%）	≤2.0	≤3.0	≤5.0

对于有抗冻、抗渗或其他特殊要求的小于或等于 C25 混凝土用砂，其含泥量不应大于 3.0%。

② 砂中泥块含量应符合表 3-2 的规定。

表 3-2　砂中泥块含量

混凝土强度等级	≥C60	C55～C30	≤C25
泥块含量（按质量计，%）	≤0.5	≤1.0	≤2.0

对于有抗冻、抗渗或其他特殊要求的小于或等于 C25 混凝土用砂，其泥块含量不应大于 1.0%。

③ 人工砂或混合砂中石粉含量应符合表 3-3 的规定。

表 3-3　人工砂或混合砂中石粉含量

混凝土强度等级		≥C60	C55～C30	≤C25
石粉含量（%）	MB<1.4（合格）	≤5.0	≤7.0	≤10.0
	MB≥1.4（不合格）	≤2.0	≤3.0	≤5.0

④ 当砂中含有云母、轻物质、有机物、硫化物及硫酸盐等有害物质时,其含量应符合表 3-4 的规定。

表 3-4　砂中有害物质含量

项目	质量指标
云母含量(按质量计,%)	≤2.0
轻物质含量(按质量计,%)	≤1.0
硫化物及硫酸盐含量 (折算成 SO_2 按质量计,%)	≤1.0
有机物含量 (用比色法试验)	颜色不应深于标准色,当颜色深于标准色时,应按水泥胶砂强度试验方法进行强度对比试验,抗压强度比不应低于 0.95

当砂中含有颗粒状的硫酸盐或硫化物杂质时,应进行专门检验,确认能满足混凝土耐久性要求后,方可采用。

3. 掺和料

拌制水泥混合砂浆的粉煤灰、建筑生石灰、建筑生石灰粉及石灰膏应符合下列规定:

1) 粉煤灰、建筑生石灰、建筑生石灰粉的品质指标应符合现行行业标准《用于水泥和混凝土中的粉煤灰》GB/T 1596—2005、《建筑生石灰》JC/T 479—1992、《建筑生石灰粉》JC/T 480—1992 的有关规定。

2) 建筑生石灰、建筑生石灰粉熟化为石灰膏,其熟化时间分别不得少于 7d 和 2d;沉淀池中储存的石灰膏,应防止干燥、冻结和污染,严禁采用脱水硬化的石灰膏;建筑生石灰粉、消石灰粉不得替代石灰膏配制水泥石灰砂浆。

3) 石灰膏的用量,应按稠度 120mm±5mm 计量,现场施工中石灰膏不同稠度的换算系数,可按表 3-5 确定。

表 3-5　石灰膏不同稠度的换算系数

稠度/mm	120	110	100	90	80	70	60	50	40	30
换算系数	1.00	0.99	0.97	0.95	0.93	0.92	0.90	0.88	0.87	0.86

4) 分类和等级。粉煤灰按煤种可分为 F 类和 C 类。F 类粉煤灰是由无烟煤或烟煤煅烧收集的粉煤灰。C 类粉煤灰是由褐煤或次烟煤煅烧收集的粉煤灰,其氧化钙的含量一般大于 10%。

拌制混凝土和砂浆用粉煤灰分为 Ⅰ 级、Ⅱ 级和 Ⅲ 级三个等级。

5) 拌制混凝土和砂浆用粉煤灰应符合表 3-6 中技术要求。

表 3-6　拌制混凝土和砂浆用粉煤灰技术要求

项目		技术要求		
		Ⅰ级	Ⅱ级	Ⅲ级
细度(45μm 方孔筛筛余),不大于(%)	F 类粉煤灰	12.0	25.0	45.0
	C 类粉煤灰			
需水量比,不大于(%)	F 类粉煤灰	95	105	115
	C 类粉煤灰			
烧失量,不大于(%)	F 类粉煤灰	5.0	8.0	15.0
	C 类粉煤灰			
含水量,不大于(%)	F 类粉煤灰	1.0		
	C 类粉煤灰			
三氧化硫,不大于(%)	F 类粉煤灰	3.0		
	C 类粉煤灰			
游离氧化钙,不大于(%)	F 类粉煤灰	1.0		
	C 类粉煤灰	4.0		
安定性 雷氏夹沸煮后增加距离,不大于/mm	C 类粉煤灰	5.0		

4. 水

拌制砂浆用水的水质,应符合国家现行标准《混凝土用水标准》JGJ 63—2006 的规定。混凝土拌用水水质要求应符合表 3-7 的规定。对于设计使用年限为 100 年的结构混凝土,氯离子含量不得超过 500mg/L;对使用钢丝或经热处理钢筋的预应力混凝土,氯离子含量不得超过 350mg/L。

表 3-7　混凝土拌和用水水质要求

项目	预应力混凝土	钢筋混凝土	素混凝土
pH	≥5.0	≥4.5	≥4.5
不溶物/mg/L	≤2000	≤2000	≤5000
可溶物/mg/L	≤2000	≤5000	≤10000
Cl^-/mg/L	≤500	≤1000	≤3500
SO_4^{2-}/mg/L	≤600	≤2000	≤2700
碱含量/mg/L	≤1500	≤1500	≤1500

注:碱含量按 $Na_2O+0.658K_2O$ 计算值来表示。采用非碱活性骨料时,可不检验碱含量。

5. 砂浆

1) 砂浆的品种、强度等级必须符合设计要求。砌筑砂浆的强度等级宜采用

M20、M15、M10、M7.5、M5、M2.5。

2）砌筑砂浆的稠度应符合表 3-8 规定。

表 3-8　砌筑砂浆的稠度

砌体种类	砂浆稠度/mm
烧结普通砖砌体 蒸压粉煤灰砖砌体	70～90
混凝土实心砖、混凝土多孔砖砌体 普通混凝土小型空心砌块砌体 蒸压灰砂砖砌体	50～70
烧结多孔砖、空心砖砌体 轻骨料小型空心砌块砌体 蒸压加气混凝土砌块砌体	60～80
石砌体	30～50

注：1. 采用薄灰砌筑法砌筑蒸压加气混凝土砌块砌体时，加气混凝土黏结砂浆的加水量按照其产品说明书控制。

　　2. 当砌筑其他块体时，其砌筑砂浆的稠度可根据块体吸水特性及气候条件确定。

3）砂浆的分层度不得大于 30mm。

4）水泥砂浆中水泥用量不应小于 200kg/m³；水泥混合砂浆中水泥和掺加料总量宜为 300～350kg/m³。

5）具有冻融循环次数要求的砌筑砂浆，经冻融试验后，质量损失率不得大于 5%，抗压强度损失率不得大于 25%。

业务要点 2：砂浆的拌制和使用

1. 砂浆拌制

1）施工中不应采用强度等级小于 M5 水泥砂浆替代同强度等级水泥混合砂浆，如需替代，应将水泥砂浆提高一个强度等级。

2）在砂浆中掺入的砌筑砂浆增塑剂、早强剂、缓凝剂、防冻剂、防水剂等砂浆外加剂，其品种和用量应经有资质的检测单位检验和试配确定。所用外加剂的技术性能应符合国家现行行业标准《砌筑砂浆增塑剂》JG/T 164—2004、《混凝土外加剂》GB 8076—2008、《砂浆、混凝土防水剂》JC 474—2008 的质量要求。

3）配制砌筑砂浆时，各组分材料应采用质量计量，水泥及各种外加剂配料的允许偏差为±2%；砂、粉煤灰、石灰膏等配料的允许偏差为±5%。

4）砌筑砂浆应采用机械搅拌，搅拌时间自投料完起算应符合下列规定：

① 水泥砂浆和水泥混合砂浆不得少于 120s。

② 水泥粉煤灰砂浆和掺用外加剂的砂浆不得少于 180s。

③ 掺增塑剂的砂浆，其搅拌方式、搅拌时间应符合现行行业标准《砌筑砂浆

增塑剂》JG/T 164—2004 的有关规定。

④ 干混砂浆及蒸压加气混凝土砌块专用砂浆宜按掺用外加剂的砂浆确定搅拌时间或按产品说明书采用。

2. 砂浆使用

1) 现场拌制的砂浆应随拌随用,拌制的砂浆应在 3h 内使用完毕;当施工期间最高气温超过 30℃时,应在 2h 内使用完毕。预拌砂浆及蒸压加气混凝土砌块专用砂浆的使用时间应按照厂方提供的说明书确定。

2) 砌体结构工程使用的湿拌砂浆,除直接使用外必须储存在不吸水的专用容器内,并根据气候条件采取遮阳、保温、防雨雪等措施,砂浆在储存过程中严禁随意加水。

◉ 业务要点 3:砂浆试块的抽样及强度评定

1. 砌筑砂浆试块强度验收时其强度合格标准

1) 同一验收批砂浆试块抗压强度平均值应大于或等于设计强度等级值的1.10 倍。

2) 同一验收批砂浆试块抗压强度的最小一组平均值应大于或等于设计强度等级值的 85%。

注:1. 砌筑砂浆的验收批,同一类型、强度等级的砂浆试块不应少于 3 组;同一验收批砂浆只有 1 组或 2 组试块时,每组试块抗压强度平均值应大于或等于设计强度等级值的 1.10 倍;对于建筑结构的安全等级为一级或设计使用年限为 50 年及以上的房屋,同一验收批砂浆试块的数量不得少于 3 组。

2. 砂浆强度应以标准养护,28d 龄期的试块抗压强度为准。

3. 制作砂浆试块的砂浆稠度应与配合比设计一致。

抽检数量:每一检验批且不超过 250m³。砌体的各类、各强度等级的普通砌筑砂浆,每台搅拌机应至少抽检一次。验收批的预拌砂浆、蒸压加气混凝土砌块专用砂浆,抽检可为 3 组。

检验方法:在砂浆搅拌机出料口或在湿拌砂浆的储存容器出料口随机取样制作砂浆试块(现场拌制的砂浆,同盘砂浆只应作 1 组试块),试块标养 28d 后做强度试验。预拌砂浆中的湿拌砂浆稠度应在进场时取样检验。

2. 采用现场检验方法对砂浆或砌体强度进行实体检测的条件

1) 砂浆试块缺乏代表性或试块数量不足。

2) 对砂浆试块的试验结果有怀疑或有争议。

3) 砂浆试块的试验结果,不能满足设计要求。

4) 发生工程事故,需要进一步分析事故原因。

第二节 砖砌体工程

本节导读

本节适用于烧结普通砖、烧结多孔砖、混凝土多孔砖、混凝土实心砖、蒸压灰砂砖、蒸压粉煤灰砖等砌体工程。主要介绍了砖砌块工程质量验收一般规定、工程质量控制要点及工程质量验收标准,其内容关系图如图 3-2 所示。

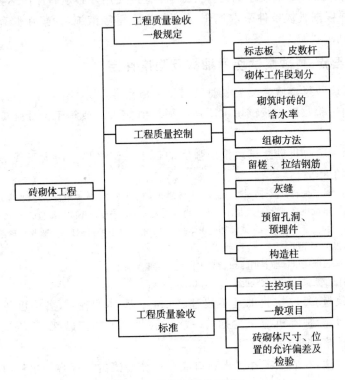

图 3-2 本节内容关系图

业务要点 1：工程质量验收一般规定

1) 砖的品种、强度等级必须符合设计要求,并应有产品合格证书和性能检测报告,进场后应进行复验,复验抽样数量为同一生产厂家、同一品种、同一强度等级的普通砖 15 万块、多孔砖 5 万块、灰砂砖或粉煤灰砖 10 万块各抽查 1 组。

2) 砌筑时蒸压灰砂砖、蒸压粉煤灰砖、混凝土多孔砖、混凝土实心砖的产品龄期不得少于 28d。

3) 用于清水墙、柱表面的砖,应边角整齐,色泽均匀。品质为优等品的砖适用于清水墙和墙体装修;一等品、合格品砖可用于混水墙。中等泛霜的砖不得用于潮湿部位。冻胀地区的地面或防潮层以下的砌体不宜采用多孔砖;水池、化粪池、窨井等不得采用多孔砖。粉煤灰砖用于基础或受冻融和干湿交替作用的建筑部位时,必须使用一等品或优等品砖。

4)多雨地区砌筑外墙时,不宜将有裂缝的砖面砌在室外表面。

5)用于砌体工程的钢筋品种、强度等级必须符合设计要求,并应有产品合格证书和性能检测报告,进场后应进行复验。

6)设置在潮湿环境或有化学侵蚀性介质的环境中的砌体灰缝内的钢筋应采取防腐措施。如涂刷环氧树脂、镀锌、采用不锈钢筋等。

7)砌体的日砌高度控制在 1.5m,一般不宜超过一部脚手架高度(1.6～1.8m);当遇到大风时,砌体的自由高度不得超过表 3-9 的规定。如超过表中限值时,必须采取临时支撑等技术措施。

表 3-9　墙和柱的允许自由高度　　　　　(单位:mm)

墙(柱)厚/mm	砌体密度＞1600(kg/m³)			砌体密度 1300～1600(kg/m³)		
	风载/(kN/m²)			风载/(kN/m²)		
	0.3 (约7级风)	0.4 (约8级风)	0.5 (约9级风)	0.3 (约7级风)	0.4 (约8级风)	0.5 (约9级风)
190	—	—	—	1.4	1.1	0.7
240	2.8	2.1	1.4	2.2	1.7	1.1
370	5.2	3.9	2.6	4.2	3.2	2.1
490	8.6	6.5	4.3	7.0	5.2	3.5
620	14.0	10.5	7.0	11.4	8.6	5.7

注:1. 本表适用于施工处相对标高(H)在 10m 范围内的情况。如 10m＜H≤15m,15m＜H≤20m 时,表中的允许自由高度应分别乘以 0.9、0.8 的系数;如 H＞20m 时,应通过抗倾覆验算确定其允许自由高度。

2. 当所砌筑的墙有横墙或其他结构与其连接,而且间距小于表列限值的 2 倍时,砌筑高度可不受本表的限制。

3. 当砌体密度小于 1300kg/m³ 时,墙和柱的允许自由高度应另行验算确定。

8)砌体的施工质量控制等级应符合设计要求,并不得低于表 3-10 的规定。

表 3-10　砌体的施工质量控制等级

项　　目	施工质量控制等级		
	A 级	B 级	C 级
现场质量管理	监督检查制度健全,并严格执行;施工方有在岗专业技术管理人员,人员齐全并持证上岗	监督检查制度基本健全,并能执行;施工方有在岗专业技术管理人员,人员齐全并持证上岗	监督检查制度;施工方有在岗专业技术管理人员

项 目	施工质量控制等级		
	A 级	B 级	C 级
砂浆、混凝土强度	试块按规定制作,强度满足验收规定,离散性小	试块按规定制作,强度满足验收规定,离散性较小	试块按规定制作,强度满足验收规定,离散性大
砂浆拌和	机械拌和;配合比计量控制严格	机械拌和;配合比计量控制一般	机械或人工拌和;配合比计量控制较差
砌筑工人	中级工以上,其中高级工不少于30%	高、中级工不少于70%	初级工以上

注:1. 砂浆、混凝土强度离散性大小根据强度标准差确定。

　　2. 配筋砌体不得为 C 级施工。

业务要点 2:工程质量控制

1. 标志板、皮数杆

建筑物的标高,应引自标准水准点或设计指定的水准点。基础施工前,应在建筑物的主要轴线部位设置标志板。标志板上应标明基础、墙身和轴线的位置及标高。外形或构造简单的建筑物,可用控制轴线的引桩代替标志板。

1) 砌筑前,弹好墙基大放脚外边沿线、墙身线、轴线、门窗洞口位置线,并必须用钢尺校核放线尺寸。

2) 按设计要求,在基础及墙身的转角及某些交接处立好皮数杆,其间距每隔 10～15m 立一根,皮数杆上画有每皮砖和灰缝厚度及门窗洞口、过梁、楼板等竖向构造的变化位置,控制楼层及各部位构件的标高。砌筑完每一楼层(或基础)后,应校正砌体的轴线和标高。

2. 砌体工作段划分

1) 相邻工作段的分段位置,宜设在伸缩缝、沉降缝、防震缝、构造柱或门窗洞口处。

2) 相邻工作段的高度差,不得超过一个楼层的高度,且不得大于 4m。

3) 砌体临时间断处的高度差,不得超过一部脚手架的高度。

4) 砌体施工时,楼面堆载不得超过楼板允许荷载值。

5) 雨天施工,每日砌筑高度不宜超过 1.4m,收工时应遮盖砌体表面。

6）设有钢筋混凝土抗风柱的房屋，应在柱顶与屋架以及屋架间的支撑均已连接固定后，方可砌筑山墙。

3. 砌筑时砖的含水率

1）砌筑烧结普通砖、烧结多孔砖、蒸压灰砂砖、蒸压粉煤灰砖砌体时，砖应提前 1～2d 浇水湿润。烧结类块体的相对含水率为 60%～70%。其他非烧结类块体的相对含水率为 40%～50%。

2）混凝土多孔砖及混凝土实心砖不需浇水湿润，但在气候干燥炎热情况下可对其喷水。

4. 组砌方法

1）砖柱不得采用先砌四周后填心的包心砌法。柱面上下皮砖的竖缝应相互错开 1/2 砖长或 1/4 砖长，使柱心无通天缝。

2）砖砌体应上下错缝，内外搭砌，实心砖砌体宜采用一顺一丁、梅花丁或三顺一丁的砌筑形式；多孔砖砌体宜采用一顺一丁、梅花丁的砌筑形式。

3）基底标高不同时应从低处砌起，并由高处向低处搭接。当设计无要求时，搭接长度不应小于基础扩大部分的高度。

4）每层承重墙（240mm 厚）的最上一皮砖、砖砌体的阶台水平面上以及挑出层（挑檐、腰线等）应用整砖丁砌。

5）砖柱和宽度小于 1m 的墙体，宜选用整砖砌筑。

6）半砖和断砖应分散使用在受力较小的部位。

7）搁置预制梁、板的砌体顶面应找平，安装时并应从浆。当设计无具体要求时，应采用 1∶2.5 的水泥砂浆。

8）厕浴间和有防水要求的楼面，墙底部应浇筑高度不小于 120mm 的混凝土坎。

5. 留槎、拉结钢筋

1）砖砌体的转角处和交接处应同时砌筑，严禁无可靠措施的内外墙分砌施工。对不能同时砌筑而又必须留置的临时间断处应砌成斜槎，斜槎水平投影长度不应小于高度的 2/3。接槎时必须将接槎处的表面清理干净，浇水湿润，填实砂浆并保持灰缝平直。

2）非抗震设防及抗震设防烈度为 6 度、7 度地区的临时间断处，当不能留斜槎时，除转角处外，可留直槎，但直槎必须做成凸槎。留直槎处应加设拉结钢筋，拉结钢筋的数量为每 120mm 墙厚增置 1φ6 拉结钢筋（但 120mm、240mm 厚墙均应放置 2φ6），间距沿墙高不应超过 500mm；埋入长度从留槎处算起每边均不应小于 500mm，对抗震设防烈度为 6 度、7 度的地区，不应小于 1000mm；末端应有 90° 弯钩（图 3-3）。

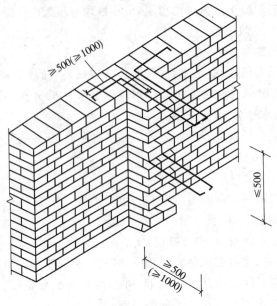

图 3-3　留直槎

3）多层砌体结构中,后砌的非承重砌体隔墙,应沿墙高每隔 500mm 配置 2 根 φ6 的钢筋与承重墙或柱拉结,每边伸入墙内不应小于 500mm。抗震设防烈度为 8 度和 9 度区,长度大于 5m 的后砌隔墙的墙顶,尚应与楼板或梁拉结。隔墙砌至梁板底时,应留有一定空隙,间隔一周后再补砌挤紧。

6. 灰缝

1）砖砌体的灰缝应横平竖直,厚薄均匀。水平灰缝厚度和竖向灰缝宽度宜为 10mm,但不应小于 8mm,也不应大于 12mm。砌筑方法宜采用"三一"的砌砖法,即"一铲灰、一块砖、一揉挤"的操作方法。竖向灰缝宜采用挤浆法或加浆法,使其砂浆饱满密实,严禁用水冲浆灌缝。如采用铺浆法砌筑,铺浆长度不得超过 750mm。施工期间气温超过 30℃时,铺浆长度不得超过 500mm。

砖墙水平灰缝的砂浆饱满度不得低于 80%;砖柱水平灰缝和竖向灰缝饱满度不得低于 90%。竖向灰缝不得出现透明缝、瞎缝和假缝。

2）清水墙面不应有上下两皮砖搭接长度小于 25mm 的通缝,不得有三分头砖,不得在上部随意变活乱缝。

3）空斗墙的水平灰缝厚度和竖向灰缝宽度一般为 10mm,但不应小于 7mm,也不应大于 13mm。

4）筒拱拱体灰缝应全部用砂浆填满,拱底灰缝宽度宜为 5～8mm,筒拱的纵向缝应与拱的横断面垂直。筒拱的纵向两端,不宜砌入墙内。

5）为保持清水墙面立缝垂直一致,当砌至一部架子高时,水平间距每隔

2m,在丁砖竖缝位置弹两道垂直立线,控制游丁走缝。

6) 清水墙勾缝就采用加浆勾缝,勾缝砂浆宜采用细砂拌制的 1∶1.5 水泥砂浆。勾凹缝时深度为 4～5mm,多雨地区或多孔砖可采用稍浅的凹缝或平缝。

7) 砖砌平拱过梁的灰缝应砌成楔形缝。灰缝宽度,在过梁的底面不应小于 5mm;在过梁的顶面不应大于 15mm。拱脚下面应伸入墙内不小于 20mm,拱底应有 1% 起拱。

8) 在砌体的伸缩缝、沉降缝、防震缝中,不得夹有砂浆、碎砖和杂物等。

7. 预留孔洞、预埋件

1) 设计要求的洞口、管道、沟槽,应在砌筑时按要求预留或预埋,未经设计同意,不得打凿墙体和在墙体上开凿水平沟槽。超过 300mm 的洞口上部应设过梁。

2) 砌体中的预埋件应作防腐处理,预埋木砖的木纹应与钉子垂直。

3) 在墙上留置临时施工洞口,其侧边离高楼处墙面不应小于 500mm,洞口净宽度不应超过 1m,洞顶部应设置过梁。

抗震设防烈度为 9 度的地区建筑物的临时施工洞口位置,应会同设计单位确定。

临时施工洞口应做好补砌。

4) 不得在下列墙体或部位设置脚手眼:

① 120mm 厚墙、料石墙、清水墙和独立柱石。

② 过梁上与过梁呈 60° 角的三角形范围及过梁净跨度 1/2 的高度范围内。

③ 宽度小于 1m 的窗间墙。

④ 砌体门窗洞口两侧 200mm(石砌体为 300mm)和转角处 450mm(石砌体为 600mm)范围内。

⑤ 梁或梁垫下及其左右 500mm 范围内。

⑥ 设计不允许设置脚手眼的部位。

5) 预留外窗洞口位置应上下挂线,保持上下楼层洞口位置垂直;洞口尺寸应准确。

8. 构造柱

1) 构造柱纵筋应穿过圈梁,保证纵筋上下贯通;构造柱箍筋在楼层上下各 500mm 范围内进行加密,间距宜为 100mm。

2) 墙体与构造柱连接处应砌成马牙槎,从每层柱脚起,先退后进,马牙槎的高度不应大于 300mm;并应先砌墙后浇注混凝土构造柱。

3) 浇注混凝土构造柱前,必须将砌体留槎部位和模板浇水湿润,将模板内的落地灰、砖渣和其他杂物清理干净,并在结合面处注入适量与混凝土构造柱相同的去石水泥砂浆。振捣时,应避免触碰墙体,严禁通过墙体传震。

业务要点 3:工程质量验收标准

(1)主控项目

砖砌体工程质量验收标准的主控项目检验见表 3-11。

表 3-11　主控项目检验

序号	项　　目	合格质量标准	检验方法	检验数量
1	砖和砂浆的强度等级	砖和砂浆的强度等级必须符合设计要求	查砖和砂浆试块试验报告	每一生产厂家,烧结普通砖、混凝土实心砖每 15 万块,烧结多孔砖、混凝土多孔砖、蒸压灰砂砖及蒸压粉煤灰砖每 10 万块各为一验收批,不足上述数量时按 1 批计,抽检数量为 1 组。砂浆试块的抽检数量执行本章第一节业务要点 3 中 1)的有关规定
2	砌体灰缝	砌体灰缝砂浆应密实饱满,砖墙水平灰缝的砂浆饱满度不得低于 80%;砖柱水平灰缝和竖向灰缝饱满度不得低于 90%	用百格网检查砖底面与砂浆的黏结痕迹面积,每处检测 3 块砖,取其平均值	每检验批抽查不应少于 5 处
3	砖砌体的转角处和交接处	砖砌体的转角处和交接处应同时砌筑,严禁无可靠措施的内外墙分砌施工。在抗震设防烈度为 8 度及 8 度以上地区,对不能同时砌筑而又必须留置的临时间断处应砌成斜槎,普通砖砌体斜槎水平投影长度不应小于高度的 2/3,多孔砖砌体的斜槎长高比不应小于 1/2。斜槎高度不得超过一部脚手架的高度	观察检查	每检验批抽查不应少于 5 处

续表

序号	项目	合格质量标准	检验方法	检验数量
4	非抗震设防及抗震设防烈度为6度、7度地区的临时间断处	非抗震设防及抗震设防烈度为6度、7度地区的临时间断处,当不能留斜槎时,除转角处外,可留直槎,但直槎必须做成凸槎,且应加设拉结钢筋,拉结钢筋应符合下列规定: 1) 每120mm墙厚放置1φ6拉结钢筋(120mm厚墙应放置2φ6拉结钢筋) 2) 间距沿墙高不应超过500mm,且竖向间距偏差不应超过100mm 3) 埋入长度从留槎处算起每边均不应小于500mm,对抗震设防烈度6度、7度的地区,不应小于1000mm 4) 末端应有90°弯钩	观察和尺量检查	每检验批抽查不应少于5处

（2）一般项目

砖砌体工程质量验收标准的一般项目检验见表3-12。

表 3-12　一般项目检验

序号	项目	合格质量标准	检验方法	检验数量
1	砖砌体组砌方法	砖砌体组砌方法应正确,内外搭砌,上下错缝。清水墙、窗间墙无通缝;混水墙中不得有长度大于300mm的通缝,长度为200～300mm的通缝每间不超过3处,且不得位于同一面墙体上。砖柱不得采用包心砌法	观察检查。砌体组砌方法抽检每处应为3～5m	每检验批抽查不应少于5处
2	砖砌体的灰缝	砖砌体的灰缝应横平竖直,厚薄均匀,水平灰缝厚度及竖向灰缝宽度宜为10mm,但不应小于8mm,也不应大于12mm	水平灰缝厚度用尺量10皮砖砌体高度折算;竖向灰缝宽度用尺量2m砌体长度折算	每检验批抽查不应少于5处

（3）砖砌体尺寸、位置的允许偏差及检验

砖砌体尺寸、位置的允许偏差及检验应符合表3-13的规定。

表 3-13 砖砌体尺寸、位置的允许偏差及检验

序号	项 目			允许偏差/mm	检验方法	检验数量
1	轴线位移			10	用经纬仪和尺或用其他测量仪器检查	承重墙、柱全数检查
2	基础、墙、柱顶面标高			±15	用水准仪和尺检查	不应少于 5 处
3	墙面垂直度	每层		5	用 2m 托线板检查	不应少于 5 处
		全高	≤10m	10	用经纬仪、吊线和尺或用其他测量仪器检查	外墙角全部阳角
			>10m	20		
4	表面平整度	清水墙、柱		5	用 2m 靠尺和楔形塞尺检查	不应少于 5 处
		混水墙、柱		8		
5	水平灰缝平直度	清水墙		7	拉 5m 线和尺检查	不应少于 5 处
		混水墙		10		
6	门窗洞口高、宽(后塞口)			±10	用尺检查	不应少于 5 处
7	外墙上下窗口偏移			20	以底层窗口为准,用经纬仪或吊线检查	不应少于 5 处
8	清水墙游丁走缝			20	以每层第一皮砖为准,用吊线和尺检查	不应少于 5 处

第三节 混凝土小型空心砌块砌体工程

本节导读

本节适用于普通混凝土小型空心砌块和轻骨料混凝土小型空心砌块(以下简称小砌块)等砌体工程。主要介绍了混凝土小型空心砌块砌体工程质量验收一般规定、工程质量控制要点及工程质量验收标准,其内容关系图如图 3-4 所示。

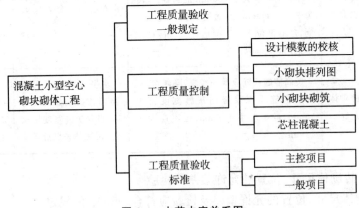

图 3-4 本节内容关系图

业务要点 1：工程质量验收一般规定

1) 小砌块的品种、强度等级必须符合设计要求,并应有产品合格证书和性能检测报告,进场后应进行复验。复验抽样为同一生产厂家、同一品种、同一强度等级的小砌块每 1 万块为一个验收批,每一验收批应抽查 1 组。其中 4 层以上建筑的基础和底层的小砌块每 1 万块抽查 2 组。

2) 小砌块吸水率不应大于 20%。

干缩率和相对含水率应符合表 3-14 的要求。

表 3-14 干缩率和相对含水率

干缩率(%)	相对含水率(%)		
	潮湿	中等	干燥
<0.03	45	40	35
0.03~0.045	40	35	30
>0.045~0.065	35	30	25

注:1. 相对含水率即砌块出厂含水率与吸水率之比。

$$W = \frac{W_1}{W_2} \times 100$$

式中 W ——砌块的相对含水率(%);

　　W_1 ——砌块出厂时的含水率(%);

　　W_2 ——砌块的吸水率(%)。

2. 使用地区的湿度条件:

潮湿——系指年平均相对湿度大于 75% 的地区;

中等——系指年平均相对湿度 50%~75% 的地区;

干燥——系指年平均相对湿度小于 50% 的地区。

3) 掺工业废渣的小砌块其放射性应符合现行国家标准《建筑材料放射性核素限量》GB 6566—2010 的有关规定。

4) 砌筑时小砌块的产品龄期不得少于 28d。

5) 承重墙体使用的小砌块应完整、无破损、无裂缝。严禁使用断裂小砌块。

6) 底层室内地面以下或防潮层以下的砌体,应采用强度等级不低于 C20(或 Cb20)的混凝土灌实小砌块的孔洞。

7) 用于清水墙的砌块,其抗渗性指标应满足产品标准规定,并宜选用优等品小砌块。

8) 小砌块堆放、运输时应有防雨、防潮和排水措施;装卸时应轻码轻放,严禁抛掷、倾倒。

9) 钢筋的质量控制要求同砖砌体工程。

10) 小砌块砌筑宜选用专用的《混凝土小型空心砌块和混凝土砖砌筑砂浆》

JC 860—2008。当采用非专用砂浆时,除应按本章第一节的要求控制外,宜采取改善砂浆黏结性能的措施。

◉ 业务要点 2:工程质量控制

1. 设计模数的校核

小砌块砌体房屋在施工前应加强对施工图纸的会审,尤其应对房屋的细部尺寸和标高是否适合主规格小砌块的模数进行校核。发现不合适的细部尺寸和标高应及时与设计单位沟通,必要时进行调整。这一点对于单排孔小砌块显得尤为重要。当尺寸调整后仍不符合主规格块材的模数时,应使其符合辅助规格块材的模数。否则会影响砌筑的速度与质量。这是由于小砌块块材不可切割的特性所决定的,应引起高度的重视。

2. 小砌块排列图

砌体工程施工前,应根据会审后的设计图纸绘制小砌块砌体的施工排列图。排列图应包括平面与立面两面三个方面。它不仅对估算主规格及辅助规格块材的用量是不可缺少的,对正确设定皮数杆及指导砌体操作工人进行合理摆砖,准确留置预留洞口、构造柱、梁位置等,确保砌筑质量也是十分重要的。对采用混凝土芯柱的部位,既要保证上下畅通不梗阻,又要避免由于组砌不当造成混凝土灌注时横向流窜,芯柱呈正三角形状(或宝塔状)。不仅浪费材料,而且增加了房屋的永久荷载。

3. 小砌块砌筑

1)施工采用的小砌块的产品龄期不应小于 28d。

2)砌筑小砌块时,应清除表面污物,剔除外观质量不合格的小砌块。

3)砌筑小砌块砌体,宜选用专用小砌块砌筑砂浆。

4)底层室内地面以下或防潮层以下的砌体,应采用强度等级不低于 C20(或 Cb20)的混凝土灌实小砌块的孔洞。

5)砌筑普通混凝土小型空心砌块砌体,不需对小砌块浇水湿润,如遇天气干燥炎热,宜在砌筑前对其喷水湿润;对轻骨料混凝土小砌块,应提前浇水湿润,块体的相对含水率宜为 40%~50%。雨天及小砌块表面有浮水时,不得施工。

6)承重墙体使用的小砌块应完整、无破损、无裂缝。

7)小砌块墙体应孔对孔、肋对肋错缝搭砌。单排孔小砌块的搭接长度应为块体长度的 1/2;多排孔小砌块的搭接长度可适当调整,但不宜小于小砌块长度的 1/3,且不应小于 90mm。墙体的个别部位不能满足上述要求时,应在灰缝中设置拉结钢筋或钢筋网片,但竖向通缝仍不得超过两皮小砌块。

8)小砌块应将生产时的底面朝上反砌于墙上。

9）小砌块墙体宜逐块坐（铺）浆砌筑。

10）在散热器、厨房和卫生间等设备的卡具安装处砌筑的小砌块，宜在施工前采用强度等级不低于 C20（或 Cb20）的混凝土将其孔洞灌实。

11）每步架墙（柱）砌筑完后，应随即刮平墙体灰缝。

4. 芯柱混凝土

1）芯柱处小砌块墙体砌筑应符合下列规定：

① 每一楼层芯柱处第一皮砌块应采用开口小砌块。

② 砌筑时应随砌随清除小砌块孔内的毛边，并将灰缝中挤出的砂浆刮净。

2）芯柱混凝土宜选用专用小砌块灌孔混凝土。浇筑芯柱混凝土应符合下列规定：

① 每次连续浇筑的高度宜为半个楼层，但不应大于 1.8m。

② 浇筑芯柱混凝土时，砌筑砂浆强度应大于 1MPa。

③ 清除孔内掉落的砂浆等杂物，并用水冲淋孔壁。

④ 浇筑芯柱混凝土前，应先注入适量与芯柱混凝土成分相同的去石砂浆。

⑤ 每浇筑 400～500mm 高度捣实一次，或边浇筑边捣实。

业务要点 3：工程质量验收标准

（1）主控项目

混凝土小型空心砌块砌体工程质量验收标准的主控项目检验见表 3-15。

表 3-15　主控项目检验

序号	项　　目	合格质量标准	检验方法	检验数量
1	小砌块和芯柱混凝土、砌筑砂浆的强度等级	小砌块和芯柱混凝土、砌筑砂浆的强度等级必须符合设计要求	检查小砌块和芯柱混凝土、砌筑砂浆试块试验报告	每一生产厂家，每1万块小砌块为一验收批，不足1万块按一批计，抽检数量为1组；用于多层以上建筑的基础和底层的小砌块抽检数量不应少于2组。砂浆试块的抽检数量应执行本章第一节业务要点3中1）的有关规定
2	砌体水平灰缝和竖向灰缝砂浆饱满度	砌体水平灰缝和竖向灰缝的砂浆饱满度，按净面积计算不得低于90%	用专用百格网检测小砌块与砂浆黏结痕迹，每处检测3块小砌块，取其平均值	每检验批抽查不应少于5处

序号	项 目	合格质量标准	检验方法	检验数量
3	墙体转角处和纵横交接处	墙体转角处和纵横交接处应同时砌筑。临时间断处应砌成斜槎,斜槎水平投影长度不应小于斜槎高度。施工洞口可预留直槎,但在洞口砌筑和补砌时,应在直槎上下搭砌的小砌块孔洞内用强度等级不低于C20(或Cb20)的混凝土灌实	观察检查	每检验批抽查不应少于5处
4	小砌块砌体的芯柱在楼盖处	小砌块砌体的芯柱在楼盖处应贯通,不得削弱芯柱截面尺寸;芯柱混凝土不得漏灌	观察检查	每检验批抽查不应少于5处

(2) 一般项目

混凝土小型空心砌块砌体工程质量验收标准的一般项目检验见表 3-16。

表 3-16　一般项目检验

序号	项 目	合格质量标准	检验方法	检验数量
1	砌体的水平灰缝厚度和竖向灰缝宽度	砌体的水平灰缝厚度和竖向灰缝宽度宜为 10mm,但不应小于 8mm,也不应大于 12mm	水平灰缝厚度用尺量5皮小砌块的高度折算;竖向灰缝宽度用尺量2m 砌体长度折算	每检验批抽查不应少于5处
2	小砌块砌体	小砌块砌体尺寸、位置的允许偏差应按本章第二节业务要点 3 中的 3)的规定执行	按本章第二节业务要点 3 中的 3)的规定执行	按本章第二节业务要点 3 中的 3)的规定执行

第四节　石砌体工程

本节导读

本节主要介绍了石砌体工程施工材料要求、工程质量控制要点及工程质量验收标准,其内容关系图如图 3-5 所示。

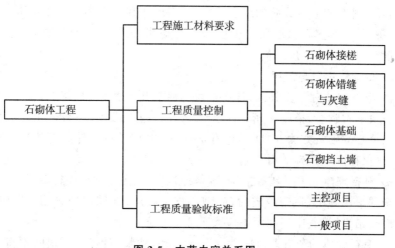

图 3-5 本节内容关系图

业务要点 1：工程施工材料要求

1）石砌体采用的石材应质地坚实，无风化剥落和裂纹，用于清水墙、柱表面的石材，尚应色泽均匀。

2）石材表面的泥垢、水锈等杂质，砌筑前应清除干净。

3）当有振动荷载时，墙、柱不宜采用毛石砌体。

4）细料石通过细加工，外表规则，叠砌面凹入深度不应大于 10mm，截面宽度、高度不宜小于 20mm，且不宜小于长度的 1/4。

5）半细料石规格尺寸同上，但叠砌面凹入深度不应大于 15mm。

6）粗料石规格尺寸同上，但叠砌面凹入深度不应大于 20mm。

7）毛料石外形大致方正，高度不应小于 200mm，叠砌面凹入深度不应大于 25mm。

业务要点 2：工程质量控制

1. 石砌体接槎

1）石砌体的转角处和交接处应同时砌筑。对不能同时砌筑而必须留置的临时间断处，应砌成踏步槎。

2）在毛石和实心砖的组合墙中，毛石砌体与实心砖砌体应同时砌筑，并每隔 4～6 皮砖用 2～3 皮丁砖与毛石砌体拉结砌合。两种砌体间的空隙应用砂浆填满。

3）毛石墙和砖墙相接的转角处和交接处应同时砌筑。转角处应自纵墙（或横墙）每隔 4～6 皮砖高度引出不小于 120mm 与横墙（或纵墙）相接；交接处应自纵墙每隔 4～6 皮砖高度引出不小于 120mm 与横墙相接。

4）在料石和毛石或砖的组合墙中,料石砌体和毛石砌体或砖砌体应同时砌筑,并每隔 2～3 皮料石层用丁砌层与毛石砌体或砖砌体拉结砌合。丁砌料石的长度宜与组合墙厚度相同。

2. 石砌体错缝与灰缝

1）毛石砌体宜分皮卧砌,各皮石块间应利用自然形状经敲打修整,使能与先砌石块基本吻合,搭砌紧密;并应上下错缝、内外搭砌,不得采用外面侧立石块中间填心的砌筑方法;中间不得有铲口石(尖石倾斜向外的石块)、斧刃石和过桥石(仅在两端搭砌的石块)。

2）料石砌体应上下错缝搭砌,砌体厚度等于或大于两块料石宽度时,如同皮内全部采用顺砌,每砌两皮后,应砌一皮丁砌层;如同皮内采用丁顺组砌,丁砌石应交错设置,其中心间距不应大于 2m。

3）毛石砌体的灰缝厚度宜为 20～30mm,砂浆应饱满,石块间不得有相互接触现象。石块间较大的空隙应先填砂浆后用碎石块嵌实,不得采用先摆碎石块后塞砂浆或干填碎石块的方法。

4）料石砌体的灰缝厚度:细料石不宜大于 5mm;粗、毛料石不宜大于 20mm。砌筑时,砂浆铺设厚度应略高于规定灰缝厚度。

5）当设计未作规定时,石墙勾缝应采用凸缝或平缝,毛石墙尚应保持砌合的自然缝。

3. 石砌体基础

1）砌筑毛石基础的第一皮石块应坐浆,并将大面向下。毛石基础如做成阶梯形,上级阶梯的石块应至少压砌下级阶梯的 1/2,相邻阶梯的毛石应相互错缝搭砌。

2）砌筑料石基础的第一皮应用丁砌层坐浆砌筑。阶梯形料石基础,上级阶梯的料石应至少压砌下级阶梯的 1/3。

4. 石砌挡土墙

1）毛石的中部厚度不宜小于 200mm。

2）毛石每砌 3～4 皮为一个分层高度,每个分层高度应找平一次。

3）毛石外露面的灰缝厚度不得大于 40mm,两个分层高度间分层处毛石的错缝不得小于 80mm。

4）料石挡土墙宜采用同皮内丁顺相同的砌筑形式。当中间部分用毛石填砌时,丁砌料石伸入毛石部分长度不应小于 200mm。

5）湿砌挡土墙泄水孔当设计无规定时,应符合下列规定:

① 泄水孔应均匀设置,在每米高度上间隔 2m 左右设置一个泄水孔。

② 泄水孔与土体间铺设长宽各为 300mm、厚 200mm 的卵石或碎石作疏水层。

6）挡土墙内侧回填土必须分层夯填,分层松土厚度应为 300mm。墙顶土面应有坡度使水流向挡土墙外侧。

业务要点3：工程质量验收标准

（1）主控项目

石砌体工程质量验收标准的主控项目检验见表3-17。

表3-17　主控项目检验

序号	项　　目	合格质量标准	检验方法	检验数量
1	石材及砂浆强度等级	石材及砂浆强度等级必须符合设计要求	料石检查产品质量证明书，石材、砂浆检查试块试验报告	同一产地的同类石材抽检不应少于1组。砂浆试块的抽检数量执行应按本章第一节业务要点3中1）的有关规定
2	砌体灰缝的砂浆饱满度	砌体灰缝的砂浆饱满度不应小于80%	观察检查	每检验批抽查不应少于5处

（2）一般项目

石砌体工程质量验收标准的一般项目检验见表3-18。

表3-18　一般项目检验

序号	项　　目	合格质量标准	检验方法	检验数量
1	石砌体	见表3-19	见表3-19	每检验批抽查不应少于5处
2	石砌体的组砌	石砌体的组砌形式应符合下列规定： 1）内外搭砌，上下错缝，拉结石、丁砌石交错设置 2）毛石墙拉结石每0.7m²墙面不应少于1块	观察检查	每检验批抽查不应少于5处

表3-19　石砌体尺寸、位置的允许偏差及检验方法

序号	项　目	允许偏差/mm							检验方法
		毛石砌体		料石砌体					
		基础	墙	毛料石		粗料石		细料石	
				基础	墙	基础	墙	墙、柱	
1	轴线位置	20	15	20	15	15	10	10	用经纬仪和尺检查，或用其他测量仪器检查
2	基础和墙砌体顶面标高	±25	±15	±25	±15	±15	±15	±10	用水准仪和尺检查
3	砌体厚度	+30	+20 −10	+30	+20 −10	+15	+10 −5	+10 −5	用尺检查

续表

序号	项	目	允许偏差/mm						检验方法
			毛石砌体		料石砌体				
					毛料石		粗料石	细料石	
			基础	墙	基础	墙	基础	墙	墙、柱	
4	墙面垂直度	每层	—	20	—	20	—	10	7	用经纬仪、吊线和尺检查或用其他测量仪器检查
		全高	—	30	—	30	—	25	10	
5	表面平整度	清水墙、柱	—	—	—	20	—	10	5	细料石用2m靠尺和楔形塞尺检查,其他用两直尺垂直于灰缝拉2m线和尺检查
		混水墙、柱	—	—	—	20	—	15		
6	清水墙水平灰缝平直度		—	—	—	—	—	10	5	拉10m线和尺检查

第五节 配筋砌体工程

本节导读

本节主要介绍了配筋砌体工程施工材料要求、工程质量控制要点及工程质量验收标准,其内容关系图如图3-6所示。

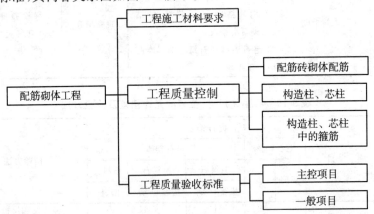

图3-6 本节内容关系图

业务要点1:工程施工材料要求

1) 用于砌体工程的钢筋品种、强度等级必须符合设计要求。并应有产品合格证书和性能检测报告,进场后应进行复验。

2）设置在潮湿或有化学侵蚀性介质环境中的砌体灰缝内的钢筋,应采用镀锌钢材、不锈钢或有色金属材料,或对钢筋表面涂刷防腐涂料或防锈剂。

业务要点 2:工程质量控制

1. 配筋砖砌体配筋

1）砌体水平灰缝中钢筋的锚固长度不宜小于 $50d$,且其水平或垂直弯折段长度不宜小于 $20d$ 和 150mm;钢筋的搭接长度不应小于 $55d$(d 为钢筋直径)。

2）配筋砌块砌体剪力墙的灌孔混凝土中竖向受拉钢筋,钢筋搭接长度不应小于 $35d$ 且不小于 300mm。

3）砌体与构造柱、芯柱的连接处应设 $2\phi6$ 拉结筋或 $\phi4$ 钢筋网片,间距沿墙高不应超过 500mm(小砌块为 600mm);埋入墙内长度每边不宜小于600mm;对抗震设防地区不宜小于 1m;钢筋末端应有 90°弯钩。

4）钢筋网可采用连弯网或方格网。钢筋直径宜采用 3~4mm;当采用连弯网时,钢筋的直径不应大于 8mm。

5）钢筋网中钢筋的间距不应大于 120mm,并不应小于 30mm。

2. 构造柱、芯柱

1）构造柱浇灌混凝土前,必须将砌体留槎部位和模板浇水湿润,将模板内的落地灰、砖渣和其他杂物清理干净,并在结合面处注入适量与构造柱混凝土相同的去石水泥砂浆。振捣时,应避免触碰墙体,严禁通过墙体传震。

2）配筋砌块芯柱在楼盖处应贯通,并不得削弱芯柱截面尺寸。

3）构造柱纵筋应穿过圈梁,保证纵筋上下贯通;构造柱箍筋在楼层上下各500mm 范围内应进行加密,间距宜为 100mm。

4）墙体与构造柱连接处应砌成马牙槎,从每层柱脚起,先退后进,马牙槎的高度不应大于 300mm;并应先砌墙后浇混凝土构造柱。

5）小砌块墙中设置构造柱时,与构造柱相邻的砌块孔洞,当设计未具体要求时,6 度(抗震设防烈度,下同)时宜灌实,7 度时应灌实,8 度时应灌实并插筋。

3. 构造柱、芯柱中的箍筋

1）当纵向钢筋的配筋率大于 0.25%,且柱承受的轴向力大于受压承载力设计值的 25%时,柱应设箍筋;当配筋率等于或小于 0.25%时,或柱承受的轴向力小于受压承载力设计值的 25%时,柱中可不设箍筋。

2）箍筋直径不宜小于 6mm。

3）箍筋的间距不应大于 16 倍的纵向钢筋直径、48 倍箍筋直径及柱截面短边尺寸中较小者。

4）箍筋应做成封闭式,端部应弯钩。

5）箍筋应设置在灰缝或灌孔混凝土中。

业务要点 3：工程质量验收标准

（1）主控项目

配筋砌体工程质量验收标准的主控项目检验见表 3-20。

表 3-20 主控项目检验

序号	项 目	合格质量标准	检验方法	检验数量
1	钢筋的品种、规格、数量和设置部位	钢筋的品种、规格、数量和设置部位应符合设计要求	检查钢筋的合格证书、钢筋性能复试试验报告、隐蔽工程记录	—
2	构造柱、芯柱、组合砌体构件、配筋砌体剪力墙构件的混凝土及砂浆的强度等级	构造柱、芯柱、组合砌体构件、配筋砌体剪力墙构件的混凝土及砂浆的强度等级应符合设计要求	检查混凝土和砂浆试块试验报告	每检验批砌体，试块不应少于 1 组，验收批砌体试块不得少于 3 组
3	构造柱与墙体的连接	构造柱与墙体的连接应符合下列规定： 1）墙体应砌成马牙槎，马牙槎凹凸尺寸不宜小于 60mm，高度不应超过 300mm，马牙槎应先退后进，对称砌筑；马牙槎尺寸偏差每一构造柱不应超过 2 处 2）预留拉结钢筋的规格、尺寸、数量及位置应正确，拉结钢筋应沿墙高每隔 500mm 设 2φ6，伸入墙内不宜小于 600mm，钢筋的竖向移位不应超过 100mm，且竖向移位每一构造柱不得超过 2 处 3）施工中不得任意弯折拉结钢筋	观察检查和尺量检查	每检验批抽查不应少于 5 处
4	配筋砌体中受力钢筋的连接方式及锚固长度、搭接长度	配筋砌体中受力钢筋的连接方式及锚固长度、搭接长度应符合设计要求	观察检查	每检验批抽查不应少于 5 处

（2）一般项目

配筋砌体工程质量验收标准的一般项目检验见表3-21。

表 3-21 一般项目检验

序号	项 目	合格质量标准	检验方法	检验数量
1	构造柱	构造柱一般尺寸允许偏差及检验方法应符合表 3-22 的规定	见表 3-22	每检验批抽查不应少于 5 处
2	设置在砌体灰缝中钢筋的防腐保护	设置在砌体灰缝中钢筋的防腐保护应符合设计的规定，且钢筋防护层完好，不应有肉眼可见裂纹、剥落和擦痕等缺陷	观察检查	每检验批抽查不应少于 5 处
3	网状配筋砖砌体中，钢筋网规格及放置间距	网状配筋砖砌体中，钢筋网规格及放置间距应符合设计规定。每一构件钢筋网沿砌体高度位置超过设计规定不多于一皮砖厚不得多于一处	通过钢筋网成品检查钢筋规格，钢筋网放置间距采用局部剔缝观察，或用探针刺入灰缝内检查，或用钢筋位置测定仪测定	每检验批抽查不应少于 5 处
4	钢筋安装位置	钢筋安装位置的允许偏差及检验方法应符合表 3-23 的规定	见表 3-23	每检验批抽查不应少于 5 处

表 3-22 构造柱一般尺寸允许偏差及检验方法

序号	项 目			允许偏差/mm	检验方法
1	中心线位置			10	用经纬仪和尺检查或用其他测量仪器检查
2	层间错位			8	用经纬仪和尺检查或用其他测量仪器检查
3	垂直度	每层		10	用 2m 拖线板检查
		全高	≤10m	15	用经纬仪、吊线和尺检查或用其他测量仪器检查
			>10m	20	

表 3-23 钢筋安装位置的允许偏差及检验方法

项 目		允许偏差/mm	检验方法
受力钢筋保护层厚度	网状配筋砌体	±10	检查钢筋网成品，钢筋网放置位置局部剔缝观察，或用探针刺入灰缝内检查，或用钢筋位置测定仪测定
	组合砖砌体	±5	支模前观察与尺量检查
	配筋小砌块砌体	±10	浇注灌孔混凝土前观察与尺量检查
配筋小砌块砌体墙凹槽中水平钢筋间距		±10	钢尺量连续三挡，取最大值

第六节 填充墙砌体工程

本节导读

本节适用于烧结空心砖、蒸压加气混凝土砌块、轻骨料混凝土小型空心砌块等填充墙砌体工程。主要介绍了填充墙砌体工程施工材料要求、工程质量控制要点及工程质量验收标准,其内容关系图如图 3-7 所示。

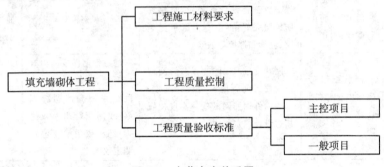

图 3-7　本节内容关系图

业务要点 1:工程施工材料要求

1) 砌筑填充墙时,轻骨料混凝土小型空心砌块和蒸压加气混凝土砌块的产品龄期不应小于 28d,蒸压加气混凝土砌块的含水率宜小于 30%。

2) 烧结空心砖、蒸压加气混凝土砌块、轻骨料混凝土小型空心砌块等的运输、装卸过程中,严禁抛掷和倾倒;进场后应按品种、规格堆放整齐,堆置高度不宜超过 2m。蒸压加气混凝土砌块在运输及堆放中应防止雨淋。

3) 吸水率较小的轻骨料混凝土小型空心砌块及采用薄灰砌筑法施工的蒸压加气混凝土砌块,砌筑前不应对其浇(喷)水湿润;在气候干燥炎热的情况下,对吸水率较小的轻骨料混凝土小型空心砌块宜在砌筑前喷水湿润。

业务要点 2:工程质量控制

1) 采用普通砌筑砂浆砌筑填充墙时,烧结空心砖、吸水率较大的轻骨料混凝土小型空心砌块应提前 1~2d 浇(喷)水湿润。蒸压加气混凝土砌块采用蒸压加气混凝土砌块砌筑砂浆或普通砌筑砂浆砌筑时,应在砌筑当天对砌块砌筑面喷水湿润。块体湿润程度宜符合下列规定:

① 烧结空心砖的相对含水率为 60%~70%。

② 吸水率较大的轻骨料混凝土小型空心砌块、蒸压加气混凝土砌块的相对含水率为 40%~50%。

2) 在厨房、卫生间、浴室等处采用轻骨料混凝土小型空心砌块、蒸压加气混凝土砌块砌筑墙体时,墙底部宜现浇混凝土坎台,其高度宜为 150mm。

3)填充墙拉结筋处的下皮小砌块宜采用半盲孔小砌块或用混凝土灌实孔洞的小砌块;薄灰砌筑法施工的蒸压加气混凝土砌块砌体,拉结筋应放置在砌块上表面设置的沟槽内。

4)蒸压加气混凝土砌块、轻骨料混凝土小型空心砌块不应与其他块体混砌,不同强度等级的同类块体也不得混砌。

注:窗台处和因安装门窗需要,在门窗洞口处两侧填充墙上、中、下部可采用其他块体局部嵌砌;对与框架柱、梁不脱开方法的填充墙,填塞填充墙顶部与梁之间缝隙可采用其他块体。

5)填充墙砌体砌筑,应待承重主体结构检验批验收合格后进行。填充墙与承重主体结构间的空(缝)隙部位施工,应在填充墙砌筑 14d 后进行。

业务要点 3:工程质量验收标准

(1)主控项目

填充墙砌体工程质量验收标准的主控项目检验见表 3-24。

表 3-24 主控项目检验

序号	项　目	合格质量标准	检验方法	检验数量
1	烧结空心砖、小砌块和砌筑砂浆的强度等级	烧结空心砖、小砌块和砌筑砂浆的强度等级应符合设计要求	查砖、小砌块进场复验报告和砂浆试块试验报告	烧结空心砖每 10 万块为一验收批,小砌块每 1 万块为一验收批,不足上述数量时按一批计,抽检数量为 1 组。砂浆试块的抽检数量执行本章第一节业务要点 3 中 1)的有关规定
2	填充墙砌体应与主体结构可靠连接	填充墙砌体应与主体结构可靠连接,其连接构造应符合设计要求,未经设计同意,不得随意改变连接构造方法。每一填充墙与柱的拉结筋的位置超过一皮块体高度的数量不得多于一处	观察检查	每检验批抽查不应少于 5 处
3	填充墙与承重墙、柱、梁的连接钢筋	填充墙与承重墙、柱、梁的连接钢筋,当采用化学植筋的连接方式时,应进行实体检测。锚固钢筋拉拔试验的轴向受拉非破坏承载力检验值应为 6.0kN。抽检钢筋在检验值作用下应基材无裂缝、钢筋无滑移宏观裂损现象;持荷 2min 期间荷载值降低不大于 5%。检验批验收可按表 3-25、表 3-26 通过正常检验一次、二次抽样判定。填充墙砌体植筋锚固力检测记录可按表 3-27 填写	原位试验检查	按表 3-28 确定

表 3-25 正常一次性抽样的判定

样本容量	合格判定数	不合格判定数	样本容量	合格判定数	不合格判定数
5	0	1	20	2	3
8	1	2	32	3	4
13	1	2	50	5	6

表 3-26 正常二次性抽样的判定

抽样次数与样本容量	合格判定数	不合格判定数	抽样次数与样本容量	合格判定数	不合格判定数
(1)－5	0	2	(1)－20	1	3
(2)－10	1	2	(2)－40	3	4
(1)－8	0	2	(1)－32	2	5
(2)－16	1	2	(2)－64	6	7
(1)－13	0	3	(1)－50	3	6
(2)－26	3	4	(2)－100	9	10

表 3-27 填充墙砌体植筋锚固力检测记录

工程名称		分项工程名称		植筋	
施工单位		项目经理		日期	
分包单位		施工班组组长		检测	
检测执行标准及编号				日期	

试件编号	实测荷载/kN	检测部位		检测结果	
		轴线	层	完好	不符合要求情况
监理(建设)单位验收结论					
备注	1. 植筋埋置深度(设计)：　　　mm； 2. 设备型号： 3. 基材混凝土设计强度等级为(C　)； 4. 锚固钢筋拔拉承载力检验值：6.0kN。				

复核：　　　　　　　　检测：　　　　　　　　记录：

表3-28　检验批抽检锚固钢筋样本最小容量

检验批的容量	样本最小容量	检验批的容量	样本最小容量
≤90	5	281～500	20
91～150	8	501～1200	32
151～280	13	1201～3200	50

（2）一般项目

填充墙砌体工程质量验收标准的一般项目检验见表3-29。

表3-29　一般项目检验

序号	项　目	合格质量标准	检验方法	检验数量
1	填充墙砌体	填充墙砌体尺寸、位置的允许偏差及检验方法应符合表3-30的规定	见表3-30	每检验批抽查不应少于5处
2	填充墙砌体的砂浆	填充墙砌体的砂浆饱满度及检验方法应符合表3-31的规定	见表3-31	每检验批抽查不应少于5处
3	填充墙留置的拉结钢筋或网片的位置	填充墙留置的拉结钢筋或网片的位置应与块体皮数相符合。拉结钢筋或网片应置于灰缝中，埋置长度应符合设计要求，竖向位置偏差不应超过一皮高度	观察和用尺量检查	每检验批抽查不应少于5处
4	砌筑填充墙时应错缝搭砌，蒸压加气混凝土砌块搭砌长度	砌筑填充墙时应错缝搭砌，蒸压加气混凝土砌块搭砌长度不应小于砌块长度的1/3；轻骨料混凝土小型空心砌块搭砌长度不应小于90mm；竖向通缝不应大于2皮	观察检查	每检验批抽查不应少于5处
5	填充墙的水平灰缝厚度和竖向灰缝宽度	填充墙的水平灰缝厚度和竖向灰缝宽度应正确，烧结空心砖、轻骨料混凝土小型空心砌块砌体的灰缝应为8～12mm；当蒸压加气混凝土砌块砌体采用水泥砂浆、水泥混合砂浆或蒸压加气混凝土砌块砌筑砂浆时，水平灰缝厚度和竖向灰缝宽度不应超过15mm；当蒸压加气混凝土砌块砌体采用蒸压加气混凝土砌块黏结砂浆时，水平灰缝厚度和竖向灰缝宽度宜为3～4mm	水平灰缝厚度用尺量5皮小砌块的高度折算；竖向灰缝宽度用尺量2m砌体长度折算	每检验批抽查不应少于5处

表 3-30　填充墙砌体尺寸、位置的允许偏差及检验方法

序号	项目		允许偏差/mm	检验方法
1	轴线位移		10	用尺检查
2	垂直度（每层）	≤3m	5	用2m托线板或吊线、尺检查
		>3m	10	
3	表面平整度		8	用2m靠尺和楔形尺检查
4	门窗洞口高、宽（后塞口）		±10	用尺检查
5	外墙上、下窗口偏口		20	用经纬仪或吊线检查

表 3-31　填充墙砌体的砂浆饱满度及检验方法

砌体分类	灰缝	饱满度及要求	检验方法
空心砖砌体	水平	≥80%	采用百格网检查块材底面砂浆的黏结痕迹面积
	垂直	填满砂浆，不得有透明缝、瞎缝、假缝	
蒸压加气混凝土砌块和轻骨料混凝土小型空心砌块砌体	水平	≥80%	
	垂直	≥80%	

第四章　混凝土结构工程质量控制

第一节　模板工程

本节导读

模板工程是为混凝土浇筑成型用的模板及其支架的设计、安装、拆除等一系列技术工作和完成实体的总称。由于模板可以连续周转使用,模板工程所含检验批通常根据模板安装和拆除的数量确定。本节主要介绍了模板工程质量验收一般规定、模板安装、模板拆除工程质量控制和工程质量验收标准,其内容关系图如图 4-1 所示。

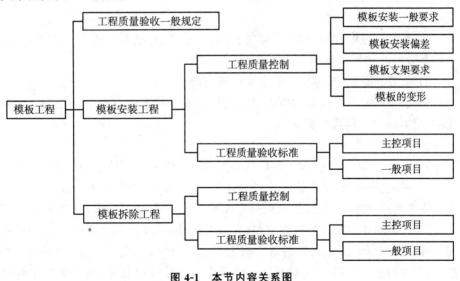

图 4-1　本节内容关系图

业务要点 1:工程质量验收一般规定

1) 模板及其支架应根据工程结构形式、荷载大小、地基土类别、施工设备和材料供应等条件进行设计。模板及其支架应具有足够的承载能力、刚度和稳定性,能可靠地承受浇筑混凝土的重量、侧压力以及施工荷载。

2) 在浇筑混凝土之前,应对模板工程进行验收。

模板安装和浇筑混凝土时,应对模板及其支架进行观察和维护。发生异常情况时,应按施工技术方案及时进行处理。

3)模板及其支架拆除的顺序及安全措施应按施工技术方案执行。

模板及其支架拆除的顺序及相应的施工安全措施对避免重大工程事故非常重要,在制订施工技术方案时应考虑周全。模板及其支架拆除时,混凝土结构可能尚未形成设计要求的受力体系,必要时应加设临时支撑。后浇带模板的拆除及支顶易被忽视而造成结构缺陷,应特别注意。

◉ 业务要点 2:模板安装工程

1. 工程质量控制

(1)模板安装一般要求

1)模板的接缝不应漏浆;在浇筑混凝土前,木模板应浇水湿润,但模板内不应有积水。

2)模板与混凝土的接触面应清理干净并涂刷隔离剂,但不得采用影响结构性能或妨碍装饰工程施工的隔离剂。

3)竖向模板和支架的支承部分必须坐落在坚实的基土上,且要求接触面平整。

4)安装过程中应多检查,注意垂直度、中心线、标高及各部分的尺寸,保证结构部分的几何尺寸和相邻位置的正确。

5)浇筑混凝土前,模板内的杂物应清理干净。

6)模板安装应按编制的模板设计文件和施工技术方案施工。在浇筑混凝土前,应对模板工程进行验收。

(2)模板安装偏差

1)模板轴线放线时,应考虑建筑装饰装修工程的厚度尺寸,留出装饰厚度。

2)模板安装的根部及顶部应设标高标记,并设限位措施,确保标高尺寸准确。支模时应拉水平通线,设竖向垂直度控制线,确保横平竖直,位置正确。

3)基础的杯芯模板应刨光直拼,并钻有排气孔,减少浮力;杯口模板中心线应准确,模板钉牢,防止浇筑混凝土时芯模上浮;模板厚度应一致,隔栅面应平整,隔栅木料要有足够强度和刚度。墙模板的穿墙螺栓直径、间距和垫块规格应符合设计要求。

4)柱子支模前必须先校正钢筋位置。成排柱支模时应先立两端柱模,在底部弹出通线,定出位置并兜方找中,校正与复核位置无误后,顶部拉通线,再立中间柱模板。柱箍间距按柱截面大小及高度决定,一般控制在 500～1000cm,根据柱距选用剪刀撑、水平撑及四面斜撑撑牢,保证柱模板位置准确。

5)梁模板上口应设临时撑头,侧模下口应贴紧底模或墙面,斜撑与上口钉牢,保持上口呈直线;深梁应根据梁的高度及核算的荷载及侧压力适当以横档。

6)梁柱节点连接处一般下料尺寸略缩短,采用边模包底模,拼缝应严密,支撑牢靠,及时错位,并采取有效、可靠措施予以纠正。

(3)模板支架要求

1)支放模板的地坪、胎膜等应保持平整光洁,不得产生下沉、裂缝、起砂或起鼓等现象。

2)支架的立柱底部应铺设合适的垫板,支承在疏松土质上时,基土必须经过夯实,并应通过计算,确定其有效支承面积。并应有可靠的排水措施。

3)立柱与立柱之间的带锥销横杆,应用锤子敲紧,防止立柱失稳,支撑完毕应设专人检查。

4)安装现浇结构的上层模板及其支架时,下层楼板应具有承受上层荷载的承载能力或加设支架支撑,确保有足够的刚度和稳定性;多层楼板支架系统的立柱应安装在同一垂直线上。

(4)模板的变形

模板的变形应符合下列要求:

1)超过 3m 高度的大型模板的侧模应留门子板;模板应留清扫口。

2)浇筑混凝土高度应控制在允许范围内,浇筑时应均匀、对称下料,避免局部侧压力过大造成胀模。

3)控制模板起拱高度,消除在施工中因结构自重、施工荷载作用引起的挠度。对跨度不小于 4m 的现浇钢筋混凝土梁、板,其模板应按设计要求起拱;当设计无具体要求时,起拱高度宜为跨度的 1/1000～3/1000。

2. 工程质量验收标准

(1)主控项目

混凝土结构模板安装工程质量验收标准的主控项目检验见表 4-1。

表 4-1 主控项目检验

序号	项　　　目	合格质量标准	检验方法	检验数量
1	模板支撑、立柱位置和垫板	安装现浇结构的上层模板及其支架时,下层楼板应具有承受上层荷载的承载能力或加设支架支撑;上、下层支架的立柱应对准,并铺设垫板	对照模板设计文件和施工技术方案观察	全数检查
2	避免隔离剂玷污	在涂刷模板隔离剂时,不得玷污钢筋和混凝土接槎处	观察	全数检查

（2）一般项目

混凝土结构模板安装工程质量验收标准的一般项目检验见表 4-2。

表 4-2　一般项目检验

序号	项　　目	合格质量标准	检验方法	检验数量
1	模板安装要求	模板安装应满足下列要求： 　1）模板的接缝不应漏浆；在浇筑混凝土前，木模板应浇水湿润，但模板内不应有积水 　2）模板与混凝土的接触面应清理干净并涂刷隔离剂，但不得采用影响结构性能或妨碍装饰工程施工的隔离剂 　3）浇筑混凝土前，模板内的杂物应清理干净 　4）对清水混凝土工程及装饰混凝土工程，应使用能达到设计效果的模板	观察	全数检查
2	用作模板的地坪、胎膜质量	用作模板的地坪、胎模等应平整光洁，不得产生影响构件质量的下沉、裂缝、起砂或起鼓	观察	全数检查
3	模板起拱高度	对跨度不小于 4m 的现浇钢筋混凝土梁、板，其模板应按设计要求起拱；当设计无具体要求时，起拱高度宜为跨度的 1/1000～3/1000	水准仪或拉线、钢尺检查	在同一检验批内，对梁，应抽查构件数量的 10%，且不少于 3 件；对板，应按有代表性的自然间抽查 10%，且不少于 3 间；对大空间结构，板可按纵、横轴线划分检查面，抽查 10%，且不少于 3 面
4	预埋件、预留孔和预留洞允许偏差	固定在模板上的预埋件、预留孔和预留洞均不得遗漏，且应安装牢固，其允许偏差应符合表 4-3 的规定	钢尺检查	在同一检验批内，对梁、柱和独立基础，应抽查构件数量的 10%，且不少于 3 件；对墙和板，应按有代表性的自然间抽查 10%，且不少于 3 间；对大空间结构，墙可按相邻轴线间高度 5m 左右划分检查面，板可按纵、横轴线划分检查面，抽查 10%，且均不少于 3 面
5	现浇结构模板安装允许偏差	现浇结构模板安装允许的偏差应符合表 4-4 的规定	见表 4-4	

6	预制构件模板安装允许偏差	预制构件模板安装的允许偏差应符合表 4-5 的规定	见表 4-5	首次使用及大修后的模板应全数检查；使用中模板应定期检查，并根据使用情况不定期抽查

表 4-3　预埋件和预留孔洞的允许偏差

项　　目		允许偏差/mm
预埋钢板中心线位置		3
预埋管、预留孔中心线位置		3
插筋	中心线位置	5
	外露长度	+10,0
预埋螺栓	中心线位置	2
	外露长度	+10,0
预留洞	中心线位置	10
	尺寸	+10,0

注：检查中心线位置时，应沿纵、横两个方向量测，并取其中的较大值。

表 4-4　现浇结构模板安装的允许偏差及检验方法

项目		允许偏差/mm	检验方法
轴线位置		5	钢尺检查
底模上表面标高		±5	水准仪或拉线、钢尺检查
截面内部尺寸	基础	±10	钢尺检查
	柱、墙、梁	+4,−5	钢尺检查
层高垂直度	不大于5m	6	经纬仪或吊线、钢尺检查
	大于5m	8	经纬仪或吊线、钢尺检查
相邻两板表面高低差		2	钢尺检查
表面平整度		5	2m靠尺和塞尺检查

注：检查轴线位置时，应沿纵、横两个方向量测，并取其中的较大值。

表 4-5　预制构件模板安装的允许偏差及检验方法

项　目		允许偏差/mm	检验方法
长度	板、梁	±5	钢尺量两角边,取其中较大值
	薄腹梁、桁架	±10	
	柱	0,−10	
	墙板	0,−5	
高(厚)度	板	+2,−3	钢尺量一端及中部,取其中较大值
	墙板	0,−5	
	梁、薄腹梁、桁架、柱	+2,−5	
宽度	板、墙板	0,−5	钢尺量一端及中部,取其中较大值
	梁、薄腹梁、桁架、柱	+2,−5	
侧向弯曲	梁、板、柱	$l/1000$ 且 $\leqslant 15$	拉线、钢尺量最大弯曲处
	墙板、薄腹梁、桁架	$l/1500$ 且 $\leqslant 15$	
板的表面平整度		3	2m 靠尺和塞尺检查
相邻两板表面高低差		1	钢尺检查
对角线差	板	7	钢尺量两个对角线
	墙板	5	
翘曲	板、墙板	$l/1500$	调平尺在两端量测
设计起拱	薄腹梁、桁架、梁	±3	拉线、钢尺量跨中

注:l 为构件长度(mm)。

业务要点 3:模板拆除工程

1. 工程质量控制

1)模板及其支架的拆除时间和顺序应事先在施工技术方案中确定,拆模必须按拆模顺序进行,一般是后支的先拆,先支的后拆;先拆非承重部分,后拆承重部分。重大复杂的模板拆除,按专门制订的拆模方案执行。

2)现浇楼板采用早拆模施工时,经理论计算复核后将大跨度楼板改成支模形式为小跨度楼板(≤2m),当浇筑的楼板混凝土实际强度达到 50% 的设计强度标准值时,可拆除模板,保留支架,严禁调换支架。

3)多层建筑施工,当上层楼板正在浇筑混凝土时,下一层楼板的模板支架不得拆除,再下一层楼板的支架,仅可拆除一部分;跨度 4m 及 4m 以上的梁下均应保留支架,其间距不得大于 3m。

4)高层建筑梁、板模板,完成一层结构,其底模及其支架的拆除时间控制,应对所用混凝土的强度发展情况,分层进行核算,确保下层梁及楼板混凝土能承受上层全部荷载。

5)拆除时应先清理脚手架上的垃圾杂物,再拆除连接杆件,经检查安全可靠后可按顺序拆除。拆除时要有统一指挥、专人监护,设置警戒区,防止交叉作业,拆下物品及时清运、整修、保养。

6)后张法预应力混凝土结构构件,侧模宜在预应力张拉前拆除;底模及支架的拆除应按施工技术方案执行,当无具体要求时,应在结构构件建立预应力之后拆除。

7)后浇带模板的拆除和支顶方法应按施工技术方案执行。

2. 工程质量验收标准

(1)主控项目

混凝土结构模板拆除工程质量验收标准的主控项目检验见表 4-6。

表 4-6　主控项目检验

序号	项　目	合格质量标准	检验方法	检验数量
1	拆除时的混凝土强度	底模及其支架拆除时的混凝土强度应符合设计要求;当设计无具体要求时,混凝土强度应符合表 4-7 的规定	检查同条件养护试件强度试验报告	全数检查
2	侧模和底模的拆除时间	对后张法预应力混凝土结构构件,侧模宜在预应力张拉前拆除;底模及支架的拆除应按施工技术方案执行,当无具体要求时,不应在结构构件建立预应力前拆除	观察	全数检查
3	后浇带拆除和支顶	后浇带模板的拆除和支顶方法应按施工技术方案执行	观察	全数检查

表 4-7　底模拆除时的混凝土强度要求

构件类型	构件跨度/m	达到设计的混凝土立方体抗压强度标准值的百分率(%)
板	≤2	≥50
	>2,≤8	≥75
	>8	≥100
梁、拱、壳	≤8	≥75
	>8	≥100
悬臂构件	—	≥100

(2)一般项目

混凝土结构模板拆除工程质量验收标准的一般项目检验见表 4-8。

表 4-8　一般项目检验

序号	项　目	合格质量标准	检验方法	检验数量
1	避免拆除损伤	侧模拆除时的混凝土强度应能保证其表面及棱角不受损伤	观察	全数检查
2	模板拆除、堆放和清运	主模板拆除时,不应对楼层形成冲击荷载。拆除的模板和支架宜分散堆放并及时清运	观察	全数检查

第二节 钢筋工程

本节导读

钢筋工程是普通钢筋进场检验、钢筋加工、钢筋连接、钢筋安装等一系列技术工作和完成实体的总称。钢筋工程所含的检验批可根据施工工序和验收的需要确定。本节主要介绍了钢筋工程原材料、钢筋加工、钢筋连接和钢筋绑扎安装工程质量控制要点和工程质量验收标准,其内容关系图如图 4-2 所示。

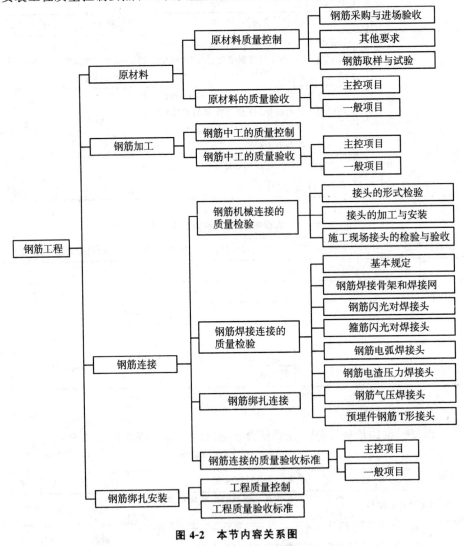

图 4-2 本节内容关系图

业务要点 1：原材料

1. 原材料的质量控制

（1）钢筋采购与进场验收

1）混凝土结构所采用的热轧钢筋、热处理钢筋、碳素钢丝、刻痕钢丝和钢绞线的质量，应分别符合现行国家标准的规定。

2）钢筋从钢厂发出时，应具有出厂质量证明书或试验报告单，每捆（盘）钢筋均应有标牌。

3）钢筋进入施工单位的仓库或放置场地时，应按炉罐（批）号及直径分批验收。验收内容包括查对标牌，外观检查之后，应按国家现行相关标准的规定抽取试样做力学性能和重量偏差检验，检验结果须合格方可使用。

4）钢筋在运输和储存时，必须保留标牌，严格防止混料，并按批分别堆放整齐，无论在检验前或检验后，都要避免锈蚀和污染。

（2）其他要求

1）当钢筋在加工过程中发生脆断、焊接性能不良或力学性能显著不正常等现象时，应停止使用并按现行国家标准对该批钢筋进行化学成分检验或金相、冲击韧性等专项检验。

2）钢筋的级别、种类和直径应符合设计要求，当确需进行代换时，应办理设计变更文件，并应符合下列要求：

① 不同种类钢筋的代换，应按钢筋受拉承载力设计值相等的原则进行。

② 当构件受抗裂、裂缝宽度或挠度控制时，钢筋代换后应重新进行验算。

③ 钢筋代换后，应满足混凝土结构设计规范中有关间距、锚固长度、最小钢筋直径、根数等要求。

④ 对重要受力结构，不宜用 HPB300 钢筋代换带肋钢筋。

⑤ 梁的纵向受力钢筋与弯起钢筋应分别进行代换。

⑥ 对有抗震要求的框架，不宜以强度等级较高的钢筋代换原设计中的钢筋；当必须代换时，尚应符合③条的规定。

⑦ 预制构件的吊环，必须采用未经冷拉的 HPB300 热轧钢筋制作。

（3）钢筋取样与试验

钢筋进场时，应检查产品合格证和出厂检验报告，并按相关标准的规定进行抽样检验。由于工程量、运输条件和各种钢筋的用量等的差异，很难对钢筋进场的批量大小作出统一规定。实际检查时，若有关标准中对进场检验作了具体规定，应遵照执行；若有关标准中只有对产品出厂检验的规定，则在进场检验时，批量应按下列情况确定：

1）对同一厂家、同一牌号、同一规格的钢筋，当一次进场的数量大于该产品的出厂检验批量时,应划分为若干个出厂检验批量,按出厂检验的抽样方案执行。

2) 对同一厂家、同一牌号、同一规格的钢筋,当一次进场的数量小于或等于该产品的出厂检验批量时,应作为一个检验批量,然后按出厂检验的抽样方案执行。

3) 对不同进场时间的同批钢筋,当确有可靠依据时,可按一次进场的钢筋处理。

2. 原材料的质量验收

(1) 主控项目

混凝土结构钢筋工程原材料质量验收标准的主控项目检验见表 4-9。

表 4-9　主控项目检验

序号	项　目	合格质量标准	检验方法	检验数量
1	力学性能检测	钢筋进场时,应按国家现行相关标准的规定抽取试件作力学性能和重量偏差检验,检验结果必须符合有关标准的规定	检查出厂合格证、出厂检验报告和进场复验报告	按进场的批次和产品的抽样检验方案确定
2	抗震用钢筋强度实测值	对有抗震设防要求的结构,其纵向受力钢筋的性能应满足设计要求;当设计无具体要求时,对按一、二、三级抗震等级设计的框架和斜撑构件(含梯段)中的纵向受力钢筋应采用 HRB335E、HRB400E、HRB500E、HRBF335E、HRBF400E 或 HRBF500E 钢筋,其强度和最大力下总伸长率的实测值应符合下列规定: 1) 钢筋的抗拉强度实测值与屈服强度实测值的比值不应小于 1.25 2) 钢筋的屈服强度实测值与屈服强度标准值的比值不应大于 1.30 3) 钢筋的最大力下总伸长率不应小于 9%	检查进场复验报告	按进场的批次和产品的抽样检验方案确定

(2) 一般项目

混凝土结构钢筋工程原材料质量验收标准的一般项目检验见表 4-10。

表 4-10　一般项目检验

序号	项　目	合格质量标准	检验方法	检验数量
1	外观质量	钢筋应平直、无损伤,表面不得有裂纹、油污、颗粒状或片状老锈	观察	进场时和使用前全数检查

业务要点 2：钢筋加工

1. 钢筋加工的质量控制

1) 仔细查看结构施工图，把不同构件的配筋数量、规格、间距、尺寸弄清楚，抓好钢筋翻样，检查配料单的准确性。

2) 钢筋加工严格按照配料单进行，在制作加工中发生断裂的钢筋，应进行抽样做化学分析，防止其力学性能合格而化学含量有问题，保证钢材材质的安全合格性。

3) 钢筋加工所用施工机械必须经试运转，调整正常后，才可正式使用。

2. 钢筋加工的质量验收

（1）主控项目

混凝土结构钢筋工程钢筋加工质量验收标准的主控项目检验见表 4-11。

表 4-11　主控项目检验

序号	项　　目	合格质量标准	检验方法	检验数量
1	受力钢筋的弯钩和弯折	受力钢筋的弯钩和弯折应符合下列规定： 1) HPB300 级钢筋末端应做 180°弯钩，其弯弧内直径应不小于钢筋直径的 2.5 倍，弯钩的弯后平直部分长度应不小于钢筋直径的 3 倍 2) 当设计要求钢筋末端需做 135°弯钩时，HRB335 级、HRB400 级钢筋的弯弧内直径应不小于钢筋直径的 4 倍，弯钩的弯后平直部分长度应符合设计要求 3) 钢筋作不大于 90°的弯折时，弯折处的弯弧内直径应不小于钢筋直径的 5 倍	钢尺检查	按每工作班同一类型钢筋、同一加工设备抽查不应少于 3 件
2	箍筋弯钩形式	除焊接封闭环式箍筋外，箍筋的末端作弯钩，弯钩形式应符合设计要求；当设计无具体要求时，应符合下列规定： 1) 箍筋弯钩的弯弧内直径除应满足本表"序号 1"的规定外，尚应不小于受力钢筋直径 2) 箍筋弯钩的弯折角度：对一般结构，应不小于 90°；对有抗震等要求的结构，应为 135° 3) 箍筋弯钩后平直部分长度：对一般结构，不宜小于箍筋直径的 5 倍；对有抗震等要求的结构，应不小于箍筋直径的 10 倍	钢尺检查	按每工作班同一类型钢筋、同一加工设备抽查不应少于 3 件

续表

序号	项　目	合格质量标准	检验方法	检验数量
3	性能检验	钢筋调直后应进行力学性能和重量偏差的检验,其强度应符合有关标准的规定 盘卷钢筋和直条钢筋调直后的伸长率、重量偏差应符合表 4-12 的规定 采用无延伸功能的机械设备调直的钢筋,可不进行本条规定的检验	3 个试件先进行重量偏差检验,再取其中 2 个试件经时效处理后进行力学性能检验。检验重量偏差时,试件切口应平滑且与长度方向垂直,且长度不应小于 500mm;长度和重量的量测精度分别不应低于 1mm 和 1g	同一厂家、同一牌号、同一规格调直钢筋,重量不大于 30t 为一批;每批见证取样 3 个试件

表 4-12　盘卷钢筋和直条钢筋调直后的断后伸长率、重量负偏差要求

钢筋牌号	断后伸长率 A(%)	单位长度重量负偏差(%)		
		直径 6~12mm	直径 14~20mm	直径 22~50mm
HPB300	≥21	≤10	—	—
HRB335、HRBF335	≥16	≤8	≤6	≤5
HRB400、HRBF 400	≥15			
RRB400	≥13			
HRB500、HRBF500	≥14			

注:1. 断后伸长率 A 的量测标距为 5 倍钢筋公称直径;

2. 重量负偏差(%)按公式 $(W_0-W_d)/W_0\times100$ 计算,其中 W_0 为钢筋理论重量(kg/m),W_d 为调直后钢筋的实际重量(kg/m);

3. 对直径为 28~40mm 的带肋钢筋,表中断后伸长率可降低 1%;对直径大于 40mm 的带肋钢筋,表中断后伸长率可降低 2%。

(2) 一般项目

混凝土结构钢筋工程钢筋加工质量验收标准的一般项目检验见表 4-13。

表 4-13　一般项目检验

序号	项　目	合格质量标准	检验方法	检验数量
1	钢筋拉直	钢筋宜采用无延伸装置的机械设备进行调直,也可采用冷拉方法调直。当采用冷拉方法调直时,HPB300 光圆钢筋的冷拉率不宜大于 4%;HRB335、HRB400、HRB500、HRBF335、HRBF400、HRBF500 及 RRB400 带肋钢筋的冷拉率不宜大于 1%	观察,钢尺检查	每工作班按同一类型钢筋、同一加工设备抽查不应少于 3 件

续表

序号	项 目	合格质量标准	检验方法	检验数量
2	钢筋加工尺寸	钢筋加工的形状、尺寸应符合设计要求,其允许偏差应符合表4-14的规定	钢尺检查	每工作班按同一类型钢筋、同一加工设备抽查不应少于3件

表4-14 钢筋加工的允许偏差

(单位:mm)

项 目	允许偏差
受力钢筋顺长度方向全长的净尺寸	±10
弯起钢筋的弯折位置	±20
箍筋内净尺寸	±5

业务要点3:钢筋连接

1. 钢筋机械连接的质量检验

(1)接头的形式检验

1)在下列情况时应进行形式检验:

① 确定接头性能等级时。

② 材料、工艺、规格进行改动时。

③ 形式检验报告超过4年时。

2)用于形式检验的钢筋应符合有关标准的规定。

3)对每种形式、级别、规格、材料、工艺的钢筋机械连接接头,形式检验试件不应少于9个:其中单向拉伸试件不应少于3个,高应力反复拉压试件不应少于3个,大变形反复拉压试件不应少于3个。同时应另取3根钢筋试件做抗拉强度试验。全部试件均应在同一根钢筋上截取。

4)用于形式检验的直螺纹或锥螺纹接头试件应散件送达检验单位,由形式检验单位或在其监督下由接头技术提供单位按表4-15或表4-16规定的拧紧扭矩进行装配,拧紧扭矩值应记录在检验报告中。形式检验试件必须采用未经过预拉的试件。

表4-15 直螺纹接头安装时的最小拧紧扭矩值

钢筋直径/mm	≤16	18~20	22~25	28~32	36~40
拧紧扭矩/(N·m)	100	200	260	320	360

表4-16 锥螺纹接头安装时的最小拧紧扭矩值

钢筋直径/mm	≤16	18~20	22~25	28~32	36~40
拧紧扭矩/(N·m)	100	180	240	300	360

5) 形式检验的试验方法应按《钢筋机械连接通用技术规程》JGJ 107—2010 附录 A 的规定进行,当试验结果符合下列规定时评为合格。

① 强度检验:每个接头试件的强度实测值均应符合表 4-17 中相应接头等级的强度要求。

表 4-17　接头的抗拉强度

接头等级	Ⅰ级		Ⅱ级	Ⅲ级
抗拉强度	$f_{mst}^0 \geqslant f_{stk}$ 或 $f_{mst}^0 \geqslant 1.10 f_{stk}$	断于钢筋 断于接头	$f_{mst}^0 \geqslant f_{stk}$	$f_{mst}^0 \geqslant 1.25 f_{yk}$

注:f_{mst}^0——接头试件实测抗拉强度;

　　f_{stk}——钢筋抗拉强度标准值;

　　f_{yk}——钢筋屈服强度标准值。

② 变形检验:对残余变形和最大力总伸长率,3 个试件的平均实测值应符合表 4-18 的规定。

表 4-18　接头的变形性能

接头等级		Ⅰ级	Ⅱ级	Ⅲ级
单向拉伸	残余变形/mm	$u_0 \leqslant 0.10(d \leqslant 32)$ $u_0 \leqslant 0.14(d > 32)$	$u_0 \leqslant 0.14(d \leqslant 32)$ $u_0 \leqslant 0.16(d > 32)$	$u_0 \leqslant 0.14(d \leqslant 32)$ $u_0 \leqslant 0.16(d > 32)$
	最大力总伸长率(%)	$A_{sgt} \geqslant 6.0$	$A_{sgt} \geqslant 6.0$	$A_{sgt} \geqslant 3.0$
高应力反复拉压	残余变形/mm	$u_{20} \leqslant 0.3$	$u_{20} \leqslant 0.3$	$u_{20} \leqslant 0.3$
大变形反复拉压	残余变形/mm	$u_4 \leqslant 0.3$ 且 $u_8 \leqslant 0.6$	$u_4 \leqslant 0.3$ 且 $u_8 \leqslant 0.6$	$u_4 \leqslant 0.6$

注:1. 当频遇荷载组合下,构建中钢筋应力明显高于 $0.6 f_{yk}$ 时,设计部门可对单向拉伸残余变形 u_0 的加载峰值提出调整要求。

　　2. u_0——接头试件加载至 $0.6 f_{yk}$ 并卸载后在规定标距内的残余变形;

　　　u_{20}——接头经高应力反复拉压 20 次后的残余变形;

　　　u_4——接头经大变形反复拉压 4 次后的残余变形;

　　　u_8——接头经大变形反复拉压 8 次后的残余变形;

　　　A_{sgt}——接头试件的最大力总伸长率。

6) 形式检验应由国家、省部级主管部门认可的检测机构进行,并按《钢筋机械连接通用技术规程》JGJ 107—2010 附录 B 的格式出具检验报告和评定结论。

(2) 接头的加工与安装

1) 接头的加工:

① 在施工现场加工钢筋接头时,应符合下列规定:

a. 加工钢筋接头的操作工人,应经专业人员培训合格后才能上岗,人员应相对稳定。

b. 钢筋接头的加工应经工艺检验合格后方可进行。

② 直螺纹接头的现场加工应符合下列规定：

a. 钢筋端部应切平或镦平后加工螺纹。

b. 镦粗头不得有与钢筋轴线相垂直的横向裂纹。

c. 钢筋丝头长度应满足企业标准中产品设计要求，公差应为 $0\sim2.0p$（p 为螺距）。

d. 钢筋丝头宜满足 6f 级精度要求，应用专用直螺纹量规检验，通规能顺利旋入并达到要求的拧入长度，止规旋入不得超过 $3p$。抽检数量 10%，检验合格率不应小于 95%。

③ 锥螺纹接头的现场加工应符合下列规定：

a. 钢筋端部不得有影响螺纹加工局部弯曲。

b. 钢筋丝头长度应满足设计要求，使拧紧后的钢筋丝头不得相互接触，丝头加工长度公差应为 $-0.5p\sim-1.5p$。

c. 钢筋丝头的锥度和螺距应使用专用锥螺纹量规检验；抽检数量 10%，检验合格率不应小于 95%。

2）接头的安装：

① 直螺纹钢筋接头的安装质量应符合下列要求：

a. 安装接头时可用管钳扳手拧紧，应使钢筋丝头在套筒中央位置相互顶紧。标准型接头安装后的外露螺纹不宜超过 $2p$。

b. 安装接头后应用扭力扳手校核拧紧扭矩，拧紧扭矩值应符合表 4-15 的规定。

c. 校核用扭力扳手的准确度级别可选用 10 级。

② 锥螺纹钢筋接头的安装质量应符合下列要求：

a. 安装接头时应严格保证钢筋与连接套筒的规格相一致。

b. 安装接头时应用扭力扳手拧紧，拧紧扭矩值应符合表 4-16 的规定。

c. 校核用扭力扳手与安装用扭力扳手应区分使用，校核用扭力扳手应每年校核 1 次，准确度级别应选用 5 级。

③ 套筒挤压钢筋接头的安装质量应符合下列要求：

a. 钢筋端部不得有局部弯曲，不得有严重锈蚀和附着物。

b. 钢筋端部应有检查插入套筒深度的明显标记，钢筋端头离套筒长度中心点不宜超过 10mm。

c. 挤压应从套筒中央开始，依次向两端挤压，压痕直径的波动范围应控制在供应商认定的允许波动范围内，并提供专用量规进行检查。

d. 挤压后的套筒不得有肉眼可见裂纹。

（3）施工现场接头的检验与验收

1）工程中应用钢筋机械接头时，应由该技术提供单位提交有效的形式检验报告。

2）钢筋连接工程开始前，应对不同钢筋生产厂的进场钢筋进行接头工艺检验；施工过程中，更换钢筋生产厂时，应补充进行工艺检验。工艺检验应符合下列规定：

① 每种规格钢筋的接头试件不应少于 3 根。

② 每根试件的抗拉强度和 3 根接头试件的残余变形的平均值均应符合表 4-17和表 4-18 的规定。

③ 接头试件在测量残余变形后可再进行抗拉强度试验，并宜按单向拉伸加载制度进行试验。

④ 第一次工艺检验中 1 根试件抗拉强度或 3 根试件的残余变形平均值不合格时，允许再抽 3 根试件进行复验，复验仍不合格时判为工艺检验不合格。

3）接头安装前应检查连接件产品合格证及套筒表面生产批号标识；产品合格证应包括适用钢筋直径和接头性能等级、套筒类型、生产单位、生产日期以及可追溯产品原材料力学性能和加工质量的生产批号。

4）现场检验应按本规程进行接头的抗拉强度试验、加工和安装质量检验；对接头有特殊要求的结构，应在设计图纸中另行注明相应的检验项目。

5）接头的现场检验应按验收批进行，同一施工条件下采用同一批材料的同等级、同形式、同规格接头，应 500 个为一个验收批进行检验与验收，不足 500 个也应作为一个验收批。

6）螺纹接头安装后应按 5）条的验收批，抽取其中 10% 的接头进行拧紧扭矩校核，拧紧扭矩值不合格数超过被校核接头数的 5% 时，应重新拧紧全部接头，直到合格为止。

7）对接头的每一验收批，必须在工程结构中随机截取 3 个接头试件做抗拉强度试验，按设计要求的接头等级进行评定。当 3 个接头试件的抗拉强度均符合表 4-17 中相应等级的强度要求时，该验收批应评为合格。如有 1 个试件的抗拉强度不符合要求，应再取 6 个试件进行复检。复检中如仍有 1 个试件的抗拉强度不符合要求，则该验收批应评为不合格。

8）现场检验连续 10 个验收批抽样试件抗拉强度试验一次合格率为 100% 时，验收批接头数量可扩大 1 倍。

9）现场截取抽样试件后，原接头位置的钢筋可采用同等规格的钢筋进行搭接连接，或采用焊接及机械连接方法补接。

10）对抽检不合格的接头验收批，应由建设方会同设计等有关方面研究后提出处理方案。

2. 钢筋焊接连接的质量检验

（1）基本规定

1）钢筋焊接接头或焊接制品（焊接骨架、焊接网）应按检验批进行质量检验与验收。检验批的划分应符合有关规定。质量检验与验收应包括外观质量检查和力学性能检验，并划分为主控项目和一般项目两类。

2）纵向受力钢筋焊接接头验收中，闪光对焊接头、电弧焊接头、电渣压力焊接头、气压焊接头和非纵向受力箍筋闪光对焊接头、预埋件钢筋 T 形接头的连接方式应符合设计要求，并应全数检查，检查方法为目视观察。焊接接头力学性能检验应为主控项目。焊接接头的外观质量检查应为一般项目。

3）不属于专门规定的电阻焊点和钢筋与钢板电弧搭接焊接头可只做外观质量检查，属一般项目。

4）纵向受力钢筋焊接接头、箍筋闪光对焊接头、预埋件钢筋 T 形接头的外观质量检查应符合下列规定：

① 纵向受力钢筋焊接接头，每一检验批中应随机抽取 10% 的焊接接头；箍筋闪光对焊接头和预埋件钢筋 T 形接头应随机抽取 5% 的焊接接头。检查结果，外观质量应符合有关规定。

② 焊接接头外观质量检查时，首先应由焊工对所焊接头或制品进行自检；在自检合格的基础上由施工单位项目专业质量检查员检查，并将检查结果填写于"钢筋焊接接头检验批质量验收记录"。

5）外观质量检查结果，当各小项不合格数均小于或等于抽检数的 15%，则该批焊接接头外观质量评为合格；当某一小项不合格数超过抽检数的 15% 时，应对该批焊接接头该小项逐个进行复检，并剔出不合格接头。对外观质量检查不合格接头采取修整或补焊措施后，可提交二次验收。

6）施工单位项目专业质量检查员应检查钢筋、钢板质量证明书、焊接材料产品合格证和焊接工艺试验时的接头力学性能试验报告，钢筋焊接接头力学性能检验时，应在接头外观质量检查合格后随机切取试件进行试验。试验方法应按现行行业标准《钢筋焊接接头试验方法标准》JGJ/T 27—2001 有关规定执行。试验报告应包括下列内容：

① 工程名称、取样部位。

② 批号、批量。

③ 钢筋生产厂家和钢筋批号、钢筋牌号、规格。

④ 焊接方法。

⑤ 焊工姓名及考试合格证编号。

⑥ 施工单位。

⑦ 焊接工艺试验时的力学性能试验报告。

7) 钢筋闪光对焊接头、钢筋电弧焊接头、钢筋电渣压力焊接头、钢筋气压焊接头、箍筋闪光对焊接头、预埋件钢筋 T 形接头的拉伸试验,应从每一检验批接头中随机切取三个接头进行试验并应按下列规定对试验结果进行评定:

① 符合下列条件之一,应评定该检验批接头拉伸试验合格:

a.3 个试件均断于钢筋母材,呈延性断裂,其抗拉强度大于或等于钢筋母材抗拉强度标准值。

b.2 个试件断于钢筋母材,呈延性断裂,其抗拉强度大于或等于钢筋母材抗拉强度标准值;另一试件断于焊缝,呈脆性断裂,其抗拉强度大于或等于钢筋母材抗拉强度标准值的 1.0 倍。

注:试件断于热影响区,呈延性断裂,应视作与断于钢筋母材等同;试件断于热影响区,呈脆性断裂,应视作与断于焊缝等同。

② 符合下列条件之一,应进行复验:

a.2 个试件断于钢筋母材,呈延性断裂,其抗拉强度大于或等于钢筋母材抗拉强度标准值;另一试件断于焊缝或热影响区,呈脆性断裂,其抗拉强度小于钢筋母材抗拉强度标准值的 1.0 倍。

b.1 个试件断于钢筋母材,呈延性断裂,其抗拉强度大于或等于钢筋母材抗拉强度标准值;另 2 个试件断于焊缝或热影响区,呈脆性断裂。

③ 3 个试件均断于焊缝,呈脆性断裂,其抗拉强度均大于或等于钢筋母材抗拉强度标准值的 1.0 倍叶,应进行复验。当 3 个试件中有 1 个试件抗拉强度小于钢筋母材抗拉强度标准值的 1.0 倍,应评定该检验批接头拉伸试验不合格。

④ 复验时,应切取 6 个试件进行试验。试验结果,若有 4 个或 4 个以上试件断于钢筋母材,呈延性断裂,其抗拉强度大于或等于钢筋母材抗拉强度标准值。另 2 个或 2 个以下试件断于焊缝,呈脆性断裂,其抗拉强度大于或等于钢筋母材抗拉强度标准值的 1.0 倍,应评定该检验批接头拉伸试验复验合格。

⑤ 可焊接余热处理钢筋 RRB400W 焊接接头拉伸试验结果。其抗拉强度应符合同级别热轧带肋钢筋抗拉强度标准值 540MPa 的规定。

⑥ 预埋件钢筋 T 形接头拉伸试验结果,3 个试件的抗拉强度均大于或等于表 4-19 的规定值时,应评定该检验批接头拉伸试验合格。若有一个接头试件抗拉强度小于表 4-19 的规定值时,应进行复验。

复验时,应切取 6 个试件进行试验。复验结果,其抗拉强度均大于或等于表 4-19 的规定值时,应评定该检验批接头拉伸试验复验合格。

表 4-19　预埋件钢筋 T 形接头抗拉强度规定值

钢筋牌号	抗拉强度规定值/MPa
HPB300	400
HRB335、HRBF335	435
HRB400、HRBF400	520
HRB500、HRBF500	610
RRB400W	520

8）钢筋闪光对焊接头、气压焊接头进行弯曲试验时，应从每一个检验批接头中随机切取 3 个接头。焊缝应处于弯曲中心点，弯心直径和弯曲角度应符合表 4-20 的规定。

表 4-20　接头弯曲试验指标

钢筋牌号	弯心直径	弯曲角度（°）
HPB300	2d	90
HRB335、HRBF335	4d	90
HRB400、HRBF400、RRB400W	5d	90
HRB500、HRBF500	7d	90

注：1. d 为钢筋直径（mm）。

2. 直径大于 25mm 的钢筋焊接接头，弯心直径应增加 1 倍钢筋直径。

弯曲试验结果应按下列规定进行评定：

① 当试验结果，弯曲至 90°，有 2 个或 3 个试件外侧（含焊缝和热影响区）未发生宽度达到 0.5mm 的裂纹时，应评定该检验批接头弯曲试验合格。

② 当有 2 个试件发生宽度达到 0.5mm 的裂纹时，应进行复验。

③ 当有 3 个试件发生宽度达到 0.5mm 的裂纹时，应评定该检验批接头弯曲试验不合格。

④ 复验时，应切取 6 个试件进行试验。复验结果，当不超过 2 个试件发生宽度达到 0.5mm 的裂纹时，应评定该检验批接头弯曲试验复验合格。

9）钢筋焊接接头或焊接制品质量验收时，应在施工单位自行质量评定合格的基础上，由监理（建设）单位对检验批有关资料进行检查，组织项目专业质量检查员等进行验收，并应按《钢筋焊接及验收规程》JGJ 18—2012 附录 A 规定记录。

（2）钢筋焊接骨架和焊接网

1）不属于专门规定的焊接骨架和焊接网可按下列规定的检验批只进行外观质量检查：

① 凡钢筋牌号、直径及尺寸相同的焊接骨架和焊接网应视为同一类型制品，

且每 300 件作为一批,一周内不足 300 件的亦应按一批计算,每周至少检查一次。

② 外观质量检查时,每批应抽查 5%,且不得少于 5 件。

2) 焊接骨架外观质量检查结果,应符合下列规定:

① 焊接骨架焊点压入深度应为较小钢筋直径的 18%～25%。

② 每件制品的焊点脱落、漏焊数量不得超过焊点总数的 4%,且相邻两焊点不得有漏焊及脱落。

③ 应量测焊接骨架的长度、宽度和高度,并应抽查纵、横方向 3～5 个网格的尺寸,其允许偏差应符合表 4-21 的规定。

④ 当外观质量检查结果不符合上述规定时,应逐件检查,并剔除不合格品。对不合格品经整修后,可提交二次验收。

表 4-21　焊接骨架的允许偏差

（单位：mm）

项　　目		允许偏差
焊接骨架	长度	±10
	宽度	±5
	高度	±5
骨架钢筋间距		±10
受力主筋	间距	±15
	排距	±5

3) 焊接网外形尺寸检查和外观质量检查结果,应符合下列规定:

① 焊接网焊点压入深度应为较小钢筋直径的 18%～25%。

② 钢筋焊接网间距的允许偏差应取 ±10mm 和规定间距的 ±5% 的较大值。网片长度和宽度的允许偏差应取 ±25mm 和规定长度的 ±0.5% 的较大值;网格数量应符合设计规定。

③ 钢筋焊接网焊点开焊数量不应超过整张网片交叉点总数的 1%,并且任一根钢筋上开焊点不得超过该支钢筋上交叉点总数的一半;焊接网最外边钢筋上的交叉点不得开焊。

④ 钢筋焊接网表面不应有影响使用的缺陷;当性能符合要求时,允许钢筋表面存在浮锈和因矫直造成的钢筋表面轻微损伤。

（3）钢筋闪光对焊接头

1) 钢筋闪光对焊接头的质量检验,应分批进行外观质量检查和力学性能检验,并应符合下列规定:

① 在同一台班内,由同一个焊工完成的 300 个同牌号、同直径钢筋闪光对焊接头应作为一批。当同一台班内焊接的接头数量较少时,可在一周之内累计

计算；累计仍不足 300 个接头时，应按一批计算。

② 力学性能检验时，应从每批接头中随机切取 6 个接头，其中 3 个做拉伸试验，3 个做弯曲试验。

③ 异径钢筋接头可只做拉伸试验。

2）钢筋闪光对焊接头外观质量检查结果，应符合下列规定：

① 对焊接头表面应呈圆滑、带毛刺状，不得有肉眼可见的裂纹。

② 与电极接触处的钢筋表面不得有明显烧伤。

③ 接头处的弯折角度不得大于 2°。

④ 接头处的轴线偏移不得大于钢筋直径的 1/10，且不得大于 1mm。

（4）箍筋闪光对焊接头

1）箍筋闪光对焊接头应分批进行外观质量检查和力学性能检验，并应符合下列规定：

① 在同一台班内，由同一个焊工完成的 600 个同牌号、同直径箍筋闪光对焊接头作为一个检验批；如超出 600 个接头，其超出部分可以与下一台班完成接头累计计算。

② 每一检验批中，应随机抽查 5% 的接头进行外观质量检查。

③ 每个检验批中应随机切取 3 个对焊接头做拉伸试验。

2）箍筋闪光对焊接头外观质量检查结果，应符合下列规定：

① 对焊接头表面应呈圆滑、带毛刺状，不得有肉眼可见裂纹。

② 轴线偏移不得大于钢筋直径的 1/10，且不得大于 1mm。

③ 对焊接头所在直线边的顺直度检测结果凹凸不得大于 5mm。

④ 对焊箍筋外皮尺寸应符合设计图纸的规定，允许偏差应为 ±5mm。

⑤ 与电极接触处的钢筋表面不得有明显烧伤。

（5）钢筋电弧焊接头

1）钢筋电弧焊接头的质量检验，应分批进行外观质量检查和力学性能检验，并应符合下列规定：

① 在现浇混凝土结构中，应以 300 个同牌号钢筋、同形式接头作为一批；在房屋结构中，应在不超过连续两楼层中 300 个同牌号钢筋、同形式接头作为一批；每批随机切取 3 个接头，做拉伸试验。

② 在装配式结构中，可按生产条件制作模拟试件，每批 3 个，做拉伸试验。

③ 钢筋与钢板搭接焊接头可只进行外观质量检查。

注：在同一批中若有 3 种不同直径的钢筋接头接头，应在最大直径钢筋接头和最小直径钢筋接头中分别切取 3 个试件进行拉伸试验。钢筋电渣压力焊接头、钢筋气压焊接头取样均同。

2）钢筋电弧焊接头外观质量检查结果，应符合下列规定：

① 焊缝表面应平整，不得有凹陷或焊瘤。

② 焊接接头区域不得有肉眼可见的裂纹。

③ 焊缝余高应为 2~4mm。

④ 咬边深度、气孔、夹渣等缺陷允许值及接头尺寸的允许偏差,应符合表4-22 的规定。

表 4-22　钢筋电弧焊接头尺寸允许偏差及缺陷允许值

名　　称		单　位	接头形式		
			帮条焊	搭接焊、钢筋与钢板搭接焊	坡口焊、窄间隙焊、熔槽帮条焊
帮条沿接头中心线的纵向偏移		mm	0.3d	—	—
接头处弯折角		°	2	2	2
接头处钢筋轴线的偏移		mm	0.1d	0.1d	0.1d
			1	1	1
焊缝宽度		mm	+0.1d	+0.1d	—
焊缝长度		mm	−0.3d	−0.3d	—
咬边深度		mm	0.5	0.5	0.5
在长 2d 焊缝表面上的气孔及夹渣	数量	个	2	2	—
	面积	mm^2	6	6	—
在全部焊缝表面上的气孔及夹渣	数量	个	—	—	2
	面积	mm^2	—	—	6

注:d 为钢筋直径(mm)。

3) 当模拟试件试验结果不符合要求时,应进行复验。复验应从现场焊接接头中切取,其数量和要求与初始试验相同。

(6) 钢筋电渣压力焊接头

1) 钢筋电渣压力焊接头的质量检验,应分批进行外观质量检查和力学性能检验,并应符合下列规定:

① 在现浇钢筋混凝土结构中,应以 300 个同牌号钢筋接头作为一批。

② 在房屋结构中,应在不超过连续两楼层中 300 个同牌号钢筋接头作为一批;当不足 300 个接头时,仍应作为一批。

③ 每批随机切取 3 个接头试件做拉伸试验。

2) 钢筋电渣压力焊接头外观质量检查结果,应符合下列规定:

① 四周焊包凸出钢筋表面的高度,当钢筋直径为 25mm 及以下时,不得小于 4mm;当钢筋直径为 28mm 及以上时,不得小于 6mm。

② 钢筋与电极接触处,应无烧伤缺陷。

③ 接头处的弯折角度不得大于 2°。

④ 接头处的轴线偏移不得大于 1mm。

(7) 钢筋气压焊接头

1) 钢筋气压焊接头的质量检验,应分批进行外观质量检查和力学性能检验,并应符合下列规定:

① 在现浇钢筋混凝土结构中,应以 300 个同牌号钢筋接头作为一批;在房屋结构中,应在不超过连续两楼层中 300 个同牌号钢筋接头作为一批;当不足 300 个接头时,仍应作为一批。

② 在柱、墙的竖向钢筋连接中,应从每批接头中随机切取 3 个接头做拉伸试验;在梁、板的水平钢筋连接中,应另切取 3 个接头做弯曲试验。

③ 在同一批中,异径钢筋气压焊接头可只做拉伸试验。

2) 钢筋气压焊接头外观质量检查结果,应符合下列规定:

① 接头处的轴线偏移 e 不得大于钢筋直径的 1/10,且不得大于 1mm,如图 4-3(a)所示;当不同直径钢筋焊接时,应按较小钢筋直径计算;当大于上述规定值,但在钢筋直径的 3/10 以下时,可加热矫正;当大于 3/10 时,应切除重焊。

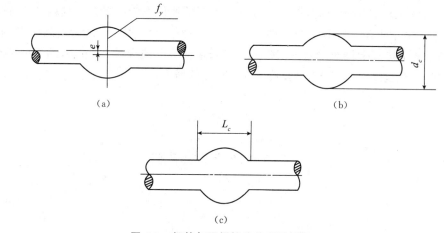

图 4-3　钢筋气压焊接头外观质量图

(a)轴线偏移 e　(b)镦粗直径 d_c　(c)镦粗长度 L_c

② 接头处表面不得有肉眼可见的裂纹。

③ 接头处的弯折角度不得大于 2°;当大于规定值时,应重新加热矫正。

④ 固态气压焊接头镦粗直径 d_c 不得小于钢筋直径的 1.4 倍,熔态气压焊接头镦粗直径 d_c 不得小于钢筋直径的 1.2 倍,如图 4-3(b)所示;当小于上述规定值时,应重新加热镦粗。

⑤ 镦粗长度 L_c 不得小于钢筋直径的 1.0 倍,且凸起部分平缓圆滑如图 4-3 (c)所示;当小于上述规定值时,应重新加热镦长。

(8) 预埋件钢筋 T 形接头

1) 预埋件钢筋 T 形接头的外观质量检查,应从同一台班内完成的同类型预埋件中抽查 5%,且不得少于 10 件。

2) 预埋件钢筋 T 形接头外观质量检查结果,应符合下列规定:

① 焊条电弧焊时,当采用 HPB300 钢筋时,角焊缝焊脚尺寸(K)不得小于钢筋直径的 50%;采用其他牌号钢筋时,焊脚尺寸(K)不得小于钢筋直径的 60%。

② 埋弧压力焊或埋弧螺柱焊时,四周焊包凸出钢筋表面的高度,当钢筋直径为 18mm 及以下时,不得小于 3mm;当钢筋直径为 20mm 及以上时,不得小于 4mm。

③ 焊缝表面不得有气孔、夹渣和肉眼可见裂纹。

④ 钢筋咬边深度不得超过 0.5mm。

⑤ 钢筋相对钢板的直角偏差不得大于 2°。

3) 预埋件外观质量检查结果,当有 2 个接头不符合上述规定时,应对全数接头的这一项目进行检查,并剔除不合格品,不合格接头经补焊后可提交二次验收。

4) 力学性能检验时,应以 300 件同类型预埋件作为一批。一周内连续焊接时,可累计计算。当不足 300 件时,亦应按一批计算。应从每批预埋件中随机切取 3 个接头做拉伸试验。试件的钢筋长度应大于或等于 200mm,钢板(锚板)的长度和宽度应等于 60mm,并视钢筋直径的增大而适当增大(图 4-4)。

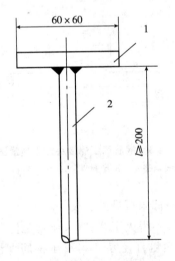

图 4-4 预埋件钢筋 T 形接头拉伸试件

1—钢板　2—钢筋

5）预埋件钢筋 T 形接头拉伸试验时,应采用专用夹具。

3. 钢筋绑扎连接的质量检验

1）当纵向受拉钢筋的绑扎搭接接头面积百分率不大于 25% 时,其最小搭接长度应符合表 4-23 的规定。

表 4-23　纵向受拉钢筋的最小搭接长度

钢筋类型		混凝土强度等级			
		C15	C20～C25	C30～C35	≥C40
光圆钢筋	HPB300 级	45d	35d	30d	25d
带肋钢筋	HRB335 级	55d	45d	35d	30d
	HRB400 级、RRB400 级	—	55d	40d	35d

注:两根直径不同钢筋的搭接长度,以较细钢筋的直径计算。

2）当纵向受拉钢筋搭接接头面积百分率大于 25%,但不大于 50% 时,其最小搭接长度应按表 4-23 中的数值乘以系数 1.2 取用;当接头面积百分率大于 50% 时,应按表 4-23 中的数值乘以系数 1.35 取用。

3）当符合下列条件时,纵向受拉钢筋的最小搭接长度应根据上述 1）条至 2）条确定后,按下列规定进行修正。

① 当带肋钢筋的直径大于 25mm 时,其最小搭接长度应按相应数值乘以系数 1.1 取用。

② 对环氧树脂涂层的带肋钢筋,其最小搭接长度应按相应数值乘以系数 1.25 取用。

③ 当在混凝土凝固过程中受力钢筋易受扰动时(如滑模施工),其最小搭接长度应按相应数值乘以系数 1.1 取用。

④ 对末端采用机械锚固措施的带肋钢筋,其最小搭接长度可按相应数值乘以系数 0.7 取用。

⑤ 当带肋钢筋的混凝土保护层厚度大于搭接钢筋直径的 3 倍且配有箍筋时,其最小搭接长度可按相应数值乘以系数 0.8 取用。

⑥ 对有抗震设防要求的结构构件,其受力钢筋的最小搭接长度对 1、2 级抗震等级应按相应数值乘以系数 1.15 取用;对 3 级抗震等级应按相应数值乘以系数 1.05 取用。

在任何情况下,受拉钢筋的搭接长度应不小于 300mm。

4）纵向受压钢筋搭接时,其最小搭接长度应根据上述 1）条至 2）条的规定确定相应数值后,乘以系数 0.7 取用。在任何情况下,受压钢筋的搭接长度应不小于 200mm。

4. 钢筋连接的质量验收标准

(1) 主控项目

混凝土结构钢筋工程钢筋连接质量验收标准的主控项目检验见表 4-24。

表 4-24　主控项目检验

序号	项目	质量合格标准	检验方法	检验数量
1	连接方式	纵向受力钢筋的连接方式应符合设计要求	观察	全数检查
2	力学性能	在施工现场,应按国家现行标准《钢筋机械连接技术规程》JGJ 107—2010、《钢筋焊接及验收规程》JGJ 18—2012 的规定抽取钢筋机械连接接头、焊接接头试件作力学性能检验,其质量应符合规程的有关规定	检查产品合格证、接头力学性能试验报告	按有关规程确定

(2) 一般项目

混凝土结构钢筋工程钢筋连接质量验收标准的一般项目检验见表 4-25。

表 4-25　一般项目检验标准

序号	项目	合格质量标准	检验方法	检验数量
1	接头位置和数量	钢筋的接头宜设置在受力较小处。同一纵向受力钢筋不宜设置两个或两个以上接头。接头末端至钢筋弯起点的距离应不小于钢筋直径的 10 倍	观察、钢尺检查	全数检查
2	外观质量	在施工现场,应按国家现行标准《钢筋机械连接技术规程》JGJ 107—2010、《钢筋焊接及验收规程》JGJ 18—2012 的规定对钢筋机械连接接头、焊接接头的外观进行检查,其质量应符合规程的有关规定	观察	全数检查
3	接头面积百分率	当受力钢筋采用机械连接接头或焊接接头时,设置在同一构件内的接头宜相互错开 　纵向受力钢筋机械连接接头及焊接接头连接区段的长度为 35d(d 为纵向受力钢筋的较大直径)且不小于 500mm,凡接头中点位于该连接区段长度内的接头均属于同一连接区段 　同一连接区段内,纵向受力钢筋机械连接及焊接的接头面积百分率为该区段内有接头的纵向受力钢筋截面面积与全部纵向受力钢筋截面面积的比值;同一连接区段内,纵向受力钢筋的接头面积百分率应符合设计要求;当设计无具体要求时,应符合下列规定: 　1) 在受拉区不宜大于 50% 　2) 接头不宜设置在有抗震设防要求的框架梁端、柱端的箍筋加密区;当无法避开时,对等强度高质量机械连接接头,应不大于 50% 　3) 直接承受动力荷载的结构构件中,不宜采用焊接接头;当采用机械连接接头时,应不大于 50%	观察、钢尺检查	在同一检验批内,对梁、柱和独立基础,应抽查构件数量的 10%,且不少于 3 件;对墙和板,应按有代表性的自然间抽查 10%,且不少于 3 间;对大空间结构,墙可按相邻轴线间高度 5m 左右划分检查面,板可按纵横轴线划分检查面,抽查 10%,且均不少于 3 面

续表

序号	项目	合格质量标准	检验方法	检验数量
4	接头面积百分率和最小搭接长度	同一构件中相邻纵向受力钢筋的绑扎搭接接头宜相互错开。绑扎搭接接头中钢筋的横向净距应不小于钢筋直径，且应不小于25mm 　　钢筋绑扎搭接接头连接区段的长度为 $1.3l_1$（l_1 为搭接长度），凡搭接接头中点位于该连接区段长度内的搭接接头均属于同一连接区段。同一连接区段内，纵向钢筋搭接接头面积百分率为该区段内有搭接接头的纵向受力钢筋截面面积与全部纵向受力钢筋截面面积的比值（图4-5） 　　同一连接区段内，纵向受力钢筋搭接接头面积百分率应符合设计要求；当设计无具体要求时，应符合下列规定： 　　1）对梁类、板类及墙类构件，不宜大于25% 　　2）对柱类构件，不宜大于50% 　　3）当工程中确有必要增大接头面积百分率时，对梁类构件，应不大于50%；对其他构件，可根据实际情况放宽	同上	同上
5	搭接长度范围内的箍筋	在梁、柱类构件的纵向受力钢筋搭接长度范围内，应按设计要求配置箍筋。当设计无具体要求时，应符合下列规定： 　　1）箍筋直径应不小于搭接钢筋较大直径的0.25倍 　　2）受拉搭接区段的箍筋间距应不大于搭接钢筋较小直径的5倍，且不大于100mm 　　3）受压搭接区段的箍筋间距应不大于搭接钢筋较小直径的10倍，且不大于200mm 　　4）当柱中纵向受力钢筋直径大于25mm时，应在搭接接头两个端面外100mm范围内各设置两个箍筋，其间距宜50mm	同上	同上

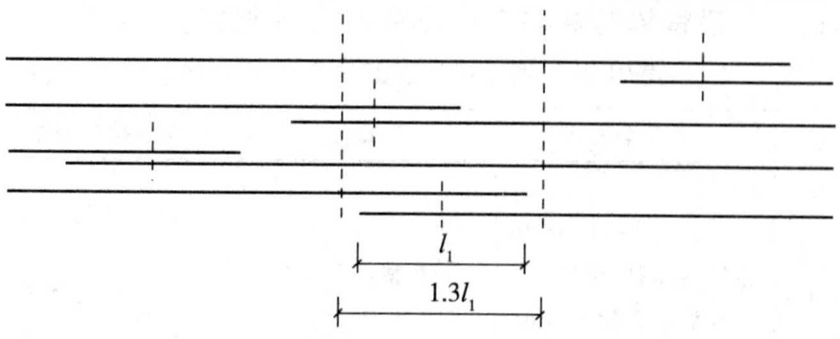

图 4-5　钢筋绑扎搭接接头连接区段及接头面积百分率

　　注：图中所示搭接接头同一连接区段内的搭接钢筋为两根，当各钢筋直径相同时，接头面积百分率为50%。

业务要点 4：钢筋绑扎安装

1. 工程质量控制

1）钢筋绑扎时，钢筋级别、直径、根数和间距应符合设计图纸的要求。

2）对柱子钢筋的绑扎，主要是抓住搭接部位和箍筋间距（尤其是加密区箍筋间距和加密区高度），这对抗震地区尤为重要。若竖向钢筋采用焊接，要做抽样试验，从而保证钢筋接头的可靠性。

3）对梁钢筋的绑扎，主要抓住锚固长度和弯起钢筋的弯起点位置。对抗震结构则要重视梁柱节点处，梁端箍筋加密范围和箍筋间距。

4）对楼板钢筋，主要抓好防止支座负弯矩钢筋被踩塌而失去作用；再是垫好保护层垫块。

5）对墙板钢筋，主要抓好墙面保护层和内外皮钢筋间的距离，撑好撑铁。防止两皮钢筋向墙中心靠近，对受力不利。

6）对楼梯钢筋，主要抓梯段板的钢筋的锚固，以及钢筋变折方向不要弄错；防止弄错后在受力时出现裂缝。

7）钢筋规格、数量、间距等在作隐蔽验收时一定要仔细核实。在一些规格不易辨认时，应用尺量或卡尺卡。保证钢筋配置的准确，也就保证了结构的安全。

8）钢筋安装完毕后，应做下列检查：

① 根据施工图检查钢筋的钢号、直径、形状、尺寸、根数、间距和锚固长度是否正确，特别要注意检查负筋的位置。

② 检查钢筋接头的位置及搭接长度是否符合规定。

③ 检查混凝土保护层是否符合要求。

④ 检查钢筋绑扎是否牢固，有无松动变形现象。

⑤ 钢筋表面不允许有油渍、漆污和颗粒状（片状）铁锈。

2. 工程质量验收标准

钢筋绑扎安装质量检验标准应符合表 4-26 的规定。

表 4-26 钢筋绑扎安装质量检验标准

类别	项目	合格质量标准	检验方法	检验数量
主控项目	钢筋的材料要求	钢筋安装时，受力钢筋的品种、级别、规格和数量必须符合设计要求	观察，钢尺检查	全数检查

续表

类别	项目	合格质量标准	检验方法	检验数量
一般项目	钢筋安装允许偏差	钢筋安装位置允许的偏差应符合表4-27的规定	—	在同一检验批内,对梁、柱和独立基础,应抽查构件数量的10%,且不少于3件;对墙和板,应按有代表性的自然间抽查10%,且不少于3间;对大空间结构,墙可按相邻轴线间高度5m左右划分检查面,板可按纵横轴线划分检查面,抽查10%,且均不少于3面

表 4-27　钢筋安装位置的允许偏差及检验方法

项目			允许偏差/mm	检验方法
绑扎钢筋网	长、宽		±10	钢尺检查
	网眼尺寸		±20	钢尺量连续三挡,取最大值
绑扎钢筋骨架	长		±10	钢尺检查
	宽、高		±5	钢尺检查
受力钢筋	间距		±10	钢尺量两端、中间各一点,取最大值
	排距		±5	
	保护层厚度	基础	±10	钢尺检查
		柱、梁	±5	钢尺检查
		板、墙、壳	±3	钢尺检查
绑扎箍筋、横向钢筋间距			±20	钢尺量连续三挡,取最大值
钢筋弯起点位置			20	钢尺检查
预埋件	中心线位置		5	钢尺检查
	水平高差		+3,0	钢尺和塞尺检查

注:1. 检查预埋件中心线位置时,应沿纵、横两个方向量测,并取其中的较大值。

2. 表中梁类、板类构件上部纵向受力钢筋保护层厚度的合格点率应达到90%及以上,且不得有超过表中数值1.5倍的尺寸偏差。

第三节　预应力工程

本节导读

预应力工程是预应力筋、锚具、夹具、连接器等材料的进场检验、后张法预留管道设置或预应力筋布置、预应力筋张拉、放张、灌浆直至封锚保护等一系列技术工作完成实体的总称。预应力工程施工工艺复杂、质量要求高、检验项目多且较为具体,可与混凝土结构一同验收,也可单独验收。本节主要介绍了预应力工程用原材料、预应力筋制作与安装、预应力筋的张拉、放张、灌浆及封锚工程的质量控制和工程质量验收标准,其内容关系图如图 4-6 所示。

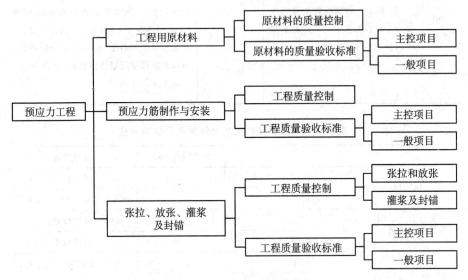

图 4-6　本节内容关系图

业务要点 1:工程用原材料

1. 原材料的质量控制

1)预应力筋进场时,必须按规定进行复验,做力学性能试验。

2)预应力筋用锚具、夹具和连接器进场时,主要做静载试验,并按出厂检验报告所列指标核对其材质和机加工尺寸。

3)预应力筋张拉机具设备及仪表,应定期维护和校验。张拉设备应配套标定,并配套使用。张拉设备的标定期限不应超过半年。当在使用过程中出现反常现象时或在千斤顶检修后,应重新标定。

4)张拉设备标定时,千斤顶活塞的运行方向应与实际张拉工作状态一致。

5)压力表的精度不应低于 1.5 级,标定张拉设备用的试验机或测力计精度不应低于 ±2%。

2. 原材料的质量验收标准

(1)主控项目

预应力工程原材料主控项目质量验收标准应符合表 4-28 的规定。

表 4-28　预应力工程原材料主控项目质量验收标准

序号	项　　目	合格质量标准	检验方法	检验数量
1	力学性能检验	预应力筋进场时,应按现行国家标准《预应力混凝土用钢绞线》GB/T 5224—2003 等的规定抽取试件做力学性能检验,其质量必须符合有关标准的规定	检查产品合格证、出厂检验报告和进场复验报告	按进场的批次和产品的抽样检验方案确定
2	涂包质量	无黏结预应力筋的涂包质量应符合无黏结预应力钢绞线标准的规定	观察,检查产品合格证、出厂检验报告和进场复验报告	每 60t 为一批,每批抽取一组试件
3	锚具、夹具和连接器的性能	预应力筋用锚具、夹具和连接器应按设计要求采用,其性能应符合现行国家标准《预应力筋用锚具、夹具和连接器》GB/T 14370—2007 等的规定	检查产品合格证、出厂检验报告和进场复验报告注:对锚具用量较少的一般工程,如供货方提供有效的试验报告,可不做静载锚固性能试验	按进场批次和产品的抽样检验方案确定
4	孔道灌浆用水泥和外加剂	孔道灌浆用水泥应采用普通硅酸盐水泥,其质量应符合表 4-37 中"水泥进场检查"的规定。孔道灌浆用外加剂的质量应符合表 4-37 中"外加剂"的规定	检查产品合格证、出厂检验报告和进场复验报告注:对孔道灌浆用水泥和外加剂用量较少的一般工程,当有可靠依据时,可不做材料性能的进场复验	按进场批次和产品的抽样检验方案确定

（2）一般项目

预应力工程原材料一般项目质量验收标准应符合表 4-29 的规定。

表 4-29　预应力工程原材料一般项目质量验收标准

序号	项　　目	合格质量标准	检验方法	检验数量
1	外观质量	预应力筋使用前应进行外观检查,其质量应符合下列要求: 1) 有黏结预应力筋展开后应平顺,不得有弯折,表面不应有裂缝、小刺、机械损伤、氧化铁皮和油污等 2) 无黏结预应力筋护套应光滑、无裂缝,无明显褶皱	观察注:无黏结预应力筋护套轻微破损者应外包防水塑料胶带修补,严重破损者不得使用	全数检查

续表

序号	项 目	合格质量标准	检验方法	检验数量
2	锚具、夹具和连接器的外观	预应力筋用锚具、夹具和连接器使用前应进行外观检查,其表面应无污物、锈蚀、机械损伤和裂纹	观察	全数检查
3	金属螺旋管的尺寸和性能	预应力混凝土用金属螺旋管的尺寸和性能应符合国家现行标准《预应力混凝土用金属波纹管》JG 225—2007 的规定	检查产品合格证、出厂检验报告和进场复验报告 注:对金属螺旋管用量较少的一般工程,当有可靠依据时,可不做径向刚度、抗渗漏性能的进场复验	按进场批次和产品的抽样检验方案确定
4	金属螺旋管的外观质量	预应力混凝土用金属螺旋管在使用前应进行外观检查,其内外表面应清洁,无锈蚀,不应有油污、孔洞和不规则的褶皱,咬口不应有开裂或脱扣	观察	全数检查

业务要点 2:预应力筋制作与安装

1. 工程质量控制

1)预应力筋的下料长度应由计算确定,加工尺寸要求严格,以确保预加应力均匀一致。

2)固定成孔管道的钢筋马蹬间距:对钢管不宜大于 1.5m;对金属螺旋管及波纹管不宜大于 1.0m;对胶管不宜大于 0.5m;对曲线孔道宜适当加密。

3)预应力筋的保护层厚度应符合设计及有关规范的规定。无黏结预应力筋成束布置时,其数量及排列形状应能保证混凝土密实,并能够握裹住预应力筋。

2. 工程质量验收标准

(1)主控项目

预应力筋制作与安装主控项目质量验收标准应符合表 4-30 的规定。

表 4-30　预应力筋制作与安装主控项目质量验收标准

序号	项 目	合格质量标准	检验方法	检验数量
1	品种、级别、规格、数量	预应力筋安装时,其品种、级别、规格、数量必须符合设计要求	观察,钢尺检查	全数检查
2	模板隔离剂	先张法预应力施工时应选用非油质类模板隔离剂,并应避免玷污预应力筋	观察	全数检查
3	预应力筋受损伤情况	施工过程中应避免电火花损伤预应力筋;受损伤的预应力筋应予以更换	观察	全数检查

（2）一般项目

预应力筋制作与安装一般项目质量验收标准应符合表 4-31 的规定。

表 4-31　预应力筋制作与安装一般项目质量验收标准

序号	项目	合格质量标准	检验方法	检验数量
1	预应力筋下料	预应力筋下料应符合下列要求： 1）预应力筋应采用砂轮锯或切断机切断，不得采用电弧切割 2）当钢丝束两端采用镦头锚具时，同一束中各根钢丝长度的极差不大于钢丝长度的 1/5000，且不应大于5mm。当成组张拉长度不大于 10m 的钢丝时，同组钢丝长度的极差不得大于 2mm	观察，钢尺检查	每工作班抽查预应力筋总数的 3%，且不少于 3 束
2	预应力筋端部锚具的制作质量	预应力筋端部锚具的制作质量应符合下列要求： 1）挤压锚具制作时压力表油压应符合操作说明书的规定，挤压后预应力筋外端应露出挤压套筒 1～5mm 2）钢绞线压花锚成型时，表面应清洁、无油污、梨形头尺寸和直线段长度应符合设计要求 3）钢丝镦头的强度不得低于钢丝强度标准值的 98%	观察，钢尺检查，检查镦头强度试验报告	对挤压锚，每工作班抽查 5%，且不应少于 5 件；对压花锚，每工作班抽查 3 件；对钢丝镦头强度，每批钢丝检查 6 个镦头试件
3	后张法有黏结预应力筋预留孔道	后张法有黏结预应力筋预留孔道的规格、数量、位置和形状除应符合设计要求外，尚应符合下列规定： 1）预留孔道的定位应牢固，浇筑混凝土时不应出现移位和变形 2）孔道应平顺，端部的预埋锚垫板应垂直于孔道中心线 3）成孔用管道应密封良好，接头应严密且不得漏浆 4）灌浆孔的间距：对预埋金属螺旋管不宜大于 30m；对抽芯成型孔道不宜大于 12m 5）在曲线孔道的曲线波峰部位应设置排气管兼泌水管，必要时可在最低点设置排水孔 6）灌浆孔及泌水管的孔径应能保证浆液畅通	观察，钢尺检查	全数检查
4	控制点的竖向位置允许偏差	预应力筋束形控制点的竖向位置允许偏差应符合表 4-32 的规定	钢尺检查	在同一检验批内，抽查各类构件预应力筋总数的 5%，且对各类型构件不小于 5 束，每束不应少于 5 处

续表

序号	项目	合格质量标准	检验方法	检验数量
5	无黏结预应力筋的铺设	无黏结预应力筋的铺设除应符合"预应力筋束形控制点的竖向位置允许偏差"的规定外,尚应符合下列要求: 1)无黏结预应力筋的定位应牢固,浇筑混凝土时不应出现移位和变形 2)端部的预埋锚垫板应垂直于预应力筋 3)内埋式固定垫板不应重叠,锚具与垫板应贴紧 4)无黏结预应力筋成束布置时,应能保证混凝土密实并能裹住预应力筋 5)无黏结预应力筋的护套应完整,局部破损处应采用防水胶带缠绕紧密	观察	全数检查
6	防锈措施	浇筑混凝土前穿入孔道的后张法有黏结预应力筋,宜采取防止锈蚀的措施	观察	全数检查

表 4-32　束形控制点的竖向位置允许偏差

截面高(厚)度/mm	$h \leqslant 300$	$300 < h \leqslant 1500$	$h > 1500$
允许偏差/mm	± 5	± 10	± 15

⊚ 业务要点 3:张拉、放张、灌浆及封锚

1. 工程质量控制

后张法预应力工程的施工应由具有相应资质等级的预应力专业施工单位承担。同时对该专业的分包应得到监理单位同意。

(1)张拉和放张

1)安装张拉设备时,直线预应力筋,应使张拉力的作用线与孔道中心线重合;曲线预应力筋,应使张拉力的作用线与孔道中心线末端的切线重合。

2)预应力筋的张拉力、张拉或放张顺序及张拉工艺应符合设计及施工技术方案的要求。

3)在预应力筋锚固过程中,由于锚具零件之间和锚具与预应力筋之间的相对移动和局部塑性变形造成的回缩量,张拉端预应力筋的内回缩量应符合设计要求。

(2)灌浆及封锚

1)孔道灌浆前应进行水泥浆配合比设计。

2)严格控制水泥浆的稠度和泌水率,以获得饱满密实的灌浆效果。对空隙大的孔道,也可采用砂浆灌浆,水泥浆或砂浆的抗压强度标准值不应小于$30N/mm^2$,当需要增加孔道灌浆密实度时,也可掺入对预应力筋无腐蚀的外加剂。

3）灌浆前孔道应湿润、洁净。灌浆顺序宜先下层孔道。

4）灌浆应缓慢均匀的进行,不能中断,直至出浆口排出的浆体稠度与进浆口一致。灌满孔道后,应再继续加压 $0.5\sim0.6$MPa,稍后封闭灌浆孔。不掺外加剂的水泥浆,可采用二次灌浆法。封闭顺序是沿灌筑方向依次封闭。

5）灌浆工作应在水泥浆初凝前完成。每人工作班留一组边长为 70.7mm 的立方体试件,标准养护 28d,做抗压强度试验,抗压强度为一组 6 个试件组成,当一组试件中抗压强度最大值或最小值与平均值相差 20% 时,应取中间 4 个试件强度的平均值。

6）锚固后的外露部分宜采用机械方法切割,外露长度不宜小于预应力筋直径的 1.5 倍,且不小于 30mm。

7）预应力筋的外露锚具必须有严格的密封保护措施,应采取防止锚具受机械损伤或遭受腐蚀的有效措施。

2. 工程质量验收标准

（1）主控项目

预应力筋张拉、放张、灌浆及封锚主控项目质量验收标准应符合表 4-33 的规定。

表 4-33　预应力筋张拉、放张、灌浆及封锚主控项目质量验收标准

序号	项　目	合格质量标准	检验方法	检验数量
1	张拉或放张时的混凝土强度	预应力筋张拉或放张时,混凝土强度应符合设计要求;当设计无具体要求时,不应低于设计的混凝土立方体抗压强度标准值的 75%	检查同条件养护试件试验报告	全数检查
2	预应力筋的张拉、张拉或放张顺序及张拉工艺	预应力筋的张拉力、张拉顺序及张拉工艺应符合设计及施工技术方案的要求,并应符合下列规定: 1）当施工需要超张拉时,最大张拉力不应大于国家现行标准《混凝土结构设计规范》GB 50010—2010 的规定 2）张拉工艺应能保证同一束中各根预应力筋的应力均匀一致 3）当预应力筋是逐根或逐束张拉时,应保证各阶段不出现对结构不利的应力状态 4）当采用应力控制张拉方法时,应校核预应力筋的伸长值。实际伸长值与设计计算理论伸长值的相对允许偏差为±6%	检查张拉记录	全数检查

续表

序号	项 目	合格质量标准	检验方法	检验数量
3	实际预应力值控制	预应力筋张拉锚固后实际建立的预应力值与工程规定检验值的相对允许偏差为±5％	对先张法施工,检查预应力筋应力检测记录;对后张法施工,检查见证张拉记录	对先张法施工,每工作班抽查预应力筋总数的1％,且不少于3根;对后张法施工,在同一检验批内,抽查预应力筋总数的3％,且不少于5束
4	预应力筋断裂或滑脱	张拉过程中应避免预应力筋断裂或滑脱;当发生断裂或滑脱,对后张法预应力结构构件,断裂或滑脱的数量严禁超过同一截面预应力筋总根数的3％,且每束钢丝不得超过一根;对多跨双向连续板,其同一截面应按每跨计算	观察,检查张拉记录	全数检查
5	孔道灌浆	后张法有黏结预应力筋张拉后应尽早进行孔道灌浆,孔道内水泥浆应饱满、密实	观察,检查灌浆记录	全数检查
6	锚具封闭保护	锚具的封闭保护应符合设计要求;当设计无具体要求时,应符合下列规定: 1)应采取防止锚具腐蚀和遭受机械损伤的有效措施 2)凸出式锚固端锚具的保护层厚度不应小于50mm 3)外露预应力筋的保护层厚度:处于正常环境时,不应小于20mm;处于易受腐蚀的环境时,不应小于50mm	观察,钢尺检查	在同一检验批内,抽查预应力筋总数的5％,且不少于5处

（2）一般项目

预应力筋张拉、放张、灌浆及封锚一般项目质量验收标准应符合表 4-34 的规定。

表 4-34　预应力张拉、放张、灌浆及封锚一般项目质量验收标准

序号	项目	合格质量标准	检验方法	检验数量
1	锚固阶段张拉端预应力筋的内缩量	锚固阶段张拉端预应力筋内缩量应符合设计要求；当设计无具体要求时，应符合表 4-35 的规定	钢尺检查	每工作班抽查预应力筋总数的 3%，且不少于 3 束
2	先张法预应力筋张拉后与设计位置偏差	先张法预应力筋张拉后与设计位置的偏差不得大于 5mm，且不得大于构件截面短边边长的 4%	钢尺检查	每工作班抽查预应力筋总数的 3%，且不少于 3 束
3	后张法预应力筋锚固后外露部分处理	后张法预应力筋锚固后的外露部分应用机械方法切割，其外露长度不宜小于其直径的 1.5 倍，且不宜小于 30mm	观察，钢尺检查	在同一检验批内，抽查预应力筋总数的 3%，且不少于 5 束
4	灌浆用水泥浆的水灰比	灌浆用水泥浆的水灰比不应大于 0.45，搅拌后 3h 泌水率不宜大于 2%，且不应大于 3%。泌水应能在 24h 内全部重新被水泥浆吸收	检查水泥浆性能试验报告	同一配合比检查一次
5	灌浆用水泥浆抗压强度[①]	灌浆用水泥浆的抗压强度不应小于 30N/mm²	检查水泥浆试件强度试验报告	每工作班留置一组边长为 70.7mm 的立方体试件[②]

注：[①]抗压强度为一组试件的平均值，当一组试件中抗压强度最大值或最小值与平均值相差超过 20% 时，应取中间 4 个试件强度的平均值。

[②]一组试件由 6 个试件组成，试件应标准养护 28d。

表 4-35　张拉端预应力筋的内缩量限值

锚具类别		内缩量限值/mm
支承式锚具（镦头锚具等）	螺帽缝隙	1
	每块后加垫板的缝隙	1
锥塞式锚具		5
夹片式锚具	有顶压	5
	无顶压	6～8

第四节 混凝土工程

本节导读

混凝土分项工程是从水泥、砂、石、水、外加剂、矿物掺和料等原材料进场检验、混凝土配合比设计及称量、拌制、运输、浇筑、养护、试件制作直至混凝土达到预定强度等一系列技术工作和完成实体的总称。混凝土分项工程所含的检验批可根据施工工序和验收的需要确定。本节主要介绍了混凝土工程的一般要求，混凝土工程原材料、配合比及混凝土工程施工的质量控制和工程质量验收标准，其内容关系图如图4-7所示。

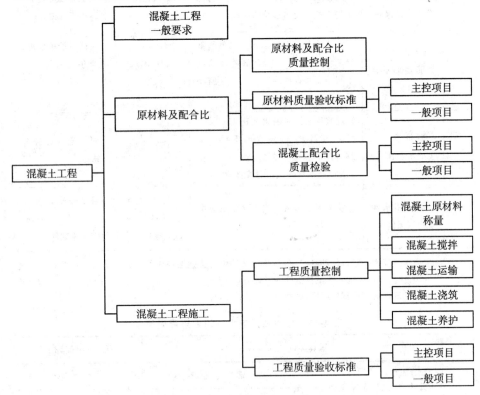

图4-7 本节内容关系图

业务要点 1：混凝土工程一般要求

1）结构构件的混凝土强度应按现行国家标准《混凝土强度检验评定标准》GB/T 50107—2010 的规定分批检验评定。当混凝土中掺用矿物掺和料时，确定混凝土强度时的龄期可按现行国家标准《粉煤灰混凝土应用技术规范》GBJ

146—1990 等的规定取值。

2）对采用蒸汽法养护的混凝土结构构件，其混凝土试件应先随同结构构件同条件蒸汽养护，再转入标准条件养护共 28d。

3）检验评定混凝土强度用的混凝土试件的尺寸及强度的尺寸换算系数应按表 4-36 取用；其标准成型方法、标准养护条件及强度试验方法应符合普通混凝土力学性能试验方法标准的规定。

表 4-36　混凝土试件尺寸及强度的尺寸换算系数

骨料最大粒径/mm	试件尺寸/mm	强度的尺寸换算系数
≤31.5	100×100×100	0.95
≤40	150×150×150	1.00
≤63	200×200×200	1.05

注：对强度等级为 C60 及以上的混凝土试件，其强度的尺寸换算系数可通过试验确定。

混凝土试件强度的试验方法应符合普通混凝土力学性能试验方法标准的规定。混凝土试件的尺寸应根据骨料的最大粒径确定。当采用非标准尺寸的试件时，其抗压强度应乘以相应的尺寸换算系数。

4）结构构件拆模、出池、出厂、吊装、张拉、放张及施工期间临时负荷时的混凝土强度，应根据同条件养护的标准尺寸试件的混凝土强度确定。

由于同条件养护试件具有与结构混凝土相同的原材料、配合比和养护条件，能有效代表结构混凝土的实际质量。在施工过程中，根据同条件养护试件的强度来确定结构构件拆模、出池、出厂、吊装、张拉、放张及施工期间临时负荷时的混凝土强度，是行之有效的方法。

5）当混凝土试件强度评定不合格时，可根据国家现行有关标准采用回弹法、超声回弹综合法、钻芯法、后装拔出法等推定结构的混凝土强度。应指出，通过检测得到的推定强度可作为判断结构是否需要处理的依据。

6）室外日平均气温连续 5d 稳定低于 5℃时，混凝土分项工程应采取冬期施工措施，具体要求应符合国家现行标准《建筑工程冬期施工规程》JGJ/T 104—2011 的有关规定。

🎯 业务要点 2：原材料及配合比

1. 原材料及配合比质量控制

1）水泥进场后必须按照施工总平面图放入指定的防潮仓内，临时露天堆放，应用防雨篷布遮盖。

2）混凝土配合比设计要满足混凝土结构设计的强度要求和各种使用环境下的耐久性要求；对特殊要求的工程，还应满足抗冻性、抗渗性等要求。

3）进行混凝土配合比试配时所用的各种原材料应采用工程中实际使用的原材料，且搅拌方法宜同于生产时使用的方法。

2. 原材料质量验收标准

(1) 主控项目

混凝土工程原材料的主控项目质量验收标准见表 4-37。

表 4-37 混凝土工程原材料的主控项目质量验收标准

序号	项　目	合格质量标准	检验方法	检验数量
1	水泥进场检查	水泥进场时应对其品种、级别、包装或散装仓号、出厂日期等进行检查，并应对其强度、安定性及其他必要的性能指标进行复验，其质量必须符合现行国家标准《通用硅酸盐水泥》国家标准第 1 号修改单 GB 175—2007/XG1—2009 等的规定 当在使用中对水泥质量有怀疑或水泥出厂超过三个月（快硬硅酸盐水泥超过一个月）时，应进行复验，并按复验结果使用 钢筋混凝土结构、预应力混凝土结构中，严禁使用含氯化物的水泥	检查产品合格证、出厂检验报告和进场复验报告	按同一生产厂家、同一等级、同一品种、同一批号且连续进场的水泥，袋装不超过 200t 为一批，散装不超过 500t 为一批，每批抽样不少于一次
2	外加剂	混凝土中掺用外加剂的质量及应用技术应符合现行国家标准《混凝土外加剂》GB 8076—2008、《混凝土外加剂应用技术规范》GB 50119—2003 和有关环境保护的规定 预应力混凝土结构中，严禁使用含氯化物的外加剂。钢筋混凝土结构中，当使用含氯化物的外加剂时，混凝土中氯化物的总含量应符合现行国家标准《混凝土质量控制标准》GB 50164—2011 的规定	检查产品合格证、出厂检验报告和进场复验报告	按进场的批次和产品的抽样检验方案确定
3	混凝土中氯化物和碱的总含量	混凝土中氯化物和碱的总含量应符合现行国家标准《混凝土结构设计规范》GB 50010—2010 和设计的要求	检查原材料试验报告和氯化物、碱的总含量计算书	—

（2）一般项目

混凝土工程原材料的一般项目质量验收标准见表4-38。

表 4-38　混凝土工程原材料的一般项目质量验收标准

序号	项　　目	合格质量标准	检验方法	检验数量
1	矿物掺和料	混凝土中掺用矿物掺和料的质量应符合现行国家标准《用于水泥和混凝土中的粉煤灰》GB 1596—2005 的规定,矿物掺和料的掺量应通过试验确定	检查出厂合格证和进场复验报告	按进场的批次和产品的抽样检验方案确定
2	粗、细骨料	普通混凝土所用的粗、细骨料的质量应符合国家现行标准《普通混凝土用砂、石质量及检验方法标准》JGJ 52—2006 的规定	检查进场复验报告	按进场的批次和产品的抽样检验方案确定
3	拌制混凝土用水	拌制混凝土宜采用饮用水;当采用其他水源时,水质应符合国家现行标准《混凝土用水标准》JGJ 63—2006 的规定	检查水质试验报告	同一水源检查不应少于一次

注:1. 混凝土用的粗骨料,其最大颗粒粒径不得超过构件截面最小尺寸的 1/4,且不得超过钢筋最小净间距的 3/4。

2. 对混凝土实心板,骨料的最大粒径不宜超过板厚的 1/3,且不得超过 40mm。

3. 混凝土配合比质量检验

（1）主控项目

混凝土配合比的主控项目质量验收标准见表 4-39。

表 4-39　混凝土配合比料的主控项目质量检验标准

序号	项　　目	合格质量标准	检验方法	检验数量
1	混凝土配合比	混凝土应按国家现行标准《普通混凝土配合比设计规程》JGJ 55—2011 的有关规定,根据混凝土强度等级、耐久性和工作性等要求进行配合比设计 对有特殊要求的混凝土,其配合比设计尚应符合国家现行有关标准的专门规定	检查配合比设计资料	——

（2）一般项目

混凝土配合比的一般项目质量验收标准检验见表4-40。

表 4-40　混凝土配合比的一般项目质量检验标准

序号	项　　目	合格质量标准	检验方法	抽检数量
1	首次使用的混凝土配合比	首次使用的混凝土配合比应进行开盘鉴定，其工作性能满足设计配合比的要求。开始生产时应至少留置一组标准养护试件，作为验证配合比的依据	检查开盘鉴定资料和试件强度试验报告	—
2	混凝土拌制前	混凝土拌制前，应测定砂、石含水率并根据测试结果调整材料用量，提出施工配合比	检查含水率测试结果和施工配合比通知单	每工作班检查一次

业务要点 3：混凝土工程施工

1. 工程质量控制

（1）混凝土原材料称量

1）在混凝土每一工作班正式称量前，应先检查原材料质量，必须使用合格材料；各种衡器应定期校核，每次使用前进行零点校核，保持计量准确。

2）施工中应测定骨料的含水率，当雨天施工含水率有显著变化时，应增加测定系数，依据测试结果及时调整配合比中的用水量和骨料用量。

（2）混凝土搅拌

1）全轻混凝土宜采用强制式搅拌机搅拌，砂轻混凝土可采用自落式搅拌机搅拌，但搅拌时间应延长 60～90s；当掺有外加剂时，搅拌时间应适当延长。

2）采用强制式搅拌机搅拌轻骨料混凝土的加料顺序是：当轻骨料在搅拌前预湿时，先加粗、细骨料和水泥搅拌 30s，再加水继续搅拌；当轻骨料在搅拌前未预湿时，先加 1/2 的总用水量和粗、细骨料搅拌 60s，再加水泥和剩余用水量继续搅拌。

3）当采用其他形式的搅拌设备时，搅拌的最短时间应按设备说明书的规定或经试验确定。

4）混凝土的搅拌时间，每一工作班至少抽查两次。

5）混凝土搅拌完毕后应在搅拌地点和浇筑地点分别取样检测坍落度，每一工作班不应少于两次，评定时应以浇筑地点的测值为准。

（3）混凝土运输

1）混凝土运输过程中，应控制混凝土不离析、不分层、组成成分不发生变化，并保证卸料及输送通畅。如混凝土拌和物运送至浇筑地点出现离析或分层现象，应对其进行二次搅拌。

2）泵送混凝土时，应遵守以下规定：

① 操作人员应持证上岗,并能及时处理操作过程中出现的故障。

② 泵机与浇筑点应有联络工具,信号要明确。

③ 泵送前应先用水灰比为 0.7 的水泥砂浆湿润导管,需要量约为 $0.1m^3/$m。新换节管也应先润滑、后接驳。

④ 泵送过程严禁加水,严禁泵空。

⑤ 开泵后,中途不要停歇,并应有备用泵机。

⑥ 应有专人巡视管道,发现漏浆漏水,应及时修理。

3) 管道清洗,应按照以下规定进行:

① 泵送将结束时,应考虑管内混凝土数量,掌握泵送量;避免管内的混凝土浆过多。

② 洗管前应先行反吸,以降低管内压力。

③ 洗管时,可从进料口塞入海绵球或橡胶球,按机种用水或压缩空气将存浆推出。

④ 洗管时,布料杆出口前方严禁站人。

⑤ 应预先准备好排浆沟管,不得将洗管残浆灌入已浇筑好的工程上。

⑥ 冬期施工下班前,应将全部水排清,并将泵机活塞擦洗拭干,防止冻坏活塞环。

(4) 混凝土浇筑

1) 混凝土浇筑前应对模板、支架、钢筋和预埋件的质量、数量、位置等逐一检查,并做好记录,符合要求后方能浇筑混凝土;对模板内的杂物和钢筋上的油污等清理干净,将模板的缝隙、孔洞堵严,并浇水湿润;在地基或基土上浇筑混凝土时,应清除淤泥和杂物,并应有排水和防水措施;在干燥的非黏性土,应用水湿润;对未风化的岩石,应用水清洗,但其表面不得留有积水。

2) 混凝土自高处倾落的自由高度,不应超过 2m。当浇筑高度超过 3m 时,应采用串筒、溜管或振动溜管使混凝土下落。

3) 采用振捣器捣实混凝土应符合下列规定:

① 每一振点的振捣延续时间,应使混凝土表面呈现浮浆和不再沉落。

② 当采用插入式振捣器时,捣实普通混凝土的移动间距,不宜大于振捣器作用半径的 1.5 倍;捣实轻骨料混凝土的移动间距,不宜大于其作用半径;振捣器与模板的距离,不应大于其作用半径的 0.5 倍,并应避免碰撞钢筋、模板、芯管、吊环、预埋件或空心胶囊等;振捣器插入下层混凝土内的深度应不小于 50mm。

③ 当采用表面振动器时,其移动间距应保证振动器的平板能覆盖已振实部分的边缘。

④ 当采用附着式振动器时,其设置间距应通过试验确定,并应与模板紧密连接。

⑤ 当采用振动台振实干硬性混凝土和轻骨料混凝土时,宜采用加压振动的

方法,压力为 $1\sim3kN/m^2$。

⑥ 当混凝土量小,缺乏设备机具时,亦可用人工借钢钎捣实。

4) 在浇筑与柱和墙连成整体的梁和板时,应在柱和墙浇筑完毕后停歇 $1\sim1.5h$,再继续浇筑;梁和板宜同时浇筑混凝土;拱和高度大于 1m 的梁等结构,可单独浇筑混凝土。

5) 大体积混凝土的浇筑应合理分段分层进行,使混凝土沿高度均匀上升;浇筑应在室外气温较低时进行,混凝土浇筑温度不宜超过 28℃(混凝土浇筑温度系指混凝土振捣后,在混凝土 $50\sim100mm$ 深处的温度)。

6) 施工缝的留置应符合以下规定:

① 柱,宜留置在基础的顶面、梁或吊车梁牛腿的下面、吊车梁的上面、无梁楼板柱帽的下面。

② 与板连成整体的大截面梁,留置在板底面以下 $20\sim30mm$ 处,当板下有梁托时,留置在梁托下部。

③ 单向板,留置在平行于板的短边的任何位置。

④ 有主次梁的楼板宜顺着次梁方向浇筑,施工缝应留置在次梁跨度的中间 1/3 范围内。

⑤ 墙,留置在门洞口过梁跨中 1/3 范围内,也可留置在纵横墙的交接处。

⑥ 双向受力楼板、大体积混凝土结构、拱、穹拱、薄壳、蓄水池、斗仓、多层刚架及其他结构复杂的工程,施工缝的位置应按设计要求留置。

7) 施工缝的处理应按施工技术方案执行。在施工缝处继续浇筑混凝土时,应符合下列规定:

① 已浇筑的混凝土,其抗压强度不应小于 $1.2N/mm^2$。

② 在已硬化的混凝土接缝面上,清除水泥薄膜、松动石子以及软弱混凝土层,并用水冲洗干净,且不得积水。

③ 在浇筑混凝土前,铺一层厚度为 $10\sim15mm$ 的与混凝土内成分相同的水泥砂浆。

④ 新浇筑的混凝土应仔细捣实,使新旧混凝土紧密结合。

⑤ 混凝土后浇带的留置位置应按设计要求和施工技术方案确定。后浇带混凝土浇筑应按施工技术方案进行。

(5) 混凝土养护

1) 混凝土浇筑完毕后,应按施工技术方案及时采取有效的养护措施。

2) 混凝土的养护用水应与拌制用水相同。

3) 若混凝土的表面不便浇水或使用塑料布养护时,宜涂刷保护层,防止混凝土内部水分蒸发。

4) 混凝土的冬期施工应符合国家现行标准《建筑工程冬期施工规程》JGJ/

T 104—2011 和施工技术方案的规定。

2. 工程质量验收标准

（1）主控项目

混凝土工程施工主控项目质量验收标准应符合表 4-41 的规定。

表 4-41　混凝土工程施工主控项目质量验收标准

序号	项　目	合格质量标准	检验方法	检验数量
1	混凝土强度等级、试件的取样和留置	结构混凝土的强度等级必须符合设计要求。用于检查结构构件混凝土强度的试件，应在混凝土的浇筑地点随机抽取。取样与试件留置应符合下列规定： 1）每拌制 100 盘且不超过 100m³ 的同配合比的混凝土，取样不得少于一次 2）每工作班拌制的同一配合比的混凝土不足 100 盘时，取样不得少于一次 3）当一次连续浇筑超过 1000m³ 时，同一配合比的混凝土每 200m³ 取样不得少于一次 4）每一楼层、同一配合比的混凝土，取样不得少于一次 5）每次取样应至少留置一组标准养护试件，同条件养护试件的留置组数应根据实际需要确定	检查施工记录及试件强度试验报告	—
2	混凝土抗渗、试件取样和留置	对有抗渗要求的混凝土结构，其混凝土试件应在浇筑地点随机取样。同一工程、同一配合比的混凝土，取样不应少于一次，留置组数可根据实际需要确定	检查试件抗渗试验报告	—
3	原材料每盘称量的允许偏差	混凝土原材料每盘称量的允许偏差应符合表 4-42 的规定	复称	每工作班抽查不应少于一次
4	混凝土初凝时间控制	混凝土运输、浇筑及间歇的全部时间不应超过混凝土的初凝时间。同一施工段的混凝土应连续浇筑，并应在底层混凝土初凝之前将上一层混凝土浇筑完毕 当底层混凝土初凝后浇筑上一层混凝土时，应按施工技术方案中对施工缝的要求进行处理	观察，检查施工记录	全数检查

表 4-42　原材料每盘称量的允许偏差

材料名称	允许偏差
水泥、掺和料	±2%
粗、细骨料	±3%
水、外加剂	±2%

注：1. 各种衡器应定期校验，每次使用前应进行零点校核，保持计量准确。

2. 当遇雨天或含水率有显著变化时，应增加含水率检测次数，并及时调整水和骨料的用量。

（2）一般项目

混凝土工程施工一般项目质量验收标准应符合表 4-43 的规定。

表 4-43 混凝土工程施工一般项目质量验收标准

序号	项 目	合格质量标准	检验方法	检验数量
1	施工缝的位置及处理	施工缝的位置应在混凝土浇筑前按设计要求和施工技术方案确定。施工缝的处理应按施工技术方案执行	观察,检查施工记录	全数检查
2	后浇带的位置及处理	后浇带的留置位置应按设计要求和施工技术方案确定。后浇带混凝土浇筑应按施工技术方案进行	观察,检查施工记录	全数检查
3	混凝土养护①	混凝土浇筑完毕后,应按施工技术方案及时采取有效的养护措施,并应符合下列规定: 1）应在浇筑完毕后的 12h 以内对混凝土加以覆盖并保湿养护 2）混凝土浇水养护的时间:对采用硅酸盐水泥、普通硅酸盐水泥或矿渣硅酸盐水泥拌制的混凝土,不得少于 7d;对掺用缓凝型外加剂或有抗渗要求的混凝土,不得少于 14d 3）浇水次数应能保持混凝土处于湿润状态;混凝土养护用水应与拌制用水相同 4）采用塑料布覆盖养护的混凝土,其敞露的全部表面应覆盖严密,并应保持塑料布内有凝结水 5）混凝土强度达到 1.2N/mm² 前,不得在其上踩踏或安装模板及支架	观察,检查施工记录	全数检查

注:①当日平均气温低于 5℃时,不得浇水;当采用其他品种水泥时,混凝土的养护时间应根据所采用水泥的技术性能确定;混凝土表面不便浇水或使用塑料布时,宜涂刷养护剂;对大体积混凝土的养护,应根据气候条件按施工技术方案采取控温措施。

第五节 现浇和装配式结构混凝土工程

本节导读

现浇结构分项工程以模板、钢筋、预应力、混凝土四个分项工程为依托,是拆除模板后的混凝土结构实物外观质量、几何尺寸检验等一系列技术工作的总称。现浇结构分项工程可按楼层、结构缝或施工段划分检验批。本节主要介绍了现浇结构、装配式结构混凝土工程的质量控制和质量验收标准,其内容关系图如图 4-8 所示。

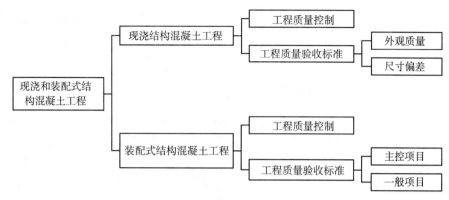

图 4-8　本节内容关系图

业务要点 1:现浇结构混凝土工程

1. 工程质量控制

1) 现浇结构的外观质量缺陷,应由监理(建设)单位、施工单位等各方根据其对结构性能和使用功能影响的严重程度,按表 4-44 确定。

表 4-44　现浇结构外观质量缺陷

名　称	现　象	一般缺陷	严重缺陷
露筋	构件内钢筋未被混凝土包裹而外露	其他钢筋有少量露筋	纵向受力钢筋有露筋
蜂窝	混凝土表面缺少水泥砂浆而形成石子外露	其他部位有少量蜂窝	构件主要受力部位有蜂窝
孔洞	混凝土中孔穴深度和长度均超过保护层厚度	其他部位有少量孔洞	构件主要受力部位有孔洞
夹渣	混凝土中夹有杂物且深度超过保护层厚度	其他部位有少量夹渣	构件主要受力部位有夹渣
疏松	混凝土中局部不密实	其他部位有少量疏松	构件主要受力部位有疏松
裂缝	缝隙从混凝土表面延伸至混凝土内部	构件主要受力部位有影响结构性能或使用功能的裂缝	其他部位有少量不影响结构性能或使用功能的裂缝
连接部位缺陷	构件连接处混凝土缺陷及连接钢筋、连接件松动	连接部位有基本不影响结构传力性能的缺陷	连接部位有影响结构传力性能的缺陷
外形缺陷	缺棱掉角、棱角不直、翘曲不平、飞边凸肋等	其他混凝土构件有不影响使用功能的外形缺陷	清水混凝土构件有影响使用功能或装饰效果的外形缺陷
外表缺陷	构件表面麻面、掉皮、起砂、玷污等	其他混凝土构件有不影响使用功能的外表缺陷	具有重要装饰效果的清水混凝土构件有外表缺陷

2) 现浇结构拆模后,施工单位应及时会同监理(建设)单位对混凝土外观质量和尺寸偏差进行检查,并作出记录。不论何种缺陷都应及时进行处理,并重新检查验收。

3) 现浇结构尺寸允许偏差及检验方法见表 4-45。

表 4-45　现浇结构尺寸允许偏差及检验方法

项　目			允许偏差/mm	检验方法
轴线位置	基础		15	钢尺检查
	独立基础		10	
	墙、柱、梁		8	
	剪力墙		5	
垂直度	层高	≤5m	8	经纬仪或吊线、钢尺检查
		>5m	10	
	全高(H)		$H/1000$ 且≤30	经纬仪、钢尺检查
标高	层高		±10	水准仪或拉线、钢尺检查
	全高		±30	
截面尺寸			+8,−5	钢尺检查
电梯井	井筒长、宽对定位中心线		+25,0	钢尺检查
	井筒全高(H)垂直度		$H/1000$ 且≤30	经纬仪、钢尺检查
表面平整度			8	2m 靠尺和塞尺检查
预埋设施中心线位置	预埋件		10	钢尺检查
	预埋螺栓		5	
	预埋管		5	
预留洞中心线位置			15	钢尺检查

注:检查轴线、中心线位置时,应沿纵、横两个方向量测,并取其中的较大值。

4）混凝土设备基础尺寸允许偏差及检验方法见表 4-46。

表 4-46　混凝土设备基础尺寸允许偏差及检验方法

项　目		允许偏差/mm	检验方法
坐标位置		20	钢尺检查
不同平面的标高		0，-20	水准仪或拉线、钢尺检查
平面外形尺寸		±20	钢尺检查
凸台上平面外形尺寸		0，-20	钢尺检查
凹穴尺寸		+20，0	钢尺检查
平面水平度	每米	5	水平尺、塞尺检查
	全长	10	水准仪或拉线、钢尺检查
垂直度	每米	5	经纬仪或吊线、钢尺检查
	全高	10	
预埋地脚螺栓	标高（顶部）	+20，0	水准仪或拉线、钢尺检查
	中心距	±2	钢尺检查
预埋地脚螺栓孔	中心线位置	10	钢尺检查
	深度	+20，0	钢尺检查
	孔垂直度	10	吊线、钢尺检查
预埋活动地脚螺栓锚板	标高	+20，0	水准仪或拉线、钢尺检查
	中心线位置	5	钢尺检查
	带槽锚板平整度	5	钢尺、塞尺检查
	带螺纹孔锚板平整度	2	钢尺、塞尺检查

注：检查坐标、中心线位置时，应沿纵、横两个方向量测，并取其中的较大值。

2. 工程质量验收标准

（1）外观质量

现浇结构混凝土外观质量验收标准应符合表 4-47 的规定。

表 4-47　现浇结构混凝土外观质量验收标准

类别	项　目	合格质量标准	检验方法	检验数量
主控项目	外观质量	现浇结构的外观质量不应有严重缺陷 对已经出现的严重缺陷，应由施工单位提出技术处理方案，并经监理（建设）单位认可后进行处理。对经处理的部位，应由行政机关检查验收	观察，检查技术处理方案	全数检查
一般项目	外观质量一般缺陷	现浇结构的外观质量不宜有一般缺陷 对已经出现的一般缺陷，应由施工单位按技术处理方案进行处理，并重新检查验收	观察，检查技术处理方案	全数检查

（2）尺寸偏差

现浇结构混凝土尺寸偏差质量验收标准应符合表 4-48 的规定。

表 4-48　现浇结构混凝土尺寸偏差质量验收标准

类　别	项　目	合格质量标准	检验方法	检验数量
主控项目	过大尺寸偏差处理及验收	现浇结构不应有影响结构性能和使用功能的尺寸偏差。混凝土设备基础不应有影响结构性能和设备安装的尺寸偏差 对超过尺寸允许偏差且影响结构性能和安装、使用功能的部位，应由施工单位提出技术处理方案，并经监理（建设）单位认可后进行处理。对经处理的部位，应重新检查验收	量测，检查技术处理方案	全数检查
一般项目	现浇结构和混凝土设备基础尺寸的允许偏差及检验方法	现浇结构和混凝土设备基础拆模后的尺寸偏差应符合表 4-45、表 4-46 的规定	见表 4-45、表 4-46	按楼层、结构缝或施工段划分检验批。在同一检验批内，对梁、柱和独立基础，应抽查构件数量的10%，且不少于 3 件；对墙和板，应按有代表性的自然间抽查 10%，且不少于 3 间；对大空间结构，墙可按相邻轴线间高度 5m 左右划分检查面，板可按纵、横轴线划分检查面，抽查10%，且均不少于 3 面；对电梯井，应全数检查。对设备基础，应全数检查

◉ 业务要点 2：装配式结构混凝土工程

1. 工程质量控制

1）预制构件应按标准图或设计要求的试验参数及检验指标进行结构性能检验。

① 检验内容：钢筋混凝土构件和允许出现裂缝的预应力混凝土构件进行承载力、挠度和裂缝宽度检验；不允许出现裂缝的预应力混凝土构件进行承载力、挠度和抗裂检验；预应力混凝土构件中的非预应力构件按钢筋混凝土构件的要求进行检验。对设计成熟、生产数量较少的大型构件，当采取加强材料和制作质量检验的措施时，可仅作挠度、抗裂或裂缝宽度检验；当采取上述措施并有可

靠的实践经验时,可不做结构性能检验。

② 检验数量:对成批生产的构件,应按同一工艺正常生产的不超过 1000 件且不超过 3 个月的同类型产品为一批。当连续检验 10 批且每批的结构性能检验结果均符合《混凝土结构工程施工质量验收规范》GB 50204—2002 规定的要求时,对同一工艺正常生产的构件,可改为不超过 2000 件且不超过 3 个月的同类型产品为一批。在每批中应随机抽取一个构件作为试件进行检验。

③ 检验方法:采用短期静力加载检验。

注:1."加强材料和制作质量检验的措施"包括下列内容:

1)钢筋进场检验合格后,在使用前再对用作构件受力主筋的同批钢筋按不超过 5t 抽取一组试件,并经检验合格;对经逐盘检验的预应力钢丝,可不再抽样检查。

2)受力主筋焊接接头的力学性能,应按国家现行标准《钢筋焊接及验收规程》JGJ 18—2012 检验合格后,再抽取一组试件,并经检验合格。

3)混凝土按 5m³ 且不超过半个工作班生产的相同配合比的混凝土,留置一组试件,并经检验合格。

4)受力主筋焊接接头的外观质量、入模后的主筋保护层厚度、张拉预应力总值和构件的截面尺寸等,应逐件检验合格。

2."同类型产品"是指同一钢种、同一混凝土强度等级、同一生产工艺和同一结构形式的构件。对同类型产品进行抽样检验时,试件宜从设计荷载最大、受力最不利或生产数量最多的构件中抽取。对同类型的其他产品,也应定期进行抽样检验。

2)预制底部构件与后浇混凝土层的连接质量对叠合结构的受力性能有重要影响,叠合面应按设计要求进行处理。

3)装配式结构与现浇结构在外观质量、尺寸偏差等方面的质量要求一致。

4)预制构件的允许偏差及检验方法见表 4-49。

表 4-49　预制构件的允许偏差及检验方法

项　　目		允许偏差/mm	检验方法
长度	板、梁	+10,-5	钢尺检查
	柱	+5,-10	
	墙板	±5	
	薄腹梁、桁架	+15,-10	
宽度、高(厚)度	板、梁、柱、墙板、薄腹梁、桁架	±5	钢尺量一端及中部,取其中较大值

续表

项　　目		允许偏差/mm	检验方法
侧向弯曲	梁、柱、板	$l/750$ 且≤20	拉线、钢尺量最大侧向弯曲处
	墙板、薄腹梁、桁架	$l/1000$ 且≤20	
预埋件	中心线位置	10	钢尺检查
	螺栓位置	5	
	螺栓外露长度	$+10,-5$	
预留孔	中心线位置	5	钢尺检查
预留洞	中心线位置	15	钢尺检查
主筋保护层厚度	板	$+5,-3$	钢尺或保护层厚度测定仪量测
	梁、柱、墙板、薄腹梁、桁架	$+10,-5$	
对角线差	板、墙板	10	钢尺量两个对角线
表面平整度	板、墙板、柱、梁	5	2m 靠尺和塞尺检查
预应力构件预留孔道位置	梁、墙板、薄腹梁、桁架	3	钢尺检查
翘曲	板	$l/750$	调平尺在两端量测
	墙板	$l/1000$	

注：1. l 为构件长度(mm)。

　　2. 检查中心线、螺栓和孔道位置时，应沿纵、横两个方向量测，并取其中的较大值。

　　3. 对形状复杂或有特殊要求的构件，其尺寸偏差应符合标准图或设计的要求。

2. 工程质量验收标准

装配式结构中首先要对预制构件的结构性能检验，结构性能合格的预制构件不得用于混凝土结构。

(1) 主控项目

装配式结构工程主控项目质量验收标准应符合表 4-50 的规定。

表 4-50　装配式结构工程主控项目质量验收标准

类别	项　　目	合格质量标准	检验方法	检验数量
预制构件	标明事项	预制构件应在明显部位标明生产单位、构件型号、生产日期和质量验收标志。构件上的预埋件、插筋和预留孔洞的规格、位置和数量应符合标准图或设计的要求	观察	全数检查
	外观检查	预制构件的外观质量不应有严重缺陷。对已经出现的严重缺陷，应按技术处理方案进行处理，并重新检查验收	观察，检查技术处理方案	全数检查
	偏差要求	预制构件不应有影响结构性能和安装、使用功能的尺寸偏差。对超过尺寸允许偏差且影响结构性能和安装、使用功能的部位，应按技术处理方案进行处理，并重新检查验收	量测，检查技术处理方案	全数检查

类别	项　目	合格质量标准	检验方法	检验数量
结构性能检验	承载力、挠度、裂缝宽度	预制构件应按标准图或设计要求的试验参数及检验指标进行结构性能检验。承载力、挠度、裂缝宽度的检验必须符合规范要求	规范要求	规范要求
施工过程	外观检查	进入现场的预制构件,其外观质量、尺寸偏差及结构性能应符合标准图或设计的要求	检查构件合格证	按批检查
	连接要求	预制构件与结构之间的连接应符合设计要求 连接处钢筋或埋件采用焊接或机械连接时,接头质量应符合国家现行标准《钢筋焊接及验收规程》JGJ 18—2012、《钢筋机械连接技术规程》JGJ 107—2010 的要求	观察,检查施工记录	全数检查
	接头和拼缝的强度要求	承受内力的接头和拼缝,当其混凝土强度未达到设计要求时,不得吊装上一层结构构件;当设计无具体要求时,应在混凝土强度不小于 10N/mm² 或具有足够的支承时方可吊装上一层结构构件 已安装完毕的装配式结构,应在混凝土强度到达设计要求后,方可承受全部设计荷载	检查施工记录及试件强度试验报告	全数检查

（2）一般项目

装配式结构工程一般项目质量验收标准应符合表 4-51 的规定。

表 4-51　装配式结构工程一般项目质量验收标准

类　　别	项　目	合格质量标准	检验方法	检验数量
预制构件	外观要求	预制构件的外观质量不宜有一般缺陷。对已经出现的一般缺陷,应按技术处理方案进行处理,并重新检查验收	观察,检查技术处理方案	全数检查
	尺寸偏差	预制构件的尺寸偏差应符合表 4-49 的规定	见表 4-49	同一工作班生产的同类型构件,抽查 5% 且不少于 3 件

类　　别	项　　目	合格质量标准	检验方法	检验数量
施工过程	堆放运输	预制构件码放和运输时的支承位置和方法应符合标准图或设计的要求	观察检查	全数检查
	吊装准备	预制构件吊装前,应按设计要求在构件和相应的支承结构上标志中心线、标高等控制尺寸,按标准图或设计文件校核预埋件及连接钢筋等,并作出标志	观察,钢尺检查	全数检查
	吊装	预制构件应按标准图或设计的要求吊装。起吊时绳索与构件水平面的夹角不宜小于45°,否则应采用吊架或经验算确定	观察检查	全数检查
	就位	预制构件安装就位后,应采取保证构件稳定的临时固定措施,并应根据水准点和轴线校正位	观察,钢尺检查	全数检查
	接头和拼缝要求	装配式结构中的接头和拼缝应符合设计要求;当设计无具体要求时,应符合下列规定: 　1) 对承受内力的接头和拼缝应采用混凝土浇筑,其强度等级应比构件混凝土强度等级提高一级 　2) 对不承受内力的接头和拼缝应采用混凝土或砂浆浇筑,其强度等级不应低于C15 或 M15 　3) 用于接头和拼缝的混凝土或砂浆,宜采取微膨胀措施和快硬措施,在浇筑过程中应振捣密实,并应采取必要的养护措施	检查施工记录及试件强度试验报告	全数检查

第五章 钢结构工程质量控制

第一节 原材料及成品进场

本节导读

钢结构工程用材量大，品种、规格、形式繁多，标准要求高，因此钢材和各种辅助材料（包括成品材料）必须符合国家有关标准规定，这是控制钢结构工程质量的关键之一。本节主要介绍了钢材、焊接材料、连接用紧固标准件、钢网架材料、涂装材料等的质量控制标准，其内容关系图如图 5-1 所示。

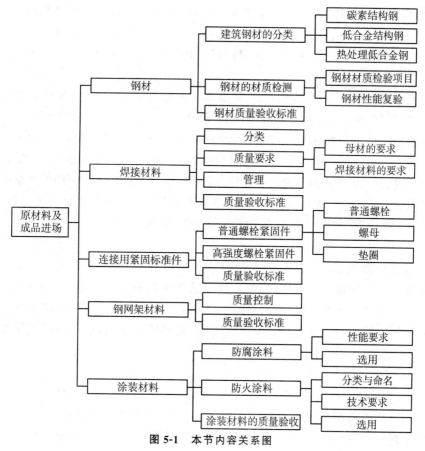

图 5-1 本节内容关系图

● 业务要点 1：钢材

1. 建筑钢材的分类

建筑结构钢的含义是指用于建筑工程金属结构的钢材。我国建筑结构钢所用的钢材大致可归纳为碳素结构钢、低合金结构钢和热处理低合金钢三大类。

（1）碳素结构钢

含碳量在 0.02%～2.0% 之间的钢碳合金称为钢。由于碳是使碳素钢获得必要强度的主要元素，故以钢的含碳量不同来划分钢号。一般把含碳量 < 0.25% 的称为低碳钢，含碳量在 0.25%～0.6% 之间的称为中碳钢，含碳量 > 0.6%（一般在 0.6%～1.3% 范围）的称为高碳钢。

我国生产的碳素结构钢分为碳素结构钢、优质碳素结构钢、桥梁用碳素结构钢等。普通碳素结构钢有 Q195、Q215、Q235、Q275 四个牌号的钢种。Q195 牌号不分等级，Q215 牌号分 A、B 两个等级，这两个牌号钢材的强度不高，不宜作为承重结构钢材。Q275 牌号的钢材有 A、B、C、D 四个等级，虽然强度高，但塑性、韧性相对比较差，亦不宜作承重结构钢材。Q235 牌号的钢材也有 A、B、C、D 四个等级，特别是 B、C、D 级均有较高的冲击韧性。其成本较低、易于加工和焊接，是工业与民用房屋建筑、一般构筑物中最常用的钢材。

（2）低合金结构钢

钢中除含碳外，还有其他元素，特意加入的称为合金元素，含有一定量的合金元素（例如 Mn、Si、Cr、Ni、Mo 等）的钢称为合金钢。按加入的合金元素总量的多少分为低合金钢（< 5%）、中合金钢（5%～10%）和高合金钢（> 10%）

低合金结构钢是在碳素结构钢的基础上加入少量的合金元素，达到提高强度、提高抗腐蚀性和提高在低温下的冲击韧性。目前我国属于常用的低合金高强度结构钢的有 Q345、Q390、Q420、Q460 等牌号钢种。结构中采用低合金结构钢，可减轻结构自重（在采用 Q345 钢时比采用 Q235 钢节省 15%～20% 的材料）。

（3）热处理低合金钢

低合金钢可用适当的热处理方法（如调质处理）来进一步提高其强度且不显著降低其塑性和韧性。目前，国外使用这种钢的屈服点已超过 $700N/mm^2$。我国尚未在建筑承重结构中推荐使用此类钢。碳素钢也可用热处理的方法来提高强度。例如用于制造高强度螺栓的 45 号优质碳素钢，也是通过调质处理来提高强度的。

2. 钢材的材质检测

（1）钢材材质检验项目

钢结构工程所用钢材都应具有质量证明书，当对钢材的质量有疑义时，才按国家现行有关标准的规定进行抽样检验，钢材检验项目应符合表 5-1 的规定。

表 5-1　钢材检验项目规定

序号	检验项目	取样数量/个	取样方法	试验方法
1	化学成分	1（每炉罐号）	GB 223	GB 223
2	拉伸	1	GB 2975	GB 228　GB 6379
3	弯曲	1	GB 2975	GB 232
4	常温冲击	3	GB 2975	GB/T 229
5	低温冲击	3	GB 2975	GB/T 229

（2）钢材性能复验

当设计文件无特殊要求时，钢结构工程中常用牌号钢材的抽样复验检验批宜按下列规定执行：

1）牌号为 Q235、Q345 且板厚小于 40mm 的钢材，应按同一生产厂家、同一牌号、同一质量等级的钢材组成检验批，每批重量不应大于 150t；同一生产厂家、同一牌号的钢材供货重量超过 600t 且全部复验合格时，每批的组批重量可扩大至 400t。

2）牌号为 Q235、Q345 且板厚大于或等于 40mm 的钢材，应按同一生产厂家、同一牌号、同一质量等级的钢材组成检验批，每批重量不应大于 60t；同一生产厂家、同一牌号的钢材供货重量超过 600t 且全部复验合格时，每批的组批重量可扩大至 400t。

3）牌号为 Q390 的钢材，应按同一生产厂家、同一质量等级的钢材组成检验批，每批重量不应大于 60t；同一生产厂家的钢材供货重量超过 600t 且全部复验合格时，每批的组批重量可扩大至 300t。

4）牌号为 Q235GJ、Q345GJ、Q390GJ 的钢材，应按同一生产厂家、同一牌号、同一质量等级的钢材组成检验批，每批重量不应大于 60t；同一生产厂家、同一牌号的钢材供货重量超过 600t 且全部复验合格时，每批的组批重量可扩大至 300t。

5）牌号为 Q420、Q460、Q420GJ、Q460GJ 的钢材，每个检验批应由同一牌号、同一质量等级、同一炉号、同一厚度、同一交货状态的钢材组成，每批重量不应大于 60t。

6）有厚度方向要求的钢材，宜附加逐张超声波无损探伤复验。

7）对钢材进行复验时，各项试验都应按有关的国家标准《金属材料夏比摆锤冲击试验方法》GB/T 229—2007、《金属材料弯曲试验方法》GB/T 232—2010 的规定进行。试件的取样则按国家标准《钢及钢产品　力学性能试验取样位置及试样制备》GB/T 2975—1998 和《钢的成品化学成分允许偏差》GB/T 222—

2006 的规定进行。由于翼缘的厚度比腹板大,屈服点比腹板低,而且翼缘是受力构件的关键部位,所以做热轧型钢的力学性能试验时,原则上应该从翼缘上切取试样,但有些热轧型钢翼缘内侧有坡度,不便做试样,所以工字钢、槽钢、角钢、T 型钢等都是从腹板上切取样坯,H 型钢和部分 T 型钢可从翼缘上切取样坯。钢板的轧制过程使其纵向力学性能优于横向力学性能,因此,采用纵向试样或横向试样,试样结果会有差别。国家标准中要求钢板、钢带的拉伸和弯曲试验取横向试样,而冲击韧性试验则取纵向试样。各种型材和钢板的取样部位,如图 5-2 所示。

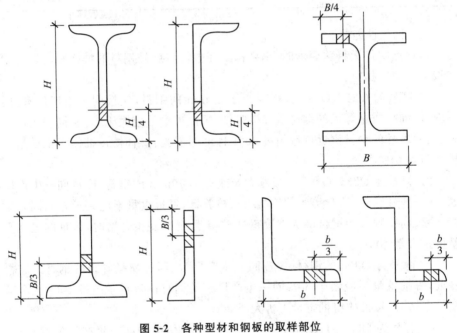

图 5-2　各种型材和钢板的取样部位

H—高度　B、b—腿宽度

3. 钢材质量验收标准

钢材的质量验收标准见表 5-2。

表 5-2　钢材的质量验收标准

类别	项目	项目内容	检验方法	检验数量
	材料品种、规格	钢材、钢铸件的品种、规格、性能等应符合现行国家产品标准和设计要求。进口钢材产品的质量应符合设计和合同规定标准的要求	检查质量合格证明文件、中文标志及检验报告等	全数检查

类别	项目	项目内容	检验方法	检验数量
主控项目	钢材复检	对属于下列情况之一的钢材,应进行抽样复验,其复验结果应符合现行国家产品标准和设计要求: 1)国外进口钢材 2)钢材混批 3)板厚等于或大于40mm,且设计有Z向性能要求的厚板 4)建筑结构安全等级为一级,大跨度钢结构中主要受力构件所采用的钢材 5)设计有复验要求的钢材 6)对质量有疑义的钢材	检查复验报告	全数检查
一般项目	材料规格尺寸	钢板厚度及允许偏差应符合其产品标准的要求	用游标卡尺量测	每一品种、规格的钢板抽查5处
	规格尺寸	型钢的规格尺寸及允许偏差应符合其产品标准的要求	用钢尺和游标卡尺量测	每一品种、规格的型钢抽查5处
	钢材表面质量	钢材的表面外观质量除应符合国家现有关标准的规定外,尚应符合下列规定: 1)当钢材的表面有锈蚀、麻点或划痕等缺陷时,其深度不得大于该钢材厚度负允许偏差值的1/2 2)钢材表面的锈蚀等级应符合现有国家标准《涂覆涂料前钢材表面处理》GB 8923.1-3—(2008—2011)规定的C级及C级以上 3)钢材端边或断口处不应有分层、夹渣等缺陷	观察检查	全数检查

◉ 业务要点2:焊接材料

1. 焊接材料分类

焊接材料分为手工焊接材料和自动焊接材料,其中自动焊接材料主要分为自动焊、电渣焊用焊丝、气体保护焊用焊丝及焊剂等,而手工电焊条则分为以下九类:

第一类 结构钢焊条。

第二类　钼和铬钼耐热焊条。

第三类　不锈钢焊条。

第四类　堆钢焊条。

第五类　低温钢焊条。

第六类　铸铁焊条。

第七类　镍及镍合金焊条。

第八类　铜及铜合金焊条。

第九类　铝及铝合金焊条。

第一类结构钢焊条主要用于各种结构钢工程的焊接。它分为碳钢结构焊条和低合金结构钢焊条。

钢结构工程所使用的焊接材料应符合表 5-3 的国家现行标准要求。

表 5-3　焊接材料国家标准

序号	标准名称	标准号	序号	标准名称	标准号
1	碳钢焊条	GB/T 5117	5	气体保护电弧焊用碳钢、低合金钢焊丝	GB/T 8110
2	低合金钢焊条	GB/T 5118	6	埋弧焊用碳钢焊丝和焊剂	GB/T 5293
3	熔化焊用钢丝	GB/T 14957	7	低合金钢埋弧焊用焊剂	GB/T 12470
4	碳钢药芯焊丝	GB 10045	8	电弧螺柱焊用圆柱头焊钉	GB/T 10433

2. 焊接材料的质量要求

(1) 母材的要求

母材上待焊接的表面和两侧应均匀、光洁,且无毛刺、裂纹和其他对焊缝质量有不利影响的缺欠。待焊接的表面及距焊缝位置 50mm 范围内不得有影响正常焊接和焊缝质量的氧化皮、锈蚀、油脂、水等杂质。

焊接接头坡口的加工或缺欠的清除可采用机加工、热切割、碳弧气刨、铲凿或打磨等方法。

采用热切割方法加工的坡口表面质量应符合国家现行标准《热切割　气割质量和尺寸偏差》JB/T 10045.3—1999 的相应规定;材料厚度小于或等于100mm 时,割纹深度最大为 0.2mm;材料厚度大于 100mm 时,割纹深度最大为 0.3mm。

割纹深度超过规定的,以及良好坡口表面上偶尔出现的缺口和凹槽,应采用机械加工、打磨清除。

母材坡口表面切割缺陷需要进行焊接修补时,可根据规定制定修补焊接工艺,并记录存档;调质钢及承受周期性荷载的结构钢材坡口表面切割缺陷的修补还需报监理工程师批准后方可进行。

钢材轧制缺欠(图 5-3)的检测和修复应符合下列要求:

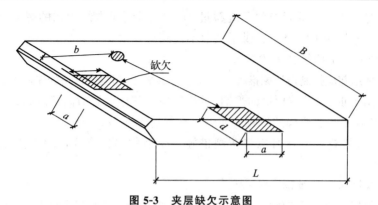

图 5-3　夹层缺欠示意图

d—裂纹深度　a—裂纹长度　b—坡口表面距离

B—钢材长度　L—钢材宽度

1）焊接坡口边缘上钢材的夹层缺欠长度超过 25mm 时，应采用无损检测方法检测其深度，如深度不大于 6mm 时，应用机械方法清除；如深度大于 6mm 时，应用机械方法清除后焊接填满；若缺欠深度大于 25mm 时，应采用超声波测定其尺寸，当单个缺欠面积（$a×d$）或聚集缺欠的总面积不超过被切割钢材总面积（$B×L$）的 4%时为合格，否则该板不宜使用。

2）钢材内部的夹层缺欠，其尺寸不超过的规定且位置离母材坡口表面距离 b 不小于 25mm 时不需要修理；距离 b 小于 25mm 时需要修理。

3）夹层是裂纹时，裂纹长度 a 和深度 d 均不大于 50mm，应进行焊接修补。裂纹深度 d 大于 50mm 或累计长度超过板宽的 20%时，该钢板不宜使用。

（2）焊接材料的要求

焊接材料熔敷金属的力学性能应不低于相应母材标准的下限值或满足设计文件要求。

焊接材料的储存场所应干燥、通风良好，应由专人保管、烘干、发放和回收，并有详细记录。

焊条的保存、烘干应符合下列要求：

1）酸性焊条保存时应有防潮措施，受潮的焊条使用前应在 100～150℃范围内烘焙 1～2h。

2）型应符合下列要求：

① 焊条使用前在 300～430℃温度下烘干 1～2h，或按厂家提供的焊条使用说明书进行烘干。焊条放入时烘箱的温度不应超过最终烘干温度的一半，烘干时间以烘箱到达最终烘干温度后开始计算。

② 烘干后的低氢型焊条应放置于温度不低于 120℃的保温箱中存放、待用；使用时应置于保温筒中，随用随取。

③ 焊条烘干后放置时间不应超过 4h,用于 Ⅲ、Ⅳ 类结构钢的焊条,烘干后放置时间不应超过 2h。重新烘干次数不应超过 1 次。

焊剂的烘干应符合下述要求:

① 使用前应按制造厂家推荐的温度进行烘焙;已潮湿或结块的焊剂严禁使用。

② 用于 Ⅲ、Ⅳ 类结构钢的焊剂,烘焙后在大气中放置时间不应超过 4h。

焊丝表面和电渣焊的熔化或非熔化导管应无油污、锈蚀。

栓钉焊接瓷环保存时应有防潮措施。受潮的焊接瓷环使用前应在 120~150℃烘干 2h。

3. 焊接材料的管理

1)焊接材料进场必须按规定的技术条件进行检验,合格后方可入库和使用。

2)焊接材料必须分类、分牌号堆放,并有明显标识,不得混放。焊材库必须干燥通风,严格控制库内温度和湿度,防止和减少焊条的吸潮。焊条吸潮后不仅影响焊接质量,甚至造成焊条变质(如焊芯生锈及药皮疏松脱落),所以焊条在使用前必须按规定进行烘焙。《焊条材料质量管理规程》JB/T 3223—1996 对此作了专门的使用管理规定。

4. 焊接材料质量验收标准

焊接材料质量验收标准见表 5-4。

表 5-4 焊接材料质量验收标准

类别	项目	项目内容	检验方法	检验数量
主控项目	材料品种、规格	焊接材料的品种、规格、性能等应符合现行国家产品标准和设计要求	检查焊接材料的质量合格证明文件、中文标志及检验报告等	全数检查
	抽样复验	重要钢结构采用的焊接材料应进行抽样复验,复验结果应符合现行国家产品标准和设计要求	检查复验报告	全数检查
一般项目	规格、尺寸	焊钉及焊接瓷环的规格、尺寸及偏差应符合现行国家标准《电弧螺柱焊用圆柱头焊钉》GB/T 10433—2002 中的规定	用钢尺和游标卡尺量测	按量抽查 1%,且不应少于 10 套
	材料外观	焊条外观不应有药皮脱落、焊芯生锈等缺陷;焊剂不应受潮结块	观察检查	按量抽查 1%,且不应少于 10 包

业务要点 3:连接用紧固标准件

1. 普通螺栓紧固件

(1)普通螺栓

普通螺栓作为永久性连接螺栓,当设计有要求或对其质量有疑义时,应进行螺栓实物最小拉力载荷复验。检查数量为每一规格螺栓随机抽查八个,其质量应符合现行国家标准《紧固件机械性能螺栓、螺钉和螺柱》GB/T 3098.1—2010 的规定。

普通螺栓的材料用 Q235,分为 A、B 和 C 三级。A 级和 B 级螺栓采用钢材性能等级 5.6 级或 8.8 级制造,C 级螺栓则采用 4.6 级或 4.8 级制造。其中,".""前数字表示公称抗拉强度 f_u 的 1/100,"."后数字表示公称屈服点 f_y 与公称抗拉强度 f_u 之比(屈强比)的 10 倍。如 4.8 级表示 f_u 不小于 $400N/mm^2$,而最低值 $0.8 \times 400N/mm^2 = 320N/mm^2$。

A 级和 B 级螺栓尺寸准确,精度较高,受剪性能良好,但是其制造和安装过于费工,并且高强度螺栓可代替其用于受剪连接,所以目前已很少采用。C 级螺栓一般用圆钢冷镦压制而成。表面不加工,尺寸不准确,只需配用孔的精度和孔壁表面粗糙度不太高的Ⅱ类孔。C 级螺栓在沿其杆轴方向的受拉性能较好,可用于受拉螺栓连接对于受剪连接,适宜于承受静力荷载或间接承受动力荷载结构中的次要连接,临时固定构件用的安装连接,以及不承受动力荷载的可拆卸结构的连接等。

(2)螺母

在建筑钢结构中,螺母的选用应与相匹配的螺栓性能等级一致,当拧紧螺母达规定程度时,不允许发生螺纹脱扣现象。为此可选用柱接结构用六角螺母及相应的栓接结构大六角头螺栓、平垫圈使用,使连接副能防止因超拧而引起的螺纹脱扣。

螺母性能可分为 4、5、6、8、9、10、12 等几个等级,其中 8 级以下螺母与普通螺栓匹配,8 级(含 8 级)以上螺母与高强度螺栓匹配,螺母与螺栓性能等级相匹配原则可参照表 5-5。

表 5-5 螺母与螺栓性能等级相匹配的参照表 （单位:mm）

螺母性能等级	相匹配的螺栓性能等级		螺母性能等级	相匹配的螺栓性能等级	
	性能等级	直径范围		性能等级	直径范围
4	3.6、4.6、4.8	>16	9	8.8	16<直径≤39
5	3.6、4.6、4.8	≤16		9.8	≤16
	5.6、5.8	所有的直径	10	10.9	所有的直径
6	6.8	所有的直径	12	12.9	≤39
8	8.8	所有的直径		—	

螺母的螺纹应和螺栓一致,一般应为粗牙螺纹(除非特殊注明用细牙螺纹),螺母的机械性能主要是指螺母的保证应力和硬度,其值应符合《紧固件机械性能 螺母 粗牙螺纹》GB/T 3098.2—2000 的规定。

（3）垫圈

常用钢结构螺栓连接的垫圈，按其形状及使用功能可分为以下几类：

1）圆平垫圈：圆平垫圈一般放置于紧固螺栓头及螺母的支承面下面，用来增加螺栓头及螺母的支承面，同时避免被连接件表面损伤。

2）方形垫圈：方形垫圈一般放置于地脚螺栓头及螺母的支承面下面，用来增加支承面及遮盖较大螺栓孔眼。

3）斜垫圈：主要用于工字钢、槽钢翼缘倾斜面的垫平，使螺母支承面垂直于螺杆，避免紧固时导致螺母支承面和被连接的倾斜面局部接触，以确保栓连安全。

4）弹簧垫圈：为避免螺栓拧紧后在动载作用产生振动和松动，依靠垫圈的弹性功能及斜口摩擦面来避免螺栓松动，一般用于有动荷载（振动）或经常拆卸的结构连接处。

2. 高强度螺栓紧固件

高强度螺栓是用优质碳素钢或低合金钢材料制成的一种特殊螺栓。由于螺栓的强度高，故称高强度螺栓。

目前我国常用的高强度螺栓性能等级，按热处理后的强度分为 10.9 级和 8.8 级两种。其中整数部分（10 和 8）表示螺栓成品的抗拉强度 f_u 不低于 $1000N/mm^2$ 和 $800N/mm^2$；小数部分（0.9 和 0.8）则表示其屈强比 f_y/f_u 为 0.9 和 0.8。

建筑上常用的高强度螺栓按构造形式分为高强度大六角头螺栓、扭剪型高强度螺栓两种。钢结构用高强度大六角头螺栓一个连接副由一个螺栓、一个螺母、两个垫圈组成，其形式如图 5-4 所示，分 8.8S 和 10.9S 两个等级。

钢结构用扭剪型高强度螺栓一个连接副由一个螺栓、一个螺母、一个垫圈组成，其形式如图 5-5 所示。我国目前常用的扭剪型高强度螺栓等级为 10.9S。

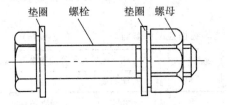

图 5-4　高强度大六角头螺栓连接副

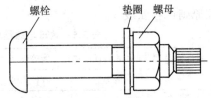

图 5-5　扭剪型高强度螺栓连接副

高强度螺栓表面要进行发黑处理，不允许存在任何淬火裂纹并应符合下列要求：

1）螺栓、螺母、垫圈均应附有质量证明书，并应符合设计要求和国家标准的规定。高强度螺栓（六角头螺栓、扭剪型螺栓等）、半圆头铆钉等孔的直径应比螺栓杆、钉杆公称直径大 1.0～3.0mm。螺栓孔应具有 H14（H15）的精度。

2）高强度螺栓制造厂应对原材料（按加工高强度螺栓的同样工艺进行热处

理)进行抽样试验,其性能等级应符合表 5-6 的规定。

表 5-6　高强度螺栓性能等级

性能等级	抗拉强度 R_m/MPa		最大屈服点 σ_s/(N/mm²)	伸长率 δ_5(%)	收缩率 Φ(%)	冲击韧度 a_k/(J/cm²)
	公称值	幅度值	不小于			
10.9S	1000	1000/1124	900	10	42	59
8.8S	800	810/984	640	12	45	78

当高强度螺栓的性能等级为 8.8 级时,热处理后硬度为 21~29HRC;当性能等级为 10.9 级时,热处理后硬度为 32~36HRC。

3)高强度螺栓不允许存在任何淬火裂纹。

4)高强度螺栓表面要进行发黑处理。

5)高强度螺栓抗拉极限承载力应符合表 5-7 的规定。

表 5-7　高强度螺栓抗拉极限承载力

公称直径 d/mm	公称应力截面积 A_s/mm²	抗拉极限承载力/kN	
		10.9S	8.8S
12	84	84~95	68~83
14	115	115~129	93~113
16	157	157~176	127~154
18	192	192~216	156~189
20	245	245~275	198~241
22	303	303~341	245~298
24	353	353~397	286~347
27	459	459~516	372~452
30	561	561~631	454~552
33	694	694~780	562~663
36	817	817~918	662~804
39	976	976~1097	791~960
42	1121	1121~1260	908~1103
45	1306	1306~1468	1058~1285
48	1473	1473~1656	1193~1450
52	1758	1758~1976	1424~1730
56	2030	2030~2282	1644~1998
60	2362	2362~2655	1913~2324

6) 高强度螺栓极限允许偏差应符合表 5-8 规定。

表 5-8　高强度螺栓极限允许偏差　　　　　　（单位：mm）

公称直径	12	16	20	(22)	24	(27)	30
允许偏差	±0.43		±0.52			±0.84	

3. 连接用紧固标准件的质量验收标准

钢结构工程连接用紧固标准件的质量验收标准见表 5-9。

表 5-9　钢结构工程连接用紧固标准件的质量验收标准

类别	项目	项目内容	检验方法	检验数量
主控项目	成品进场	钢结构连接用高强度大六角头螺栓连接副、扭剪型高强度螺栓连接副、钢网架用高强度螺栓、普通螺栓、铆钉、自攻钉、拉铆钉、射钉、锚栓（机械型和化学试剂型）、地脚锚栓等紧固标准件及螺母、垫圈等标准配件，其品种、规格、性能等应符合现行国家产品标准和设计要求。高强度大六角头螺栓连接副和扭剪型高强度螺栓连接副出厂时应分别随箱带有扭矩系数和紧固轴力（预拉力）的检验报告	全数检查	检查产品的质量合格证明文件、中文标志及检验报告等
	扭矩系数	高强度大六角头螺栓连接副应按附录 A 的规定检验其扭矩系数，其检验结果应符合附录 A 的规定	见附录 A	检查复验报告
	预拉力	扭剪型高强度螺栓连接副应按附录 A 的规定检验其预拉力，其检验结果应符合附录 A 的规定	见附录 A	检查复验报告
一般项目	供货标准	高强度螺栓连接副，应按包装箱配套供货，包装箱上应标明批号、规格、数量及生产日期。螺栓、螺母、垫圈外观表面应涂油保护，不应出现生锈和沾染脏物，螺纹不应损伤	按包装箱数抽查 5%，且不应少于 3 箱	观察检查
	硬度试验	对建筑结构安全等级为一级，跨度 40m 及以上的螺栓球节点钢网架结构，其连接高强度螺栓应进行表面硬度试验。对 8.8 级的高强度螺栓其硬度应为 HRC21～29，10.9 级的高强度螺栓其硬度应为 HRC32～36，且不得有裂纹或损伤	按规格抽查 8 只	硬度计、10 倍放大镜或磁粉探伤

业务要点 4：钢网架材料

当前我国空间结构中，以钢网架结构发展、应用速度较快。钢网架结构以其工厂预制、现场安装、施工方便、节约劳动力等优点在不少场合取代了钢筋混凝土结构。钢网架材料主要有焊接球、螺栓球、杆件、支托、节点板、钢网架用高强度螺栓、封板、锥头和套筒等。

1. 钢网架材料质量控制

1）网架结构杆件、支托、节点板、封板、锥头及套筒所用的钢管、型钢、钢板的材料宜采用国家标准《碳素结构钢》GB/T 700—2006 规定的 Q235B 钢、《优质碳素结构钢》GB/T 699—1999 规定的 20 号钢或 25 号钢、《低合金高强度结构钢》GB/T 1591—2008 规定的 16Mn 钢或 15MnV 钢。

2）螺栓球节点球的钢材宜采用国家标准《优质碳素结构钢》GB/T 699—1999 规定的 45 号钢。

3）焊接空心球节点球的钢材宜采用国家标准《碳素结构钢》GB/T 700—2006 规定的 Q235B 钢或《低合金高强度结构钢》GB/T 1591—2008 规定的 16MnV 钢。

4）网架用高强度螺栓应根据国家标准《钢结构用高强度大六角头螺栓》GB/T 1228—2006 规定的性能等级 8.8S 或 10.9S,符合国家标准《钢网架螺栓球节点用高强度螺栓》GB/T 16939—1997 的规定。

2. 网架材料的质量验收标准

钢结构工程钢网架材料的质量验收标准见表 5-10。

表 5-10　钢结构工程钢网架材料的质量验收标准

材料	类别	项目内容	检验方法	检验数量
焊接球	主控项目	焊接球及制造焊接球所采用的原材料,其品种、规格、性能等应符合现行国家产品标准和设计要求	全数检查	检查产品的质量合格证明文件、中文标志及检验报告等
		焊接球焊缝应进行无损检验,其质量应符合设计要求,当设计无要求时应符合《钢结构工程施工质量验收规范》GB 50205—2001 中规定的二级质量标准	每一规格按数量抽查5%,且不应少于3个	超声波探伤或检查检验报告
	一般项目	焊接球直径、圆度、壁厚减薄量等尺寸及允许偏差应符合《钢结构工程施工质量验收规范》GB 50205—2001 的规定	每一规格按数量抽查5%,且不应少于3个	用卡尺和测厚仪检查
		焊接球表面应无明显波纹及局部凹凸不平大于 1.5mm	每一规格按数量抽查5%,且不应少于3个	用弧形套模、卡尺和观察检查

材料	类别	项目内容	检验方法	检验数量
螺栓球	主控项目	螺栓球及制造螺栓球节点所采用的原材料,其品种、规格、性能等应符合现行国家产品标志和设计要求	全数检查	检查产品的质量合格证明文件、中文标志及检验报告等
		螺栓球不得有过烧、裂纹及褶皱	每种规格抽查5%,且不应少于5只	用10倍放大镜观察和表面探伤
	一般项目	螺栓球螺纹尺寸应符合现行国家标准《普通螺纹 基本尺寸》GB/T 196—2003中粗牙螺纹的规定,螺纹公差必须符合现行国家标准《普通螺纹 公差》GB/T 197—2003中6H级精度的规定	每种规格抽查5%,且不应少于5只	用标准螺纹规
		螺栓球直径、圆度、相邻两螺栓孔中心线夹角等尺寸及允许偏差应符合《钢结构工程施工质量验收规范》GB 50205—2001的规定	每种规格抽查5%,且不应少于3只	用卡尺和分度头仪检查
封板、锥头和套筒	主控项目	封板、锥头和套筒及制造封板、锥头和套筒所采用的原材料,其品种、规格、性能等应符合现行国家产品标准和设计要求	全数检查	检查产品的质量合格证明文件、中文标志及检验报告等
		封板、锥头、套筒外观不得有裂纹、过烧及氧化皮	每种规格抽查5%,且不应少于10只	用放大镜观察检查和表面探伤

◉ 业务要点 5:涂装材料

1. 防腐涂料

防腐涂料具有良好的绝缘性,能阻止铁离子的运动,所以不易产生腐蚀电流,从而起到保护钢材的作用。

钢结构防腐涂料是在耐油防腐蚀涂料的基础上研制成功的一种新型钢结构防腐蚀涂料。该涂料分为底漆和面漆两种。

（1）防腐涂料的性能要求

钢结构用防腐涂料的面漆依据《大气环境腐蚀性分类》GB/T 15957—1995的级别产品分为Ⅰ型和Ⅱ型两类；底漆产品依据耐盐雾性分为普通型和长效型两类。

面漆产品性能应符合表 5-11 的规定。底漆及中间漆产品性能应符合表 5-12的规定。

表 5-11　面漆产品性能要求

序号	项　目		技术指标	
			Ⅰ型面漆	Ⅱ型面漆
1	容器中状态		搅拌后无硬块，呈均匀状态	
2	施工性		涂刷两道无障碍	
3	漆膜外观		正常	
4	遮盖力(白色或浅色ᵃ)/(g/m²)		≤150	
5	干燥时间/h	表干	≤4	
		实干	≤24	
6	细度ᵇ/μm		≤60(片状颜料除外)	
7	耐水性		168h 无异常	
8	耐酸性ᶜ(5% H_2SO_4)		96h 无异常	168h 无异常
9	耐盐水性(3% NaCl)		120h 无异常	240h 无异常
10	耐盐雾性		500h 不起泡，不脱落	1000h 不起泡，不脱落
11	附着力(划格法)/级		≤1	
12	耐弯曲性/mm		≤2	
13	耐冲击性/cm		≥30	
14	涂层耐温变性(5 次循环)		无异常	
15	储存稳定性	结皮性/级	≥8	
		沉降性/级	≥6	
16	耐人工老化性(白色或浅色ᵃ·ᵈ)		500h 不起泡，不剥落，无裂纹 粉化≤1级；变色≤2级	1000h 不起泡，不剥落，无裂纹 粉化≤1级；变色≤2级

注：a浅色是指以白色涂料为主要成分，添加适量色素后配制成的浅色涂料形成的涂料所呈现的浅颜色，明度值为 6～9 之间。

　　b对多组分产品，细度是指主漆的细度。

　　c面漆中含有金属颜料时不测定耐酸性。

　　d其他颜色变色等级由双方商定。

表 5-12 底漆及中间漆产品性能要求

序号	项 目		技术指标		
			普通底漆	长效型底漆	中间漆
1	容器中状态		搅拌后无硬块,呈均匀状态		
2	施工性		涂刷两道无障碍		
3	干燥时间/h	表干	≤4		
		实干	≤24		
4	细度ᵃ/μm		≤70(片状颜料除外)		
5	耐水性		168h 无异常		
6	附着力(划格法)/级		≤1		
7	耐弯曲性/mm		≤2		
8	耐冲击性/cm		≥30		
9	涂层耐温变性(5 次循环)		无异常		
10	储存稳定性	结皮性/级	≥8		
		沉降性/级	≥6		
11	耐盐雾性		200h 不剥落,不出现红锈ᵇ	1000h 不剥落,不出现红锈ᵇ	—
12	面漆适应性		商定		

注:a 对多组分产品,细度是指朱漆的细度。

　　b 漆膜下面的钢铁表面局部或整体产生红色的氧化铁层的现象。它常伴随有漆膜的起泡、开裂、
片落等病态。

(2) 防腐涂料的选用

钢结构防腐涂料的种类较多,其性能也各不相同,选用时除参考表 5-13 的规定外,还应充分考虑以下各方面的因素,因为对涂料品种的选择是直接决定涂装工程质量好坏的因素之一。

1) 使用场合和环境是否有化学腐蚀作用的气体,是否为潮湿环境。

2) 是打底用,还是罩面用。

3) 选择涂料时应考虑在施工过程中涂料的稳定性、毒性及所需的温度条件。

4) 按工程质量要求、技术条件、耐久性、经济效果、非临时性工程等因素,来选择适当的涂料品种。不应将优质品种降格使用,也不应勉强使用达不到性能指标的品种。

表5-13 各种涂料性能比较表

涂料种类	优 点	缺 点
油脂漆	耐大气性较好;适用于室内外作打底罩面用;价廉;涂刷性能好,渗透性好	干燥较慢、膜软;力学性能差;水膨胀性大;不能打磨抛光;不耐碱
天然树脂漆	干燥比油脂漆快;短油度的漆膜坚硬好打磨;长油度的漆膜柔韧,耐大气性好	力学性能差;短油度的耐大气性差;长油度的漆不能打磨、抛光
酚醛树脂漆	漆膜坚硬,耐水性良好;纯酚醛的耐化学腐蚀性良好;有一定的绝缘强度;附着力好	漆膜较脆;颜色易变深;耐大气性比醇酸漆差,易粉化;不能制白色或浅色漆
沥青漆	耐潮性、耐水性;价廉;耐化学腐蚀性较好;有一定的绝缘强度;黑度好	色黑;不能制白色及浅色漆;对日光不稳定;有渗色性;自干漆;干燥不爽滑
醇酸漆	光泽较亮;耐候性优良;施工性能好,可刷、可喷、可烘;附着力较好	漆膜较软;耐水性、耐碱性差;干燥较挥发性漆慢;不能打磨
氨基漆	漆膜坚硬,可打磨抛光;光泽亮,丰满度好;色浅,不易泛黄;附着力较好;有一定耐热性;耐候性好;耐水性好	需高温下烘烤才能固化;经烘烤过度,漆膜发脆
硝基漆	干燥迅速;耐油;漆膜坚韧,可打磨抛光	易燃;清漆不耐紫外光线;不能在60℃以上温度使用;固体分低
纤维素漆	耐大气性、保色性好;可打磨抛光;个别品种有耐热性、耐碱性、绝缘性也好	附着力较差;耐潮性差;价格高
过氯乙烯漆	耐候性优良;耐化学腐蚀性优良;耐水性、耐油性、防延燃性好;三防性能较好	附着力较差;打磨抛光性能较差;不能在70℃以上高温使用;固体分低
乙烯漆	有一定柔韧性;色泽浅淡;耐化学腐蚀性较好;耐水性好	耐溶剂性差;固体分低;高温易碳化;清漆不耐紫外光线
丙烯酸漆	漆膜色线,保色性良好;耐候性优良;有一定耐化学腐蚀性;耐热性较好	耐溶剂性差;固体分低
聚酚漆	固体分高;耐一定的温度;耐磨能抛光;有较好的绝缘性	干性不易掌握;施工方法较复杂;对金属附着力差
环氧漆	附着力强;耐碱、耐熔剂;有较好的绝缘性能;漆膜坚韧	室外暴晒易粉化;保光性差;色泽较深;漆膜外观较差
聚氨酯漆	耐磨性强,附着力好;耐潮、耐水、耐溶剂性好;耐化学和石油腐蚀;具有良好的绝缘性	漆膜易转化、泛黄;对酸、碱、盐、醇、水等物很敏感,因此施工要求高;有一定毒性
有机硅漆	耐高温;耐候性极优;耐潮、耐水性好;具有良好的绝缘性	耐汽油性差;漆膜坚硬较脆;一般需要烘烤干燥;附着力较差
橡胶漆	耐化学腐蚀性强;耐水性好;耐磨	易变色;清漆不耐紫外光;附着力差;个别品种施工复杂

2. 防火涂料

钢材是不会燃烧的建筑材料,具有抗震抗弯等性能,受到了各行业的青睐,但是钢材在防火面存在一些难以避免的缺陷,其机械性能如屈服点、抗拉及弹性模量等均会因温度的升高而急剧下降。

(1) 防火涂料的分类与命名

1) 钢结构防火涂料按使用场所不同可分为室内钢结构防火涂料和室外钢结构防火涂料。

① 室内钢结构防火涂料:用于建筑物室内或隐蔽工程的钢结构表面。

② 室外钢结构防火涂料:用于建筑物室外或露天工程的钢结构表面。

2) 钢结构防火涂料按使用厚度不同可分为超薄型钢结构防火涂料、薄型钢结构防火涂料和厚型钢结构防火涂料。

① 超薄型钢结构防火涂料:涂层厚度小于或等于 3mm。

② 薄型钢结构防火涂料:涂层厚度大于 3mm 且小于或等于 7mm。

③ 厚型钢结构防火涂料:涂层厚度大于 7mm 且小于或等于 45mm。

3) 以汉语拼音字母的缩写作为代号,N 和 W 分别代表室内和室外,CB、B 和 H 分别代表超薄型、薄型和厚型三类,各类涂料名称与代号对应关系如下:

室内超薄型钢结构防火涂料　　　　　NCB

室外超薄型钢结构防火涂料　　　　　WCB

室内薄型钢结构防火涂料　　　　　　NB

室外薄型钢结构防火涂料　　　　　　WB

室内厚型钢结构防火涂料　　　　　　NH

室外厚型钢结构防火涂料　　　　　　WH

(2) 防火涂料的技术要求

用于制造防火涂料的原料应不含石棉和甲醛,不宜采用苯类溶剂。涂料可用喷涂、抹涂、刷涂、辊涂、刮涂等方法中的任何一种或多种方法方便地施工,并能在通常的自然环境条件下干燥固化。复层涂料应相互配套,底层涂料应能同普通的防锈漆配合使用,或者底层涂料自身具有防锈性能。涂层实干后不应有刺激性气味。

室内钢结构防火涂料的技术性能应符合表 5-14 中的规定。室外钢结构防火涂料的技术性能应符合表 5-15 中的规定。

表 5-14　室内钢结构防火涂料的技术性能

序号	检验项目	技术指标		
		NCB	NB	NH
1	在容器中的状态	经搅拌后呈均匀细腻状态,无结块	经搅拌后呈均匀液态或稠厚流体状态,无结块	经搅拌后呈均匀稠厚流体状态,无结块

序号	检验项目	技术指标		
		NCB	NB	NH
2	干燥时间(表干)/h	≤8	≤12	≤24
3	外观与颜色	涂层干燥后,外观与颜色同样品相比应无明显差别	涂层干燥后,外观与颜色同样品相比应无明显差别	—
4	初期干燥抗裂性	不应出现裂纹	允许出现1~3条裂纹,其宽度应≤0.5mm	允许出现1~3条裂纹,其宽度应≤1mm
5	黏结强度/MPa	≥0.20	≥0.15	≥0.04
6	抗压强度/MPa	—	—	≥0.03
7	干密度/(kg/m³)	—	—	≤500
8	耐水性/h	≥24,涂层应无起层、发泡、脱落现象	≥24,涂层应无起层、发泡、脱落现象	≥24,涂层应无起层、发泡、脱落现象
9	耐冷热循环性/次	≥15,涂层应无开裂、剥落、起泡现象	≥15,涂层应无开裂、剥落、起泡现象	≥15,涂层应无开裂、剥落、起泡现象
10	耐火性能　涂层厚度(不大于)/mm	2.00±0.20	5.0±0.5	25±2
	耐火极限(不低于)/h(以 I36b 或 I40b 标准工字钢梁作基材)	1.0	1.0	2.0

注:裸露钢梁耐火极限为15min(I36b、I40b 验证数据),作为表中 0mm 涂层厚度耐火极限基础数据。

表 5-15　室外钢结构防火涂料的技术性能

序号	检验项目	技术指标		
		WCB	WB	WH
1	在容器中的状态	经搅拌后呈均匀细腻状态,无结块	经搅拌后呈均匀液态或稠厚流体状态,无结块	经搅拌后呈均匀稠厚流体状态,无结块
2	干燥时间(表干)/h	≤8	≤12	≤24
3	外观与颜色	涂层干燥后,外观与颜色同样品相比应无明显差别	涂层干燥后,外观与颜色同样品相比应无明显差别	—

序号	检验项目		技术指标		
			WCB	WB	WH
4	初期干燥抗裂性		不应出现裂纹	允许出现1～3条裂纹，其宽度应≤0.5mm	允许出现1～3条裂纹，其宽度应≤1mm
5	黏结强度/MPa		≥0.20	≥0.15	≥0.04
6	抗压强度/MPa		—	—	≥0.5
7	干密度/(kg/m³)		—	—	≤650
8	耐曝热性/h		≥720,涂层应无起层、脱落、空鼓、开裂现象	≥720,涂层应无起层、脱落、空鼓、开裂现象	≥720,涂层应无起层、脱落、空鼓、开裂现象
9	耐湿热性/h		≥504,涂层应无起层、脱落现象	≥504,涂层应无起层、脱落现象	≥504,涂层应无起层、脱落现象
10	耐冻融循环性/次		≥15,涂层应无开裂、脱落、起泡现象	≥15,涂层应无开裂、脱落、起泡现象	≥15,涂层应无开裂、脱落、起泡现象
11	耐酸性/h		≥360,涂层应无起层、脱落、开裂现象	≥360,涂层应无起层、脱落、开裂现象	≥360,涂层应无起层、脱落、开裂现象
12	耐碱性/h		≥360,涂层应无起层、脱落、开裂现象	≥360,涂层应无起层、脱落、开裂现象	≥360,涂层应无起层、脱落、开裂现象
13	耐盐雾腐蚀性/次		≥30,涂层应无起泡,明显的变质、软化现象	≥30,涂层应无起泡,明显的变质、软化现象	≥30,涂层应无起泡,明显的变质、软化现象
14	耐火性能	涂层厚度（不大于)/mm	2.00±0.20	5.0±0.5	25±2
		耐火极限(不低于)/h（以I36b或I40b标准工字钢梁作基材）	1.0	1.0	2.0

注:裸露钢梁耐火极限为15min(I36b、I40b验证数据),作为表中0mm涂层厚度耐火极限基础数据,耐久性项目(耐曝热性、耐湿热性、耐冻融循环性、耐酸性、耐碱性、耐盐雾腐蚀性)的技术要求除表中规定外,还应满足附加耐火性能的要求,方能判定该对应项性能合格。耐酸性和耐碱性可仅进行其中一项测试。

（3）防火涂料的选用

钢结构防火涂料选用时应遵照以下原则：

1）对室内裸露钢结构、轻型屋盖钢结构及有装饰要求的钢结构，当规定其耐火极限在1.5h以下时，应选用薄涂型钢结构防火涂料。对室内隐蔽钢结构、高层钢结构及多层厂房钢结构，当规定其耐火极限在1.5h以上时，应选用厚涂型钢结构防火涂料。

2）当防火涂料分为底层和面层涂料时，两层涂料应相互匹配。且底层不得腐蚀钢结构，不得与防锈底漆产生化学反应，面层若为装饰涂料，选用涂料应通过试验验证。

3. 涂装材料的质量验收标准

涂装材料的进场验收标准见表5-16。

表5-16 涂装材料的进场验收标准

类别	项目	项目内容	检验方法	检验数量
主控项目	防腐涂料	钢结构防腐涂料、稀释剂和固化剂等材料的品种、规格、性能等符合现行国家产品标准和设计要求	检查产品的质量合格证明文件、中文标志及检验报告等	全数检查
	防火涂料	钢结构防火涂料的品种和技术性能应符合设计要求，并应经过具有资质的检测机构检测符合国家现行有关标准的规定	检查产品的质量合格证明文件、中文标志及检验报告等	全数检查
一般项目	涂料的型号、名称	防腐涂料和防火涂料的型号、名称、颜色及有效期应与其质量合格证明文件相符。开启后，不应存在结皮、结块、凝胶等现象	观察检查	每种规格抽查5%，且不应少于3桶

第二节 钢构件加工工程

本节导读

本节主要介绍了钢构件的切割、矫正、成型、边缘加工、制孔、管和球加工工程的质量控制和质量验收标准。其内容关系图如图5-6所示。

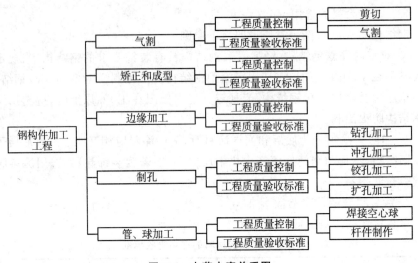

图 5-6　本节内容关系图

业务要点 1：切割

1. 工程质量控制

（1）剪切

1）零件经剪切后发生弯曲和扭曲变形，剪切后必须进行矫正。

2）如果刀片间隙不适当，则零件剪切断面粗糙并带有毛刺或出现卷边等不良现象，必须修磨光洁。

3）在剪切过程中，由于切口附近金属受剪力作用而发生挤压、弯曲而变形，由此而使该区域的钢材发生硬化。

4）机械剪切的零件厚度不宜大于 12.0mm，剪切面应平整。碳素结构钢在环境温度低于 -20℃、低合金结构钢在环境温度低于 -15℃时，不得进行剪切、冲孔。

（2）气割

气割时，应该选择正确的工艺参数（如割嘴型号、氧气压力、气割速度和预热火焰的能率等），工艺参数的选择主要是根据气割机械的类型和可切割的钢板厚度。工艺参数对气割的质量影响很大。

1）气割操作时，首先点燃割炬，随即调整火焰。火焰的大小，应根据工件的厚薄调整适当，然后进行切割。

2）开始切割时，若预热钢板的边缘至略呈红色时，将火焰局部移出边缘线以外，同时慢慢打开切割氧气阀门。如果预热的红点在氧流中被吹掉，此时应开大切割氧气阀门。当有氧化铁渣随氧流一起飞出时，证明已割透，这时即可进行正常切割。

3）若遇到切割必须从钢板中间开始，要在钢板上先割出孔，再按切割线进行切割。

割孔时，首先预热要割孔的地方，如图 5-7（a）所示，然后将割嘴提起离钢板约 15mm,如图 5-7(b)所示,再慢慢开启切割氧气阀门,并将割嘴稍侧倾并旁移,使溶渣吹出,如图 5-7(c)所示,直至将钢板割穿,再沿切割线切割。

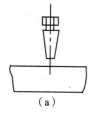 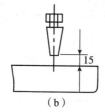 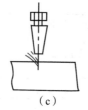 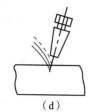

（a）　　　　　　　（b）　　　　　　　（c）　　　　　　　（d）

图 5-7　手工气割

(a)预热　(b)上提　(c)吹渣　(d)切割

4）在切割过程中,有时因嘴头过热或氧化铁渣的飞溅,使割炬嘴头堵住或乙炔供应不及时,嘴头产生鸣爆并发生回火现象。这时应迅速关闭预热氧气阀门,切割炬仍然发出"嘶、嘶"声,说明割炬内回火尚未熄灭,这时应再迅速将乙炔阀门关闭或者迅速拔下割炬上的乙炔气管,使回火的火焰气体排出。处理完毕,应先检查割炬的射吸能力,然后方可重新点燃割炬。

5）切割临近终点时,嘴头应略向切割前进的反方向倾斜,以利于钢板的下部提前割透,使收尾时割缝整齐。当到达终点时,应迅速关闭切割氧气阀门,并将割炬抬起,再关闭乙炔阀门,最后关闭预热氧气阀门。

6）气割件的加工余量见表 5-17。

表 5-17　气割件的加工余量

切割方式	材料厚度/mm	割缝宽度留量/mm
气割下料	≤10	1~2
	10~12	2.5
	20~40	3.0
	40 以上	4.0

2. 工程质量验收标准

钢材切割的质量验收标准见表 5-18。

表 5-18　钢材切割的质量验收标准

类别	项目内容	检验方法	检验数量
主控项目	钢材切割面或剪切面应无裂纹、夹渣、分层和大于 1mm 的缺棱	观察或用放大镜及百分尺检查,有疑义时做渗透、磁粉或超声波探伤检查	全数检查
一般项目	气割的允许偏差应符合表 5-19 的规定	观察检查或用钢尺、塞尺检查	按切割面数抽查10%,且不应少于 3 个
	机械剪切的允许偏差应符合表 5-20 的规定	观察检查或用钢尺、塞尺检查	按切割面数抽查10%,且不应少于 3 个

表 5-19　气割的允许偏差　　　　（单位：mm）

项　　目	允许偏差
零件宽度、长度	±3.0
切割面平面度	0.05t，且不应大于 2.0
割纹深度	0.3
局部缺口深度	1.0

注：t 为切割面厚度。

表 5-20　机械剪切的允许偏差　　　　（单位：mm）

项　　目	允许偏差
零件宽度、长度	±3.0
边缘缺棱	1.0
型钢端部垂直度	2.0

◎ 业务要点 2：矫正和成型

1. 工程质量控制

钢结构（或钢材）表面上如有不平、弯曲、扭曲、尺寸精度超过允许偏差的规定时，必须对有缺陷的构件（或钢材）进行矫正，以保证钢结构构件的质量。矫正的方法很多，根据矫正时钢材的温度分冷矫正和热矫正两种。冷矫正是在常温下进行的矫正，冷矫正时会产生冷硬现象，适用于矫正塑性较好的钢材。对变形十分严重或脆性很大的钢材，如合金钢及长时间放在露天生锈钢材等，因塑性较差不能用冷矫正；热矫正是将钢材加热至 700～1000℃ 的高温时进行，当钢材弯曲变形大，钢材塑性差，或在缺少足够动力设备的情况下才应用热矫正。另外，根据矫正时作用外力的来源与性质来分，矫正分手工矫正、机械矫正和火焰矫正等。矫正和成型应符合以下要求：

1）钢材的初步矫正，只对影响号料质量的钢材进行矫正，其余在各工序加工完毕后再矫正或成型。

2）钢材的机械矫正，一般应在常温下用机械设备进行，矫正后的钢，在表面上不应有凹陷、凹痕及其他损伤。

3）碳素结构钢和低合金高强度结构钢，允许加热矫正，其加热温度严禁超过正火温度（900℃）。用火焰矫正时，对钢材的牌号为 Q345、Q390、35、45 的焊件，不准浇水冷却，要在自然状态下冷却。

4）弯曲加工分常温和高温，热弯时所有需要加热的型钢，宜加热到 880～1050℃，并采取必要措施使构件不致"过热"，当温度降低到普通碳素结构钢

700℃,低合金高强度结构钢 800℃,构件不能再进行热弯,不得在蓝脆区段(200~400℃)进行弯曲。

5)热弯的构件应在炉内加热或电加热,成型后有特殊要求者再退火。冷弯的半径应为材料厚度的 2 倍以上。

6)钢管弯曲成型的允许偏差应符合表 5-21 的规定。

表 5-21　钢管弯曲成型的允许偏差　　　　　(单位:mm)

项　　目	直　　径	构件长度	管口圆度	管中间圆度	弯曲矢高
允许偏差	±$d/200$ 且≤±5.0	±3.0	$d/200$ 且≤5.0	$d/200$ 且≤8.0	$l/1500$ 且≤5.0

注:d 为钢管直径。

2. 工程质量验收标准

钢材矫正和成型的质量验收标准见表 5-22。

表 5-22　钢材矫正和成型的质量验收标准

类别	项目内容	检验方法	检验数量
主控项目	碳素结构钢在环境温度低于 -16℃、低合金结构钢在环境温度低于 -12℃ 时,不应进行冷矫正和冷弯曲。碳素结构钢和低合金结构钢在加热矫正时,加热温度不应超过 900℃。低合金结构钢在加热矫正后应自然冷却	检查制作工艺报告和施工记录	全数检查
	当零件采用热加工成型时,加热温度应控制在 900~1000℃;碳素结构钢和低合金结构钢在温度分别下降到 700℃ 和 800℃ 之前时,应结束加工;低合金结构钢应自然冷却	检查制作工艺报告和施工记录	全数检查
一般项目	矫正后的钢材表面,不应有明显的凹面或损伤,划痕深度不得大于 0.5mm,且不应大于该钢材厚度负允许偏差的 1/2	观察检查和实测检查	全数检查
	冷矫正和冷弯曲的最小曲率半径和最大弯曲矢高应符合表 5-23 的规定	观察检查和实测检查	按冷矫正和冷弯曲的件数抽查 10%,且不少于 3 件
	钢材矫正后的允许偏差应符合表 5-24 的规定	观察检查和实测检查	按矫正件数抽查 10%,且不应少于 3 件

表 5-23　冷矫正和冷弯曲的最小曲率半径和最大弯曲矢高

（单位：mm）

钢材类别	图　例	对应轴	矫正		弯曲	
			r	f	r	f
钢板扁钢		$x-x$	$50t$	$l^2/400t$	$25t$	$l^2/200t$
		$y-y$ （仅对扁钢轴线）	$100b$	$l^2/800b$	$50b$	$l^2/400b$
角钢		$x-x$	$90b$	$l^2/720b$	$45b$	$l^2/360b$
槽钢		$x-x$	$50h$	$l^2/400h$	$25h$	$l^2/200h$
		$y-y$	$90b$	$l^2/720b$	$45b$	$l^2/360b$
工字钢		$x-x$	$50h$	$l^2/400h$	$25h$	$l^2/200h$
		$y-y$	$50b$	$l^2/400b$	$25b$	$l^2/200b$

注：r 为曲率半径；f 为弯曲矢高；l 为弯曲弦长；t 为钢板厚度；b 为宽度；h 为高度。

表 5-24　钢材矫正后的允许偏差　　　　　　（单位:mm）

项　目		允许偏差	图　例
钢板的局部平面度	$t\leqslant14$	1.5	
	$t>14$	1.0	
型钢弯曲矢高		$l/1000$ 且应不大于 5.0	—
角钢肢的垂直度		$b/100$ 且双肢栓接角钢的角度不得大于 90°	
槽钢翼缘对腹板的垂直度		$b/80$	
工字钢、H 型钢翼缘对腹板的垂直度		$b/100$ 且不大于 2.0	

注:t 为钢板厚度;l 为弯曲弦长;b 为翼缘宽度;h 为高度。

业务要点 3:边缘加工

1. 工程质量控制

通常采用刨和铣加工法对切割的零件进行边缘加工,以便提高零件尺寸精度,消除切割边缘的有害影响,加工焊接坡口,提高截面光洁度,保证截面能良好传递较大压力。边缘加工应符合以下要求:

1)气割的零件,当需要消除影响区进行边缘加工时,最少加工余量为 2.0mm。

2)机械加工边缘的深度,应能保证把表面的缺陷清除掉,但不能小于 2.0mm,加工后表面不应有损伤和裂缝;在进行砂轮加工时,磨削的痕迹应当顺着边缘。

3)碳素结构钢的零件边缘,在手工切割后,其表面应作清理,不能有超过 1.0mm 的不平度。

4)构件的端部支承边要求刨平顶紧和构件端部截面精度要求较高的,无论是什么方法切割和用何种钢材制成的,都要刨边或铣边。

5)施工图有特殊要求或规定为焊接的边缘需进行刨边,一般板材或型钢的剪切边不需刨光。

6)刨削时直接在工作台上用螺栓和压板装夹工件,通用工艺规则如下:

① 多件画线毛坯同时加工时,装夹中心必须按工件的加工线找正到同一平面上,以保证各工件加工尺寸的一致。

② 在龙门刨床上加工重而窄的工件,需偏于一侧加工时,应尽量两件同时加工或在另一侧加配重,以使机床的两边导轨负荷平衡。

③ 在刨床工作台上装夹较高的工件时,应加辅助支承,以使装夹牢靠和防止加工中工件变形。

④ 必须合理装夹工件,以工件迎着走刀方向和进给方向的两个侧边紧靠定位装置,而另两个侧边应留有适当间隙。

7)关于铣刀和铣削量的选择,应根据工件材料和加工要求决定,合理的选择是加工质量的保证。

8)焊缝坡口可采用气割、铲削、刨边机加工等方法,焊缝坡口的允许偏差应符合表 5-25 的规定。

表 5-25　焊缝坡口的允许偏差

项　目	坡口角度	钝边
允许偏差	±5°	±1.0mm

9)零部件采用铣床进行铣削加工边缘时,加工后的允许偏差应符合表 5-26的规定。

表 5-26　零部件铣削加工后的允许偏差　　　（单位:mm）

项　目	两端铣平时零件长度、宽度	铣平面的平面度	铣平面的垂直度
允许偏差	±1.0	0.3	$l/1500$

2. 钢材边缘加工的质量验收标准

钢材边缘加工的质量验收标准见表 5-27。

表 5-27　钢材边缘加工的质量验收标准

类别	项目内容	检验方法	检验数量
主控项目	气割或机械剪切的零件需要进行边缘加工时其刨削量不应小于 2.0mm	检查工艺报告和施工记录	全数检查
一般项目	边缘加工的允许偏差应符合表 5-28的规定	观察检查和实测检查	按加工面数抽查10%,且不应少于 3 件

表 5-28 边缘加工的允许偏差 （单位:mm）

项 目	允许偏差
零件宽度、长度	± 1.0
加工边直线度	$l/3000$,且不应大于 2.0
相邻两边夹角	$\pm 6'$
加工面垂直度	$0.025t$,且不应大于 0.5
加工面表面粗糙度	$\overset{50}{\bigtriangledown}$

注:l 为弯曲弦长;t 为切割面厚度。

业务要点 4:制孔

1. 工程质量控制

（1）钻孔加工

1）画线钻孔:钻孔前先在构件上画出孔的中心和直径,在孔的圆周上(90°位置)打四只冲眼,可作钻孔后检查用。孔中心的冲眼应大而深,在钻孔时作为钻头定心用。画线工具一般用画针和钢直尺。

为提高钻孔效率,可将数块钢板重叠起来一齐钻孔,但一般重叠板厚度不应超过 50mm,重叠板边必须用夹具夹紧或定位焊固定。

厚板和重叠板钻孔时要检查平台的水平度,以防止孔的中心倾斜。

2）钻模钻孔:当批量大、孔距精度要求较高时,应采用钻模钻孔。钻模有通用型、组合式和专用钻模。通用型钻模,可在当地模具出租站订租。组合式和专用钻模则由本单位设计制造。

对无镗孔能力的单位,可先在钻模板上钻较大的孔眼,由钳工对钻套进行校对,符合公差要求后,拧紧螺钉,然后将模板大孔与钻套外圆间的间隙灌铅固定。钻模板材料一般为 Q235 钢,钻套使用材料可为 T10A(热处理 55～60HRC)。

（2）冲孔加工

冲孔是在冲孔机(冲床)上进行的,一般只能在较薄的钢板或型钢上冲孔。孔径一般不应小于钢材的厚度,多用于不重要的节点板、垫板、加强板、角钢拉撑等小件的孔加工,其制孔效率较高。但由于孔的周围产生冷作硬化,孔壁质量差,孔口下塌,故而在钢结构制作中已较少直接采用。

1）冲孔的直径应大于板厚,否则易损坏冲头。冲孔下模上平面的孔应比上模的冲头直径大 0.8～1.5mm。

2）构件冲孔时,应装好冲模,检查冲模之间间隙是否均匀一致,并用与构件相同的材料试冲,经检查质量符合要求后,再正式冲孔。

3) 大批量冲孔时,应按批抽查孔的尺寸及孔的中心距,以便及时发现问题,及时纠正。

4) 当环境温度低于-20℃时,应禁止冲孔。

（3）铰孔加工

铰孔是用铰刀对已经粗加工的孔进行精加工,可提高孔的光洁度和精度。

1) 铰孔时必须选择好铰削用量和冷却润滑液。铰削用量包括铰孔余量、切削速度（机铰时）和进给量,这些对铰孔的精度和光洁度都有很大影响。

2) 铰孔余量要恰当,太小则对上道工序所留下的刀痕和变形难以纠正和除掉,质量达不到要求;太大将增大铰孔次数和增加吃刀深度,会损坏刀齿。表5-29列出的铰削余量的范围,适用于机铰和手铰。

表 5-29　铰削余量　　　　（单位：mm）

铰孔直径	<5	5~20	21~32	33~50	51~70
铰削余量	0.1~0.2	0.2~0.3	0.3	0.5	0.8

3) 要选择适当的切削速度和进给量。通常,当加工材料为铸铁时,使用普通铰刀铰孔,其切削速度不应超过10m/min,进给量在0.8mm/r左右;当加工材料为钢料时,切削速度不应超过8m/min,进给量在0.4mm/r左右。

（4）扩孔加工

扩孔是用麻花钻或扩孔钻将工件上原有的孔进行全部或局部扩大,主要用于构件的拼装和安装,如叠层连接板孔,常先把零件孔钻成比设计小3mm的孔,待整体组装后再行扩孔,以保证孔眼一致,孔壁光滑,或用于钻直径30mm以上的孔,先钻成小孔,后扩成大孔,以减小钻端阻力,提高工效。

用麻花钻扩孔时,由于钻头进刀阻力很小,极易切入金属,引起进刀量自动增大,从而导致孔面粗糙并产生波纹。所以用时须将其后角修小,由于切削刃外缘吃刀,避免了横刃引起的不良影响,从而切屑少且易排出,可提高孔的表面光洁度。

使用扩孔钻是扩孔的理想刀具。扩孔钻具有切屑少的特点,容屑槽做得比较小而浅,增多刀齿(3~4齿),加粗钻心,从而提高扩孔钻的刚度。这样扩孔时导向性好,切削平稳,可增大切削用量并改善加工质量。扩孔钻的切削速度可为钻孔的0.5倍,进给量约为钻孔的1.5~2倍。扩孔前,可先用0.9倍孔径的钻头钻孔,再用等于孔径的扩孔钻头进行扩孔。

2. 钢材边缘加工的质量验收标准

钢材边缘加工的质量验收标准见表5-30。

表 5-30　钢材边缘加工的质量验收标准

类别	项目内容	检验方法	检验数量
主控项目	A、B 级螺栓孔（Ⅰ类孔）应具有 H12 的精度，孔壁表面粗糙度 R_a 不应大于 12.5μm，其孔径允许偏差应符合表 5-31 的规定 C 级螺栓孔（Ⅱ类孔），孔壁表面粗糙度 R_a 不应大于 25μm，其孔径允许偏差应符合表 5-32 的规定	用游标卡尺或孔径量规检查	按钢构件数量抽查 10%，且不应少于 3 件
一般项目	螺栓孔孔距的允许偏差应符合表 5-33 的规定	用钢尺检查	按钢构件数量抽查 10%，且不应少于 3 件
	螺栓孔孔距的允许偏差超过表中规定的允许偏差时，应采用与母材材质相匹配的焊条补焊后重新制孔	观察检查	全数检查

表 5-31　A、B 级螺栓孔孔径的允许偏差　（单位：mm）

序号	螺栓公称直径、螺栓孔直径	螺栓公称直径允许偏差		螺栓孔直径允许偏差	
1	10～18	0.00	−0.18	+0.18	0.00
2	18～30	0.00	−0.21	+0.21	0.00
3	30～50	0.00	−0.25	+0.25	0.00

表 5-32　C 级螺栓孔孔径的允许偏差　（单位：mm）

项　　目	允许偏差
直径	+1.0　　0.0
圆度	2.0
垂直度	0.03t，且不应大于 2.0

注：t 为连接板的厚度。

表 5-33　螺栓孔孔距的允许偏差　（单位：mm）

螺栓孔孔距范围	≤500	501～1200	1201～3000	＞3000
同一组内任意两孔间距离	±1.0	±1.5	—	—
相邻两组的端孔间距离	±1.5	±2.0	±2.5	±3.0

注：1. 在节点中连接板与一根杆件相连的所有螺栓孔为一组。

2. 对接接头在拼接板一侧的螺栓孔为一组。

3. 在两相邻节点或接头间的螺栓孔为一组，但不包括上述两款所规定的螺栓孔。

4. 受弯构件翼缘上的连接螺栓孔，每米长度范围内的螺栓孔为一组。

业务要点 5：管、球加工

1. 工程质量控制

（1）焊接空心球　焊接空心球节点主要由空心球、钢管杆件、连接套管等零件组成。空心球制作工艺流程应为：下料→加热→冲压→切边坡口→拼装→焊接→检验。

1）半球圆形坯料钢板应用乙炔氧气或等离子切割下料。下料后坯料直径允许偏差为 2.0mm，钢板厚度允许偏差为 ±0.5mm。坯料锻压的加热温度应控制在 1000～1100℃。半球成型，其坯料须在固定锻模具上热挤压成半个球形，半球表面应光滑平整，不应有局部凸起或褶皱，壁减薄量不大于 1.5mm。

2）毛坯半圆球可用普通车床切边坡口，坡口角度为 22.5°～30°。不加肋空心球两个半球对装时，中间应余留 2.0mm 缝隙，以保证焊透。

焊接成品的空心球直径的允许偏差：当球直径小于等于 300mm 时，为 ±1.5mm；直径大于 300mm 时，为 ±2.5mm。圆度允许偏差：当直径小于等于 300mm，应小于 2.0mm。对口错边量允许偏差应小于 1.0mm。

3）加肋空心球的肋板位置，应在两个半球的拼接环形缝平面处。加肋钢板应用乙炔氧气切割下料，并外径留有加工余量，其内孔以 $D/3～D/2(D$ 焊接空心球外径)割孔。板厚宜不加工，下料后应用车床加工成型，直径偏差 $^{-1.0}_{0}$ mm。

4）套管是钢管杆件与空心球拼焊连接定位件，应用同规格钢管剖切一部分圆周长度，经加热后在固定芯轴上成型。套管外径比钢管杆件内径小 1.5mm，长度为 40～70mm。

5）空心球与钢管杆件连接时，钢管两端开坡口30°，并在钢管两端头内加套管与空心球焊接，球面上相邻钢管杆件之间的缝隙 a 不宜小于 10mm（图 5-8）。钢管杆件与空心球之间应留有 2.0～6.0mm 缝隙予以焊透。

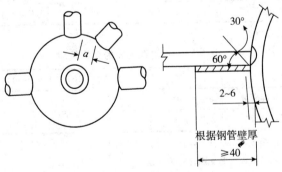

图 5-8　空心球节点连接

6）焊接空心球加工的允许偏差应符合表 5-34 的规定。

表 5-34　焊接空心球加工的允许偏差　　　　　（单位：mm）

项 目		允许偏差
直径	$d \leqslant 300$	± 1.5
	$300 < d \leqslant 500$	± 2.5
	$500 < d \leqslant 800$	± 3.5
	$d > 800$	± 4
圆度	$d \leqslant 300$	± 1.5
	$300 < d \leqslant 500$	± 2.5
	$500 < d \leqslant 800$	± 3.5
	$d > 800$	± 4
壁厚减薄量	$t \leqslant 10$	$\leqslant 0.18t$，且不大于 1.5
	$10 < t \leqslant 16$	$\leqslant 0.15t$，且不大于 2.0
	$16 < t \leqslant 22$	$\leqslant 0.12t$，且不大于 2.5
	$22 < t \leqslant 45$	$\leqslant 0.11t$，且不大于 3.5
	$t > 45$	$\leqslant 0.08t$，且不大于 4.0
对口错边量	$t \leqslant 20$	$\leqslant 0.10t$，且不大于 1.0
	$20 < t \leqslant 40$	2.0
	$t > 40$	3.0
焊缝余高		$0 \sim 1.5$

注：d 为焊接空心球的外径；t 为焊接空心球的壁厚。

（2）杆件制作

1）杆件下料：钢管杆件下料前，应进行质量检验，要求外观尺寸、品种、规格应符合设计要求。

当网架采用钢管杆件及焊接球节点时，球节点常由工厂定点制作，而钢管杆件往往在现场加工。加工前，应根据下式计算出钢管杆件的下料长度 l（图 5-9）。

$$l = l_1 - 2\sqrt{R^2 - r^2} + l_2 - l_3 \tag{5-1}$$

式中　l_1——根据起拱要求等计算出的杆中心长；

　　　　R——钢管外圆半径；

　　　　r——钢管内圆半径；

　　　　l_2——预留焊接收缩量（2～3.5mm）；

　　　　l_3——对接焊缝根部宽（3～4mm）。

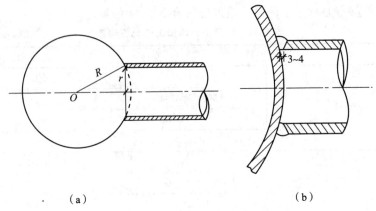

（a）   （b）

图 5-9 下料长度几何关系

(a)R，r 的几何关系   (b)对接焊缝尺寸

钢管杆件下料时，其下料长度应预加焊接收缩量。影响焊接收缩量的因素较多，例如焊缝的尺寸（长、宽、高），外界气温的高低，焊接电流强度，焊接方法（多次循环间隔焊还是集中一次焊），焊工操作技术等。收缩量不易留准确，在经验不足时应结合现场实际情况做实验确定，一般取 2~3.5mm。

杆件下料后应检查是否弯曲，如有弯曲应加以校正。杆件下料后应开坡口，焊接球杆件壁厚在 5mm 以下，可不开坡口，螺栓球杆件必须开坡口。

2）杆件焊接：杆件焊接时会对已埋入的高强度螺栓产生损伤，如打火、飞溅等现象，所以在钢管杆件拼装和焊接前，应对埋入的高强度螺栓做好保护，防止通电打火起弧，防止飞溅溅入螺纹，故一般在埋入后即加上包裹加以保护。

施焊前应复查焊区坡口情况，确认符合要求后方可施焊。焊接完成后应清除熔渣及金属飞溅物，并打上焊工代号的钢印。

钢管与封板（或锥头）组装成杆件时，钢管两端对接焊缝应根据图样要求的焊缝质量等级选择相应焊接材料进行施焊，并应采取保证对焊接全熔透的焊接工艺。

杆件与封板、锥头拼装时，必须有定位胎具，保证拼装杆件长度一致性。杆件与封板（或锥头）定位后点固，检查焊道深度与宽度，杆件与封板双边应各开 30°坡口，并有 2~5mm 间隙，保证封板焊接质量。封板焊接应在旋转焊接支架上进行，焊缝应焊透、饱满、均匀一致，不咬肉。

2. 管、球加工的质量验收标准

管、球加工的质量验收标准见表 5-35。

表 5-35 管、球加工的质量验收标准

类别	项目内容	检验方法	检验数量
主控项目	螺栓球成型后,不应有裂纹、褶皱、过烧	10倍放大镜观察检查或表面探伤	每种规格抽查10%,且不应少于5个
	钢板压成半圆球后,表面不应有裂纹、褶皱。焊接球其对接坡口应采用机械加工,对接焊缝表面应打磨平整	10倍放大镜观察检查或表面探伤	每种规格抽查10%,且不少于5个
一般项目	螺栓球加工的允许偏差应符合表5-36的规定	见表5-36	每种规格抽查10%,且不应少于5个
	焊接球加工的允许偏差应符合表5-37的规定	见表5-37	每种规格抽查10%,且不应少于5个
	钢网架(桁架)用钢管杆件加工的允许偏差应符合表5-38的规定	见表5-38	每种规格抽查10%,且不应少于5根

表 5-36 螺栓球加工的允许偏差 （单位:mm）

项　　目		允许偏差	检验方法
圆度	$d \leqslant 120$	1.5	用卡尺和游标卡尺检查
	$d > 120$	2.5	
同一轴线上两铣平面平行度	$d \leqslant 120$	0.2	用百分表、V形块检查
	$d > 120$	0.3	
铣平面距球中心距离		±0.2	用游标卡尺检查
相邻两螺栓孔中心线夹角		±30′	用分度头检查
两铣平面与螺栓孔轴线垂直度		$0.005r$	用百分表检查
球毛坯直径	$d \leqslant 120$	+2.0 −1.0	用卡尺和游标卡尺检查
	$d > 120$	+3.0 −1.5	

注:r 为螺栓球半径;d 为螺栓球直径。

表 5-37 焊接球加工的允许偏差 （单位:mm）

项　　目	允许偏差	检验方法
直径	$\pm 0.005d$　　± 2.5	用卡尺和游标卡尺检查
圆度	2.5	用卡尺和游标卡尺检查
壁厚减薄量	$0.13t$,且不应大于1.5	用卡尺和测厚仪检查
两半球对口错边	1.0	用套模和游标卡尺检查

注:t 为球壁厚度。

表 5-38 钢网架(桁架)用钢管杆件加工的允许偏差 (单位:mm)

项 目	允许偏差	检验方法
长度	±1.0	用钢尺和百分表检查
端面对管轴的垂直度	0.005r	用百分表、V形块检查
管口曲线	1.0	用套模和游标卡尺检查

注:r为曲率半径。

第三节 钢结构连接工程

本节导读

在钢结构工程中,常将两个或两个以上的零件或构件,按一定形式和位置连接在一起,这些连接可分为两大类:一类是永久性不可拆卸的连接(焊接连接);另一类是可拆卸的连接(紧固件连接)。本节主要介绍了钢结构焊接工程、紧固件连接工程的质量验收要求和标准,其内容关系图如图 5-10 所示。

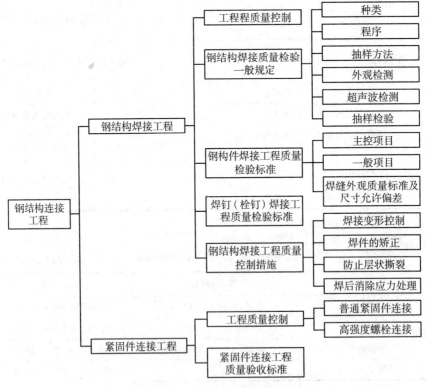

图 5-10 本节内容关系图

业务要点 1：钢结构焊接工程

1. 工程质量控制

1）从事钢结构各种焊接工作的焊工，应按现行国家标准《建筑钢结构焊接技术规程》JGJ 81—2002 的规定经考试并取得合格证后，方可进行操作。

2）钢结构中首次采用的钢种、焊接材料、接头形式、坡口形式及工艺方法，应按照《建筑钢结构焊接技术规程》JGJ 81—2002 或《承压设备焊接工艺评定》NB/T 47014—2011 的规定进行焊接工艺评定，其评定结果应符合设计要求。

3）焊接材料的选择应与母材的机械性能相匹配。对低碳钢一般按焊接金属与母材等强度的原则选择焊接材料；对低合金高强度结构钢一般应使焊缝金属与母材等强或略高于母材，但不应高出 50MPa，同时焊缝金属必须具有优良的塑性、韧性和抗裂性；当不同强度等级的钢材焊接时，宜采用与低强度钢材相适应的焊接材料。

4）焊条、焊剂、电渣焊的熔化嘴和栓钉焊保护瓷圈，使用前应按技术说明书规定的烘焙时间进行烘焙，然后转入保温。低氢型焊条经烘焙后放入保温筒内随用随取。

5）母材的焊接坡口及两侧 30～50mm 范围内，在焊前必须彻底清除氧化皮、熔渣、锈、油、涂料、灰尘、水分等影响焊接质量的杂质。

2. 钢结构焊接质量检验一般规定

（1）种类

焊接质量控制和检验应分为以下两类：

1）自检：施工单位在制造、安装过程中进行的检验。由施工单位自有或聘用有资质的检测人员进行。

2）监检：由具有检验资质的独立第三方选派具有检测资质的人员进行检验。

（2）程序

质量控制和检验的一般程序包括焊前检验、焊中检验和焊后检验，应符合以下规定：

1）焊前检验应至少包括下列内容：

① 按设计文件和相关规程、标准的要求对工程中所用钢材、焊接材料的规格、型号（牌号）、材质、外观及质量证明文件进行确认。

② 焊工合格证及认可范围。

③ 焊接工艺技术文件及操作规程。

④ 坡口形式、尺寸及表面质量。

⑤ 组对后构件的形状、位置、错边量、角变形、间隙等。

⑥ 焊接环境、焊接设备等。

⑦ 定位焊缝的尺寸及质量。

⑧ 焊接材料的烘干、保存及领用。

⑨ 引弧板、引出板和衬垫板的装配质量。

2）焊中检验应至少包括下列内容：

① 实际采用的焊接电流、焊接电压、焊接速度、预热温度、层间温度及后热温度和时间等焊接工艺参数与焊接工艺文件的符合性检查。

② 多层多道焊焊道缺欠的处理。

③ 采用双面焊清根的焊缝，应在清根后进行外观检查及规定的无损检测。

④ 多层多道焊中焊层、焊道的布置及焊接顺序等检查。

3）焊后检验应至少包括下列内容：

① 焊缝的外观质量与外形尺寸检测。

② 焊缝的无损检测。

③ 焊接工艺规程记录及检验报告的确认。

检查前应根据钢结构所承受的载荷性质、施工详图及技术文件规定的焊缝质量等级要求编制检查和试验计划，由技术负责人批准并报监理工程师备案。检查方案应包括检查批的划分、抽样检查的抽样方法、检查项目、检查方法、检查时机及相应的验收标准等内容。

（3）抽样方法

焊缝检查抽样方法应符合以下规定：

1）焊缝数的计数方法：工厂制作焊缝长度小于等于 1000mm 时，每条焊缝为 1 处；长度大于 1000mm 时，将其划分为每 300mm 为 1 处；现场安装焊缝每条焊缝为 1 处。

2）可按下列方法确定检验批：

① 制作焊缝可以同一工区（车间）按一定的焊缝数量组成批；多层框架结构可以每节柱的所有构件组成批。

② 安装焊缝可以区段组成批；多层框架结构可以每层（节）的焊缝组成批。

3）抽样检查除设计指定焊缝外应采用随机取样方式取样，且取样中应覆盖到该批焊缝中所包含的所有钢材类别、焊接位置和焊接方法。

（4）外观检测

外观检测应符合以下规定：

1）所有焊缝应冷却到环境温度后方可进行外观检测。

2）外观检测采用目测方式，裂纹的检查应辅以 5 倍放大镜并在合适的光照条件下进行，必要时可采用磁粉探伤或渗透探伤，尺寸的测量应用量具、卡规。

3）栓钉焊接接头的外观质量应符合要求。外观质量检验合格后进行打弯抽样检查，合格标准：当栓钉打弯至 30°时，焊缝和热影响区不得有肉眼可见的裂纹，检查数量应不小于栓钉总数的 1%并不少于 10 个。

4）电渣焊、气电立焊接头的焊缝外观成型应光滑,不得有未熔合、裂纹等缺陷;当板厚小于 30mm 时,压痕、咬边深度不得大于 0.5mm;板厚大于或等于 30mm 时,压痕、咬边深度不得大于 1.0mm。

焊缝无损检测报告签发人员必须持有现行国家标准《无损检测人员资格鉴定与认证》GB/T 9445—2008 规定的 2 级或 2 级以上资格证书。

（5）超声波检测

超声波检测应符合以下规定,超声波检测位置如图 5-11 所示。

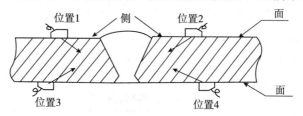

图 5-11　超声波检测位置

1）对接及角接焊透或局部焊透焊缝检测的检验等级应根据质量要求分为 A、B、C 三级,检验的完善程度 A 级最低,B 级一般,C 级最高,应根据结构的材质、焊接方法、使用条件及承受载荷的不同,合理的选用检验级别。

2）对接及角接焊透或局部焊透焊缝检测的检验范围的确定应符合以下规定:

① A 级检验采用一种角度的探头在焊缝的单面单侧进行检验,只对能扫查到的焊缝截面进行探测,一般不要求做横向缺欠的检验。母材厚度大于 50mm 时,不得采用 A 级检验。

② B 级检验原则上采用一种角度的探头在焊缝的单面双侧进行检验,受几何条件限制时,可在焊缝单面单侧采用两种角度探头（两角度之差大于 15°）进行检验。母材厚度大于 100mm 时,采用一种角度探头进行双面双侧检验,受几何条件限制时,可在焊缝单面双侧采用两种角度探头（两角度之差大于 15°）进行检验,检验应覆盖整个焊缝截面。条件允许时应做横向缺欠检验。

③ C 级检验至少应采用两种角度的探头在焊缝的单面双侧进行检验。同时应作两个扫查方向和两种探头角度的横向缺欠检验。母材厚度大于 100mm 时,应采用双面双侧检验。检查前应对接焊缝余高磨平,以便探头在焊缝上作平行扫查。焊缝两侧斜探头扫查经过母材部分应用直探头做检查。当焊缝母材厚度大于等于 100mm,窄间隙焊缝母材厚度大于等于 40mm 时,一般增加串列式扫查。

（6）抽样检验

抽样检验应按下列规定进行结果判定:

1）抽样检验的焊缝数不合格率小于 2％时,该批验收合格。

2）抽样检验的焊缝数不合格率大于 5％时,该批验收不合格。

3）除本条第 5 款情况外抽样检验的焊缝数不合格率为 2％～5％时,应加倍抽检。且必须在原不合格部位两侧的焊缝延长线各增加一处,在所有抽检焊缝中不合格率不大于 3％时,该批验收合格,大于 3％时,该批验收不合格。

4）批量验收不合格时,应对该批余下的全部焊缝进行检验。

5）检验发现 1 处裂纹缺陷时,应加倍抽查。在加倍抽检焊缝中未再检查出裂纹缺陷时,该批验收合格;检验发现多于 1 处裂纹缺陷或加倍抽查又发现裂纹缺陷时,该批验收不合格,应对该批余下焊缝的全数进行检查。

所有检出的不合格焊接部位应按规定予以返修至检查合格。

3. 钢构件焊接工程质量检验标准

（1）主控项目

钢构件焊接工程质量验收标准的主控项目检验见表 5-39。

表 5-39　主控项目检验

序号	项目	合格质量标准	检验方法	检验数量
1	材料匹配	焊条、焊丝、焊剂、电渣焊熔嘴等焊接材料与母材的匹配应符合设计要求及国家现行行业标准《建筑钢结构焊接技术规程》JGJ 81—2002 的规定。焊条、焊剂、药芯焊丝、熔嘴等在使用前,应按其产品说明书及焊接工艺文件的规定进行烘焙和存放	检查质量证明书和烘焙记录	全数检查
2	焊工证书	焊工必须经考试合格并取得合格证书。持证焊工必须在其考试合格项目及其认可范围内施焊	检查焊工合格证及其认可范围、有效期	全数检查
3	焊接工艺评定	施工单位对其首次采用的钢材、焊接材料、焊接方法、焊后热处理等,应进行焊接工艺评定,并应根据评定报告确定焊接工艺	检查焊接工艺评定报告	全数检查
4	内部缺陷	设计要求全焊透的一、二级焊缝应采用超声波探伤进行内部缺陷的检验,超声波探伤不能对缺陷作出判断时,应采用射线探伤,其内部缺陷分级及探伤方法应符合现行国家标准《钢焊缝手工超声波探伤方法和探伤结果分级》GB/T 11345—1989 或《金属熔化焊接接头射线照相》GB/T 3323—2005 的规定焊接球节点网架焊缝、螺栓球节点网架焊缝及圆管 T、K、Y 形节点相贯线焊缝,其内部缺陷分级及探伤方法应分别符合国家现行标准《钢结构超声波探伤及质量分级法》JG/T 203—2007、《建筑钢结构焊接技术规程》JGJ 81—2002 的规定一、二级焊缝质量等级及缺陷分级应符合表 5-40 的规定	检查超声波或射线探伤记录	全数检查

续表

序号	项目	合格质量标准	检验方法	检验数量
5	组合焊缝尺寸	T形接头、十字接头、角接接头等要求熔透的对接和角对接组合焊缝，其焊脚尺寸不应小于 $t/4$，如图5-12(a)～(c)所示；设计有疲劳验算要求的吊车梁或类似构件的腹板与上翼缘连接焊缝的焊脚尺寸为 $t/2$，如图5-12(d)所示，且不应大于10mm。焊脚尺寸的允许偏差为0～4mm	观察检查，用焊缝量规抽查测量	全数检查；同类焊缝抽查10%，且不应少于3条
6	焊缝表面缺陷	焊缝表面不得有裂纹、焊瘤等缺陷。一、二级焊缝不得有表面气孔、夹渣、弧坑裂纹、电弧擦伤等缺陷。且一级焊缝不得有咬边、未焊满、根部收缩等缺陷	观察检查或使用放大镜、焊缝量规和钢尺检查，当存在疑义时，采用渗透或磁粉探伤检查	每批同类构件抽查10%，且不应少于3件；被抽查构件中，每一类型焊缝按条数抽查5%，且不应少于1条；每条检查1处，总抽查数不应少于10处

表5-40 一、二级焊缝质量等级及缺陷分级

焊缝质量等级		一级	二级
内部缺陷超声波探伤	评定等级	Ⅱ	Ⅲ
	检验等级	B级	B级
	探伤比例	100%	20%
内部缺陷射线探伤	评定等级	Ⅱ	Ⅲ
	检验等级	AB级	AB级
	探伤比例	100%	20%

注：探伤比例的计数方法应按以下原则确定：

  1) 对工厂制作焊缝，应按每条焊缝计算百分比，且探伤长度应不小于200mm，当焊缝长度不足200mm时，应对整条焊缝进行探伤。

  2) 对现场安装焊缝，应按同一类型、同一施焊条件的焊缝条数计算百分比，探伤长度不小于200mm，并应不少于1条焊缝。

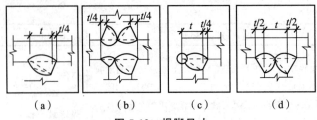

图 5-12 焊脚尺寸

t—焊缝有效宽度

（2）一般项目

钢构件焊接工程质量验收标准的一般项目检验见表 5-41。

表 5-41 一般项目检验

序号	项目	合格质量标准	检验方法	检验数量
1	预热和后热处理	对于需要进行焊前预热或焊后热处理的焊缝，其预热温度或后热温度应符合国家现行有关标准的规定或通过工艺试验确定。预热区在焊道两侧，每侧宽度均应大于焊件厚度的1.5倍以上，且不应小于100mm；后热处理应在焊后立即进行，保温时间应根据板厚按每25mm板厚1h确定	检查预热、后热施工记录和工艺试验报告	全数检查
2	焊缝外观质量	二、三级焊缝外观质量标准应符合表5-42的规定。三级对接焊缝应按二级焊缝标准进行外观质量检验	观察检查或使用放大镜、焊缝量规和钢尺检查	每批同类构件抽查10%，且不应少于3件；被抽查构件中，每种焊缝按条数各抽查5%，但不应少于1条；每条检查1处，总抽查数不应少于10处
3	焊缝尺寸偏差	焊缝尺寸允许偏差应符合表5-43、表5-44的规定	用焊缝量规检查	每批同类构件抽查10%，且不应少于3件；被抽查构件中，每种焊缝按条数各抽查5%，但不应少于1条；每条检查1处，总抽查数不应少于10处
4	凹形角焊缝	焊成凹形的角焊缝，焊缝金属与母材间应平缓过渡；加工成凹形的角焊缝，不得在其表面留下切痕	观察检查	每批同类构件抽查10%，且不应少于3件
5	焊缝感观	焊缝感观应达到：外形均匀、成型较好，焊道与焊道、焊道与基本金属间过渡较平滑，焊渣和飞溅物基本清除干净	观察检查	每批同类构件抽查10%，且不应少于3件；被抽查构件中，每种焊缝按数量各抽查5%，总抽查数不应少于5处

（3）焊缝外观质量标准及尺寸允许偏差

1）焊缝外观质量标准应符合表 5-42 的规定。

表 5-42　二、三级焊缝外观质量标准　　　　　（单位：mm）

项　目	允许偏差	
缺陷类型	二级	三级
未焊满（指不足设计要求）	≤0.2+0.02t，且≤1.0	≤0.2+0.04t，且≤2.0
	每 100.0 焊缝内缺陷总长≤25.0	
根部收缩	≤0.2+0.02t，且≤1.0	≤0.2+0.04t，且≤2.0
	长度不限	
咬边	≤0.05t，且≤0.5；连续长度≤100.0，且焊缝两边咬边总长≤10%焊缝全长	≤0.1t，且≤1.0，长度不限
弧坑裂纹	—	允许个别长度≤5.0 的弧坑裂纹
电弧擦伤	—	允许存在个别电弧擦伤
接头不良	缺口深度 0.05t，且≤0.5	缺口深度 0.1t，且≤1.0
	每 1000.0 焊缝不应超过 1 处	
表面夹渣	—	深≤0.2t，长≤0.5t，且≤20.0
表面气孔	—	每 50.0 焊缝长度内允许直径≤0.4t，且≤3.0 的气孔 2 个，孔距≥6 倍孔径

2）对接焊缝及完全熔透组合焊缝尺寸允许偏差应符合表 5-43 的规定。

表 5-43　对接焊缝及完全熔透组合焊缝尺寸允许偏差　（单位：mm）

序号	项　目	图　例	允许偏差	
			一、二级	三级
1	对接焊缝余高 C		B<20：0～3.0 B≥20：0～4.0	B<20：0～4.0 B≥20：0～5.0
2	对接焊缝错边 d		d<0.15t，且≤2.0	d<0.15t，且≤3.0

3）部分焊透组合焊缝和角焊缝外形尺寸允许偏差应符合表 5-44 的规定。

表 5-44　部分焊透组合焊缝和角焊缝外形尺寸允许偏差

（单位：mm）

序　号	项　目	图　例	允许偏差
1	焊脚尺寸 h_f		$h_f \leqslant 6$：$0\sim1.5$ $h_f > 6$：$0\sim3.0$
2	角焊缝 余高 C		$h_f \leqslant 6$：$0\sim1.5$ $h_f > 6$：$0\sim3.0$

注：1. $h_f > 8.0$mm 的角焊缝其局部焊脚尺寸允许低于设计要求值 1.0mm，但总长度不得超过焊缝长度 10%。

　　2. 焊接 H 型梁腹板与翼缘板的焊缝两端在其两倍翼缘板宽度范围内，焊缝的焊脚尺寸不得低于设计值。

4. 焊钉(栓钉)焊接工程质量检验标准

焊钉(栓钉)焊接工程质量检验标准见表 4-45。

表 5-45　焊钉(栓钉)焊接工程质量检验标准

类别	项目	项目内容	检验方法	检验数量
主控项目	焊接工艺评定	施工单位对其采用的焊钉和钢材焊接应进行焊接工艺评定，其结果应符合设计要求和国家现行有关标准的规定。瓷环应按其产品说明书进行烘焙	检查焊接工艺评定报告和烘焙记录	全数检查
	焊后弯曲试验	焊钉焊接后应进行弯曲试验检查，其焊缝和热影响区不应有肉眼可见的裂纹	焊钉弯曲 30°后用角尺检查和观察检查	每批同类构件抽查 10%，且不应少于 10 件；被抽查构件中，每件检查焊钉数量的 1%，但不应少于 1 个
一般项目	焊缝外观质量	焊钉根部焊脚应均匀，焊脚立面的局部未熔合或不足 360°的焊脚应进行修补	观察检查	按总焊钉数量抽查 1%，且不应少于 10 个

5. 钢结构焊接工程质量控制措施

（1）焊接变形控制

焊接是一种局部加热的工艺过程。焊接过程中以及焊接后，被焊构件内将不可避免地产生焊接应力和焊接变形。

1）焊接应力的产生：在钢结构焊接时，产生的应力主要有以下三种：

① 热应力（或称温度应力）。这是在不均匀加热和冷却过程中产生的。它与加热的温度及其不均匀程度、材料的热物理性能，以及构件本身的刚度有关。

② 组织应力（或称相变应力）。这是在金属相变时由于体积的变化而引起的应力。例如奥氏体分解为珠光体或转变为马氏体时都会引起体积的膨胀，这种膨胀受周围材料的约束，结果产生了应力。

③ 外约束应力。这是由于结构自身的约束条件所造成的应力，包括结构形式、焊缝的布置、施焊顺序、构件的自重、冷却过程中其他受热部位的收缩，以及夹持部件的松紧程度，都会使焊接接头承受不同的应力。

通常将①和②两种应力称为内约束应力，根据焊接的先后将焊接过程中焊件内产生的应力称为瞬时应力；焊接后，在焊件中留存下来的应力称为残余应力。同理，残留下来的变形就称为残余变形。

2）焊接变形的分类：在焊接过程中，钢结构基本尺寸的变化主要有三种，即与焊缝垂直的横向收缩、与焊缝平行的纵向收缩和角变形（即绕焊缝线回转）。由于这三种原因的综合影响，再加上结构的形状、尺寸、周界条件和施焊条件的不同，焊接结构中产生的变形状态也很复杂。根据变形的状态，一般可做如下分类（图5-13）：

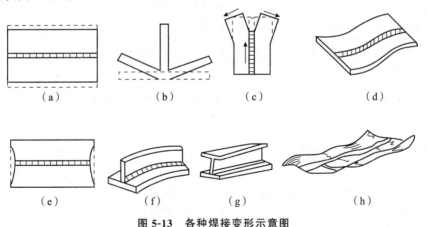

（a）　　　　　（b）　　　　　（c）　　　　　（d）

（e）　　　　　（f）　　　　　（g）　　　　　（h）

图5-13　各种焊接变形示意图

① 横向收缩——垂直于焊缝方向的收缩。

② 角变形（横向变形）——厚度方向的非均匀热分布造成的紧靠焊缝线的变形。

③ 回转变形——由于热膨胀而引起的板件在平面内的角变形。

④ 压曲变形——焊后构件在长度方向上的失稳。

⑤ 纵向收缩——沿焊缝方向的收缩。

⑥ 纵向弯曲变形——焊后构件在穿过焊缝线并与板件垂直的平面内的变形。

⑦ 扭曲变形——焊后构件产生的扭曲。

⑧ 波浪变形——当板件变薄时,在板件整体平面上造成的压弯变形。

(2) 焊件的矫正

因焊接而变形超标的构件应采用机械方法或局部加热的方法进行矫正。

采用加热矫正时,调质钢的矫正温度严禁超过最高回火温度,其他钢材严禁超过 800℃ 或钢厂推荐温度两者中的较低值。

构件加热矫正后宜采用自然冷却,低合金钢在矫正温度高于 650℃ 时严禁急冷。

(3) 防止层状撕裂

1) T 型焊接时,在母材板面用低强度焊材先堆焊塑性过渡层,如图 5-14 所示。

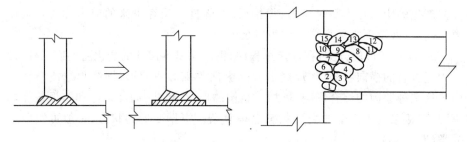

图 5-14　堆焊塑性过渡层

注:锤击焊道 2、6、7、9、10。

2) 厚板焊接时,可采用低氢型、超低氢型焊条或气体保护焊施焊,并适当地提高预热温度。

3) 当板厚≥80mm 时,对 Ⅰ 类或 Ⅱ 类以上钢材箱形柱角焊缝,板边火焰切割面宜用机械方法去除淬硬层,如图 5-15 所示。

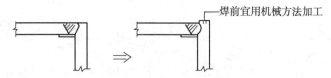

焊前宜用机械方法加工

图 5-15　机械方法去除淬硬层

4) 对大尺寸熔透焊,可采用窄焊道焊接技术,并选择合理的焊接次序,以控制收缩变形。焊接过程中,应用锤击法来消除焊缝残余应力。

5) 采用合理的焊接顺序和方向:

① 先焊收缩量较大的焊缝,使焊缝能较自由地收缩。

② 先焊错开的短焊缝,后焊直通长焊缝。

③ 先焊工作时受力较大的焊缝,使内应力合理分布。

6)采取反变形降低局部刚性。

7)当焊缝金属冷却时,锤击焊缝区。

8)锤击时温度应维持在 100～1500℃之间或在 400℃以上,避免在 200～300℃之间进行。

9)多层焊时,除第一层和最后一层焊缝外,每层都要锤击。

(4)焊后消除应力处理

1)设计文件或合同文件对焊后消除应力有要求时,需经疲劳验算的结构中承受拉应力的对接接头或焊缝密集的节点或构件,宜采用电加热器局部退火和加热炉整体退火等方法进行消除应力处理;仅为稳定结构尺寸时,可采用振动法消除应力。

2)焊后热处理应符合现行行业标准《碳钢、低合金钢焊接构件焊后热处理方法》JB/T 6046—1992 的有关规定。当采用电加热器对焊接构件进行局部消除应力热处理时,应符合下列规定:

① 使用配有温度自动控制仪的加热设备,其加热、测温、控温性能应符合使用要求。

② 构件焊缝每侧面加热板(带)的宽度应至少为钢板厚度的 3 倍,且不应小于 200mm。

③ 加热板(带)以外构件两侧宜用保温材料覆盖。

3)用锤击法消除中间焊层应力时,应使用圆头手锤或小型振动工具进行,不应对根部焊缝、盖面焊缝或焊缝坡口边缘的母材进行锤击。

4)采用振动法消除应力时,振动时效工艺参数选择及技术要求,应符合现行行业标准《焊接构件振动时效工艺参数选择》JB/T 10375—2002 的有关规定。

业务要点 2:紧固件连接工程

1. 工程质量控制

(1)普通紧固件连接

钢结构普通螺栓连接就是将螺栓、螺母、垫圈机械地和连接件连接在一起形成的一种连接形式。

1)普通螺栓作为永久性连接螺栓时,紧固件连接应符合下列规定:

① 螺栓头侧和螺母侧应分别放置平垫圈,螺栓头侧放置的垫圈不应多于 2个,螺母侧放置的垫圈不应多于 1 个。

② 承受动力荷载或重要部位的螺栓连接,设计有防松动要求时,应采取有防松动装置的螺母或弹簧垫圈,弹簧垫圈应放置在螺母侧。

③ 对工字钢、槽钢等有斜面的螺栓连接,宜采用斜垫圈。

④ 同一个连接接头螺栓数量不应少于2个。

⑤ 螺栓紧固后外露丝扣不应少于2扣,紧固质量检验可采用锤敲检验。

2) 普通螺栓的装配应符合下列要求:

① 螺栓头和螺母下面应放置平垫圈,以增大承压面积。

② 每个螺栓一端不得垫2个及以上的垫圈,并不得采用大螺母代替垫圈。螺栓拧紧后,外露丝扣不应少于2扣。螺母下的垫圈一般不应多于1个。

③ 对于设计有要求防松动的螺栓、锚固螺栓应采用有防松装置的螺母(即双螺母)或弹簧垫圈,或用人工方法采取防松措施(如将螺栓外露丝扣打毛)。

④ 对于承受动力荷载或重要部位的螺栓连接,应按设计要求放置弹簧垫圈,弹簧垫圈必须设置在螺母一侧。

⑤ 对于工字钢、槽钢类型钢应尽量使用斜垫圈,使螺母和螺栓头部的支承面垂直于螺杆。

⑥ 双头螺栓的轴心线必须与工件垂直,通常用角尺进行检验。

⑦ 装配双头螺栓时,首先将螺纹和螺孔的接触面清理干净,然后用手轻轻地把螺母拧到螺纹的终止处,如果遇到拧不进的情况,不能用扳手强行拧紧,以免损坏螺纹。

⑧ 螺母与螺钉装配时,其要求如下:

a. 螺母或螺钉与零件贴合的表面要光洁、平整、贴合处的表面应当经过加工,否则容易使连接件松动或使螺钉弯曲。

b. 螺母或螺钉和接触的表面之间应保持清洁,螺孔内的脏物要清理干净。

3) 一般螺纹连接均具有自锁性,当受静载和工作温度变化不大时,不会自行松脱。但在冲击、振动或变荷载作用下,以及当工作温度变化较大时,这种连接有可能松动,以致影响工作,甚至发生事故。为保证连接安全可靠,对螺纹连接必须采取有效的防松措施。

常用的防松措施有增大摩擦力、机械防松和不可拆三大类,见表5-46。

表5-46 常见的防松措施

序号	项 目	内容说明
1	增大摩擦力	这类防松措施是使拧紧的螺纹之间不因外载荷变化而失去压力,因此始终有摩擦阻力防止连接松脱。增大摩擦力的防松措施有安装弹簧垫圈和使用双螺母等
2	机械防松	这类防松措施是利用各种止动零件,阻止螺纹零件的相对转动来实现的。机械防松较为可靠,因此应用较多。常用的机械防松措施有开口销与槽形螺母、止动垫圈与螺母、止退垫圈与圆螺母、串联钢丝等
3	不可拆	利用定位焊、定位铆等方法将螺母固定在螺栓或被连接件上,或者把螺钉固定在被连接件上,以达到防松的目的

（2）高强度螺栓连接

1）施工作业条件：

① 钢结构的安装必须根据施工图进行，并应符合《钢结构工程施工质量验收规范》GB 50205—2001 的规定。

② 摩擦面采用喷砂（丸）、砂轮打磨、酸洗等方法进行处理，使摩擦系数符合设计要求（一般要求达到 0.45 以上）。

a. 摩擦面不允许有残留氧化皮，并要待生成赤锈面后安装螺栓（一般处理后，露天存 10d 左右的状态），用喷砂（丸）处理的摩擦面不必生锈即可安装螺栓。

b. 采用砂轮打磨摩擦面，打磨范围不小于螺栓直径的 4 倍，打磨方向与受力方向垂直，打磨后的摩擦面应无明显不平。

c. 摩擦面防止被油污、油漆等污染，如污染应彻底清理干净。

③ 检查螺栓孔的孔径尺寸，孔边毛刺必须彻底去掉。

④ 高强度螺栓连接副的质量，必须达到技术条件的要求，不符合技术条件的产品，不得使用。因此，每一制造批必须由制造厂出具质量保证书。

⑤ 高强度大六角头螺栓施工前，应按出厂批复验高强度螺栓连接副的扭矩系数，每批复验五套。五套扭矩系数的平均值应为 0.11～0.15 范围之内，其标准偏差应不大于 0.010。

2）高强度螺栓连接施工：

① 高强度螺栓连接施工前，应对连接副实物和摩擦面进行检验和复验，合格后才能进入安装施工。

② 高强度螺栓连接应在其结构架设调整完毕后，再对结合件进行矫正，消除结合件的变形、错位和错孔。板束结合摩擦面贴紧后，进行安装高强度螺栓。

为了结合部板束间摩擦面贴紧，结合良好，先用临时普通螺栓和手动扳手紧固、达到贴紧为止。

高强度螺栓安装时应先使用安装螺栓和冲钉。在每个节点上穿入的安装螺栓和冲钉数量，应根据安装过程所承受的荷载计算确定，并应符合下列规定：

a. 不应少于安装孔总数的 1/3。

b. 安装螺栓不应少于 2 个。

c. 冲钉穿入数量不宜多于安装螺栓数量的 30%。

d. 不得用高强度螺栓兼做安装螺栓。

③ 高强度螺栓应在构件安装精度调整后进行拧紧。高强度螺栓安装应符合下列规定：

a. 扭剪型高强度螺栓安装时，螺母带圆台面的一侧应朝向垫圈有倒角的一侧。

　　b. 高强度大六角头螺栓安装时,螺栓头下垫圈有倒角的一侧应朝向螺栓头,螺母带圆台面的一侧应朝向垫圈有倒角的一侧。

　　高强度螺栓现场安装时应能自由穿入螺栓孔,不得强行穿入。螺栓不能自由穿入时,可采用铰刀或锉刀修整螺栓孔,不得采用气割扩孔,扩孔数量应征得设计单位同意,修整后或扩孔后的孔径不应超过螺栓直径的1.2倍。

　　3) 高强度螺栓连接副施工要求:

　　① 高强度螺栓连接副施拧前必须对选材、螺栓实物最小载荷、预拉力、扭矩系数等项目进行检验。检验结果应符合国家标准后方可使用。高强度螺栓连接副的制作单位必须按批配套供货,并有相应的成品质量保证书。

　　② 高强度螺栓连接副储运应轻装、轻卸、防止损伤螺纹;存放、保管必须按规定进行,防止生锈和沾染污物。所选用材质必须经过检验,符合有关标准。制作厂必须有质量保证书,严格制作工艺流程,用超声波探伤或磁粉探伤检查连接副有无发丝裂纹情况,合格后方可出厂。

　　③ 施拧前进行严格检查,严禁使用螺纹损伤的连接副,对生锈和沾染污物要进行除锈和去除污物。

　　④ 根据设计有关规定及工程重要性,运到现场的连接副必要时要逐个或批量按比例进行磁粉和着色探伤检查,凡裂纹超过允许规定的,严禁使用。

　　⑤ 螺栓螺纹外露长度应为2~3个螺距,其中允许有10%的螺栓螺纹外露一个螺距或四个螺距。

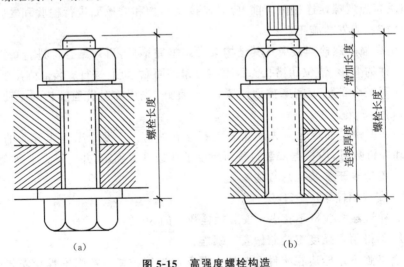

（a）　　　　　　　　　　　　　　（b）

图 5-15　高强度螺栓构造

(a)高强度大六角头螺栓　　(b)扭剪型高强度螺栓

　　⑥ 高强度大六角头螺栓如图5-16(a)所示,在施工前,应按出厂批复验高强

度螺栓连接副的扭矩系数,每批复检八套,八套扭矩系数的平均值应在 0.110～0.150 范围之内,其标准偏差小于或等于 0.010。

⑦ 扭剪型高强度螺栓如图 5-16(b)所示,在施工前,应按出厂批复验高强度螺栓连接副的紧固轴力,每批复检八套,八套紧固预拉力的平均值和标准偏差应符合规定。

⑧ 复检不符合规定者,由制作厂家、设计、监理单位协商解决,或作为废品处理。为防止假冒伪劣产品,无正式质量保证书的高强度螺栓连接副,严禁使用。

4)高强螺栓紧固与防松:

① 螺栓连接的安装孔加工应准确,应使其偏差控制在规定的允许范围内,以达到孔径与螺栓的公称直径合理配合。

② 为了保证紧固后的螺栓达到规定的扭矩值,连接构件接触表面的摩擦系数应符合设计或施工规范的规定,同时构件接触表面不应存在过大的间隙。

③ 保证紧固后的螺栓达到规定的终拧扭矩值,避免产生超拧和欠拧,应对使用的电动扳手和示力扳手做定期校验检查,以达到设计规定的准确扭矩值。

④ 检查时采用示力扳手,并按初拧标志的终止线,将螺母退回(逆时针) 30°～50°后再拧至原位或大于原位,这样可防止螺栓被超拧,增加其疲劳性,其终拧扭矩值与设计要求的偏差不得大于±10%。

⑤ 扭剪型高强度螺栓紧固后,不需用其他检测手段,其尾部梅花卡头被拧掉即为终拧结束。个别处当以专用扳手不能紧固而采用普通扳手紧固时,其尾部梅花卡头严禁用火焰割掉或锤击掉,应用钢锯锯掉,以免紧固后的终拧扭矩值发生变化。

2. 紧固件连接工程质量验收标准

(1)普通紧固件连接

钢结构工程普通紧固件连接工程质量验收标准见表 5-47。

表 5-47　钢结构工程普通紧固件连接工程质量验收标准

类别	项目	合格质量标准	检验方法	检验数量
主控项目	螺栓实物复验	普通螺栓作为永久性连接螺栓时,当设计有要求或对其质量有疑义时,应进行螺栓实物最小拉力载荷复验,其结果应符合现行国家标准《紧固件机械性能 螺栓、螺钉和螺柱》GB 3098.1—2010 的规定	检查螺栓实物复验报告	每一规格螺栓抽查 8 个
	匹配及间距	连接薄钢板采用的自攻钉、拉铆钉、射钉等其规格尺寸应与被连接钢板相匹配,其间距、边距等应符合设计要求	观察和尺量检查	按连接节点数抽查 1%,且应不少于 3 个

类别	项目	合格质量标准	检验方法	检验数量
一般项目	螺栓紧固	永久性普通螺栓紧固应牢固、可靠,外露螺纹应不少于2个螺距	观察或用小锤敲击检查	按连接节点数抽查10%,且应不少于3个
	外观质量	自攻螺钉、钢拉铆钉、射钉等与连接钢板应紧固密贴,外观排列整齐	观察或用小锤敲击检查	按连接节点数抽查10%,且应不少于3个

(2)高强度螺栓连接

钢结构工程高强度螺栓连接工程质量验收标准见表5-48。

表 5-48 钢结构工程高强度螺栓连接工程质量验收标准

类别	项目	合格质量标准	检验方法	检验数量
主控项目	抗滑移系数试验	钢结构制作和安装单位应按附录A中的规定分别进行高强度螺栓连接摩擦面的抗滑移系数试验和复验,现场处理的构件摩擦面应单独进行摩擦面抗滑移系数试验,其结果应符合设计要求	检查摩擦面抗滑移系数试验报告和复验报告	见附录A
	终拧扭矩	高强度大六角头螺栓连接副终拧完成1h后、48h内应进行终拧扭矩检查,检查结果应符合附录A中的规定	见附录A	按节点数抽查10%,且应不少于10个;每个被抽查节点按螺栓数抽查10%,且应不少于2个
	扭剪型终拧扭矩	扭剪型高强度螺栓连接副终拧后,除因构造原因无法使用专用扳手终拧掉梅花头者外,未在终拧中拧掉梅花头的螺栓数应不大于该节点螺栓数的5%。对所有梅花头未拧掉的扭剪型高强度螺栓连接副应采用扭矩法或转角法进行终拧并做标记,且按上条标准的规定进行终拧扭矩检查	观察检查	按节点数抽查10%,但应不少于10个节点,被抽查节点中梅花头未拧掉的扭剪型高强度螺栓连接副全数进行终拧扭矩检查

216

续表

类别	项目	合格质量标准	检验方法	检验数量
一般项目	初拧、复拧扭矩	高强度螺栓连接副的旋拧顺序和初拧、复拧扭矩应符合设计要求和国家现行行业标准《钢结构高强度螺栓连接技术规程》JGJ 82—2011 的规定	检查扭矩扳手标定记录和螺栓施工记录	全数检查资料
	连接外观质量	高强度螺栓连接副终拧后,螺栓螺纹外露应为 2～3 个螺距,其中允许有 10%的螺栓螺纹外露 1 个螺距或 4 个螺距	观察检查	按节点数抽查 5%,且应不少于 10 个
	摩擦面外观	高强度螺栓连接摩擦面应保持干燥、整洁,不应有飞边、毛刺、焊接飞溅物、焊疤、氧化铁皮、污垢等,除设计要求外摩擦面不应涂漆	观察检查	全数检查
	扩孔	高强度螺栓应自由穿入螺栓孔。高强度螺栓孔不应采用气割扩孔,扩孔数量应征得设计同意,扩孔后的孔径不应超过 1.2d(d 为螺栓直径)	观察检查及用卡尺检查	被扩螺栓孔全数检查
	与球节点应紧固连接	螺栓球节点网架总拼完成后,高强度螺栓与球节点应紧固连接,高强度螺栓拧入螺栓球内的螺纹长度不应小于 1.0d(d 为螺栓直径),连接处不应出现有间隙、松动等未拧紧情况	普通扳手及尺量检查	按节点数抽查 5%,且不应少于 10 个

第四节　钢构件组装和预拼装工程

本节导读

　　钢结构构件的组装是指遵照施工图的要求把已经加工完成的各零件或半成品等钢构件采用装配的手段组合成为独立的成品,这种装配的方法通常称为组装。钢结构构件工厂内预拼装,目的是在出厂前将已制作完成的各构件进行相关组合,对设计、加工,以及适用标准的情况进行验证。

　　本节主要介绍了钢构件组装、钢构件预拼装的工程质量验收标准,其内容关系图如图 5-17 所示。

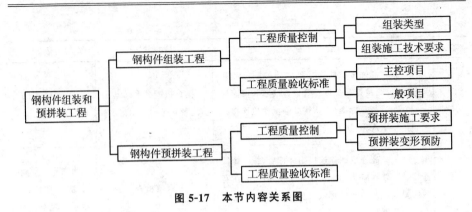

图 5-17　本节内容关系图

业务要点 1：钢构件组装工程

1. 工程质量控制

（1）组装类型

根据钢构件的特性以及组装程度，可分为部件组装、组装、预总装。

1）部件组装是装配最小单元的组合，它一般是由三个或两个以上的零件按照施工图的要求装配成为半成品的结构部件。

2）组装也称拼装、装配、组立，是把零件或半成品按照施工图的要求装配成为独立的成品构件。

3）预总装是根据施工总图的要求把相关的两个以上成品构件，在工厂制作场地上，按其各构件的空间位置总装起来。其目的是客观地反映出各构件的装配节点，以保证构件安装质量。目前，这种装配方法已广泛应用在采用高强度螺栓连接的钢结构构件制造中。

（2）组装施工技术要求

1）构件组装前，组装人员应熟悉施工详图、组装工艺及有关技术文件的要求，检查组装用的零部件的材质、规格、外观、尺寸、数量等均应符合设计要求。

2）组装焊接处的连接接触面及沿边缘 30～50mm 范围内的铁锈、毛刺、污垢等，应在组装前清除干净。

3）板材、型材的拼接应在构件组装前进行；构件的组装应在部件组装、焊接、校正并经检验合格后进行。

构件组装应根据设计要求、构件形式、连接方式、焊接方法和焊接顺序等确定合理的组装顺序。

构件的隐蔽部位应在焊接和涂装检查合格后封闭；完全封闭的构件内表面可不涂装。

4）构件应在组装完成并经检验合格后再进行焊接。焊接完成后的构件应根据设计和工艺文件要求进行端面加工。

5）焊接 H 型钢的翼缘板拼接缝和腹板拼接缝的间距,不宜小于 200mm。翼缘板拼接长度不应小于 600mm;腹板拼接宽度不应小于 300mm,长度不应小于 600mm。

6）箱形构件的侧板拼接长度不应小于 600mm,相邻两侧板拼接缝的间距不宜小于 200mm;侧板在宽度方向不宜拼接,当宽度超过 2400mm 确需拼接时,最小拼接宽度不宜小于板宽的 1/4。

设计无特殊要求时,用于次要构件的热轧型钢可采用直口全熔透焊接拼接,其拼接长度不应小于 600mm。

7）钢管接长时每个节间宜为一个接头,最短接长长度应符合下列规定:

① 当钢管直径 $d \leqslant 500mm$ 时,不应小于 500mm。

② 当钢管直径 $500mm < d \leqslant 1000mm$,不应小于直径 d。

③ 当钢管直径 $d > 1000mm$ 时,不应小于 1000mm。

④ 当钢管采用卷制方式加工成型时,可有若干个接头。

钢管接长时,相邻管节或管段的纵向焊缝应错开,错开的最小距离（沿弧长方向）不应小于钢管壁厚的 5 倍,且不应小于 200mm。

8）构件组装间隙应符合设计和工艺文件要求,当设计和工艺文件无规定时,组装间隙不宜大于 2.0mm。

设计要求起拱的构件,应在组装时按规定的起拱值进行起拱,起拱允许偏差为起拱值的 0～10%,且不应大于 10mm。设计未要求但施工工艺要求起拱的构件,起拱允许偏差不应大于起拱值的 ±10%,且不应大于 ±10mm。

桁架结构组装时,杆件轴线交点偏移不应大于 3mm。

9）拆除临时工装夹具、临时定位板、临时连接板等,严禁用锤击落,应在距离构件表面 3～5mm 处采用气割切除,对残留的焊疤应打磨平整,且不得损伤母材。

10）构件端部铣平后顶紧接触面应有 75% 以上的面积密贴,应用 0.3mm 的塞尺检查,其塞入面积应小于 25%,边缘最大间隙不应大于 0.8mm。

2.工程质量验收标准

（1）主控项目

钢结构构件组装工程质量验发标准的主控项目检验应符合 5-49 的规定。

表 5-49　主控项目检验

序号	项目	合格质量标准	检验方法	检验数量
1	吊车梁（桁架）	吊车梁和吊车桁架不应下挠	构件直立,在两端支承后,用水准仪和钢尺检查	全数检查
2	端部铣平精度	端部铣平面的允许偏差应符合表 5-50 的规定	用钢尺、角尺、塞尺等检查	按铣平面的数量抽查总数量的 10%,并且应不少于 3 个
3	钢构件外形尺寸	钢构件外形尺寸主控项目的允许偏差应符合表 5-51 的规定	用钢尺检查	全数检查

表 5-50　端部铣平面的允许偏差　　　（单位：mm）

项　目	两端铣平时构件长度	两端铣平时零件长度	铣平面的平面度	铣平面对轴线的垂直度
允许偏差	±2.0	±0.5	0.3	$l/1500$

表 5-51　钢构件外形尺寸主控项目的允许偏差　　　（单位：mm）

项　目	允许偏差
单层柱、梁、桁架受力支托(支承面)表面至第一个安装孔距离	±1.0
多节柱铣平面至第一个安装孔距离	±1.0
实腹梁两端最外侧安装孔距离	±3.0
构件连接处的截面几何尺寸	±3.0
柱、梁连接处的腹板中心线偏移	2.0
受压构件(杆件)弯曲矢高	$l/1000$,且应不大于 10.0

（2）一般项目

钢结构构件组装工程质量验发标准的一般项目检验应符合表 5-52 的规定。

表 5-52　一般项目检验

序号	项　目	合格质量标准	检验方法	检验数量
1	焊接 H 型钢接缝	焊接 H 型钢的翼缘板拼接缝和腹板拼接缝的间距应不小于 200mm。翼缘板拼接长度应不小于 2 倍板宽；腹板拼接宽度应不小于 300mm,长度应不小于 600mm	观察和用钢尺检查	全数检查
2	焊接 H 型钢精度	焊接 H 型钢的允许偏差应符合表 5-53 的规定	用钢尺、角尺、塞尺等检查	按钢构件数抽查 10%,且应不少于 3 件
3	组装精度	焊接连接制作组装的允许偏差应符合表 5-54 的规定	用钢尺检查	按构件数抽查 10%,且应不少于 3 个
4	顶紧接触面	顶紧接触面应有 75% 以上的面积紧贴	用 0.3mm 塞尺检查,其塞入面积应小于 25%,边缘间隙应不大于 0.8mm	按接触面的数量抽查 10%,且应不少于 10 个
5	轴线交点错位	桁架结构杆件轴线交点错位的允许偏差不得大于 3.0mm,允许偏差不得大于 4.0mm	尺量检查	按构件数抽查 10%,且应不少于 3 个,每个抽查构件按节点数抽查 10%,且应不少于 3 个节点

序号	项　目	合格质量标准	检验方法	检验数量
6	焊缝坡口精度	安装焊缝坡口的允许偏差应符合表 5-55 的规定	用焊缝量规检查	按坡口数量抽查 10%,且应不少于 3 条
7	铣平面保护	外露铣平面应防锈保护	观察检查	全数检查
8	钢构件外形尺寸	钢构件外形尺寸一般项目的允许偏差应符合表 5-56～表 5-62 的规定	见表 5-56～表 5-62	按构件数量抽查 10%,且应不少于 3 件

表 5-53　焊接 H 型钢的允许偏差

（单位:mm）

项　目		允许偏差	图　例
截面高度 h	h＜500	±2.0	
	500＜h＜1000	±3.0	
	h＞1000	±4.0	
截面宽度 b		±3.0	
腹板中心偏移 e		2.0	
翼缘板垂直度 △		b/100,且不应大于 3.0	
弯曲矢高(受压构件除外)		l/1000,且不应大于 10.0	—
扭曲		h/250,且不应大于 5.0	—
腹板局部平面度 f	t＜14	3.0	
	t≥14	2.0	

表 5-54　焊接连接制作组装的允许偏差　　　（单位：mm）

项　目	允许偏差	图　例
对口错边 Δ	t/10,且不应大于 3.0	
间隙 a	±1.0	
搭接长度 a	±5.0	
缝隙 Δ	1.5	
高度 h	±2.0	
垂直度 Δ	b/100,且不应大于 3.0	
中心偏移 e	±2.0	
型钢错位 Δ　连接处	1.0	
型钢错位 Δ　其他处	2.0	
箱形截面高度 h	±2.0	
宽度 b	±2.0	
垂直度 Δ	b/200,且不应大于 3.0	

表 5-55 安装焊缝坡口的允许偏差 （单位：mm）

项 目	允许偏差
坡口角度	±5°
钝边	±1.0mm

表 5-56 单层钢柱外形尺寸的允许偏差 （单位：mm）

项 目		允许偏差	检验方法	图 例
柱底面到柱端与桁架连接的最上一个安装孔距离 l		$\pm l/1500$ ± 15.0	用钢尺检查	
柱底面到牛腿支承面距离 l_1		$\pm l_1/2000$ ± 8.0		
牛腿面的翘曲 $\triangle$		2.0	用拉线、直角尺和钢尺检查	
柱身弯曲矢高		$H/1200$，且不应大于 12.0		
柱身扭曲	牛腿处	3.0	用拉线、吊线和钢尺检查	—
	其他处	8.0		
柱截面几何尺寸	连接处	±3.0	用钢尺检查	
	非连接处	±4.0		
翼缘对腹板的垂直度 $\triangle$	连接处	1.5	用直角尺和钢尺检查	
	其他处	$b/100$，且不应大于 5.0		
柱脚底板平面度		5.0	用1m直尺和塞尺检查	—
柱脚螺栓孔中心对柱轴线的距离 a		3.0	用钢尺检查	

表 5-57 多节钢柱外形尺寸的允许偏差 （单位：mm）

项　目		允许偏差	检验方法	图　例
一节柱高度 H		±3.0	用钢尺检查	
两端最外侧安装孔距离 l_3		±2.0		
铣平面到第一个安装孔距离 a		±1.0		
柱身弯曲矢高 f		$H/1500$，且应不大于 5.0	用拉线和钢尺检查	
一节柱的柱身扭曲		$h/250$，且不应大于 5.0	用拉线、吊线和钢尺检查	
牛腿端孔到柱轴线距离 l_2		±3.0	用钢尺检查	
牛腿的翘曲或扭曲 Δ	$l_2 \leqslant 1000$	2.0	用拉线、直角尺和钢尺检查	
	$l_2 > 1000$	3.0		
柱截面尺寸	连接处	±3.0	用钢尺检查	
	非连接处	±4.0		
柱脚底板平面度 f		5.0	用直尺和塞尺检查	
翼缘板对腹板的垂直度 Δ	连接处	1.5	用直角尺和钢尺检查	
	其他处	$b/100$，且不应大于 5.0		
柱脚螺栓孔对柱轴线的距离 a		3.0	用钢尺检查	
箱型截面连接处对角线差		3.0		
箱型柱身板垂直度 Δ		$h(b)/150$，且不应大于 5.0	用直角尺和钢尺检查	

表 5-58　焊接实腹钢梁外形尺寸的允许偏差　　（单位：mm）

项　目		允许偏差	检验方法	图　例
梁长度 l	端部有凸缘支座板	$0\ -5.0$	用钢尺检查	
	其他形式	$\pm l/2500\ \pm 10.0$		
端部高度 h	$h \leqslant 2000$	± 2.0		
	$h > 200$	± 3.0		
拱度	设计要求起拱	$\pm l/5000$	用拉线和钢尺检查	
	设计未要求起拱	$10.0\ -5.0$		
侧弯矢高		$l/2000$，且不应大于 10.0		
扭曲		$h/250$，且不应大于 10.0	用拉线、吊线和钢尺检查	
腹板局部平面度 f	$t \leqslant 14$	5.0	用 1m 直尺和塞尺检查	
	$t > 14$	4.0		
翼缘板对腹板的垂直度		$b/100$，且不应大于 3.0	用直角尺和钢尺检查	—
吊车梁上翼缘与轨道接触面平面度		1.0	用 200mm、1m 直尺和塞尺检查	—
箱型截面对角线差		5.0	用钢尺检查	
箱型截面两腹板至翼缘板中心线距离 a	连接处	1.0		
	其他处	1.5		
梁端板的平面度（只允许凹进）		$b/500$，且不应大于 2.0	用直角尺和钢尺检查	—
梁端板与腹板的垂直度		$b/500$，且不应大于 2.0	用直角尺和钢尺检查	—

表 5-59　钢桁架外形尺寸的允许偏差　　　　（单位：mm）

项　　目		允许偏差	检验方法	图　　例
桁架最外端两个孔或两端支承面最外侧距离	$l \leqslant 24\text{m}$	+3.0 −7.0	用钢尺检查	
	$l > 24\text{m}$	+5.0 −10.0		
桁架跨中高度		±10.0		
桁架跨中拱度	设计要求起拱	$\pm l/5000$		
	设计未要求起拱	10.0 −5.0		
相邻节间弦杆弯曲（受压除外）		$l/1000$		
支承面到第一个安装孔距离 a		±1.0		
檩条连接支座间距		±5.0		

表 5-60　墙架、檩条、支撑系统钢构件外形尺寸的允许偏差

（单位：mm）

项　　目	允许偏差	检验方法
构件长度 l	±4.0	用钢尺检查
构件两端最外侧安装孔距离 l_1	±3.0	
构件弯曲矢高	$l/1000$，且应不大于 10.0	用拉线和钢尺检查
截面尺寸	+5.0 −2.0	用钢尺检查

表 5-61　钢管构件外形尺寸的允许偏差 　（单位：mm）

项　目	允许偏差	检验方法	图　例
直径 d	$\pm d/500$ ± 5.0	用钢尺检查	
构件长度 l	± 3.0		
管口圆度	$d/500$，且不应大于 5.0		
管面对管轴的垂直度	$d/500$，且不应大于 3.0	用焊缝量规检查	
弯曲矢高	$l/1500$，且不应大于 5.0	用拉线、吊线和 钢尺检查	
对口错边	$t/10$，且不应大于 3.0	用拉线和钢尺检查	

表 5-62　钢平台、钢梯和防护钢栏杆外形尺寸的允许偏差（单位：mm）

项　目	允许偏差	检验方法	图　例
平台长度和宽度	± 5.0		
平台两对角线差 $\|l_1-l_2\|$	6.0	用钢尺检查	
平台支柱高度	± 3.0		
平台支柱弯曲矢高	5.0	用拉线和钢尺检查	
平台表面平面度 （1m 范围内）	6.0	用 1m 直尺和 塞尺检查	
梯梁长度 l	± 5.0		
钢梯宽度 b	± 5.0	用钢尺检查	
钢梯安装孔距离 a	± 3.0		
钢梯纵向挠曲矢高	$l/1000$	用拉线和钢尺检查	
踏步（棍）间距 b	± 5.0		
栏杆高度	± 5.0	用钢尺检查	
栏杆立柱间距	± 10.0		

业务要点 2:钢构件预拼装工程

1. 工程质量控制

(1) 预拼装施工要求

1) 钢构件预拼装的比例应符合施工合同和设计要求,一般按实际平面情况预装 10%~20%。

2) 拼装构件一般应设拼装工作台,若在现场拼装,则应放在较坚硬的场地上用水平仪找平。拼装时构件全长应拉通线,并在构件有代表性的点上用水平尺找平,符合设计尺寸后电焊点固焊牢。刚性较差的构件,翻身前要进行加固,构件翻身后也应进行找平,否则构件焊接后无法矫正。

3) 构件在制作、拼装、吊装中所用的钢尺应一致,且必须经计量检验,并相互核对,测量时间宜在早晨日出前,下午日落后最好。

4) 各支承点的水平度应符合以下规定:

① 当拼装总面积不大于 300~1000m² 时,允差≤2mm。

② 当拼装总面积在 1000~5000m² 之间时,允差<3mm。

单构件支承点不论柱、梁、支撑,应不少于两个支承点。

5) 钢构件预拼装地面应坚实,胎架强度、刚度必须经设计计算而定,各支承点的水平精度可用已计量检验的各种仪器逐点测定调整。

6) 在胎架上预拼装过程中,不允许对构件动用火焰、锤击等,各杆件的重心线应交汇于节点中心,并应完全处于自由状态。

7) 预拼装钢构件控制基准线与胎架基线必须保持一致。

8) 高强度螺栓连接预拼装时,使用冲钉直径必须与孔径一致,每个节点要多于三只,临时普通螺栓数量一般为螺栓孔的 1/3。对孔径检测,试孔器必须垂直自由穿落。

9) 当多层板叠采用高强度螺栓或普通螺栓连接时,宜先使用不少于螺栓孔总数 10% 的冲钉定位,再采用临时螺栓紧固。临时螺栓在一组孔内不得少于螺栓孔数量的 20%,且不应少于 2 个;预拼装时应使板层密贴。螺栓孔应采用试孔器进行检查,并应符合下列规定:

① 当采用比孔公称直径小 1.0mm 的试孔器检查时,每组孔的通过率不应小于 85%。

② 当采用比螺栓公称直径大 0.3mm 的试孔器检查时,通过率应为 100%。

10) 预拼装检查合格后,宜在构件上标注中心线、控制基准线等标记,必要时可设置定位器。

11) 所有需要进行预拼装的构件制作完毕后,必须经专检员验收,并应符合质量标准的要求。相同的单构件可以互换,也不会影响到整体几何尺寸。

12）大型框架露天预拼装的检测时间，建议在日出前、日落后定时进行，所用卷尺精度应与安装单位相一致。

（2）预拼装变形预防

拼装时应选择合理的装配顺序，一般原则是先将整体构件适当的分成几个部件，分别进行小单元部件的拼装，然后将这些拼装和焊完的部件予以矫正后，再拼成大单元整体。这样某些不对称或收缩大的构件焊缝能自由收缩和进行矫正，而不影响整体结构的变形。

拼装时，应注意下列事项：

1）拼装前，应按设计图的规定尺寸，认真检查拼装零件的尺寸是否正确。

2）拼装底样的尺寸一定要符合拼装半成品构件的尺寸要求，构件焊接点的收缩量应接近焊后实际变化尺寸要求。

3）拼装时，为避免构件在拼装过程中产生过大的应力变形，应使零件的规格或形状均符合规定的尺寸和样板要求。同时在拼装时不应采用较大的外力强制组对，避免构件焊后产生过大的拘束应力而发生变形。

4）构件组装时，为使焊接接头均匀受热以消除应力和减少变形，应做到对接间隙、坡口角度、搭接长度和 T 形贴角连接的尺寸正确，其形状和尺寸的要求，应按设计及确保质量的经验做法进行。

5）坡口加工的形式、角度、尺寸应按设计施工图要求进行。

2. 工程质量验收标准

钢构件预拼装工程质量验收标准见表 5-63。

表 5-63　钢构件预拼装工程质量验收标准

类别	项目	合格质量标准	检验方法	检验数量
主控项目	多层板叠螺栓孔	高强度螺栓和普通螺栓连接的多层板叠，应采用试孔器进行检查，并应符合下列规定： 1）当采用比孔公称直径小 1.0mm 的试孔器检查时，每组孔的通过率不小于 85% 2）当采用比螺栓公称直径大 0.3mm 的试孔器检查时，通过率应为 100%	采用试孔器检查	按预拼装单元全数检查
一般项目	预拼装精度	预拼装的允许偏差应符合表 5-64 的规定	见表 5-64	按预拼装单元全数检查

表 5-64 钢件预拼装的允许偏差　　　　（单位:mm）

构件类型	项　目		允许偏差	检验方法
多节柱	预拼装单元总长		±5.0	用钢尺检查
	预拼装单元弯曲矢高		$l/1500$,且应不大于 10.0	用拉线和钢尺检查
	接口错边		2.0	用焊缝量规检查
	预拼装单元柱身扭曲		$h/200$,且应不大于 5.0	用拉线、吊线和钢尺检查
	预紧面至任一牛腿距离		±2.0	
梁、桁架	跨度最外两端安装孔或两端支承面最外侧距离		+5.0　　−10.0	用钢尺检查
	接口截面错位		2.0	用焊缝量规检查
	拱度	设计要求起拱	±$l/5000$	用拉线和钢尺检查
		设计未要求起拱	$l/2000$　　0	
	节点处杆件轴线错位		4.0	画线后用钢尺检查
管构件	预拼装单元总长		±5.0	用钢尺检查
	预拼装单元弯曲矢高		$l/1500$,且应不大于 10.0	用拉线和钢尺检查
	对口错边		$t/10$,且应不大于 3.0	用焊缝量规检查
	坡口间隙		+2.0　　−1.0	
构件平面总体预拼装	各楼层柱距		±4.0	用钢尺检查
	相邻楼层梁与梁之间距离		±3.0	
	各层间框架两对角线之差		$H/2000$,且应不大于 5.0	
	任意两对角线之差		$\Sigma H/2000$,且应不大于 8.0	

第五节　钢结构安装工程

本节导读

　　钢结构安装是将各个单体(或组合体)构件组成一个整体,其所提供的建筑物主体结构将直接投入生产使用,安装上出现的质量问题可能成为永久性缺陷,同时钢结构安装工程具有作业面广、工序作业多、材料和构件等供应渠道广、交叉立体作业复杂、工程规模大小不一以及结构形式变化不同等特点,因此,其质量控制就极其重要。本节主要介绍了单层钢结构安装工程、多层及高层钢结构安装工程、钢网架安装工程施工质量验收标准,其内容关系图如图 5-18 所示。

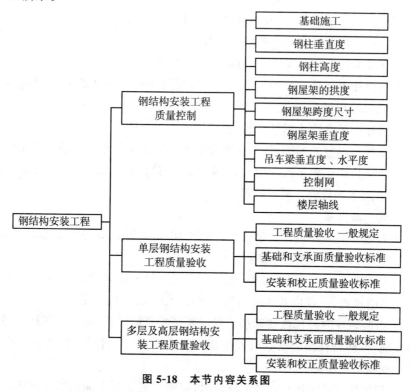

图 5-18 本节内容关系图

业务要点 1:钢结构安装工程质量控制

1. 基础施工

1) 钢结构安装前应对建筑物的定位轴线、基础轴线和标高、地脚螺栓(锚栓)位置等进行检查,并应办理交接验收。当基础工程分批进行交接时,每次交接验收不应少于一个安装单元的柱基基础,并应符合下列规定:

① 基础混凝土强度达到设计要求。

② 基础周围回填夯实完毕。

③ 基础的轴线标志和标高基准点准确、齐全。

2) 钢柱脚采用钢垫板作支承时,应符合下列规定:

① 钢垫板面积应根据混凝土抗压强度、柱脚底板承受的荷载和地脚螺栓(锚栓)的紧固拉力计算确定。

② 垫板应设置在靠近地脚螺栓(锚栓)的柱脚底板加劲板或柱肢下,每根地脚螺栓(锚栓)侧应设 1~2 组垫板,每组垫板不得多于 5 块。

③ 垫板与基础面和柱底面的接触应平整、紧密;当采用成对斜垫板时,其叠合长度不应小于垫板长度的 2/3。

④ 柱底二次浇灌混凝土前垫板间应焊接固定。

3)锚栓及预埋件安装应符合下列规定:

① 宜采取锚栓定位支架、定位板等辅助固定措施。

② 锚栓和预埋件安装到位后,应可靠固定;当锚栓埋设精度较高时,可采用预留孔洞、二次埋设等工艺。

③ 锚栓应采取防止损坏、锈蚀和污染的保护措施。

④ 钢柱地脚螺栓紧固后,外露部分应采取防止螺母松动和锈蚀的措施。

⑤ 当锚栓需要施加预应力时,可采用后张拉方法,张拉力应符合设计文件的要求,并应在张拉完成后进行灌浆处理。

2. 钢柱垂直度

1)对制作的成品钢柱要加强认真管理,以防放置的垫基点、运输不合理,由于自重压力作用产生弯矩而发生变形。

2)因钢柱较长,其刚性较差,在外力作用下易失稳变形,因此竖向吊装时的吊点选择应正确,一般应选在柱全长 2/3 柱上的位置,可防止变形。

3)吊装钢柱时还应注意起吊半径或旋转半径的正确,并采取在柱底端设置滑移设施,以防钢柱吊起扶直时发生拖动阻力以及压力作用,促使柱体产生弯曲变形或损坏底座板。

4)当钢柱被吊装到基础平面就位时,应将柱底座板上面的纵横轴线对准基与屋架安装连接时,发生水平方向向内拉力或向外撑力作用,均使柱身弯曲变形。

5)钢柱垂直度的校正应以纵横轴线为准,先找正固定两端边柱为样板柱,依样板柱为基准来校正其余各柱。

6)钢柱就位校正时,应注意风力和日照温度、温差的影响,使柱身发生弯曲变形。其预防措施如下:

① 风力对柱面产生压力,使柱身发生侧向弯曲。因此,在校正柱子时,当风力超过 5 级时不能进行。对已校正完的柱子应进行侧向梁的安装或采取加固措施,以增加整体连接的刚性,防止风力作用变形。

② 校正柱子应注意防止日照温差的影响,钢柱受阳光照射的正面与侧面产生温差,使其发生弯曲变形。由于受阳光照射的一面温度较高,则阳面膨胀的程度就越大,使柱靠上端部分向阴面弯曲就越严重;故校正柱子工作应避开阳光照射的炎热时间,宜在早晨或阳光照射较低温的时间及环境内进行。

3. 钢柱高度

1)钢柱在制造过程中应严格控制长度尺寸,在正常情况下应控制以下三个尺寸：

① 控制设计规定的总长度及各位置的长度尺寸。

② 控制在允许的负偏差范围内的长度尺寸。

③ 控制正偏差和不允许产生正超差值。

2) 制作时,控制钢柱总长度及各位置尺寸,可参考如下做法：

① 统一进行画线号料、剪切或切割。

② 统一拼接接点位置。

③ 统一拼装工艺。

④ 焊接环境、采用的焊接规范或工艺,均应统一。

⑤ 如果是焊接连接时,应先焊钢柱的两端,留出一个拼接接点暂不焊,留作调整长度尺寸用,待两端焊接结束、冷却后,经过矫正最后焊接接点,以保证其全长及牛腿位置的尺寸正确。

⑥ 为控制无接点的钢柱全长和牛腿处的尺寸正确,可先焊柱身,柱底座板和柱头板暂不焊,一旦出现偏差时,在焊柱的底端底座板或上端柱头板前进行调整,最后焊接柱底座板和柱头板。

3) 基础支承面的标高与钢柱安装标高的调整处理,应根据成品钢柱实际制作尺寸进行,以实际安装后的钢柱总高度及各位置高度尺寸达到统一。

4. 钢屋架的拱度

1) 钢屋架在制作阶段应按设计规定的跨度比例(1/500)进行起拱。

2) 起拱的弧度加工后不应存在应力,并使弧度曲线圆滑均匀;如果存在应力或变形时,应认真矫正消除。矫正后的钢屋架拱度应用样板或尺量检查,其结果要符合施工图规定的起拱高度和弧度;凡是拱度及其他部位的结构发生变形时,一定经矫正符合要求后,方准进行吊装。

3) 钢屋架吊装前应制订合理的吊装方案,以保证其拱度及其他部位不发生变形。吊装前的屋架应按不同的跨度尺寸进行加固和选择正确的吊点,否则钢屋架的拱度发生上拱过大或下挠的变形,以致影响钢柱的垂直度。

5. 钢屋架跨度尺寸

1) 钢屋架制作时应按施工规范规定的工艺进行加工,以控制屋架的跨度尺寸符合设计要求。其控制方法如下：

① 用同一底样或模具并采用挡铁定位进行拼装,以保证拱度的正确。

② 为了在制作时控制屋架的跨度符合设计要求,对屋架两端的不同支座应采用不同的拼装形式。其具体做法如下：

a. 屋架端部 T 形支座要采用小拼焊组合,组成的 T 形座及屋架,经过矫正后按其跨度尺寸位置相互拼装。

b. 非嵌入连接的支座,对屋架的变形经矫正后,按其跨度尺寸位置与屋架一次拼装。

c. 嵌入连接的支座,宜在屋架焊接、矫正后按其跨度尺寸位置相拼装,以便保证跨度、高度的正确及便于安装。

d. 为了便于安装时调整跨度尺寸,对嵌入式连接的支座,制作时先不与屋架组装,应用临时螺栓带在屋架上,以备在安装现场安装时按屋架跨度尺寸及其规定的位置进行连接。

2) 吊装前,屋架应认真检查,对其变形超过标准规定的范围时应经矫正,在保证跨度尺寸后再进行吊装。

3) 安装时为了保证跨度尺寸的正确,应按合理的工艺进行安装:

① 屋架端部底座板的基准线必须与钢柱的柱头板的轴线及基础轴线位置一致。

② 保证各钢柱的垂直度及跨距符合设计要求或规范规定。

③ 为使钢柱的垂直度、跨度不产生位移,在吊装屋架前应采用小型拉力工具在钢柱顶端按跨度值对应临时拉紧定位,以便于安装屋架时按规定的跨度进行入位、固定安装。

④ 如果柱顶板孔位与屋架支座孔位不一致时,不宜采用外力强制入位,应利用椭圆孔或扩孔法调整入位,并用厚板垫圈覆盖焊接,将螺栓紧固。不经扩孔调整或用较大的外力进行强制入位,将会使安装后的屋架跨度产生过大的正偏差或负偏差。

6. 钢屋架垂直度

1) 钢屋架在制作阶段,对各道施工工序应严格控制质量,首先在放拼装底样画线时,应认真检查各个零件结构的位置并做好自检、专检,以消除误差;拼装平台应具有足够支承力和水平度,以防承重后失稳下沉导致平面不平,使构件发生弯曲,造成垂直度超差。

2) 拼装用挡铁定位时,应按基准线放置。

3) 拼装钢屋架两端支座板时,应使支座板的下平面与钢屋架的下弦纵横线严格垂直。

4) 拼装后的钢屋架吊出底样(模)时,应认真检查上下弦及其他构件的焊点是否与底模、挡铁误焊或夹紧,经检查排除故障或离模后再吊装,否则易使钢屋架在吊装出模时产生侧向弯曲,甚至损坏屋架或发生事故。

5) 凡是在制作阶段的钢屋架、天窗架产生各种变形应在安装前矫正,再吊装。

6) 钢屋架安装应执行合理的安装工艺,应保证以下构件的安装质量:

① 安装到各纵横轴线位置的钢柱的垂直度偏差应控制在允许范围内,钢柱

垂直度偏差也使钢屋架的垂直度产生偏差。

②　各钢柱顶端柱头板平面的高度（标高）、水平度，应控制在同一水平面。

③　安装后的钢屋架与檩条连接时，必须保证各相邻钢屋架的间距与檩条固定连接的距离位置相一致，不然两者距离尺寸过大或过小，都会使钢屋架的垂直度产生超差。

7）各跨钢屋架发生垂直度超差时，应在吊装屋面板前，用吊车配合来调整处理：

①　首先应调整钢柱达到垂直后，再用加焊厚、薄垫铁来调整各柱头板与钢屋架端部的支座板之间接触面的统一高度和水平度。

②　如果相邻钢屋架间距与檩条连接处间的距离不符而影响垂直度时，可卸除檩条的连接螺栓，仍用厚、薄平垫铁或斜垫铁，先调整钢屋架达到垂直度，然后改变檩条与屋架上弦的对应垂直位置再相连接。

③　天窗架垂直度偏差过大时，应将钢屋架调整达到垂直度并固定后，用经纬仪或线坠对天窗架两端支柱进行测量，根据垂直度偏差数值，用垫厚、薄垫铁的方法进行调整。

7. 吊车梁垂直度、水平度

1）钢柱在制作时应严格控制底座板至牛腿面的长度尺寸及扭曲变形，可防止垂直度、水平度发生超差。

2）应严格控制钢柱制作、安装的定位轴线，可防止钢柱安装后轴线位移，以至吊车梁安装时垂直度或水平度偏差。

3）应认真搞好基础支承平面的标高，其垫放的垫铁应正确；二次灌浆工作应采用无收缩、微膨胀的水泥砂浆。避免基础标高超差，影响吊车梁安装水平度的超差。

4）钢柱安装时，应认真按要求调整好垂直度和牛腿面的水平度，以保证下部吊车梁安装时达到要求的垂直度和水平度。

5）预先测量吊车梁在支承处的高度和牛腿距柱底的高度，如产生偏差时，可用垫铁在基础上平面或牛腿支承面上予以调整。

6）吊装吊车梁前，防止垂直度、水平度超差应认真检查其变形情况，如发生扭曲等变形时应予以矫正，并采取刚性加固措施防止吊装再变形；吊装时应根据梁的长度，可采用单机或双机进行吊装。

7）安装时应按梁的上翼缘平面事先画的中心线，进行水平移位、梁端间隙的调整，达到规定的标准要求后，再进行梁端部与柱的斜撑等连接。

8）吊车梁各部位置基本固定后应认真复测有关安装的尺寸，按要求达到质量标准后，再进行制动架的安装和紧固。

9) 防止吊车梁垂直度、水平度超差,应认真做好校正工作。其顺序是首先校正标高,其他项目的调整、校正工作,待屋盖系统安装完成后再进行校正、调整,这样可防止因屋盖安装引起钢柱变形而直接影响吊车梁安装的垂直度或水平度的偏差。

8. 控制网

1) 控制网定位方法应依据结构平面而定。矩形建筑物的定位,宜选用直角坐标法;任意形状建筑物的定位,宜选用极坐标法。平面控制点距测点位距离较长,量距困难或不便量距时,宜选用角度(方向)交会法;平面控制点距测点位距离不超过所用钢尺的全长,且场地量距条件较好时,宜选用距离交会法。使用光电测距仪定位时,宜选极坐标法。

2) 根据结构平面特点及经验选择控制网点。有地下室的建筑物,开始可用外控法,即在槽边 ±0.000 处建立控制网点,当地下室达到 ±0.000 后,可将外围点引到内部即内控法。

3) 无论内控法或外控法,必须将测量结果进行严密平差,计算点位坐标,与设计坐标进行修正,以达到控制网测距相对中误差小于 $L/25000$,测角中误差小于 $2''$。

4) 基准点处预埋 100mm×100mm 的钢板,必须用钢针画十字线定点,线宽为 0.2mm,并在交点上打样冲点。钢板以外的混凝土面上放出十字延长线。

5) 竖向传递必须与地面控制网点重合,主要做法如下:

① 控制点竖向传递,采用内控法。投点仪器选用全站仪、激光铅垂仪、光学铅垂仪等。控制点设置在距柱网轴线交点旁 300～400mm 处,在楼面预留孔(300mm×300mm)设置光靶;为削减铅垂仪误差,应将铅垂仪在 0°、90°、180°、270°的四个位置上投点,并取其中点作为基准点的投递点。

② 根据选用仪器的精度情况,可定出一次测得高度,如用全站仪、激光铅垂仪、光学铅垂仪,在 100m 范围内竖向投测精度较高。

③ 定出基准控制点网,其全楼层面的投点,必须从基准控制点网引投到所需楼层上,严禁使用下一楼层的定位轴线。

6) 经复测发现地面控制网中测距超过 $L/25000$,测角中误差大于 $2''$,竖向传递点与地面控制网点不重合,必须经测量专业人员找出原因,重新放线定出基准控制点网。

9. 楼层轴线

1) 高层和超高层钢结构测设,根据现场情况可采用外控法和内控法。

① 外控法。现场较宽大,高度在 100m 内,地下室部分根据楼层大小可采用十字及井字控制,在柱子延长线上设置两个桩位,相邻柱中心间距的测量允

许值为 1mm,第 1 根钢柱至第 2 根钢柱间距的测量允许值为 1mm。每节柱的定位轴线应从地面控制轴线引上来,不得从下层柱的轴线引出。

② 内控法。现场宽大,高度超过 100m,地上部分在建筑物内部设辅助线,至少要设 3 个点,每 2 点连成的线最好要垂直,三点不得在一条线上。

2) 利用激光仪发射的激光点做标准点,应每次转动 90°,并在目标上测 4 个激光点,其相交点即为正确点。除标准外的其他各点,可用方格网法或极坐标法进行复核。

3) 内爬式塔吊或附着式塔吊,因与建筑物相连,在起吊重物时,易使钢结构本身产生水平晃动,此时应尽量停止放线。

4) 对结构自振周期引起的结构振动,可取其平均值。

5) 雾天、阴天因视线不清,不能放线。为防止阳光对钢结构照射产生变形,放线工作宜安排在日出或日落后进行。

6) 钢尺要统一,使用前要进行温度、拉力、挠度校正,在有条件的情况下应采用全站仪,接收靶测距精度最高。

7) 在钢结构上放线要用钢划针,线宽一般为 0.2mm。

⚫ 业务要点 2:单层钢结构安装工程质量验收

1. 工程质量验收一般规定

1) 单层钢结构安装工程可按变形缝或空间刚度单元等划分成一个或若干个检验批。地下钢结构可按不同地下层划分检验批。

2) 钢结构安装检验批应在进场验收和焊接连接、紧固件连接、制作等分项工程验收合格的基础上进行验收。

3) 安装的测量校正、高强度螺栓安装、负温度下施工及焊接工艺等,应在安装前进行工艺试验或评定,并应在此基础上制订相应的施工工艺或方案。

4) 安装偏差的检测,应在结构形成空间刚度单元并连接固定后进行。

5) 安装时,必须控制屋面、楼面、平台等的施工荷载,施工荷载和冰雪荷载等严禁超过梁、桁架、楼面板、屋面板、平台铺板等的承载能力。

6) 在形成空间刚度单元后,应及时对柱底板和基础顶面的空隙进行细石混凝土、灌浆料等二次浇灌。

7) 吊车梁或直接承受动力荷载的梁,其受拉翼缘、吊车桁架或直接承受动力荷载的桁架,其受拉弦杆上不得焊接悬挂物和卡具等。

2. 基础和支承面质量验收标准

单层钢结构安装工程基础和支承面施工质量检验标准应符合表 5-65 的规定。

表 5-65 基础和支承面施工质量验收标准

类别	项目	合格质量标准	检验方法	检验数量
主控项目	规格及其紧固	建筑物的定位轴线、基础轴线和标高、地脚螺栓的规格及其紧固应符合设计要求	用经纬仪、水准仪、全站仪和钢尺现场实测	按柱基数抽查10%,且不应少于3个
	位置允许偏差	基础顶面直接作为柱的支承面和基础顶面预埋钢板或支座作为柱的支承面时,其支承面、地脚螺栓(锚栓)位置的允许偏差应符合表5-66的规定	用经纬仪、水准仪、全站仪、水平尺和钢尺实测	按柱基数抽查10%,且不应少于3个
		采用坐浆垫板时,坐浆垫板的允许偏差应符合表5-67的规定	用水准仪、全站仪、水平尺和钢尺现场实测	资料全数检查。按柱基数抽查10%,且不应少于3个
		采用杯口基础时,杯口尺寸的允许偏差应符合表5-68的规定	观察及尺量检查	按基础数抽查10%,且不应少于4处
一般项目	地脚螺栓精度	地脚螺栓(锚栓)尺寸的允许偏差应符合表5-69的规定。地脚螺栓(锚栓)的螺纹应受到保护	用钢尺现场实测	按柱基数抽查10%,且不应少于3个

表 5-66 支承面、地脚螺栓(锚栓)位置的允许偏差

（单位:mm）

项 目		允许偏差
支承面	标高	±3.0
	水平度	$l/100$
地脚螺栓(锚栓)	螺栓中心偏移	5.0
预留孔中心偏移		10.0

表 5-67 坐浆垫板的允许偏差

（单位:mm）

项 目	允许偏差
顶面标高	0 —3.0
水平度	$l/100$
位置	20.0

表 5-68　杯口尺寸的允许偏差　　　　　　（单位：mm）

项　目	允许偏差
底面标高	0 －5.0
杯口深度	±5.0
杯口垂直度	$H/100$，且不应大于 10.0
位置	10.0

表 5-69　地脚螺栓（锚栓）尺寸的允许偏差　　　（单位：mm）

项　目	允许偏差
螺栓（锚栓）露出长度	+30.0 0.0
螺纹长度	+30.0 0.0

3. 安装和校正质量验收标准

单层钢结构安装工程安装和校正施工质量验收标准应符合表 5-70 的规定。

表 5-70　安装和校正施工质量验收标准

类别	项　目	合格质量标准	检验方法	检验数量
主控项目	构件验收	钢构件应符合设计要求和《钢结构工程施工质量验收规范》GB 50205—2001 的规定。运输、堆放和吊装等造成的钢构件变形及涂层脱落，应进行矫正和修补	用拉线、钢尺现场实测或观察	按构件数抽查 10%，且不应少于 3 个
	顶紧接触面	设计要求顶紧的节点，接触面不应少于 70% 紧贴，且边缘最大间隙应不大于 0.8mm	用钢尺及 0.3mm 和 0.8mm 厚的塞尺现场实测	按节点数抽查 10%，且不应少于 3 个
	钢构件垂直度和侧弯矢高	钢屋（托）架、桁架、梁及受压杆件的垂直度和侧向弯曲矢高的允许偏差应符合表 5-71 的规定	用吊线、拉线、经纬仪和钢尺现场实测	按同类构件数抽查 10%，且不应少于 3 个
	主体结构尺寸	单层钢结构主体结构的整体垂直度和整体平面弯曲的允许偏差应符合表 5-72 的规定	采用经纬仪、全站仪等测量	对主要立面全部检查。对每个所检查的立面，除两列角柱外，尚应至少选取一列中间柱

类别	项　目	合格质量标准	检验方法	检验数量
一般项目	标记	钢柱等主要构件的中心线及标高基准点等标记应齐全	观察检查	按同类构件数抽查10%，且不应少于3件
	钢桁架（或梁）安装精度	当钢桁架（或梁）安装在混凝土柱上时，其支座中心对定位轴线的偏差不应大于10mm；当采用大型混凝土屋面板时，钢桁架（或梁）间距的偏差不应大于10mm	用拉线和钢尺现场实测	按同类构件数抽查10%，且不应少于3榀
	钢柱安装精度	钢柱安装的允许偏差应符合表5-73的规定	见表5-73	按钢柱数抽查10%，且不应少于3件
	钢吊车梁安装精度	钢吊车梁或直接承受动力荷载的类似构件，其安装的允许偏差应符合表5-74的规定	见表5-74	按钢吊车梁数抽查10%，且不应少于3榀
	檩条、墙架等构件安装精度	檩条、墙架等次要构件安装的允许偏差应符合表5-75的规定	见表5-75	按同类构件数抽查10%，且不应少于3件
	钢平台、钢梯等安装精度	钢平台、钢梯、防护栏杆安装应符合《固定式钢梯及平台安全要求　第1部分 钢直梯》GB 4053.1—2009、《固定式钢梯及平台安全要求　第2部分 钢斜梯》GB 4053.2—2009和《固定式钢梯及平台安全要求　第3部分 工业防护栏杆及钢平台》GB 4053.3—2009的规定。钢平台、钢梯和防护栏杆安装的允许偏差应符合表5-76的规定	见表5-76	按钢平台总数抽查10%，栏杆、钢梯按总长度各抽查10%，但钢平台不应少于1个，栏杆不应少于5m，钢梯不应少于1个
	现场组对精度	现场焊缝组对间隙的允许偏差应符合表5-77的规定	尺量检查	按同类节点数抽查10%，且不应少于3个
	结构表面	钢结构表面应干净，结构主要表面不应有疤痕、泥沙等污垢	观察检查	按同类构件数抽查10%，且不应少于3件

表 5-71 钢屋(托)架、桁架、梁及受压杆件的垂直度和侧向弯曲矢高的允许偏差

(单位:mm)

项　目	允许偏差		图　例
跨中的垂直度	$h/250$,且不应大于 15.0		
侧向弯曲矢高 f	$l{\leqslant}30$m	$l/1000$,且不应大于 10.0	

表 5-72 整体垂直度和整体平面弯曲的允许偏差　(单位:mm)

项　目	允许偏差	图　例
主体结构的整体垂直度	$H/1000$,且不应大于 25.0	
主体结构的整体平面弯曲	$l/1500$,且不应大于 25.0	

表 5-73　单层钢结构钢柱安装的允许偏差　　（单位：mm）

项　　目		允许偏差	图　　例	检验方法
柱脚底座中心线对定位轴线的偏移 Δ		5.0		用吊线和钢尺检查
柱基准点标高	有吊车梁的柱	+3.0 −5.0		用水准仪检查
	无吊车梁的柱	+5.0 −8.0		
弯曲矢高		$H/1200$， 且不应大于 15.0	—	用经纬仪或拉线和钢尺检查
柱轴线垂直度	单层柱 $H \leqslant 10m$	$H/100$		用经纬仪或吊线和钢尺检查
	单层柱 $H > 10m$	$H/1000$， 且不应大于 25.0		
	多节柱 单节柱	$H/1000$， 且不应大于 10.0		
	多节柱 柱全高	35.0		

表 5-74　钢吊车梁安装的允许偏差　　（单位:mm）

项　目		允许偏差	图　例	检验方法
梁的跨中垂直度 Δ		$H/500$		用吊线和钢尺检查
侧向弯曲矢高		$l/1500$,且不应大于 10.0	—	
垂直上拱矢高		10.0		
两端支座中心位移 Δ	安装在钢柱上时,对牛腿中心的偏移	5.0		用拉线和钢尺检查
	安装在混凝土柱上时,对定位轴线的偏移	5.0		
吊车梁支座加劲板中心与柱子承压加劲板中心的偏移 Δ_t		$t/2$		用吊线和钢尺检查
同跨间同一横截面吊车梁顶面高差 Δ	支座处	10.0		用经纬仪、水准仪和钢尺检查
	其他处	15.0		
同跨间同一横截面下挂式吊车梁底面高差 Δ		10.0		
同列相邻两柱间吊车梁顶面高差 Δ		$l/1500$,且不应大于 10.0		用水准仪和钢尺检查

项　目		允许偏差	图　例	检验方法
相邻两吊车梁接头部位 Δ	中心错位	3.0		用钢尺检查
	上承式顶面高差	1.0		
	下承式底面高差	1.0		
同跨间任一截面的吊车梁中心跨距 Δ		±10.0		用经纬仪和光电测距仪检查;跨度小时,可用钢尺检查
轨道中心对吊车梁腹板轴线的偏移 Δ		$t/2$		用吊线和钢尺检查

注:l 为中心跨距。

表 5-75　檩条、墙架等次要构件安装的允许偏差　　（单位:mm）

项　目		允许偏差	检验方法
墙架立柱	中心线对定位轴线的偏移	10.0	用钢尺检查
	垂直度	$H/1000$,且不应大于 10.0	用经纬仪或吊线和钢尺检查
	弯曲矢高	$H/1000$,且不应大于 50.0	用经纬仪或吊线和钢尺检查
抗风桁架的垂直度		$h/250$,且不应大于 15.0	用吊线和钢尺检查
檩条、墙梁的间距		±5.0	用钢尺检查
檩条的弯曲矢高		$L/750$,且不应大于 12.0	用拉线和钢尺检查
墙梁的弯曲矢高		$L/750$,且不应大于 10.0	用拉线和钢尺检查

注:H 为墙架立柱的高度;h 为抗风桁架的高度;L 为檩条或墙梁的长度。

表 5-76　钢平台、钢梯和防护栏杆安装的允许偏差　（单位:mm）

项　目	允许偏差	检验方法
平台高度	±15.0	用水准仪检查
平台梁水平度	$l/1000$,且不应大于 20.0	用水准仪检查
平台支柱垂直度	$H/1000$,且不应大于 15.0	用经纬仪或吊线和钢尺检查
承重平台梁侧向弯曲	$l/1000$,且不应大于 20.0	用拉线和钢尺检查
承重平台梁垂直度	$h/250$,且不应大于 15.0	用吊线和钢尺检查
直梯垂直度	$l/1000$,且不应大于 15.0	用吊线和钢尺检查
栏杆高度	±15.0	用钢尺检查
栏杆立柱间距	±15.0	用钢尺检查

表 5-77　现场焊缝组对间隙的允许偏差　（单位:mm）

项　目	无垫板间隙	有垫板间隙
允许偏差	+3.0 0.0	+3.0 −2.0

业务要点 3:多层及高层钢结构安装工程质量验收

1. 工程质量验收一般规定

1）多层及高层钢结构安装工程可按楼层或施工段等划分为一个或若干个检验批。地下钢结构可按不同地下层划分检验批。

2）柱、梁、支撑等构件的长度尺寸应包括焊接收缩余量等变形值。

3）安装柱时,每节柱的定位轴线应从地面控制轴线直接引上,不得从下层柱的轴线引上。

4）结构的楼层标高可按相对标高或设计标高进行控制。

5）钢结构安装检验批应在进场验收和焊接连接、紧固件连接、制作等分项工程验收合格的基础上进行验收。

6）安装的测量校正、高强度螺栓安装、负温度下施工及焊接工艺等,应在安装前进行工艺试验或评定,并应在此基础上制订相应的施工工艺或方案。

7）安装偏差的检测,应在结构形成空间刚度单元并连接固定后进行。

8）安装时,必须控制屋面、楼面、平台等的施工荷载,施工荷载和冰雪荷载等严禁超过梁、桁架、楼面板、屋面板、平台铺板等的承载能力。

9）在形成空间刚度单元后,应及时对柱底板和基础顶面的空隙进行细石混凝土、灌浆料等二次浇灌。

10）吊车梁或直接承受动力荷载的梁其受拉翼缘、吊车桁架或直接承受动力荷载的桁架其受拉弦杆上不得焊接悬挂物和卡具等。

2. 基础和支承面质量验收标准

多层及高层钢结构安装工程基础和支承面施工质量验收标准应符合表5-78的规定。

表 5-78　基础和支承面施工质量验收标准

类别	项目	合格质量标准	检验方法	检验数量
主控项目	基础验收	建筑物的定位轴线、基础轴线和标高、地脚螺栓的规格及其紧固应符合设计要求；当设计无要求时应符合表5-79的规定	采用经纬仪、水准仪、全站仪和钢尺现场实测	按柱基数抽查 10%，且不应少于3个
		多层建筑基础顶面直接作为柱的支承面和基础顶面预埋钢板或支座作为柱的支承面时，其支承面、地脚螺栓（锚栓）位置的允许偏差应符合表5-66的规定	用经纬仪、水准仪、全站仪、水平尺和钢尺实测	按柱基数抽查 10%，且不应少于3个
		多层建筑采用坐浆垫板时，坐浆垫板的允许偏差应符合表5-67的规定	用水准仪、全站仪、水平尺和钢尺现场实测	资料全数检查。按柱基数抽查 10%，且不应少于3个
		当采用杯口基础时，杯口尺寸的允许偏差应符合表5-68的规定	观察及尺量检查	按基础数抽查 10%，且不应少于4处
一般项目	地脚螺栓精度	地脚螺栓（锚栓）尺寸的允许偏差应符合表5-69的规定。地脚螺栓（锚栓）的螺纹应受到保护	用钢尺现场实测	按柱基数抽查 10%，且不应少于3个

表 5-79　建筑物定位轴线、基础上柱的定位轴线和标高、地脚螺栓（锚栓）的允许偏差

（单位：mm）

项　　目	允许偏差	图　例
建筑物定位轴线	$l/20000$，且应不大于 3.0	

续表

项　　目	允许偏差	图　　例
基础上柱的定位轴线 △	1.0	
基础上柱底标高	±2.0	基准点
地脚螺栓(锚栓)位移 △	2.0	

3. 安装和校正质量验收标准

多层及高层钢结构安装工程安装和校正施工质量验收标准应符合表 5-80 的规定。

表 5-80　安装和校正施工质量验收标准

类别	项目	合格质量标准	检验方法	检验数量
主控项目	构件验收	钢构件应符合设计要求和《钢结构工程施工质量验收规范》GB 50205—2001 的规定。运输、堆放和吊装等造成的钢构件变形及涂层脱落,应进行矫正和修补	用拉线、钢尺现场实测或观察	按构件数抽查 10%,且不应少于 3 个
	顶紧柱触面	柱子安装的允许偏差应符合表 5-81 中的规定	用全站仪或激光经纬仪和钢尺实测	标准柱全部检查;非标准柱抽查 10%,且不应少于 3 根
	顶紧接触面	设计要求顶紧的节点,接触面不应少于 70%紧贴,且边缘最大间隙应不大于 0.8mm	用钢尺及 0.3mm 和 0.8mm 厚的塞尺现场实测	按节点数抽查 10%,且不应少于 3 个
	钢构件垂直度和侧弯矢高	钢屋(托)架、桁架、梁及受压杆件的垂直度和侧向弯曲矢高的允许偏差应符合表 5-71 的规定	用吊线、拉线、经纬仪和钢尺现场实测	按同类构件数抽查10%,且不应少于 3 个

续表

类别	项目	合格质量标准	检验方法	检验数量
一般项目	主体结构尺寸	多层及高层单层钢结构主体结构的整体垂直度和整体平面弯曲的允许偏差应符合表 5-72 的规定	对于整体垂直度,可采用激光经纬仪、全站仪测量,也可根据各节柱的垂直度允许偏差累计(代数和)计算。对于整体平面弯曲,可按产生的允许偏差累计(代数和)计算	对主要立面全部检查。对每个所检查的立面,除两列角柱外,尚应至少选取一列中间柱
	钢结构表面	钢结构表面应干净,结构主要表面不应有疤痕、泥沙等污垢	观察检查	按同类构件数抽查10%,且不应少于3件
	标记	钢柱等主要构件的中心线及标高基准点等标记应齐全	观察检查	按同类构件数抽查10%,且不应少于3件
	构件安装精度	钢构件安装的允许偏差应符合表 5-82 的规定	见表 5-82	按同类构件或节点数抽查10%,其中柱和梁各不应少于3件,主梁与次梁连接点不应少于3个,支承压型金属板的钢梁长度不应少于5m
	钢桁架(或梁)安装精度	当钢桁架(或梁)安装在混凝土柱上时,其支座中心对定位轴线的偏差不应大于10mm;当采用大型混凝土屋面板时,钢桁架(或梁)间距的偏差不应大于10mm	用拉线和钢尺现场实测	按同类构件数抽查10%,且不应少于3榀
	主体结构高度	主体结构总高度的允许偏差应符合表 5-83 中的规定	采用全站仪、水准仪和钢尺实测	按标准柱列数抽查10%,且应不少于4列

续表

类别	项目	合格质量标准	检验方法	检验数量
	钢吊车梁安装精度	钢吊车梁或直接承受动力荷载的类似构件,其安装的允许偏差应符合表 5-74 的规定	见表 5-74	按钢吊车梁数抽查 10%,且不应少于 3 榀
	檩条、墙架等构件安装精度	檩条、墙架等次要构件安装的允许偏差应符合表 5-75 的规定	见表 5-75	按同类构件数抽查 10%,且不应少于 3 件
	钢平台、钢梯等安装精度	钢平台、钢梯、防护栏杆安装应符合《固定式钢梯及平台安全要求 第 1 部分 钢直梯》GB 4053.1—2009、《固定式钢梯及平台安全要求 第 2 部分 钢斜梯》GB 4053.2—2009 和《固定式钢梯及平台安全要求 第 3 部分 工业防护栏杆及钢平台》GB 4053.3—2009 的规定。钢平台、钢梯和防护栏杆安装的允许偏差应符合表 5-76 的规定	见表 5-76	按钢平台总数抽查 10%,栏杆、钢梯按总长度各抽查 10%,但钢平台不应少于 1 个,栏杆不应少于 5m,钢梯不应少于 1 个
	现场组对精度	现场焊缝组对间隙的允许偏差应符合表 5-77 的规定	尺量检查	按同类节点数抽查 10%,且不应少于 3 个

表 5-81　多层及高层钢结构中柱子安装的允许偏差　（单位:mm)

项　　　目	允许偏差	图　　例
底层柱柱底轴线对定位轴线偏移 Δ	3.0	
柱子定位轴线 Δ	1.0	

项　目	允许偏差	图　例
单节柱的垂直度	$h/1000$,且不应大于 10.0	

表 5-82　多层及高层钢结构中构件安装的允许偏差　（单位：mm）

项　目	允许偏差	图　例	检验方法
上下柱连接处的错口 △	3.0		用钢尺检查
同一层柱的各柱顶高度差 △	5.0		用水准仪检查
同一根梁两端顶面的高差 △	$l/1000$,且不应大于 10.0		用水准仪检查
主梁与次梁表面的高差 △	±2.0		用直尺检查

续表

项　　目	允许偏差	图　　例	检验方法
压型金属板在钢梁上相邻列的错位 Δ	15.0		用直尺和钢尺检查

表 5-83　多层及高层钢结构主体结构总高度的允许偏差（单位：mm）

项　　目	允许偏差	图　　例
用相对标高控制安装	$\pm\Sigma(\Delta_h+\Delta_z+\Delta_w)$	
用设计标高控制安装	$H/1000$，且不应大于 30.0 $-H/1000$，且不应大于 -30.0	

注：Δ_h 为每节柱子长度的制造允许偏差；Δ_z 为每节柱子长度受荷载后的压缩值；Δ_w 为每节柱子接头焊缝的收缩值。

第六节　钢网架结构安装工程

本节导读

本节主要介绍了钢网架结构安装工程的质量控制要求和质量验收标准。其内容关系图如图 5-19 所示。

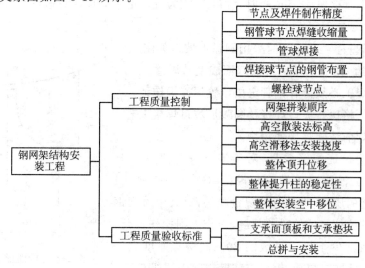

图 5-19　本节内容关系图

业务要点 1：工程质量控制

1. 焊接球、螺栓球及焊接钢板等节点及焊件制作精度

1）焊接球：半圆球宜用机床加工制作坡口。焊接后的成品球，其表面应光滑平整，不能有局部凸起或折皱。直径允许误差为±2mm；不圆度为 2mm；厚度不均匀度为 10%；对口错边量为 1mm。成品球以 200 个为一批（当不足 200个时，也以一批处理），每批取两个进行抽样检验，如其中有 1 个不合格，则加倍取样，如其中又有 1 个不合格，则该批球为不合格品。

2）螺栓球：毛坯不圆度的允许制作误差为 2mm，螺栓按 3 级精度加工，其检验标准按《钢网架螺栓球节点用高强度螺栓》GB/T 16939—1997 技术条件进行。

3）焊接钢板节点的成品允许误差为±2mm；角度可用角度尺检查，其接触面应密合。

4）焊接节点及螺栓球节点的钢管杆件制作成品长度允许误差为±1mm；锥头与钢管同轴度偏差不大于 0.2mm。

5）焊接钢板节点的型钢杆件制作成品长度允许误差为±2mm。

2. 钢管球节点焊缝收缩量

钢管球节点加套管时，每条焊缝收缩应为 1.5～3.5mm；不加套管时，每条焊缝收缩应为 1.0～2.0mm；焊接钢板节点，每个节点收缩量应为 2.0～3.0mm。

3. 管球焊接

1）钢管壁厚 4～9mm 时，坡口≥45°为宜。由于局部未焊透，所以加强部位高度要大于或等于 3mm。

钢管壁厚≥10mm 时采用圆弧形坡口如图 5-20所示，钝边≤2mm，单面焊接双面成型易焊透。

2）焊工必须持有钢管定位位置焊接操作证。

3）严格执行坡口焊接及圆弧形坡口焊接工艺。

4）焊前清除焊接处污物。

5）为保证焊缝质量，对于等强焊缝必须符合《钢结构工程施工质量验收规范》GB 50205—2001二级焊缝的质量，除进行外观检验外，对大中跨度钢管网架的拉杆与球的对接焊缝，应作无损探伤检验，其抽样数不少于焊口总数的 20%。钢管厚度大于4mm 时，开坡口焊接，钢管与球壁之间必须留有 3～

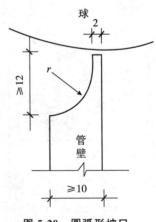

图 5-20 圆弧形坡口

4mm 间隙,以便加衬管焊接时根部易焊透。但是加衬管办法给拼装带来很大麻烦。故一般在合拢杆件情况下,采用加衬管办法。

4. 焊接球节点的钢管布置

1) 在杆件端头加锥头(锥头比杆件细),另加肋焊于球上。

2) 将没有达到满应力的杆件的直径改小。

3) 两杆件距离不小于 10mm,否则开成马蹄形,两管间焊接时须在两管间加肋补强。

4) 凡遇有杆件相碰,必须与设计单位研究处理。

5. 螺栓球节点

1) 螺栓球节点的螺纹应按 6H 级精度加工,并符合国家标准的规定。球中心至螺孔端面距离偏差为 ±0.20mm,螺栓球螺孔角度允许偏差为 ±30′。

2) 钢管杆件成品是指钢管与锥头或封板的组合长度,其允许偏差值指组合偏差为 ±1mm。

3) 钢管杆件宜用机床、切管机、爬管机下料,也可用气割下料,其长度都应考虑杆件与锥头或封板焊接收缩量值,具体收缩值可通过试验和经验数值确定。

4) 螺栓球节点网架安装时,必须将高强度螺栓拧紧,螺栓拧进长度为该螺栓直径的 1 倍时,可以满足受力要求,按规定拧进长度为直径的 1.1 倍,并随时进行复拧。

5) 螺栓球与钢管特别是拉杆的连接,杆件在承受拉力后即变形,必然产生缝隙,在南方或沿海地区,水汽有可能进入高强度螺栓或钢管中,易腐蚀,因此网架的屋盖系统安装后,再对网架各个接头用油腻子将所有空余螺孔及接缝处填嵌密实,补刷防腐漆两道。

6. 网架拼装顺序

1) 大面积拼装一般采取从中间向两边或向四周顺序拼装,杆件有一端是自由端,能及时调整拼装尺寸,以减小焊接应力与变形。

2) 螺栓球节点总拼顺序一般从一边向另一边,或从中间向两边顺序进行。只有螺栓头与锥筒(封板)端部齐平时,才可以跳格拼装,其顺序为:下弦→斜杆→上弦。

7. 高空散装法标高

1) 采用控制屋脊线标高的方法拼装,一般从中间向两侧发展,以减小累积偏差和便于控制标高,使误差消除在边缘上。

2) 拼装支架应进行设计,对重要的或大型工程,还应进行试压,使其具有足够的强度和刚度,并满足单肢和整体稳定的要求。

3)悬挑拼装时,由于网架单元不能承受自重,所以对网架要进行加固。即在网架拼装过程中必须是稳定的。支架承受荷载,必然产生沉降,就必须采取千斤顶随时进行调整,当调整无效时,应会同技术人员解决,否则影响拼装精度。支架总沉降量经验值应小于 5mm。

8. 高空滑移法安装挠度

1)适当增大网架杆件断面,以增强其刚度。

2)拼装时增加网架施工起拱数值。

3)大型网架安装时,中间应设置滑道,以减小网架跨度,增强其刚度。

4)在拼接处可临时加反梁办法,或增设三层网架加强刚度。

5)为避免滑移过程中,因杆件内力改变而影响挠度值,必须控制网架在滑移过程中的同步数值,其方法可采用在网架两端滑轨上标出尺寸,也可以利用自整角机代替标尺。

9. 整体顶升位移

1)顶升同步值按千斤顶行程而定,并设专人指挥顶升速度。

2)顶升点处的网架做法可做成上支承点或下支承点形式,并有足够的刚度。为增加柱子刚度,可在双肢柱间增加缀条。

3)顶升时,各顶点的允许高差值应满足以下要求:

① 相邻两个顶升支承结构间距的 $1/1000$,且不大于 30mm。

② 在一个顶升支承结构上,有两个或两个以上千斤顶时,为千斤顶间距的 $1/200$,且不大于 10mm。

4)千斤顶合力与柱轴线位移允许值为 5mm。千斤顶应保持垂直。

5)顶升前及顶升过程中,网架支座中心对柱轴线的水平偏移值,不得大于截面短边尺寸的 $1/50$ 及柱高的 $1/500$。

6)支承结构如柱子刚性较大,可不设导轨;如刚性较小,必须加设导轨。

7)已发现位移,可以把千斤顶用楔片垫斜或人为造成反向升差;或将千斤顶平放,水平支顶网架支座。

10. 整体提升柱的稳定性

1)网架提升吊点要通过计算,尽量与设计受力情况相接近,避免杆件失稳;每个提升设备所受荷载尽量达到平衡;提升负荷能力,群顶或群机作业,按额定能力乘以折减系数,电力螺杆升板机为 $0.7 \sim 0.8$,穿心式千斤顶为 $0.5 \sim 0.6$。

2)不同步的升差值对柱的稳定有很大影响,当用升板机时允许差值为相邻提升点距离的 1/400,且不大于 15mm;当用穿心式千斤顶时,为相邻提升点距离的 1/250,且不大于 25mm。

3)提升设备放在柱顶或放在被提升重物上应尽量减少偏心距。

4)网架提升过程中,为防止大风影响,造成柱倾覆,可在网架四角拉上缆风,平时放松,风力超过 5 级应停止提升,拉紧缆风绳。

5)采用提升法施工时,下部结构应形成稳定的框架结构体系,即柱间设置水平支撑及垂直支撑,独立柱应根据提升受力情况进行验算。

6)升网滑模提升速度应与混凝土强度相适应,混凝土强度等级必须达到 C10 级。

11. 整体安装空中移位

1)由于网架是按使用阶段的荷载进行设计的,设计中一般难以准确计入施工荷载,所以施工之前应按吊装时的吊点和预先考虑的最大提升高度差,验算网架整体安装所需要的刚度,并据此确定施工措施或修改设计。

2)要严格控制网架提升高差,尽量做到同步提升。提升高差允许值(指相邻两拔杆间或相邻两吊点组的合力点间相对高差),可取吊点间距的 1/400,且不大于 100mm,或通过验算而定。

3)采用拔杆安装时,应使卷扬机型号、钢丝绳型号以及起升速度相同,并且使吊点钢丝绳相通,以达到吊点间杆件受力一致,采取多机抬吊安装时,应使起重机型号、起升速度相同,吊点间钢丝绳相通,以达到杆件受力一致。

4)合理布置起重机械及拔杆。

5)缆风地锚必须经过计算,缆风主初拉应力控制到 60%,施工过程中应设专人检查。

6)网架安装过程中,拔杆顶端偏斜不超过 1/1000(拔杆高)且不大于 30mm。

业务要点 2:工程质量验收标准

钢网架结构安装工程可按变形缝、施工段或空间刚度单元划分成一个或若干个检验批。钢网架结构安装检验批应在进场验收和焊接连接、紧固件连接、制作等分项工程验收合格的基础上进行验收。

1. 支承面顶板和支承垫块

钢网架结构安装工程支承面顶板和支承垫块施工质量验收标准见表 5-84。

表 5-84 支承面顶板和支承垫块施工质量验收标准

类别	项目	合格质量标准	检验方法	检验数量
主控项目	支座定位轴线	钢网架结构支座定位轴线的位置、支座锚栓的规格应符合设计要求	用经纬仪和钢尺实测	按支座数抽查 10%，且不应少于 4 处
	支承面顶板	支承面顶板的位置、标高、水平度以及支座锚栓位置的允许偏差应符合表 5-85 的规定	用经纬仪、水准仪、水平尺和钢尺实测	按支座数抽查 10%，且不应少于 4 处
	支承垫块	支承垫块的种类、规格、摆放位置和朝向，必须符合设计要求和国家现行有关标准的规定。橡胶垫块与刚性垫块之间或不同类型刚性垫块之间不得互换使用	观察和用钢尺实测	按支座数抽查 10%，且不应少于 4 处
	网架支座锚栓	网架支座锚栓的紧固应符合设计要求	观察检查	按支座数抽查 10%，且不应少于 4 处
一般项目	支座锚栓的紧固	支座锚栓紧固的允许偏差应符合表 5-69 规定。支座锚栓的螺纹应受到保护	用钢尺实测	按支座数抽查 10%，且不应少于 4 处

表 5-85 支承面顶板、支座锚栓位置的允许偏差　（单位：mm）

项　目		允许偏差
支承面顶板	位置	15.0
	顶面标高	0 −3.0
	顶面水平度	$l/1000$
支座锚栓	中心偏移	±5.0

2. 总拼与安装

钢网架结构安装工程总拼与安装施工质量验收标准见表 5-86。

表 5-86　总拼与安装施工质量验收标准

类别	项目	合格质量标准	检验方法	检验数量
主控项目	小拼单元	小拼单元的允许偏差应符合表 5-87 的规定	用钢尺和拉线等辅助量具实测	按单元数抽查 5%，且不应少于 5 个
	中拼单元	中拼单元的允许偏差应符合表 5-88 的规定	用钢尺和辅助量具实测	全数检查
	节点承载力试验	对建筑结构安全等级为一级，跨度 40m 及以上的公共建筑钢网架结构，且设计有要求时，应按下列项目进行节点承载力试验，其结果应符合以下规定： 1) 焊接球节点应按设计指定规格的球及其匹配的钢管焊接成试件，进行轴心拉、压承载力试验，其试验破坏荷载值大于或等于 1.6 倍设计承载力为合格 2) 螺栓球节点应按设计指定规格的球最大螺栓孔螺纹进行抗拉强度保证荷载试验，当达到螺栓的设计承载力时，螺孔、螺纹及封板仍完好无损为合格	在万能试验机上进行检验，检查试验报告	每项试验做 3 个试件
	挠度值	钢网架结构总拼完成后及屋面工程完成应分别测量其挠度值，且所测的挠度值不应超过相应设计值的 1.15 倍	用钢尺和水准仪实测	跨度 24m 及以下钢网架结构测量下弦中央一点，跨度 24m 以上钢网架结构测量下弦中央一点及各向下弦跨度的四等分点
一般项目	表面质量	钢网架结构安装完成后，其节点及杆件表面应干净，不应有明显的疤痕、泥沙和污垢。螺栓球节点应将所有接缝用油腻子填嵌严密，并应将多余螺孔封口	观察检查	按节点及杆件数量抽查 5%，且不应少于 10 个节点
	允许偏差	钢网架结构安装完成后，其安装的允许偏差应符合表 5-89 的规定	见表 5-89	全数检查

表 5-87　小拼单元的允许偏差　　　　　　　（单位：mm）

项　目		允许偏差
节点中心偏移		2.0
焊接球节点与钢管中心的偏移		1.0
杆件轴线的弯曲矢高		$L_1/1000$，且不应大于 5.0
锥体型小拼单元	弦杆长度	±2.0
	锥体高度	±2.0
	上弦杆对角线长度	±3.0
平面桁架型小拼单元	跨长　≤24m	+3.0 −7.0
	跨长　>24m	+5.0 −10.0
	跨中高度	±3.0
	跨中拱度　设计要求起拱	±$L/5000$
	跨中拱度　设计未要求起拱	+10.0

注：L_1 为杆件长度；L 为跨长。

表 5-88　中拼单元的允许偏差　　　　　　　（单位：mm）

项　目		允许偏差
单元长度≤20m，拼接长度	单跨	±10.0
	多跨连接	±5.0
单元长度>20m，拼接长度	单跨	±20.0
	多跨连接	±10.0

表 5-89　钢网架结构安装的允许偏差　　　　　（单位：mm）

项　目	允许偏差	检验方法
纵向、横向长度	$L/2000$，且不应大于 30.0 −$L/2000$，且不应大于−30.0	用钢尺实测
支座中心偏移	$L/3000$，且不应大于 30.0	用钢尺和经纬仪实测
周边支承网架相邻支座高差	$L/400$，且不应大于 15.0	用钢尺和水准仪实测
支座最大高差	30.0	
多点支承网架相邻支座高差	$L_1/800$，且不应大于 30.0	

注：L 为纵向、横向长度；L_1 为相邻支座间距。

第七节 压型金属板安装工程

本节导读

本节主要介绍了压型金属板安装工程质量控制要求、质量验收标准,其内容关系图如图 5-21 所示。

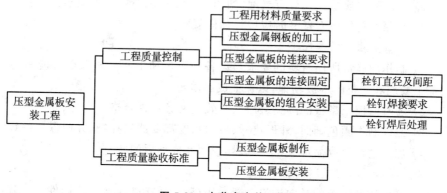

图 5-21 本节内容关系图

业务要点 1:压型金属板安装工程质量控制

1. 工程用材料质量要求

1)压型钢板的基材材质应符合设计要求和现行国家标准的有关规定。其中:

① 钢材应符合现行国家标准《碳素结构钢》GB/T 700—2006 中规定的 Q215 和 Q235 牌号规定,或《低合金高强度结构钢》GB/T 1591—2008 中规定的 Q345 或其他牌号规定。

② 热镀锌钢板或彩色镀锌(有机涂层)钢板的力学性能、工艺性能、涂层性能应符合《建筑用压型钢板》GB/T 12755—2008 的有关规定。

③ 板材表面不允许有裂纹、裂边、腐蚀、穿通气孔、硝盐痕。板材厚度大于 0.6mm 时,表面不允许有扩散斑点,基材表面允许有轻微的压过划痕,但不得超过板材厚度的允许负偏差。

2)在用作建筑物的围护板材及屋面与楼面的承重板材时,镀锌压型钢板宜用于无侵蚀和弱侵蚀环境;彩色涂层压型钢板可用于无侵蚀、弱侵蚀及中等侵蚀环境,并应根据侵蚀条件选用相应的涂层系列。

3)压型钢板的基板,应保证抗拉强度、屈服强度、延伸率、冷弯试验合格,以及硫(S)、磷(P)的极限含量。焊接时,保证碳(C)的极限含量、化学成分与物理性能满足要求。

4）由于压型钢板在建筑上用于楼板永久性支承模板并和钢筋混凝土叠合共同工作,因此不仅要求其力学、防腐性能,而且要求有必要的防火能力满足设计和规范的要求。

5）压型钢板施工使用的材料主要有焊接材料,如 E43×× 的焊条、用于局部切割的干式云石机锯片、手提式砂轮机砂轮片等。所有这些材料均应符合有关的技术、质量和安全的专门规定。

6）涂层表面质量不允许有气泡、划伤、漏涂、颜色不均匀等缺陷。

7）对原材料质量有疑义时应进行抽样复验。

2. 压型金属钢板的加工

1）制作前确定所用材料的要求与设备一致。加工压型板及配件应有足够的加工场地和平整的堆放场地,以保证成品质量。

2）随时监控压型板的波高、位置、有效宽度等是否合格。

3）配件制作颜色朝向、外形尺寸、各边角度都要严格控制,并应保持一致。

4）加工过程及成品堆放,不得破坏板面及成型后的状态。

3. 压型金属板的连接要求

1）屋面压型钢板的长向连接一般采用搭接,搭接处应在支承构件上。其搭接长度应不小于下列限值,同时在搭接区段的板间尚应设置防水密封带。

① 屋面高波板(波高≥75mm):375mm。

② 屋面中波及低波板:250mm(屋面坡度 $i<1/10$ 时)。

200mm(屋面坡度 $i≥1/10$ 时)。

2）屋面高波压型钢板在檩条上固定时,应设置专门的固定支架(图 5-22)。固定支架一般采用 2～3mm 厚钢带,按标准配件制成并在工地焊接于支承构件(檩条)上,此时支承构件上翼缘宽度应不小于固定支架宽度加 10mm。

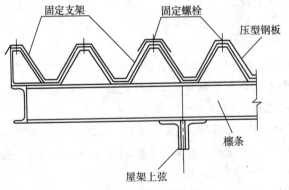

图 5-22　固定支架的连接

3）屋面中波压型钢板与支承构件(檩条)的连接,一般在檩条上预焊栓钉,在安装后紧固连接(图 5-23)。中波板也可采用钩头螺栓连接,但因连接紧密度、耐候差,目前已极少应用。

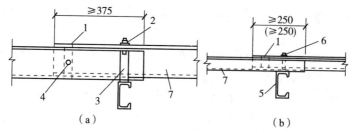

图 5-23　屋面压型钢板的长向连接

(a)高波板　(b)中波板

1—密封胶条　2—单向紧固件　3—固定支架
4—板间紧固件　5—檩条　6—栓钉　7—压型板

4)屋面高波压型钢板,每波均应以连接件连接,对屋面中波或低波板可每波或隔波与支承构件相连。为了保证防水可靠性,屋面板的连接仍多设置在波峰上。

4. 压型金属板的连接固定

1)连接件的数量与间距应符合设计要求,在设计无明确规定时,按现行专业标准《压型金属板设计施工规程》YBJ 216—1988 规定有以下内容:

① 屋面高波压型金属板用连接件与固定支架连接,每波设置一个;屋面低波压型金属板及墙面压型金属板均用连接件直接与檩条或墙梁连接,每波或隔一波设置一个,但搭接波处必须设置连接件。

② 高波压型金属板的侧向搭接部位必须设置连接件,其间距一般为 700~800mm。

有关防腐涂料的规定,除设计中应根据建筑环境的腐蚀作用选择相应涂料系列外,当采用压型铝板时,应在其与钢构件接触面上至少涂刷一道铬酸锌底漆或设置其他绝缘隔离层,在其与混凝土、砂浆、砖石、木材接触面上至少涂刷一道沥青漆。

2)压型钢板腹板与翼缘水平面之间的夹角,当用于屋面时不应小于 50°;当用于墙面时不应小于 45°。

3)压型钢板的横向连接方式有搭接、咬边和卡扣三种方式。搭接方式是把压型钢板搭接边重叠并用各种螺栓、铆钉或自攻螺钉等连成整体;咬边方式是在搭接部位通过机械锁边,使其咬合相连;卡扣方式是利用钢板弹性在向下或向左(向右)的力作用下形成左右相连。

4)屋面压型钢板的纵向连接一般采用搭接,其搭接处应设在支承构件上,搭接区段的板间应设置防水密封带。

5)当采用压型钢板作墙板时,可通过下列方式与墙梁固定:

①在压型钢板波峰处采用直径为 6mm 的钩头螺栓与墙梁固定。每块墙板在同一水平处应有三个螺栓与墙梁固定,相邻墙梁处的钩头螺栓位置应错开。

②采用直径为 6mm 的自攻螺钉在压型钢板的波谷处与墙梁固定。每块墙板在同一水平处应有三个螺钉固定,相邻墙梁的螺钉应交错设置,在两块墙板搭接处另加设直径 5mm 的拉铆钉予以固定。

5. 压型金属板的组合安装

(1)栓钉直径及间距

栓钉直径及间距应遵守下列规定:

1)当栓钉焊于钢梁受拉翼缘时,其直径不得大于翼缘板厚度的 1.5 倍;当栓钉焊于无拉应力部位时,其直径不得大于翼缘板厚度的 2.5 倍。

2)当栓钉沿梁轴线方向布置时,其间距不得小于 $5d$（d 为栓钉的直径）;当栓钉垂直于轴线方向布置时,其间距不得小于 $4d$,边距不得小于 35mm。

3)当栓钉穿透钢板焊于钢梁时,其直径不得小于 19mm,焊后栓钉高度应大于压型钢板波高加 30mm。

4)栓钉顶面的混凝土保护层厚度不应小于 15mm。

5)对穿透压型钢板跨度小于 3m 时,栓钉直径应为 13mm 或 16mm;跨度为 3～6m 时,栓钉直径应为 16mm 或 19mm;跨度大于 6m 的板,栓钉直径应为 19mm。

6)对已焊好的栓钉,若有直径不一、间距位置不准,应打掉重新按设计焊好。

(2)栓钉焊接要求

栓钉焊接应符合下列规定:

1)栓焊工必须经过平焊、立焊、仰焊位置专业培训取得合格证者,做相应技术施焊。

2)栓钉应采用自动定时的栓焊设备进行施焊,栓焊机必须连接在单独的电源上,电源变压器的容量应在 100～250kV·A 范围内,容量应随焊钉直径的增大而增大,各项工作指数、灵敏度及精度要可靠。

3)栓钉材质应合格,无锈蚀、氧化皮、油污、受潮,端部无涂漆、镀锌或镀镉等。焊钉焊接药座施焊前必须严格检查,不得使用焊接药座破裂或缺损的栓钉。被焊母材必须清理表面氧化皮、锈蚀、受潮、油污等,被焊母材低于 -18℃ 或遇雨雪天气不得施焊,必须焊接时要采取有效的技术措施。

4)对穿透压型钢板焊于母材上时,焊钉施焊前应认真检查压型钢板是否与母材点固焊牢,其间隙控制在 1mm 以内。被焊压型钢板在栓钉位置有锈或镀锌层,应采用角向砂轮打磨干净。

瓷环几何尺寸要符合设计要求,破裂和缺损瓷环不能用,若瓷环已受潮,要经过 250℃烘焙 1h 后再用。

焊接时应保持焊枪与工件垂直,直至焊接金属凝固。焊接完成后,应进行外观检验,其判定标准及允许偏差见表 5-90。

表 5-90　外观检验的判定标准、允许偏差和检验方法

序号	外观检验项目	判定标准与允许偏差	检验方法
1	焊肉形状	360°范围内:焊肉高>1mm,焊肉宽>0.5mm	目测
2	焊肉质量	无气泡和夹渣	目测
3	焊肉咬肉	咬肉深度<0.5mm 或咬肉深度≤0.5mm 并已打磨去掉咬肉处的锋锐部位	目测
4	焊钉焊后高度	焊后高度允许偏差±2mm	用钢尺量测

(3)栓钉焊后处理

栓钉焊接完成后,仍需进行弯曲处理,其要求如下:

1)栓钉焊于工件上,经外观检验合格后,应在主要构件上逐批抽 1%打弯 15°检验,如果焊钉根部无裂纹则认为通过弯曲检验,否则抽 2%检验,如果其中 1%不合格,则对此批焊钉逐个检验,打弯栓钉可不调直。

2)对不合格焊钉打掉重焊,被打掉栓钉底部不平处要磨平,母材损伤凹坑补焊好。

3)若焊脚不足 360°,可用合适的焊条手工焊修,并做 30°弯曲试验。

业务要点 2:工程质量验收标准

压型金属板的制作和安装工程可按变形缝、楼层、施工段或屋面、墙面、楼面等划分为一个或若干个检验批。压型金属板安装应在钢结构安装工程检验批质量验收合格后进行。

1. 压型金属板制作

压型金属板制作工程施工质量验收标准应符合表 5-91 的规定。

表 5-91　压型金属板制作工程施工质量验收标准

类别	项目	合格质量标准	检验方法	检验数量
主控项目	外观质量	压型金属板成型后,其基板不应有裂纹	观察和用 10 倍放大镜检查	按计件数抽查 5%,且不应少于 10 件
		有涂层、镀层压型金属板成型后,涂层、镀层不应有肉眼可见的裂纹、剥落和擦痕等缺陷	观察检查	按计件数抽查 5%,且不应少于 10 件

类别	项目	合格质量标准	检验方法	检验数量
一般项目	外形尺寸	压型金属板的尺寸允许偏差应符合表 5-92 的规定	用拉线和钢尺检查	按计件数抽查 5%,且不应少于 10 件
	质量要求	压型金属板成型后,表面应干净,不应有明显凹凸和褶皱	观察检查	按计件数抽查 5%,且不应少于 10 件
		压型金属板施工现场制作的允许偏差应符合表 5-93 的规定	用钢尺、角尺检查	按计件数抽查 5%,且不应少于 10 件

表 5-92　压型金属板的尺寸允许偏差　（单位:mm）

项　　目			允许偏差
波距			±2.0
波高	压型钢板	截面高度≤70	±1.5
		截面高度>70	±2.0
侧向弯曲	在测量长度 l_1 的范围内		20.0

注:l_1 为测量长度,指板长扣除两端各 0.5m 后的实际长度(小于 10m)或扣除任选的 10m 长度。

表 5-93　压型金属板施工现场制作的允许偏差　（单位:mm）

项　　目		允许偏差
压型金属板的覆盖宽度	截面高度≤70	+10.0,−2.0
	截面高度>70	+6.0,−2.0
板长		±9.0
横向剪切偏差		6.0
泛水板、包角板尺寸	板长	±6.0
	折弯面宽度	±3.0
	折弯面夹角	2°

2. 压型金属板安装

压型金属板安装工程施工质量验收标准应符合表 5-94 的规定。

表 5-94　压型金属板安装工程施工质量验收标准

类别	项目	合格质量标准	检验方法	检验数量
主控项目	外观质量	压型板、泛水板和包角板等应固定可靠、牢固,防腐涂料涂刷和密封材料敷设应完好,连接件数量、间距应符合设计要求和国家现行有关标准规定	观察检查及尺量	全数检查
	搭接要求	压型金属板应在支承构件上可靠搭接,搭接长度应符合设计要求,且不应小于表 5-95 所规定的数值	观察和用钢尺检查	沿连接纵向长度抽查 10%,且不应少于 10m
	锚固要求	组合楼板中压型钢板与主体结构(梁)的锚固支承长度应符合设计要求,且不应小于50mm,端部锚固件连接可靠,设置位置应符合设计要求	观察和用钢尺检查	沿连接纵向长度抽查 10%,且不应少于 10m
一般项目	安装要求	压型金属板安装应平整、顺直,板面不应有施工残留和污物。檐口和墙下端应吊直线,不应有未经处理的错钻孔洞	观察检查	按面积抽查 10%,且不应少于 10m²
	允许偏差	压型金属板安装的允许偏差应符合表 5-96 的规定	用拉线、吊线和钢尺检查	檐口与屋脊的平行度:按长度抽查 10%,且不应少于 10m。其他项目:每 20m 长度应抽查 1 处,不应少于 2 处

表 5-95　压型金属板在支承构件上的搭接长度　　(单位:mm)

项　　目		搭接长度
截面高度>70		375
截面高度≤70	屋面坡度<1/10	250
	屋面坡度≥1/10	200
墙面		120

表 5-96 压型金属板安装的允许偏差 （单位：mm）

项 目		允许偏差
屋面	檐口与屋脊的平行度	12.0
	压型金属板波纹对屋脊的垂直度	$L/800$，且不应大于 25.0
	檐口相邻两块压型金属板端部错位	6.0
	压型金属板卷边板最大波浪高	4.0
墙面	墙板波纹线的垂度	$H/800$，且不应大于 25.0
	墙板包角板的垂直度	$H/800$，且不应大于 25.0
	相邻两块压型金属板的下端错位	6.0

注：L 为屋面半坡或单坡长度；H 为墙面高度。

第八节 钢结构涂装工程

本节导读

本节主要介绍了钢结构防腐涂料涂装、防火涂料涂装工程质量控制要点和质量验收标准，其内容关系图如图 5-24 所示。

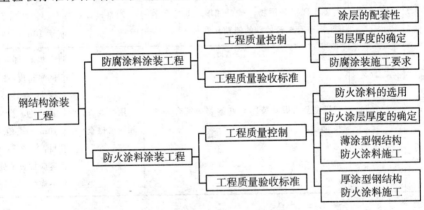

图 5-24 本节内容关系图

业务要点 1：防腐涂料涂装工程

1. 工程质量控制

（1）涂层的配套性

在进行涂装设计时，必须考虑各层作用的配套性。由于底漆、中间漆和面漆的性能不同，在整个涂层中的作用也不同。底漆主要起附着和防锈的作用，面漆主要起防腐蚀作用,中间漆的作用介于两者之间。所以底漆、中间漆和面漆都不能单独使用,只有配套使用,才能发挥最好的作用和获得最好的效果。

要考虑各层涂料性能的配套性。由于各种涂料的溶剂不相同,选用各层涂料时,如配套不当,就容易发生互溶或"咬底"的现象。如选用油性的底漆,配用含有强溶剂的中间漆或面漆,就有可能产生渗色或"咬起底漆"现象。

注意各层涂料硬度的配套性。面漆的硬度应与底漆基本一致或略低些,如硬度较高的短油度合成树脂面漆涂在硬度较低的油性底漆上,则容易引起面漆的早期裂开。

注意各层烘干方式的配套,在涂装烘干型涂料时,底漆的烘干温度(或耐温性)应高于或接近面漆的烘干温度,反之易产生涂层过烘干现象。

(2)涂层厚度的确定

1)钢结构涂装设计的重要内容之一,是确定涂层厚度。涂层厚度的确定,应考虑以下因素:

① 钢材表面原始状况。

② 钢材除锈后的表面粗糙度。

③ 选用的涂料品种。

④ 钢结构使用环境对涂料的腐蚀程度。

⑤ 预想的维护周期和涂装维护的条件。

2)涂层厚度应根据需要来确定,过厚虽然可增强防腐力,但附着力和机械性能都要降低;过薄易产生肉眼看不到的针孔和其他缺陷,起不到隔离环境的作用。钢结构涂装涂层厚度,可参考表5-97确定。

表 5-97　钢结构涂装涂层厚度　　　　　　（单位:μm）

涂料品种	基本涂层和防护涂层					附加涂层
	城镇大气	工业大气	化工大气	海洋大气	高温大气	
醇酸漆	100～150	125～175	—	—	—	25～50
沥青漆	—	—	150～210	180～240	—	30～60
环氧树脂漆	—	—	150～200	175～225	150～200	25～50
过氯乙烯漆	—	—	160～200	—	—	20～40
丙烯酸漆	—	100～140	120～160	140～180	—	20～40
聚氨酯漆	—	100～140	140～180	140～180	—	20～40
氯化橡胶漆	—	120～160	140～180	160～200	—	20～40
氯磺化聚乙烯漆	—	120～160	—	160～200	120～160	20～40
有机硅漆	—	—	—	—	100～140	20～40

（3）防腐涂装施工要求

1）油漆防腐涂装：涂料调制应搅拌均匀，应随拌随用，不得随意添加稀释剂。

不同涂层间的施工应有适当的重涂间隔时间，最大及最小重涂间隔时间应符合涂料产品说明书的规定，应超过最小重涂间隔再施工，超过最大重涂间隔时应按涂料说明书的指导进行施工。

表面除锈处理与涂装的间隔时间宜在 4h 之内，在车间内作业或湿度较低的晴天不应超过 12h。

工地焊接部位的焊缝两侧宜留出暂不涂装的区域，应符合表 5-98 的规定，焊缝及焊缝两侧也可涂装不影响焊接质量的防腐涂料。

表 5-98　焊缝暂不涂装的区域　　　　　　　（单位：mm）

图　　示	钢板厚度 t	暂不涂装的区域宽度 b
	$t<50$	50
	$50\leqslant t\leqslant 90$	70
	$t>90$	100

构件油漆补涂应符合下列规定：

① 表面涂有工厂底漆的构件，因焊接、火焰矫正、暴晒和擦伤等造成重新锈蚀或附有白锌盐时，应经表面处理后再按原涂装规定进行补漆。

② 运输、安装过程的涂层碰损、焊接烧伤等，应根据原涂装规定进行补涂。

2）金属热喷涂：金属热喷涂施工应符合下列规定：

① 采用的压缩空气应干燥、洁净。

② 喷枪与表面宜成直角，喷枪的移动速度应均匀，各喷涂层之间的喷枪方向应相互垂直、交叉覆盖。

③ 一次喷涂厚度宜为 $25\sim80\mu m$，同一层内各喷涂带间应有 1/3 的重叠宽度。

④ 当大气温度低于 5℃ 或钢结构表面温度低于露点温度 3℃ 时应停止热喷涂操作。

3）热浸镀锌的防腐。构件表面单位面积的热浸镀锌质量应符合设计文件规定的要求。

构件热浸镀锌应符合现行国家标准《金属覆盖层　钢铁制件热浸镀锌层技术要求及试验方法》GB/T 13912—2002 的有关规定，并应采取防止热变形的措施。

热浸镀锌造成构件的弯曲或扭曲变形，应采取延压、滚轧或千斤顶等机械方式进行矫正。矫正时，宜采取垫木方等措施，不得采用加热矫正。

2. 工程质量验收标准

钢结构防腐涂装工程施工质量验收标准应符合表 5-99 的规定。

表 5-99　钢结构防腐涂装工程施工质量验收标准

类别	项目	合格质量标准	检验方法	检验数量
主控项目	涂料基层验收	涂装前钢材表面除锈应符合设计要求和国家现行有关标准的规定。处理后的钢材表面不应有焊渣、焊疤、灰尘、油污、水和毛刺等。当设计无要求时，钢材表面除锈等级应符合表 5-100 的规定	用铲刀检查和用现行国家标准《涂装前钢材锈蚀等级和除锈等级》GB 8923.1—2011 规定的图片对照观察检查	按构件数抽查 10%，且同类构件应不少于 3 件
	涂料厚度	涂料、涂装遍数、涂层厚度均应符合设计要求。当设计对涂层厚度无要求时，涂层干漆膜总厚度：室外应为 150μm，室内应为 125μm，其允许偏差为 −25μm。每遍涂层干漆膜厚度的允许偏差为 −5μm	用干漆膜测厚仪检查。每个构件检测 5 处，每处的数值为 3 个相距 50mm 测点涂层干漆膜厚度的平均值	按构件数抽查 10%，且同类构件应不少于 3 件
一般项目	表面质量	构件表面不应误涂、漏涂，涂层不应脱皮和返锈等。涂层应均匀、无明显皱皮、流坠、针眼和气泡等	观察检查	全数检查
	附着力测试	当钢结构处在有腐蚀介质环境或外露且设计有要求时，应进行涂层附着力测试。在检测处范围内，当涂层完整程度达到 70% 以上时，涂层附着力达到合格质量标准的要求	按照现行国家标准《漆膜附着力测定法》GB 1720—1979 或《色漆和清漆 漆膜的划格试验》GB/T 9286—1998 执行	按构件数抽查 1%，且应不少于 3 件，每件测 3 处
	标志	涂装完成后，构件的标志、标记和编号应清晰完整	观察检查	全数检查

表 5-100　各种底漆或防锈漆要求最低的除锈等级

涂料品种	除锈等级
油性酚醛、醇酸等底漆或防锈漆	St2
高氯化聚乙烯、氯化橡胶、氯磺化聚乙烯、环氧树脂、聚氨酯等底漆或防锈漆	Sa2
无机富锌、有机硅、过氯乙烯等底漆	Sa2 $\frac{1}{2}$

◉ 业务要点 2：防火涂料涂装工程

1. 工程质量控制

（1）防火涂料的选用

钢结构防火涂料分为薄涂型和厚涂型两类，其选用原则如下：

1）当防火涂料分为底层和面层涂料时，两层涂料应相互匹配。且底层不应腐蚀钢结构，不应与防锈底漆产生化学反应，面层若为装饰涂料，选用涂料应通过试验验证。

2）对室内隐蔽钢结构、高层钢结构及多层厂房钢结构，当规定其耐火极限在 1.5h 以上时，应选用厚涂型钢结构防火涂料。对室内裸露钢结构、轻型屋盖钢结构及有装饰要求的钢结构，当规定其耐火极限在 1.5h 以下时，应选用薄涂型钢结构防火涂料。

（2）防火涂层厚度的确定

确定钢结构防火涂层的厚度时，施加给钢结构的涂层质量应计算在结构荷载内，但不得超过允许范围。对于裸露及露天钢结构的防火涂层应规定出外观平整度和颜色装饰要求。

根据设计所确定的耐火极限来设计涂层的厚度，可直接选择有代表性的钢构件，喷涂防火涂料做耐火试验，由实测数据确定设计涂层的厚度，也可根据标准耐火试验数据，对不同规格的钢构件按下式计算定出涂层厚度：

$$T_1 = \frac{W_m/D_m}{W_1/D_1} \times T_m \times K \tag{5-2}$$

式中　T_1 ——待确定的钢构件涂层厚度；

　　　T_m ——标准试验时的涂层厚度；

　　　W_1 ——待喷涂的钢构件质量（kg/m）；

　　　W_m ——标准试验时的钢构件质量（kg/m）；

　　　D_1 ——待喷涂的钢构件防火涂层接触面周长（m）；

　　　D_m ——标准试验时的钢构件防火涂层接触面周长（m）；

　　　K ——系数，对钢梁 $K=1$，对钢柱 $K=1.25$。

（3）薄涂型钢结构防火涂料施工

1）双组分装的涂料，应按说明书规定在现场调配；单组分装的涂料也应充分搅拌。喷涂后，不得发生流淌和下坠。

2）薄涂型钢结构防火涂料的底涂层（或主涂层）应采用重力式喷枪喷涂，其压力约为 0.4MPa。局部修补和小面积施工，可用手工抹涂。面层装饰涂料可刷涂、喷涂或滚涂。

3）底涂层施工应满足下列要求：

① 喷涂时应保证涂层完全闭合，轮廓清晰。

② 操作者要携带测厚针检测涂层厚度，并保证喷涂达到设计规定的厚度。

③ 当钢基材表面除锈和防锈处理符合要求，尘土等杂物清除干净后方可施工。

④ 底层一般喷 2～3 遍，每遍喷涂厚度不应超过 2.5mm，必须在前一遍干燥后，再喷涂后一遍。

⑤ 当设计要求涂层表面要平整光滑时，应对最后一遍的涂层作抹平处理，确保外表面均匀平整。

4）面涂层施工应满足下列要求：

① 面层应在底层涂装基本干燥后开始涂装；面层涂装应颜色均匀、一致，接槎平整。

② 当底层厚度符合设计规定，并基本干燥后，方可施工面层。

③ 面层一般涂饰 1～2 次，并应全部覆盖底层。涂料用量为 0.5～1kg/m²。

（4）厚涂型钢结构防火涂料施工

1）厚涂型钢结构防火涂料应采用压送式喷枪喷涂，空气压力为 0.4～0.6MPa，喷枪口直径应为 6～10mm。

2）配料时应严格按配合比加料或加稀释剂，并使稠度适应，即配即用。

3）喷涂施工应分遍完成，每遍喷涂厚度应为 5～10mm，必须在前一遍基本干燥或固化后，再喷涂后一遍。喷涂保护方式、喷涂遍数与涂层厚度应根据施工设计要求确定。

4）在施工过程中，操作者应采用测厚针检测涂层厚度，直到符合设计规定的厚度后，才可停止喷涂。

5）喷涂后的涂层，应去除乳突，以保证表面均匀平整。

6）当防火涂层出现下列情况之一时，应重新喷涂或补涂：

① 涂层干燥固化不良，黏结不牢或粉化、脱落。

② 钢结构的接头和转角处的涂层有明显凹陷。

③ 涂层厚度小于设计规定厚度的 85% 时。

④ 涂层厚度虽大于设计规定厚度，且连续面积的长度超过 1m。

7）厚涂型钢结构防火涂料，在下列情况之一时，宜在涂层内设置与钢构件相连的钢丝网或其他相应的措施：

① 承受冲击、振动荷载的钢梁。

② 涂层厚度大于或等于 40mm 的钢梁和桁架。

③ 涂料黏结强度小于或等于 0.05MPa 的钢构件。

④ 钢板墙和腹板高度超过 1.5m 的钢梁。

2. 工程质量验收标准

钢结构防火涂装工程施工质量验收标准应符合表 5-101 的规定。

表 5-101　钢结构防火涂装工程施工质量验收标准

类别	项目	合格质量标准	检验方法	检验数量
主控项目	涂料基层验收	防火涂料涂装前钢材表面除锈及防锈底漆涂装应符合设计要求和国家现行有关标准的规定	表面除锈用铲刀检查和用现行国家标准《涂装前钢材表面锈蚀等级和除锈等级》GB 8923.1—2011 规定的图片对照观察检查。底漆涂装用干漆膜测厚仪检查，每个构件检测 5 处，每处的数值为 3 个相距 50mm 测点涂层干漆膜厚度的平均值	按构件数抽查10%，且同类构件应不少于 3件
	强度试验	钢结构防火涂料的黏结强度、抗压强度应符合国家现行标准《钢结构防火涂料应用技术规范》CECS 24—1990 的规定。检验方法应符合现行国家标准《建筑构件防火喷涂材料性能试验方法》GA 110—1995 的规定	检查复验报告	每使用 100t 或不足 100t 薄涂型防火涂料应抽检一次黏结强度；每使用 500t 或不足 500t 厚涂型防火涂料应抽检一次黏结强度和抗压强度
	涂层厚度	薄涂型防火涂料的涂层厚度应符合有关耐火极限的设计要求。厚涂型防火涂料的涂层厚度，80%及以上面积应符合有关耐火极限的设计要求，且最薄处厚度不应低于设计要求的85%	用涂层厚度测量仪、测针和钢尺检查。测量方法应符合国家现行标准《钢结构防火涂料应用技术规范》CECS 24—1990 的规定及下面三种的要求	按同类构件数抽查10%，且均应不少于 3件
	表面裂纹	薄涂型防火涂料涂层表面裂纹宽度应不大于 0.5mm；厚涂型防火涂料涂层表面裂纹宽度应不大于 1mm	观察和用尺量检查	按同类构件数抽查10%，且均应不少于 3件
一般项目	基层表面	防火涂料擦装基层不应有油污、灰尘和泥砂等污垢	观察检查	全数检查
	涂层表面质量	防火涂料不应有误涂、漏涂，涂层应闭合无脱层、空鼓、明显缺陷、粉化松散和浮浆等外观缺陷，乳突已剔除	观察检查	全数检查

第六章　建筑屋面工程质量控制

第一节　概述

本节导读

本节主要介绍了屋面工程质量验收的一般规定和质量验收方法,其内容关系图如图 6-1 所示。

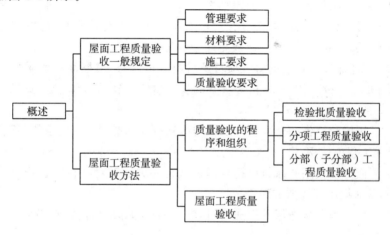

图 6-1　本节内容关系图

业务要点 1：屋面工程质量验收一般规定

1. 管理要求

1)屋面工程应根据建筑物的性质、重要程度、使用功能要求,按不同屋面防水等级进行设防。屋面防水等级和设防要求应符合现行国家标准《屋面工程技术规范》GB 50345—2012 的有关规定。

2)施工单位应取得建筑防水和保温工程相对等级的资质证书;作业人员应持证上岗。

3)施工单位应建立、健全施工质量的检验制度,严格工序管理、做好隐蔽工程的质量检查和记录。

4)屋面工程施工前应通过图纸会审,施工单位应掌握施工图中的细部构造及有关技术要求;施工单位应编制屋面工程专项施工方案,并应经监理单位或建设单位审查确认后执行。

5) 对屋面工程采用的新技术,应按有关规定经过科技成果鉴定、评估或新产品、新技术鉴定。施工单位应对新的或首次采用的新技术进行工艺评价,并应制定相应技术质量标准。

2. 材料要求

1) 屋面工程所用的防水、保温材料应有产品合格证书和性能检测报告,材料的品种、规格、性能等必须符合国家现行产品标准和设计要求。产品质量应由经过省级以上建设行政主管部门对其资质认可和质量监督部门对其计量认证的质量检测单位进行检测。

2) 防水、保温材料进场验收应符合下列规定:

① 应根据设计要求对材料的质量证明文件进行检查,并应经监理工程师或建设单位代表确认,纳入工程技术档案。

② 应对材料的品种、规格、包装、外观和尺寸等进行检查验收,并应经监理工程师或建设单位代表确认,形成相应验收记录。

③ 防水、保温材料进场检验项目及材料标准应符合《屋面工程质量验收规范》GB 50207—2012 附录 A 和附录 B 的规定,材料进场检验应执行见证取样送检制度,并应提出进场检验报告。

④ 进场检验报告的全部项目指标均达到技术标准规定应为合格;不合格材料不得在工程中使用。

3) 屋面工程使用的涂料应符合国家现行有关标准对材料有害物质限量的规定,不得对周围环境造成污染。

4) 屋面工程各构造层的组成材料,应分别与相邻层次的材料相容。

3. 施工要求

1) 屋面工程施工时,应建立各道工序的自检、交接检和专职人员检查的"三检"制度,并应有完整的检查记录.每道工序施工完成后,应经监理单位或建设单位检查验收,并应在合格后再进行下道工序的施工。

2) 当进行下道工序或相邻工程施工时,应对屋面已完成的部分采取保护措施。伸出屋面的管道、设备或预埋件等,应在保温层和防水层施工前安设完毕。屋面保温层和防水层完工后,不得进行凿孔、打洞或重物冲击等有损屋面的作业。

4. 质量验收要求

1) 屋面防水工程完工后,应进行观感质量检查和雨后观察或淋水、蓄水试验,不得有渗漏和积水现象。

2) 屋面工程各子分部工程和分项工程的划分,应符合表 6-1 的要求。

表 6-1　屋面工程各子分部工程和分项工程的划分

分部工程	子分部工程	分项工程
屋面工程	基层与保护	找坡层、找平层、隔气层、隔离层、保护层
	保温与隔热	板状材料保温层、纤维材料保温层、喷涂硬泡聚氨酯保温层、现浇泡沫混凝土保温层、种植隔热层、架空隔热层、蓄水隔热层
	防水与密封	卷材防水层、涂膜防水层、复合防水层、接缝密封防水层
	瓦面与板面	烧结瓦和混凝土瓦铺装、沥青瓦铺装、金属板铺装、玻璃采光顶铺装
	细部构造	檐口、檐沟和天沟，女儿墙和山墙，水落口，变形缝，伸出屋面管道，屋面出入口，反梁过水孔，设施基座，屋脊，屋顶窗

3）屋面工程各分项工程宜按屋面面积每 $500\sim1000\,\mathrm{m^2}$ 划分为一个检验批，不足 $500\,\mathrm{m^2}$ 应按一个检验批；每个检验批的抽检数量应按《屋面工程质量验收规范》GB 50207—2012 的相关规定执行。

业务要点 2：屋面工程质量验收方法

1. 质量验收的程序和组织

屋面工程施工质量验收的程序和组织，应符合现行国家标准《建筑工程施工质量验收统一标准》GB 50300—2001 的有关规定。

（1）检验批质量验收

检验批质量验收合格应符合下列规定：

1）主控项目的质量应经抽查检验合格。

2）一般项目的质量应经抽查检验合格；有允许偏差值的项目，其抽查点应有 80% 及其以上在允许偏差范围内且最大偏差值不得超过允许偏差值的 1.5 倍。

3）应具有完整的施工操作依据和质量检查记录。

（2）分项工程质量验收

分项工程质量验收合格应符合下列规定：

1）分项工程所含检验批的质量均应验收合格。

2）分项工程所含检验批的质量验收记录应完整。

（3）分部（子分部）工程质量验收

分部（子分部）工程质量验收合格应符合下列规定：

1）分部（子分部）所含分项工程的质量均应验收合格。

2）质量控制资料应完整。

3）安全与功能抽样检验应符合现行国家标准《建筑工程施工质量验收统一标准》GB 50300—2001 的有关规定。

4）观感质量检查应符合本业务要点"2.屋面工程质量验收方法"中 3）的

规定。

2. 屋面工程质量验收

1) 屋面工程验收资料和记录应符合表 6-2 的规定：

表 6-2 屋面工程验收资料和记录

资料项目	验收资料
防水设计	设计图纸及会审记录、设计变更通知单和材料代用核定单
施工方案	施工方法、技术措施、质量保证措施
技术交底记录	施工操作要求及注意事项
材料质量证明文件	出厂合格证、形式检验报告、出厂检验报告、进场验收记录和进场检验报告
施工日志	逐日施工情况
工程检验记录	工序交接检验记录、检验批质量验收记录、隐蔽工程验收记录、淋水或蓄水试验记录、观感质量检查记录、安全与功能抽样检验(检测)记录
其他技术资料	事故处理报告、技术总结

2) 屋面工程应对下列部位进行隐蔽工程验收：

① 卷材、涂膜防水层的基层。

② 保温层的隔汽和排汽措施。

③ 保温层的铺设方式、厚度、板材缝隙填充质量及热桥部位的保温措施。

④ 接缝的密封处理。

⑤ 瓦材与基层的固定措施。

⑥ 檐沟、天沟、泛水、水落口和变形缝等细部做法。

⑦ 在屋面易开裂和渗水部位的附加层。

⑧ 保护层与卷材、涂膜防水层之间的隔离层。

⑨ 金属板材与基层的固定和板缝间的密封处理。

⑩ 坡度较大时,防止卷材和保温层下滑的措施。

3) 屋面工程观感质量检查应符合下列要求：

① 卷材铺贴方向应正确,搭接缝应黏结或焊接牢固,搭接宽度应符合设计要求,表面应平整,不得有扭曲、褶皱和翘边等缺陷。

② 涂膜防水层黏结应牢固,表面应平整,涂刷应均匀,不得有流淌、起泡和露胎体等缺陷。

③ 嵌填的密封材料应与接缝两侧黏结牢固,表面应平滑,缝边应顺直,不得有气泡、开裂和剥离等缺陷。

④ 搭口、檐沟、天沟、女儿墙、山墙、水落口、变形缝和伸出屋面管道等防水构造,应符合设计要求。

⑤ 烧结瓦、混凝土瓦铺装应平整、牢固,应行列整齐,搭接应紧密,檐口应顺

直；脊瓦应搭盖正确，间距应均匀，封固应严密；正脊和斜脊应顺直，应无起伏现象；泛水应顺直整齐，结合应严密。

⑥ 沥青瓦铺装应搭接正确，瓦片外露部分不得超过切口长度，钉帽不得外露；沥青瓦应与基层钉粘牢固，瓦面应平整，檐口应顺直；泛水应顺直整齐，结合应严密。

⑦ 金属板铺装应平整、顺滑；连接应正确，接缝应严密；屋脊、檐口、泛水直线段应顺直，曲线段应顺畅。

⑧ 玻璃采光顶铺装应平整、顺直，外露金属框或压条应横平竖直，压条应安装牢固；玻璃密封胶缝应横平竖直、深浅一致，宽窄应均匀，应光滑顺直。

⑨ 上人屋面或其他使用功能屋面，其保护及铺面应符合设计要求。

4）检查屋面有无渗漏、积水和排水系统是否通畅，应在雨后或持续淋水 2h 后进行，并应填写淋水试验记录。具备蓄水条件的槽沟、天沟应进行蓄水试验，蓄水时间不得少于 24h，并应填写蓄水试验记录。

5）对安全与功能有特殊要求的建筑屋面，工程质量验收除应符合本规范的规定外，尚应按合同约定和设计要求进行专项检验（检测）和专项验收。

6）屋面工程验收后，应填写分部工程质量验收记录，并应交建设单位和施工单位存档。

第二节　基础与保护工程

本节导读

本节主要介绍了建筑屋面保温层、防水层相关的找坡层、找平层、隔汽层、保护层等分项工程的质量控制要点和质量验收标准，其内容关系图如图 6-2 所示。

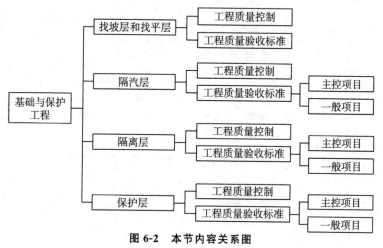

图 6-2　本节内容关系图

业务要点 1：找坡层和找平层

1．工程质量控制

1）屋面找坡应满足设计排水坡度要求，结构找坡不应小于 3%，材料找坡宜为 2%；檐沟、天沟纵向找坡不应小于 1%，沟底水落差不得超过 200mm。

2）装配式钢筋混凝土板缝嵌填施工，应符合下列要求：

① 嵌填混凝土时，板缝内应清理干净，并应保持湿润。

② 当板缝宽度大于 40mm 或上窄下宽时，板缝内应按设计要求配置钢筋。

③ 嵌填细石混凝土的强度等级不应低于 C20，嵌填深度宜低于板面 10～20mm，且应振捣密实和浇水养护。

④ 板端缝应按设计要求增加防裂的构造措施。

3）找坡层宜采用轻骨料混凝土；找坡材料应分层铺设和适当压实，表面应平整。

4）找平层宜采用水泥砂浆或细石混凝土；找平层的抹平工序应在初凝前完成，终凝后应进行养护。

5）找平层分隔缝纵横间距不宜大于 6m，分隔缝的宽度宜为 5～20mm。

2．工程质量验收标准

找坡层和找平层工程质量验收标准应符合表 6-3 的要求。

表 6-3　找坡层和找平层工程质量验收标准

序号	项 目	合格质量标准	检验方法	检验数量
1	找坡层和找平层所用材料的质量及配合比	找坡层和找平层所用材料的质量及配合比，应符合设计要求	检查出厂合格证，质量检验报告和计量措施	应按屋面面积每 100m² 抽查 1 处，每处应为 10m²，且不得少于 3 处
2	找坡层和找平层的排水坡度	找坡层和找平层的排水坡度，应符合设计要求	坡度尺检查	
3	找平层应抹平、压光	找平层应抹平、压光，不得有疏松、起砂、起皮现象	观察检查	
4	卷材防水层的基层与突出屋面结构的交接处	卷材防水层的基层与突出屋面结构的交接处，以及基层的转角处，找平层应做成圆弧形，且应整齐平顺	观察检查	
5	找平层分隔缝的宽度和间距	找平层分隔缝的宽度和间距，均应符合设计要求	观察和尺量检查	
6	找坡层表面平整度与找平层表面平整度	找坡层表面平整度的允许偏差为 7mm，找平层表面平整度的允许偏差为 5mm	2m 靠尺和塞尺检查	

业务要点 2：隔汽层

1. 工程质量控制

1）隔汽层的基层应平整、干净、干燥。

2）隔汽层应设置在结构层与保温层之间；隔汽层应选用气密性、水密性好的材料。

3）在屋面与墙的连接处，隔汽层应沿墙面向上连续铺设，高出保温层上表面不得小于 150mm。

4）隔汽层采用卷材时宜空铺，卷材搭接缝应满粘，其搭接宽度不应小于 80mm；隔汽层采用涂料时，应涂刷均匀。

5）穿过隔汽层的管线周围应封严，转角处应无折损；隔汽层凡有缺陷或破损的部位，均应进行返修。

2. 工程质量验收标准

（1）主控项目

隔汽层工程质量验收标准的主控项目检验见表 6-4。

表 6-4　隔汽层工程质量验收标准的主控项目检验

序号	项　目	合格质量标准	检验方法	检验数量
1	材料质量	隔汽层所用材料的质量，应符合设计要求	检查出厂合格证、质量检验报告和进场检验报告	应按屋面面积每 100m² 抽查 1 处，每处应为 10m²，且不得少于 3 处
2	破损情况	隔汽层不得有破损现象	观察检查	

（2）一般项目

隔汽层工程质量验收标准的一般项目检验见表 6-5。

表 6-5　隔汽层工程质量验收标准的一般项目检验

序号	项　目	合格质量标准	检验方法	检验数量
1	卷材隔汽层	卷材隔汽层应铺设平整，卷材搭接缝应黏结牢固，密封应严密，不得有扭曲、褶皱和起泡等缺陷	观察检查	应按屋面面积每 100m² 抽查 1 处，每处应为 10m²，且不得少于 3 处
2	涂膜隔汽层	涂膜隔汽层应黏结牢固，表面平整，涂布均匀，不得有堆积、起泡和露底等缺陷	观察检查	

业务要点 3：隔离层

1. 工程质量控制

1）块体材料、水泥砂浆或细石混凝土保护层与卷材、涂膜防水层之间，应设置隔离层。

2）隔离层可采取干铺塑料膜、土工布、卷材或铺抹低强度等级砂浆。

2．工程质量验收标准

（1）主控项目

隔离层工程质量验收标准的主控项目检验见表 6-6。

表 6-6　隔离层工程质量验收标准的主控项目检验

序号	项　目	合格质量标准	检验方法	检验数量
1	材料质量及配合比	隔离层所用材料的质量及配合比，应符合设计要求	检查出厂合格证和计量措施	应按屋面面积每 100m² 抽查 1 处，每处应为 10m²，且不得少于 3 处
2	破损及铺设情况	隔离层不得有破损和漏铺现象	观察检查	

（2）一般项目

隔离层工程质量验收标准的一般项目检验见表 6-7。

表 6-7　隔离层工程质量验收标准的一般项目检验

序号	项　目	合格质量标准	检验方法	检验数量
1	塑料膜、土工布、卷材的铺设	塑料膜、土工布、卷材的铺设应平整，其搭接宽度不应小于 50mm，不得有褶皱	观察和尺量检查	应按屋面面积每 100m² 抽查 1 处，每处应为 10m²，且不得少于 3 处
2	低强度等级砂浆	低强度等级砂浆表面应压实、平整，不得有起壳、起砂现象	观察检查	

🌀 业务要点 4：保护层

1．工程质量控制

1）防水层上的保护层施工，应待卷材铺贴完成或涂料固化成膜，并经检验合格后进行。

2）用块体材料做保护层时，宜设置分隔缝，分隔缝纵横间距不应大于 10mm，分隔缝宽度宜为 20mm。

3）用水泥砂浆做保护层时，表面应抹平压光，并应设表面分隔缝，分隔面积宜为 1m²。

4）用细石混凝土做保护层时，混凝土应振捣密实，表面应抹平压光，分隔缝纵横间距不应大于 6m。分隔缝的宽度宜为 10～20mm。

5）块体材料、水泥砂浆或细石混凝土保护层与女儿墙和山墙之间，应预留宽度为 30mm 的缝隙，缝内宜填塞聚苯乙烯泡沫塑料，并应用密封材料嵌填密实。

2. 工程质量验收标准

（1）主控项目

保护层工程质量验收标准的主控项目检验见表6-8。

表6-8 保护层工程质量验收标准的主控项目检验

序号	项 目	合格质量标准	检验方法	检验数量
1	材料质量及配合比	保护层所用材料的质量及配合比，应符合设计要求	检查出厂合格证、质量检验报告和计量措施	应按屋面面积每100m²抽查1处，每处应为10m²，且不得少于3处
2	保护层强度等级	块体材料、水泥砂浆或细石混凝土保护层的强度等级，应符合设计要求	检查块体材料、水泥砂浆或混凝土抗压强度试验报告	
3	保护层排水坡度	保护层的排水坡度，应符合设计要求	坡度尺检查	

（2）一般项目

保护层工程质量验收标准的一般项目检验见表6-9。

表6-9 保护层工程质量验收标准的一般项目检验

序号	项 目	合格质量标准	检验方法	检验数量
1	外观质量	块体材料保护层表面应干净，接缝应平整，周边应顺直，镶嵌应正确，应无空鼓现象	小锤轻击和观察检查	应按屋面面积每100m²抽查1处，每处应为10m²，且不得少于3处
2		水泥砂浆、细石混凝土保护层不得有裂纹、脱皮、麻面和起砂等现象	观察检查	
3	黏结质量	浅色涂料应与防水层黏结牢固，厚薄应均匀，不得漏涂	观察检查	
4	允许偏差	保护层的允许偏差及检验方法应符合表6-10的规定	见表6-10	

表6-10 保护层的允许偏差及检验方法

项 目	允许偏差/mm			检验方法
	块体材料	水泥砂浆	细石混凝土	
表面平整度	4.0	4.0	5.0	2m靠尺和塞尺检查
缝格平直	3.0	3.0	3.0	拉线和尺量检查
接缝高低差	1.5	—	—	直尺和塞尺检查
板块间隙宽度	2.0	—	—	尺量检查
保护层厚度	设计厚度的10%，且不得大于5mm			钢针插入和尺量检查

第三节 保温与隔热工程

本节导读

本节主要介绍了板状材料、纤维材料、喷涂硬泡聚氨酯、现浇泡沫混凝土保护温和种植、架空、蓄水隔热层分项工程的施工质量控制和质量验收标准。其内容关系图如图 6-3 所示。

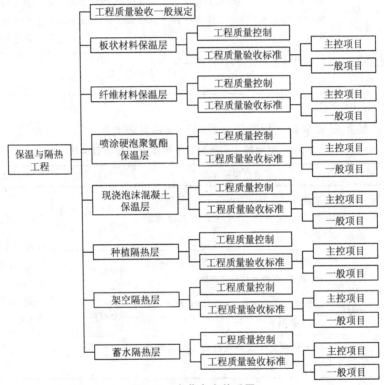

图 6-3 本节内容关系图

业务要点 1：工程质量验收一般规定

1) 铺设保温层的基层应平整、干燥和干净。

2) 保温材料在施工过程中应采取防潮、防水和防火等措施。

3) 保温与隔热工程的构造及选用材料应符合设计要求。

4) 保温与隔热工程质量验收除应符合本章规定外，尚应符合现行国家标准《建筑节能工程施工质量验收规范》GB 50411—2007 的有关规定。

5) 保温材料使用时的含水率，应相当于该材料在当地自然风干状态下的平均水率。

6）保温材料的导热系数、表观密度或干密度、抗压强度或压缩强度、燃烧性能,必须符合设计要求。

7）种植、架空、蓄水隔热层施工前,防水层均应验收合格。

8）保温与隔热工程各分项工程每个检验批的抽检数量,应按屋面面积每100m²抽查1处,每处应为10m²,且不得少于3处。

业务要点2:板状材料保温层

1. 工程质量控制

1）板状材料保温层采用干铺法施工时,板状保温材料应紧靠在基层表面上,应铺平垫稳;分层铺设的板块上下层接缝应相互错开,板间缝隙应采用同类材料的碎屑嵌填密实。

2）板状材料保温层采用粘贴法施工时,胶粘剂应与保温材料的材性相容,并应贴严、粘牢;板状材料保温层的平面接缝应挤紧拼严,不得在板块侧面涂抹胶粘剂,超过2mm的缝隙应采用相同材料板条或片填塞严实。

3）板状保温材料采用机械固定法施工时,应选择专用螺钉和垫片;固定件与结构层之间应连接牢固。

2. 工程质量验收标准

（1）主控项目

板状材料保温层工程质量验收标准的主控项目检验见表6-11。

表6-11 板状材料保温层工程质量验收标准的主控项目检验

序号	项 目	合格质量标准	检验方法	检验数量
1	材料质量	板状保温材料的质量,应符合设计要求	检查出厂合格证、质量检验报告和进场检验报告	应按屋面面积每100m²抽查1处,每处应为10m²,且不得少于3处
2	保温层厚度	板状材料保温层的厚度,应符合设计要求,其正偏差应不限,负偏差应为5%,且不得大于4mm	钢针插入和尺量检查	
3	屋面热桥部位处理	屋面热桥部位处理,应符合设计要求	观察检查	

（2）一般项目

板状材料保温层工程质量验收标准的一般项目检验见表6-12。

表 6-12　板状材料保温层工程质量验收标准的一般项目检验

序号	项　目	合格质量标准	检验方法	检验数量
1	材料铺设	板状保温材料铺设应紧贴基层,应铺平垫稳,拼缝应严密,粘贴应牢固	观察检查	应按屋面面积每100m²抽查1处,每处应为10m²,且不得少于3处
2	固定件要求	固定件的规格、数量和位置均应符合设计要求;垫片应与保温层表面齐平	观察检查	
3	保温层表面平整度	板状材料保温层表面平整度的允许偏差为5mm	2m 靠尺和塞尺检查	
4	保温层接缝高低差	板状材料保温层接缝高低差的允许偏差为2mm	直尺和塞尺检查	

业务要点 3:纤维材料保温层

1. 工程质量控制

1)纤维材料保温层施工应符合下列规定:

① 纤维保温材料应紧靠在基层表面上,平面接缝应挤紧拼严,上下层接缝应相互错开。

② 屋面坡度较大时,宜采用金属或塑料专用固定件将纤维保温材料与基层固定。

③ 纤维保温材料填充后,不得上人踩踏。

2)装配式骨架纤维保温材料施工时,应先在基层上铺设保温龙骨或金属龙骨,龙骨之间应填充纤维保温材料,再在龙骨上铺钉水泥纤维板。金属龙骨和固定件应经防锈处理,金属龙骨与基层之间应采取隔热断桥措施。

2. 工程质量验收标准

(1)主控项目

纤维材料保温层工程质量验收标准的主控项目检验见表 6-13。

表 6-13　纤维材料保温层工程质量验收标准的主控项目检验

序号	项　目	合格质量标准	检验方法	检验数量
1	材料质量	纤维保温材料的质量,应符合设计要求	检查出厂合格证、质量检验报告和进场检验报告	应按屋面面积每100m²抽查1处,每处应为10m²,且不得少于3处
2	保温层厚度	纤维材料保温层的厚度,应符合设计要求,其正偏差应不限,毡不得有负偏差,板负偏差应为4%,且不得大于3mm	钢针插入和尺量检查	
3	屋面热桥部位处理	屋面热桥部位处理,应符合设计要求	观察检查	

（2）一般项目

纤维材料保温层工程质量验收标准的一般项目检验见表 6-14。

表 6-14　纤维材料保温层工程质量验收标准的一般项目检验

序号	项　目	合格质量标准	检验方法	检验数量
1	材料铺设	纤维保温材料铺设应紧贴基层,拼缝应严密,表面应平整	观察检查	应按屋面面积每 100m² 抽查 1 处,每处应为 10m²,且不得少于 3 处
2	固定件要求	固定件的规格、数量和位置,应符合设计要求;垫片应与保温层表面齐平	观察检查	
3	铺设要求	装配式骨架和水泥纤维板应铺钉牢固,表面应平整;龙骨间距和板材厚度,应符合设计要求	观察和尺量检查	
4	玻璃棉制品要求	具有抗水蒸气渗透外覆面的玻璃棉制品,其外覆面应朝向室内,拼缝应用防水密封胶带封严	观察检查	

业务要点 4：喷涂硬泡聚氨酯保温层

1. 工程质量控制

1）保温层施工前应对喷涂设备进行调试,并应制备试样进行硬泡聚氨酯的性能检测。

2）喷涂硬泡聚氨酯的配合比应准确计量,发泡厚度应均匀一致。

3）喷涂时喷嘴与施工基面的间距应由试验确定。一个作业面应分遍喷涂完成,每遍厚度不宜大于 15mm;当日的作业面应当日连续地喷涂施工完毕。

4）硬泡聚氨酯喷涂后 20min 内严禁上人;喷涂硬泡聚氨酯保温层完成后,应及时做保护层。

2. 工程质量验收标准

（1）主控项目

喷涂硬泡聚氨酯保温层质量验收标准的主控项目检验见表 6-15。

表 6-15　保温层主控项目检验

序号	项　目	合格质量标准	检验方法	检验数量
1	原材料的质量及配合比	喷涂硬泡聚氨酯所用原材料的质量及配合比,应符合设计要求	检查原材料出厂合格证、质量检验报告和计量措施	应按屋面面积每 100m² 抽查 1 处,每处应为 10m²,且不得少于 3 处

序号	项 目	合格质量标准	检验方法	检验数量
2	保温层厚度	喷涂硬泡聚氨酯保温层的厚度,应符合设计要求,其正偏差应不限,不得有负偏差	钢针插入和尺量检查	应按屋面面积每100m²抽查1处,每处应为10m²,且不得少于3处
3	屋面热桥部位处理	屋面热桥部位处理,应符合设计要求	观察检查	

（2）一般项目

喷涂硬泡聚氨酯保温层质量验收标准的一般项目检验见表6-16。

表6-16　保温层一般项目检验

序号	项 目	合格质量标准	检验方法	检验数量
1	表面质量	喷涂硬泡聚氨酯应分遍喷涂,黏结应牢固,表面应平整,找坡应正确	观察检查	应按屋面面积每100m²抽查1处,每处应为10m²,且不得少于3处
2	保温层表面平整度	喷涂硬泡聚氨酯保温层表面平整度的允许偏差为5mm	2m靠尺和塞尺检查	

业务要点5：现浇泡沫混凝土保温层

1. 工程质量控制

1）在浇筑泡沫混凝土前,应将基层上的杂物和油污清理干净;基层应浇水湿润,但不得有积水。

2）保温层施工前应对设备进行调试,并应制备试样进行泡沫混凝土的性能检测。

3）泡沫混凝土的配合比应准确计量,制备好的泡沫加入水泥料浆中应搅拌均匀。

4）浇筑过程中,应随时检查泡沫混凝土的湿密度。

2. 工程质量验收标准

（1）主控项目

现浇泡沫混凝土保温层工程质量验收标准的主控项目检验见表6-17。

（2）一般项目

现浇泡沫混凝土保温层工程质量验收标准的一般项目检验见表6-18。

业务要点6：种植隔热层

1. 工程质量控制

1）种植隔热层与防水层之间宜设细石混凝土保护层。

表 6-17　现浇泡沫混凝土保温层工程质量验收标准的主控项目检验

序号	项　目	合格质量标准	检验方法	检验数量
1	原材料的质量及配合比	现浇泡沫混凝土所用原材料的质量及配合比,应符合设计要求	检查原材料出厂合格证、质量检验报告和计量措施	应按屋面面积每100m²抽查1处,每处应为10m²,且不得少于3处
2	保温层厚度	现浇泡沫混凝土保温层的厚度,应符合设计要求,其正负偏差应为5%,且不得大于5mm	钢针插入和尺量检查	
3	屋面热桥部位处理	屋面热桥部位处理,应符合设计要求	观察检查	

表 6-18　现浇泡沫混凝土保温层工程质量验收标准的一般项目检验

序号	项　目	合格质量标准	检验方法	检验数量
1	施工要求	现浇泡沫混凝土应分层施工,黏结应牢固,表面应平整,找坡应正确	观察检查	应按屋面面积每100m²抽查1处,每处应为10m²,且不得少于3处
2	质量要求	现浇泡沫混凝土不得有贯通性裂缝,以及疏松、起砂、起皮现象	观察检查	
3	表面平整度	现浇泡沫混凝土保温层表面平整度的允许偏差为5mm	2m靠尺和塞尺检查	

2)种植隔热层的屋面坡度大于20%时,其排水层、种植土层应采取防滑措施。

3)排水层施工应符合下列要求:

①陶粒的粒径不应小于25mm,大粒径应在下,小粒径应在上。

②凹凸形排水板宜采用搭接法施工,网状交织排水板宜采用对接法施工。

③排水层上应铺设过滤层土工布。

④挡墙或挡板的下部应设泄水孔,孔周围应放置疏水粗细骨料。

4)过滤层土工布应沿种植土周边向上铺设至种植土高度,并应与挡墙或挡板粘牢;土工布的搭接宽度不应小于100mm,接缝宜采用黏合或缝合。

5)种植土的厚度及自重应符合设计要求。种植土表面应低于挡墙高度100mm。

2. 工程质量验收标准

(1)主控项目

种植隔热层工程质量验收标准的主控项目检验见表6-19。

表 6-19 种植隔热层工程主控项目检验

序号	项 目	合格质量标准	检验方法	检验数量
1	材料质量	种植隔热层所用材料的质量,应符合设计要求	检查出厂合格证和质量检验报告	应按屋面面积每 100m² 抽查 1 处,每处应为 10m²,且不得少于 3 处
2	排水层应与排水系统连通	排水层应与排水系统连通	观察检查	
3	挡墙或挡板泄水孔的留设	挡墙或挡板泄水孔的留设,应符合设计要求,并不得堵塞	观察和尺量检查	

(2)一般项目

种植隔热层工程质量验收标准的一般项目检验见表 6-20。

表 6-20 种植隔热层工程质量验收标准的一般项目检验

序号	项 目	合格质量标准	检验方法	检验数量
1	陶粒	陶粒应铺设平整、均匀,厚度应符合设计要求	观察和尺量检查	应按屋面面积每 100m² 抽查 1 处,每处应为 10m²,且不得少于 3 处
2	排水板	排水板应铺设平整,接缝方法应符合国家现行有关标准的规定	观察和尺量检查	
3	过滤层土工布	过滤层土工布应铺设平整、接缝严密,其搭接宽度的允许偏差为 -10mm	观察和尺量检查	
4	种植土	种植土应铺设平整、均匀,其厚度的允许偏差为 ±5%,且不得大于 30mm	尺量检查	

业务要点 7:架空隔热层

1. 工程质量控制

1)架空隔热层的高度应按屋面宽度或坡度大小确定。设计无要求时,架空隔热层的高度宜为 180~300mm。

2)当屋面宽度大于 10m 时,应在屋面中部设置通风屋脊,通风口处应设置通风箅子。

3)架空隔热制品支座底面的卷材、涂膜防水层,应采取加强措施。

4)架空隔热制品的质量应符合下列要求:

① 非上人屋面的砌块强度等级不应低于 MU7.5;上人屋面的砌块强度等级不应低于 MU10。

② 混凝土板的强度等级不应低于 C20,板厚及配筋应符合设计要求。

2. 工程质量验收标准

(1)主控项目

架空隔热层工程质量验收标准的主控项目检验见表 6-21。

表 6-21 主控项目检验

序号	项目	合格质量标准	检验方法	检验数量
1	质量要求	架空隔热制品的质量,应符合设计要求	检查材料或构件合格证和质量检验报告	应按屋面面积每100m² 抽查 1 处,每处应为 10m²,且不得少于 3 处
2	铺设施工	架空隔热制品的铺设应平整、稳固,缝隙勾填应密实	观察检查	

(2)一般项目

架空隔热层工程质量验收标准的一般项目检验见表 6-22。

表 6-22 一般项目检验

序号	项目	合格质量标准	检验方法	检验数量
1	与山墙或女儿墙的间距	架空隔热制品距山墙或女儿墙不得小于 250mm	观察和尺量检查	应按屋面面积每 100m² 抽查 1 处,每处应为 10m²,且不得少于 3 处
2	高度及通风屋脊、变形缝做法	架空隔热层的高度及通风屋脊、变形缝做法,应符合设计要求	观察和尺量检查	
3	接缝高低差	架空隔热制品接缝高低差的允许偏差为 3mm	直尺和塞尺检查	

业务要点 8:蓄水隔热层

1. 工程质量控制

1)蓄水隔热层与屋面防水层之间应设隔离层。

2)蓄水池的所有孔洞应预留,不得后凿;所设置的给水管、排水管和溢水管等,均应在蓄水池混凝土施工前安装完毕。

3)每个蓄水区的防水混凝土应一次浇筑完毕,不得留施工缝。

4)防水混凝土应用机械振捣密实,表面应抹平和压光,初凝后应铺盖养护,终凝后浇水养护不得少于 14d;蓄水后不得断水。

2. 工程质量验收标准

(1)主控项目

蓄水隔热层工程质量验收标准的主控项目检验见表 6-23。

表 6-23 主控项目检验

序号	项目	合格质量标准	检验方法	检验数量
1	材料的质量及配合比	防水混凝土所用材料的质量及配合比,应符合设计要求	检查出厂合格证、质量检验报告、进场检验报告和计量措施	应按屋面面积每 100m² 抽查 1 处,每处应为 10m²,且不得少于 3 处

续表

序号	项 目	合格质量标准	检验方法	检验数量
2	抗压强度和抗渗性能	防水混凝土的抗压强度和抗渗性能,应符合设计要求	检查混凝土抗压和抗渗试验报告	应按屋面面积每 100m² 抽查 1 处,每处应为 10m²,且不得少于 3 处
3	渗漏现象	蓄水池不得有渗漏现象	蓄水至规定高度观察检查	

（2）一般项目

蓄水隔热层工程质量验收标准的一般项目检验见表 6-24。

表 6-24　一般项目检验

序号	项 目	合格质量标准	检验方法	检验数量
1	表面质量	防水混凝土表面应密实、平整,不得有蜂窝、麻面、露筋等缺陷	观察检查	应按屋面面积每 100m² 抽查 1 处,每处应为 10m²,且不得少于 3 处
2	表面裂缝限值	防水混凝土表面的裂缝宽度不应大于 0.2mm,并不得贯通	刻度放大镜检查	
3	溢水口、过水孔、排水管、溢水管等要求	蓄水池上所留设的溢水口、过水孔、排水管、溢水管等,其位置、标高和尺寸均应符合设计要求	观察和尺量检查	
4	结构允许偏差	蓄水池结构的允许偏差及检验方法应符合表 6-25 的规定	见表 6-25	

表 6-25　蓄水池结构的允许偏差及检验方法

项 目	允许偏差/mm	检验方法
长度、宽度	+15,−10	尺量检查
厚度	±5	
表面平整度	5	2m 靠尺和塞尺检查
排水坡度	符合设计要求	坡度尺检查

第四节　防水与密封工程

⊙ 本节导读

本节主要介绍了卷材防水层、涂膜防水层、复合防水层和接缝密封防水等分项工程的施工质量控制要点及工程质量验收标准。其内容关系图如图 6-4 所示。

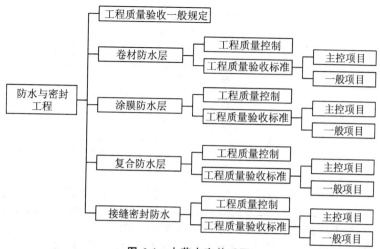

图 6-4 本节内容关系图

业务要点 1：工程质量验收一般规定

1）防水层施工前，基层应坚实、平整、干净、干燥。

2）基层处理剂应配比准确，并应搅拌均匀；喷涂或涂刷基层处理剂应均匀一致，待其干燥后应及时进行卷材、涂膜防水层和接缝密封防水施工。

3）防水层完工并经验收合格后，应及时做好成品保护。

4）防水与密封工程各分项工程每个检验批的抽检数量：防水层应按屋面面积每 $100m^2$ 抽查 1 处，每处应为 $10m^2$，且不得少于 3 处；接缝密封防水应按每 $50m$ 抽查 1 处，每处应为 $5m$，且不得少于 3 处。

业务要点 2：卷材防水层

1. 工程质量控制

1）屋面坡度大于 25％时，卷材应采取满粘和钉压固定措施。

2）卷材铺贴方向应符合下列规定：

① 卷材宜平行屋脊铺贴。

② 上下层卷材不得相互垂直铺贴。

3）卷材搭接缝应符合下列规定：

① 平行屋脊的卷材搭接缝应顺流水方向，卷材搭接宽度应符合表 6-26 的规定。

② 相邻两幅卷材短边搭接缝应错开，且不得小于 500mm。

③ 上下层卷材长边搭接缝应错开，且不得小于幅宽的 1/3。

4）冷粘法铺贴卷材应符合下列规定：

① 胶粘剂涂刷应均匀，不应露底，不应堆积。

② 应控制胶粘剂涂刷与卷材铺贴的间隔时间。

表 6-26　卷材搭接宽度　　　　　　　　　　　（单位：mm）

卷材类别		搭接宽度
合成高分子防水卷材	胶粘剂	80
	胶粘带	50
	单缝焊	60,有效焊接宽度不小于25
	双缝焊	80,有效焊接宽度10×2＋空腔宽
高聚物改性沥青防水卷材	胶粘剂	100
	自粘	80

③ 卷材下面的空气应排尽,并应辊压粘贴牢固。

④ 卷材铺贴应平整顺直,搭接尺寸应准确,不得扭曲、褶皱。

⑤ 接缝口应用密封材料封严,宽度不应小于10mm。

5）热粘法铺贴卷材应符合下列规定:

① 熔化热熔型改性沥青胶结料时,宜采用专用导热油炉加热,加热温度不应高于200℃,使用温度不宜低于180℃。

② 粘贴卷材的热熔型改性沥青胶结料厚度宜为1.0~1.5mm。

③ 采用热熔型改性沥青胶结料粘贴卷材时,应随刮随铺,并应展平压实。

6）热熔法铺贴卷材应符合下列规定:

① 火焰加热器加热卷材应均匀,不得加热不足或烧穿卷材。

② 卷材表面热熔后应立即滚铺,卷材下面的空气应排尽,并应辊压粘贴牢固。

③ 卷材接缝部位应溢出热熔的改性沥青胶,溢出的改性沥青胶宽度宜为8mm。

④ 铺贴的卷材应平整顺直,搭接尺寸应准确,不得扭曲、褶皱。

⑤ 厚度小于3mm的高聚物改性沥青防水卷材,严禁采用热熔法施工。

7）自粘法铺贴卷材应符合下列规定:

① 铺贴卷材时,应将自粘胶底面的隔离纸全部撕净。

② 卷材下面的空气应排尽,并应辊压粘贴牢固。

③ 铺贴的卷材应平整顺直,搭接尺寸应准确,不得扭曲、褶皱。

④ 接缝口应用密封材料封严,宽度不应小于10mm。

⑤ 低温施工时,接缝部位宜采用热风加热,并应随即粘贴牢固。

8）焊接法铺贴卷材应符合下列规定:

① 焊接前卷材应铺设平整、顺直,搭接尺寸应准确,不得扭曲、褶皱。

② 卷材焊接缝的结合面应干净、干燥,不得有水滴、油污及附着物。

③ 焊接时应先焊长边搭接缝,后焊短边搭接缝。

④ 控制加热温度和时间,焊接缝不得有漏焊、跳焊、焊焦或焊接不牢现象。

⑤ 焊接时不得损害非焊接部位的卷材。

9) 机械固定法铺贴卷材应符合下列规定:

① 卷材应采用专用固定件进行机械固定。

② 固定件应设置在卷材搭接缝内,外露固定件应用卷材封严。

③ 固定件应垂直钉入结构层有效固定,固定件数量和位置应符合设计要求。

④ 卷材搭接缝应黏结或焊接牢固,密封应严密。

⑤ 卷材周边 800mm 范围内应满粘。

2. 工程质量验收标准

(1) 主控项目

卷材防水层工程质量验收标准的主控项目检验见表 6-27。

表 6-27 卷材防水层工程质量验收标准的主控项目检验

序号	项 目	合格质量标准	检验方法	检验数量
1	材料质量	防水卷材及其配套材料的质量,应符合设计要求	检查出厂合格证、质量检验报告和进场检验报告	应按屋面面积每 $100m^2$ 抽查 1 处,每处应为 $10m^2$,且不得少于 3 处;接缝密封防水应按每 50m 抽查 1 处,每处应为 5m,且不得少于 3 处
2	渗漏和积水情况	卷材防水层不得有渗漏和积水现象	雨后观察或淋水、蓄水试验	
3	防水构造要求	卷材防水层在檐口、檐沟、天沟、水落口、泛水、变形缝和伸出屋面管道的防水构造,应符合设计要求	观察检查	

(2) 一般项目

卷材防水层工程质量验收标准的一般项目检验见表 6-28。

表 6-28 卷材防水层工程质量验收标准的一般项目检验

序号	项 目	合格质量标准	检验方法	检验数量
1	搭接缝	卷材防水层的搭接缝应黏结或焊接牢固,密封应严密,不得扭曲、褶皱和翘边	观察检查	应按屋面面积每 $100m^2$ 抽查 1 处,每处应为 $10m^2$,且不得少于 3 处;接缝密封防水应按每 50m 抽查 1 处,每处应为 5m,且不得少于 3 处
2	防水层收头	卷材防水层的收头应与基层黏结,钉压应牢固,密封应严密	观察检查	
3	铺贴方向	卷材防水层的铺贴方向应正确,卷材搭接宽度的允许偏差为 -10mm	观察和尺量检查	
4	屋面排气构造	屋面排气构造的排汽道应纵横贯通,不得堵塞;排气管应安装牢固,位置应正确,封闭应严密	观察检查	

业务要点3:涂膜防水层

1. 工程质量控制

1) 防水涂料应多遍涂布,并应待前一遍涂布的涂料干燥成膜后,再涂布后一遍涂料,且前后两遍涂料的涂布方向应相互垂直。

2) 铺设胎体增强材料应符合下列规定:

① 胎体增强材料宜采用聚酯无纺布或化纤无纺布。

② 胎体增强材料长边搭接宽度不应小于50mm,短边搭接宽度不应小于70mm。

③ 上下层胎体增强材料的长边搭接缝应错开,且不得小于幅宽的1/3。

④ 下层胎体增强材料不得相互垂直铺设。

3) 多组分防水涂料应按配合比准确计量,搅拌应均匀,并应根据有效时间确定每次配制的数量。

2. 工程质量验收标准

(1) 主控项目

涂膜防水层工程质量验收标准的主控项目检验见表6-29。

表6-29　涂膜防水层工程质量验收标准的主控项目检验

序号	项　目	合格质量标准	检验方法	检验数量
1	材料质量	防水涂料和胎体增强材料的质量,应符合设计要求	检查出厂合格证、质量检验报告和进场检验报告	应按屋面面积每100m² 抽查1处,每处应为10m²,且不得少于3处;接缝密封防水应按每50m抽查1处,每处应为5m,且不得少于3处
2	渗漏和积水	涂膜防水层不得有渗漏和积水现象	雨后观察或淋水、蓄水试验	
3	防水构造要求	涂膜防水层在檐口、檐沟、天沟、水落口、泛水、变形缝和伸出屋面管道的防水构造,应符合设计要求	观察检查	
4	防水层平均厚度	涂膜防水层的平均厚度,应符合设计要求,且最小厚度不得小于设计厚度的80%	针测法或取样量测	

(2) 一般项目

涂膜防水层工程质量验收标准的一般项目检验见表6-30。

业务要点4:复合防水层

1. 工程质量控制

1) 卷材与涂料复合使用时,涂膜防水层宜设置在卷材防水层的下面。

2) 卷材与涂料复合使用时,防水卷材的黏结质量应符合表6-31的规定。

表 6-30　涂膜防水层工程质量验收标准的一般项目检验

序号	项　目	合格质量标准	检验方法	检验数量
1	黏结要求	涂膜防水层与基层应黏结牢固,表面应平整,涂布应均匀,不得有流淌、褶皱、起泡和露胎体等缺陷	观察检查	应按屋面面积每100m²抽查1处,每处应为10m²,且不得少于3处;接缝密封防水应按每50m抽查1处,每处应为5m,且不得少于3处
2	防水层收头	涂膜防水层的收头应用防水涂料多遍涂刷	观察检查	
3	材料的铺贴	铺贴胎体增强材料应平整、顺直,搭接尺寸应准确,应排出气泡,并应与涂料黏结牢固;胎体增强材料搭接宽度的允许偏差为−10mm	观察和尺量检查	

表 6-31　防水卷材的黏结质量

项　目	自粘聚合物改性沥青防水卷材和自带粘层防水卷材	高聚物改性沥青防水卷材胶粘剂	合成高分子防水卷材胶粘剂
黏结剥离强度/(N/10mm)	≥10或卷材断裂	≥8或卷材断裂	≥15或卷材断裂
剪切状态下的黏合强度/(N/10mm)	≥20或卷材断裂	≥20或卷材断裂	≥20或卷材断裂
浸水168h后黏结剥离强度(%)	—	—	≥70

注:防水涂料作为防水卷材黏结材料复合使用时,应符合相应的防水卷材胶粘剂规定。

3)复合防水层施工质量应符合卷材防水层和涂膜防水层的有关规定。

2.工程质量验收标准

(1)主控项目

复合防水层施工质量验收标准的主控项目检验见表 6-32。

表 6-32　复合防水层施工质量验收标准的主控项目检验

序号	项　目	合格质量标准	检验方法	检验数量
1	材料质量	复合防水层所用防水材料及其配套材料的质量,应符合设计要求	检查出厂合格证、质量检验报告和进场检验报告	应按屋面面积每100m²抽查1处,每处应为10m²,且不得少于3处;接缝密封防水应按每50m抽查1处,每处应为5m,且不得少于3处
2	渗漏和积水	复合防水层不得有渗漏和积水现象	雨后观察或淋水、蓄水试验	
3	防水构造要求	复合防水层在天沟、檐沟、檐口、水落口、泛水、变形缝和伸出屋面管道的防水构造,应符合设计要求	观察检查	

（2）一般项目

复合防水层施工质量验收标准的一般项目检验准见表 6-33。

表 6-33　复合防水层施工质量验收标准的一般项目检验

序号	项 目	合格质量标准	检验方法	检验数量
1	卷材与涂膜的黏结	卷材与涂膜应粘贴牢固，不得有空鼓和分层现象	观察检查	应按屋面面积每 100m² 抽查 1 处，每处应为 10m²，且不得少于 3 处；接缝密封防水应按每 50m 抽查 1 处，每处应为 5m，且不得少于 3 处
2	防水层总厚度	复合防水层的总厚度，应符合设计要求	针测法或取样量测	

🔘 业务要点 5：接缝密封防水

1. 工程质量控制

1）密封防水部位的基层应符合下列要求：

① 基层应牢固，表面应平整、密实，不得有裂缝、蜂窝、麻面、起皮和起砂现象。

② 基层应清洁、干燥，并应无油污、无灰尘。

③ 嵌入的背衬材料与接缝壁间不得留有空隙。

④ 密封防水部位的基层宜涂刷基层处理剂，涂刷应均匀不得漏涂。

2）多组分密封材料应按配合比准确计量，拌和应均匀，并应根据有效时间确定每次配制的数量。

3）密封材料嵌填完成后，在固化前应避免灰尘、破损及污染、且不得踩踏。

2. 工程质量验收标准

（1）主控项目

接缝密封防水工程质量验收标准的主控项目检验见表 6-34。

表 6-34　接缝密封防水工程质量验收标准的主控项目检验

序号	项 目	合格质量标准	检验方法	检验数量
1	材料质量	密封材料及其配套材料的质量，应符合设计要求	检查出厂合格证、质量检验报告和进场检验报告	应按屋面面积每 100m² 抽查 1 处，每处应为 10m²，且不得少于 3 处；接缝密封防水应按每 50m 抽查 1 处，每处应为 5m，且不得少于 3 处
2	密封材料嵌填	密封材料嵌填应密实、连续、饱满，黏结牢固，不得有气泡、开裂、脱落等缺陷	观察检查	

（2）一般项目

接缝密封防水工程质量验收标准的一般项目检验见表 6-35。

表 6-35 接缝密封防水工程质量验收标准的一般项目检验

序号	项目	合格质量标准	检验方法	检验数量
1	基层要求	密封防水部位的基层应符合本业务要点第 1 条的规定	观察检查	应按屋面面积每 100m² 抽查 1 处，每处应为 10m²，且不得少于 3 处；接缝密封防水应按每 50m 抽查 1 处，每处应为 5m，且不得少于 3 处
2	接缝宽度和嵌填深度要求	接缝宽度和密封材料的嵌填深度，应符合设计要求，接缝宽度的允许偏差为±10%	尺量检查	
3	密封材料表面质量	嵌填的密封材料表面应平滑，缝边应顺直，应无明显不平和周边污染现象	观察检查	

第五节 瓦面与板面工程

🞮 **本节导读**

本节主要介绍了烧结瓦、混凝土瓦、沥青瓦和金属板、玻璃采光顶铺装等分项工程的施工质量控制要点及质量验收标准，其内容关系图如图 6-5 所示。

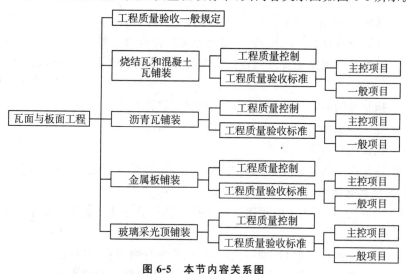

图 6-5 本节内容关系图

🞮 **业务要点 1：工程质量验收一般规定**

1）此部分内容适用于烧结瓦、混凝土瓦、沥青瓦和金属板、玻璃采光顶铺装等分项工程的施工质量验收。

2）瓦面与板面工程施工前，应对主体结构进行质量验收，且应符合现行国家标准《混凝土结构工程施工质量验收规范》GB 50204—2002、《钢结构工程施工质量验收规范》GB 50205—2001 和《木结构工程施工质量验收规范》GB 50206—2012 的有关规定。

3）木质望板、檩条、顺水条、挂瓦条等构件，均应做防腐、防蛀和防火处理；金属顺水条、挂瓦条以及金属板、固定件，均应做防锈处理。

4）瓦材或板材与山墙及突出屋面结构的交接处，均应做泛水处理。

5）在大风及地震设防地区或屋面坡度大于 100% 时，瓦材应采取固定加强措施。

6）在瓦材的下面应铺设防水层或防水垫层，其品种、厚度和搭接宽度均应符合设计要求。

7）严寒和寒冷地区的檐口部位，应采取防雪融冰坠的安全措施。

8）瓦面与板面工程各分项工程每个检验批的抽检数量，应按屋面面积每 100m²，抽查 1 处，每处应为 10m²，且不得少于 3 处。

业务要点 2：烧结瓦和混凝土瓦铺装

1. 工程质量控制

1）平瓦和脊瓦应边缘整齐，表面光洁，不得有分层、裂纹和漏砂等缺陷；平瓦的瓦爪与瓦槽的尺寸应配合。

2）基层、顺水条、挂瓦条的铺设应符合下列规定：

① 基层应平整、干净、干燥；持钉层厚度应符合设计要求。

② 顺水条应垂直正脊方向铺钉在基层上，顺水条表面应平整，其间距不宜大于 500mm。

③ 挂瓦条的间距应根据瓦片尺寸和屋面坡长经计算确定。

④ 挂瓦条应铺钉平整、牢固，上棱应成一直线。

3）挂瓦应符合下列规定：

① 挂瓦应从两坡的檐口同时对称进行。瓦后爪应与挂瓦条挂牢，并应与邻边、下面两瓦落槽密合。

② 檐口瓦、斜天沟瓦应用镀锌铁丝拴牢在挂瓦条上，每片瓦均应与挂瓦条固定牢固。

③ 整坡瓦面应平整，行列应横平竖直，不得有翘角和张口现象。

④ 正脊和斜脊应铺平挂直，脊瓦搭盖应顺主导风向和流水方向。

4）烧结瓦和混凝土瓦铺装的有关尺寸，应符合下列规定：

① 瓦屋面檐口挑出墙面的长度不宜小于 300mm。

② 脊瓦在两坡面瓦上的搭盖宽度，每边不应小于 40mm。

③ 脊瓦在下端距坡面瓦的高度不宜大于 80mm。

④ 瓦头伸入檐沟、天沟内的长度宜为 50～70mm。

⑤ 金属檐沟、天沟伸入瓦内的宽度不应小于150mm。

⑥ 瓦头挑出檐口的长度宜为50～70mm。

⑦ 突出屋面结构的侧面瓦伸入泛水的宽度不应小于50mm。

2. 工程质量验收标准

（1）主控项目

烧结瓦和混凝土瓦铺装工程质量验收标准的主控项目检验见表6-36。

表6-36　主控项目检验

序号	项　目	合格质量标准	检验方法	检验数量
1	垫层质量	瓦材及防水垫层的质量,应符合设计要求	检查出厂合格证、质量检验报告和进场检验报告	应按屋面面积每100m²,抽查1处,每处应为10m²,且不得少于3处
2	屋面渗漏	烧结瓦、混凝土瓦屋面不得有渗漏现象	雨后观察或淋水试验	
3	牢固要求	瓦片必须铺置牢固。在大风及地震设防地区或屋面坡度大于100%时,应按设计要求采取固定加强措施	观察或手扳检查	

（2）一般项目

烧结瓦和混凝土瓦铺装工程质量验收标准的一般项目检验见表6-37。

表6-37　一般项目检验

序号	项　目	合格质量标准	检验方法	检验数量
1	挂瓦条的布置	挂瓦条应分档均匀,铺钉应平整、牢固;瓦面应平整,行列应整齐,搭接应紧密,檐口应平直	观察检查	应按屋面面积每100m²,抽查1处,每处应为10m²,且不得少于3处
2	脊瓦布置	脊瓦应搭盖正确,间距应均匀,封固应严密;正脊和斜脊应顺直,应无起伏现象	观察检查	
3	泛水做法	泛水做法应符合设计要求,并应顺直整齐、结合严密	观察检查	
4	有关尺寸要求	烧结瓦和混凝土瓦铺装的有关尺寸,应符合设计要求	尺量检查	

业务要点3:沥青瓦铺装

1. 工程质量控制

1）沥青瓦应边缘整齐,切槽应清晰,厚薄应均匀,表面应无孔洞、楞伤、裂纹、褶皱和起泡等缺陷。

2）沥青瓦应自檐口向上铺设，起始层瓦应由瓦片经切除垂片部分后制得，起始层瓦沿檐口平行铺设并伸出檐口 10mm，并应用沥青基胶粘材料与基层黏结；第一层瓦应与起始层瓦叠合，但瓦切口应向下指向檐口；第二层瓦应压在第一层瓦上且露出瓦切口，但不得超过切口长度，相邻两层沥青瓦的拼缝及切口应均匀错开。

3）铺设脊瓦时，宜将沥青瓦沿切口剪开分成三块作为脊瓦并应用 2 个固定钉固定，同时应用沥青基胶粘材料密封；脊瓦搭盖应顺主导风向。

4）沥青瓦的固定应符合下列规定：

① 沥青瓦铺设时，每张瓦片不得少于 4 个固定钉，在大风地区或屋面坡度大于 100% 时，每张瓦片不得少于 6 个固定钉。

② 固定钉应垂直钉入沥青瓦压盖面，钉帽应与瓦片表面齐平。

③ 固定钉钉入持钉层深度应符合设计要求。

④ 屋面边缘部位沥青瓦之间以及起始瓦与基层之间均应采用沥青基胶粘材料满粘。

5）沥青瓦铺装的有关尺寸应符合下列规定：

① 脊瓦在两坡面瓦上的搭盖宽度、每边不应小于 150mm。

② 脊瓦与脊瓦的压盖面不应小于脊瓦面积的 1/2。

③ 沥青瓦挑出檐口的长度宜为 10～20mm。

④ 金属泛水板与沥青瓦的搭盖宽度不应小于 100mm。

⑤ 金属泛水板与突出屋面墙体的搭接高度不应小于 250mm。

⑥ 金属滴水板伸入沥青瓦下的宽度不应小于 80mm。

2. 工程质量验收标准

（1）主控项目

沥青瓦铺装工程质量验收标准的主控项目检验见表 6-38。

表 6-38 沥青瓦铺装工程质量验收标准的主控项目检验

序号	项 目	合格质量标准	检验方法	检验数量
1	质量要求	沥青瓦及防水垫层的质量，应符合设计要求	检查出厂合格证、质量检验报告和进场检验报告	应按屋面面积每 100m²，抽查 1 处，每处应为 10m²，且不得少于 3 处
2	屋面渗漏	沥青瓦屋面不得有渗漏现象	雨后观察或淋水试验	
3	铺设要求	沥青瓦铺设应搭接正确，瓦片外露部分不得超过切口长度	观察检查	

（2）一般项目

沥青瓦铺装工程质量验收标准的一般项目检验见表 6-39。

表 6-39　沥青瓦铺装工程质量验收标准的一般项目检验

序号	项　目	合格质量标准	检验方法	检验数量
1	固定钉钉法	沥青瓦所用固定钉应垂直钉入持钉层,钉帽不得外露	观察检查	应按屋面面积每100m²,抽查 1 处,每处应为 10m²,且不得少于 3 处
2	粘钉要求	沥青瓦应与基层粘钉牢固,瓦面应平整,檐口应平直	观察检查	
3	泛水做法	泛水做法应符合设计要求,并应顺直整齐、结合紧密	观察检查	
4	有关尺寸要求	沥青瓦铺装的有关尺寸,应符合设计要求	尺量检查	

业务要点 4:金属板铺装

1. 工程质量控制

1) 金属板材应边缘整齐、表面应光滑,色泽应均匀,外形应规则,不得有翘曲、脱膜和锈蚀等缺陷。

2) 金属板材应用专用吊具安装,安装和运输过程中不得损伤金属板材。

3) 金属板材应根据要求板型和深化设计的排板图铺设,并应按设计图纸规定的连接方式固定。

4) 金属板固定支架或支座位置应准确,安装应牢固。

5) 金属板屋面铺装的有关尺寸应符合下列规定:

① 金属板檐口挑出墙面的长度不应小于 200mm。

② 金属板伸入檐沟、天沟内的长度不应小于 100mm。

③ 金属泛水板与突出屋面墙体的搭接高度不应小于 250mm。

④ 金属泛水板、变形缝盖板与金属板的搭接宽度不应小于 200mm。

⑤ 金属屋脊盖板在两坡面金属板上的搭盖宽度不应小于 250mm。

2. 工程质量验收标准

(1) 主控项目

金属板铺装工程质量验收标准的主控项目检验见表 6-40。

表 6-40　金属板铺装工程质量验收标准的主控项目检验

序号	项　目	合格质量标准	检验方法	检验数量
1	材料质量	金属板材及其辅助材料的质量,应符合设计要求	检查出厂合格证、质量检验报告和进场检验报告	应按屋面面积每100m²,抽查 1 处,每处应为10m²,且不得少于 3 处
2	屋面渗漏	金属板屋面不得有渗漏现象	雨后观察或淋水试验	

（2）一般项目

金属板铺装工程质量验收标准的一般项目检验见表 6-41。

表 6-41　金属板铺装工程质量验收标准的一般项目检验

序号	项　目	合格质量标准	检验方法	检验数量
1	铺装要求	金属板铺装应平整、顺滑；排水坡度应符合设计要求	坡度尺检查	应按屋面面积每 100m²，抽查 1 处，每处应为 10m²，且不得少于 3 处
2	连接要求	压型金属板的咬口锁边连接应严密、连续、平整，不得扭曲和裂口	观察检查	
3	紧固件连接	压型金属板的紧固件连接应采用带防水垫圈的自攻螺钉，固定点应设在波峰上；所有自攻螺钉外露的部位均应密封处理	观察检查	
4	搭接要求	金属面绝热夹芯板的纵向和横向搭接，应符合设计要求	观察检查	
5	屋脊、檐口、泛水要求	金属板的屋脊、檐口、泛水，直线段应顺直，曲线段应顺畅	观察检查	
6	铺装允许偏差	金属板材铺装的允许偏差及检验方法，应符合表 6-42 的规定	见表 6-42	

表 6-42　金属板铺装的允许偏差及检验方法

项　目	允许偏差/mm	检验方法
檐口与屋脊的平行度	15	拉线和尺量检查
金属板对屋脊的垂直度	单坡长度 1/800，且不大于 25	
金属板咬缝的平整度	10	
檐口相邻两板的端部错位	6	
金属板铺装的有关尺寸	符合设计要求	尺量检查

⊙ 业务要点 5：玻璃采光顶铺装

1. 工程质量控制

1）玻璃采光顶的预埋件应位置准确，安装应牢固。

2）玻璃采光顶及玻璃组件的制作，应符合现行行业标准《建筑玻璃采光顶》JG/T 231—2007 的有关规定。

3）玻璃采光顶表面应平整、洁净，颜色应均匀一致。

4）玻璃采光顶与周边墙体之间的连接，应符合设计要求。

2．工程质量验收标准

（1）主控项目

玻璃采光顶铺装工程质量验收标准的主控项目检验见表 6-43。

表 6-43　主控项目检验

序号	项　目	合格质量标准	检验方法	检验数量
1	材料质量	玻璃采光顶及其配套材料的质量，应符合设计要求	检查出厂合格证和质量检验报告	应按屋面面积每 100m² 抽查 1 处，每处应为 10m²，且不得少于 3 处
2	采光顶渗漏	玻璃采光顶不得有渗漏现象	雨后观察或淋水试验	
3	密封胶质量要求	硅酮耐候密封胶的打注应密实、连续、饱满，黏结应牢固，不得有气泡、开裂、脱落等缺陷	观察检查	

（2）一般项目

玻璃采光顶铺装工程质量验收标准的一般项目检验见表 6-44。

表 6-44　一般项目检验

序号	项　目	合格质量标准	检验方法	检验数量
1	铺装要求	玻璃采光顶铺装应平整、顺直；排水坡度应符合设计要求	观察和坡度尺检查	应按屋面面积每 100m²，抽查 1 处，每处应为 10m²，且不得少于 3 处
2	冷凝水收集和排出构造	玻璃采光顶的冷凝水收集和排出构造，应符合设计要求	观察检查	
3	安装质量要求	明框玻璃采光顶的外露金属框或压条应横平竖直，压条安装应牢固；隐框玻璃采光顶的玻璃分隔拼缝应横平竖直，均匀一致	观察和手扳检查	
4	支承装置	点支承采光顶玻璃的支承装置应安装牢固，配合应严密；支承装置不得与玻璃直接接触	观察检查	
5	密封胶缝要求	采光顶玻璃的密封胶缝应横平竖直，深浅应一致，宽窄应均匀，应光滑顺直	观察检查	
6	铺装允许偏差	明框玻璃采光顶铺装的允许偏差及检验方法，应符合表 6-45	见表 6-45	
7		隐框玻璃采光顶铺装的允许偏差及检验方法，应符合表 6-46	见表 6-46	
8		点支承玻璃采光顶铺装的允许偏差及检验方法，应符合表 6-47	见表 6-47	

表 6-45　明框玻璃采光顶铺装的允许偏差及检验方法

项　目		允许偏差/mm		检验方法
		铝构件	钢构件	
通长构件水平度 （纵向或横向）	构件长度≤30m	10	15	水准仪检查
	构件长度≤60m	15	20	
	构件长度≤90m	20	25	
	构件长度≤150m	25	30	
	构件长度>150m	30	35	
单一构件直线度 （纵向或横向）	构件长度≤2m	2	3	拉线或尺量检查
	构件长度>2m	3	4	
相邻构件平面高低差		1	2	直线和塞尺检查
通长构件直线度 （纵向或横向）	构件长度≤35m	5	7	经纬仪检查
	构件长度>35m	7	9	
分隔框对角线差	构件长度≤2m	3	4	尺量检查
	构件长度>2m	3.5	5	

表 6-46　隐框玻璃采光顶铺装的允许偏差及检验方法

项　目		允许偏差/mm	检验方法
通长接缝水平度 （纵向或横向）	接缝长度≤30m	10	水准仪检查
	接缝长度≤60m	15	
	接缝长度≤90m	20	
	接缝长度≤150m	25	
	接缝长度>150m	30	
相邻板块的平面高低差		1	直尺和塞尺检查
相邻板块的接缝直线度		2.5	拉线和尺量检查
通长接缝直线度 （纵向或横向）	接缝长度≤35m	5	经纬仪检查
	接缝长度>35m	7	
玻璃间接缝宽度（与设计尺寸比）		2	尺量检查

表 6-47　点支承玻璃采光顶铺装的允许偏差及检验方法

项　目		允许偏差/mm	检验方法
通长接缝水平度 （纵向或横向）	接缝长度≤30m	10	水准仪检查
	接缝长度≤60m	15	
	接缝长度＞60m	20	
相邻板块的平面高低差		1	直尺和塞尺检查
相邻板块的接缝直线度		2.5	拉线和尺量检查
通长接缝直线度 （纵向或横向）	接缝长度≤35m	5	经纬仪检查
	接缝长度＞35m	7	
玻璃间接缝宽度（与设计尺寸比）		2	尺量检查

第六节　细部构造防水工程

本节导读

　　本节主要介绍了檐口、檐沟和天沟、女儿墙和山墙、水落口、变形缝、伸出屋面管道、屋面出入口、反梁过水孔、设施基座、屋脊、屋顶窗等分项工程的施工质量控制要点及质量验收标准，其内容关系框图如图 6-6 所示。

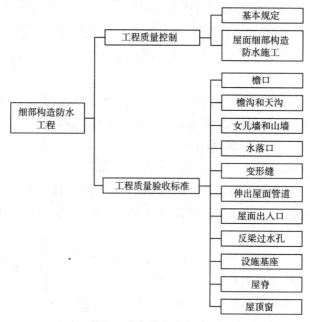

图 6-6　本节内容关系图

业务要点 1：工程质量控制

1. 基本规定

1）细部构造应做到多道设防、复合用材、连续密封、局部增强，并应满足使用功能、温差变形、施工环境条件和可操作性等要求。

2）细部构造中容易形成热桥的部位均应进行保温处理。

3）檐口、檐沟外侧下端及女儿墙压顶内侧下端等部位均应作滴水处理，滴水槽宽度和深度不宜小于 10mm。

4）檐口的防水构造应符合下列规定：

① 卷材防水屋面檐口 800mm 范围内的卷材应满粘，卷材收头应采用金属压条钉压，并应用密封材料封严。檐口下端应做鹰嘴和滴水槽。

② 涂膜防水屋面檐口的涂膜收头，应用防水涂料多遍涂刷。檐口下端应做鹰嘴和滴水槽。

③ 烧结瓦、混凝土瓦屋面的瓦头挑出檐口的长度宜为 50～70mm。

④ 沥青瓦屋面的瓦头挑出檐口的长度宜为 10～20mm；金属滴水板应固定在基层上，伸入沥青瓦下宽度不应小于 80mm，向下延伸长度不应小于 60mm。

⑤ 金属板屋面檐口挑出墙面的长度不应小于 200mm；屋面板与墙板交接处应设置金属封檐板和压条。

5）檐沟和天沟的防水构造应符合下列规定：

① 卷材或涂膜防水屋面檐沟和天沟的防水构造，应符合下列规定：

a.檐沟和天沟的防水层下应增设附加层，附加层伸入屋面的宽度不应小于 250mm。

b.檐沟防水层和附加层应由沟底翻上至外侧顶部，卷材收头应用金属压条钉压，并应用密封材料封严，涂膜收头应用防水涂料多遍涂刷。

c.檐沟外侧下端应做鹰嘴或滴水槽。

d.檐沟外侧高于屋面结构板时，应设置溢水口。

② 烧结瓦、混凝土瓦屋面檐沟和天沟的防水构造应符合下列规定：

a.檐沟和天沟防水层下应增设附加层，附加层伸入屋面的宽度不应小于 500mm。

b.檐沟和天沟防水层伸入瓦内的宽度不应小于 150mm，并应与屋面防水层或防水垫层顺流水方向搭接。

c.檐沟防水层和附加层应由沟底翻上至外侧顶部，卷材收头应用金属压条钉压，并应用密封材料封严；涂膜收头应用防水涂料多遍涂刷。

d. 烧结瓦、混凝土瓦伸入檐沟、天沟内的长度宜为 50～70mm。

③ 沥青瓦屋面檐沟和天沟的防水构造应符合下列规定：

a. 檐沟防水层下应增设附加层，附加层伸入屋面的宽度不应小于 500mm。

b. 檐沟防水层伸入瓦内的宽度不应小于 150mm，并应与屋面防水层或防水垫层顺流水方向搭接。

c. 檐沟防水层和附加层应由沟底翻上至外侧顶部，卷材收头应用金属压条钉压，并应用密封材料封严；涂膜收头应用防水涂料多遍涂刷。

d. 沥青瓦伸入檐沟内的长度宜为 10～20mm。

e. 天沟采用搭接式或编织式铺设时，沥青瓦下应增设不小于 1000mm 宽的附加层。

f. 天沟采用敞开式铺设时，在防水层或防水垫层上应铺设厚度不小于 0.45mm 的防锈金属板材，沥青瓦与金属板材应顺流水方向搭接，搭接缝应用沥青基胶结材料黏结，搭接宽度不应小于 100mm。

6）女儿墙的防水构造应符合下列规定：

① 女儿墙压顶可采用混凝土或金属制品。压顶向内排水坡度不应小于 5%，压顶内侧下端应作滴水处理。

② 女儿墙泛水处的防水层下应增设附加层，附加层在平面和立面的宽度均不应小于 250mm。

③ 低女儿墙泛水处的防水层可直接铺贴或涂刷至压顶下，卷材收头应用金属压条钉压固定，并应用密封材料封严；涂膜收头应用防水涂料多遍涂刷。

④ 高女儿墙泛水处的防水层泛水高度不应小于 250mm，防水层收头应符合③ 的规定；泛水上部的墙体应作防水处理。

⑤ 女儿墙泛水处的防水层表面，宜采用涂刷浅色涂料或浇筑细石混凝土保护。

7）山墙的防水构造应符合下列规定：

① 山墙压顶可采用混凝土或金属制品。压顶应向内排水，坡度不应小于 5%，压顶内侧下端应作滴水处理。

② 山墙泛水处的防水层下应增设附加层，附加层在平面和立面的宽度均不应小于 250mm。

③ 烧结瓦、混凝土瓦屋面山墙泛水应采用聚合物水泥砂浆抹成，侧面瓦伸入泛水的宽度不应小于 50mm。

④ 沥青瓦屋面山墙泛水应采用沥青基胶粘材料满粘一层沥青瓦片，防水层和沥青瓦收头应用金属压条钉压固定，并应用密封材料封严。

⑤ 金属板屋面山墙泛水应铺钉厚度不小于 0.45mm 的金属泛水板,并应顺流水方向搭接;金属泛水板与墙体的搭接高度不应小于 250mm,与压型金属板的搭盖宽度宜为 1～2 波,并应在波峰处采用拉铆钉连接。

8)重力式排水的水落口防水构造应符合下列规定:

① 水落口可采用塑料或金属制品,水落口的金属配件均应作防锈处理。

② 水落口杯应牢固地固定在承重结构上,其埋设标高应根据附加层的厚度及排水坡度加大的尺寸确定。

③ 水落口周围直径 500mm 范围内坡度不应小于 5%,防水层下应增设涂膜附加层。

④ 防水层和附加层伸入水落口杯内不应小于 50mm,并应黏结牢固。

9)变形缝的防水构造应符合下列规定:

① 变形缝泛水处的防水层下应增设附加层,附加层在平面和立面的宽度不应小于 250mm;防水层应铺贴或涂刷至泛水墙的顶部。

② 变形缝内应预填不燃保温材料,上部应采用防水卷材封盖,并放置衬垫材料,再在其上干铺一层卷材。

③ 等高变形缝顶部宜加扣混凝土或金属盖板;高低跨变形缝在立墙泛水处,应采用有足够变形能力的材料和构造作密封处理。

10)伸出屋面管道的防水构造应符合下列规定:

① 管道周围的找平层应抹出高度不小于 30mm 的排水坡。

② 管道泛水处的防水层下应增设附加层,附加层在平面和立面的宽度均不应小于 250mm。

③ 管道泛水处的防水层泛水高度不应小于 250mm。

④ 卷材收头应用金属箍紧固和密封材料封严,涂膜收头应用防水涂料多遍涂刷。

11)烧结瓦、混凝土瓦屋面烟囱的防水构造应符合下列规定:

① 烟囱泛水处的防水层或防水垫层下应增设附加层,附加层在平面和立面的宽度不应小于 250mm。

② 屋面烟囱泛水应采用聚合物水泥砂浆抹成。

③ 烟囱与屋面的交接处,应在迎水面中部抹出分水线,并应高出两侧各 30mm。

12)屋面出入口的防水构造应符合下列规定:

① 屋面垂直出入口泛水处应增设附加层,附加层在平面和立面的宽度均不应小于 250mm;防水层收头应在混凝土压顶圈下。

② 屋面水平出入口泛水处应增设附加层和护墙,附加层在平面上的宽度不应小于 250mm;防水层收头应压在混凝土踏步下。

13) 反梁过水孔的防水构造应符合下列规定：

① 应根据排水坡度留设反梁过水孔,图纸应注明孔底标高。

② 反梁过水孔宜采用预埋管道,其管径不得小于 75mm。

③ 过水孔可采用防水涂料、密封材料防水。预埋管道两端周围与混凝土接触处应留凹槽,并应用密封材料封严。

14) 设施基座与结构层相连时,防水层应包裹设施基座的上部,并应在地脚螺栓周围作密封处理。在防水层上放置设施时,防水层下应增设卷材附加层,必要时应在其上浇筑细石混凝土,其厚度不应小于 50mm。

15) 屋脊的防水构造应符合下列规定：

① 烧结瓦、混凝土瓦屋面的屋脊处应增设宽度不小于 250mm 的卷材附加层。脊瓦下端距坡面瓦的高度不宜大于 80mm,脊瓦在两坡面瓦上的搭盖宽度,每边不应小于 40mm;脊瓦与坡瓦面之间的缝隙应采用聚合物水泥砂浆填实抹平。

② 沥青瓦屋面的屋脊处应增设宽度不小于 250mm 的卷材附加层。脊瓦在两坡面瓦上的搭盖宽度,每边不应小于 150mm。

③ 金属板屋面的屋脊盖板在两坡面金属板上的搭盖宽度每边不应小于 250mm,屋面板端头应设置挡水板和堵头板。

16) 屋顶窗的防水构造应符合下列规定：

① 烧结瓦、混凝土瓦与屋顶窗交接处应采用金属排水板、窗框固定铁脚、窗口附加防水卷材、支瓦条等连接。

② 沥青瓦屋面与屋顶窗交接处应采用金属排水板、窗框固定铁脚、窗口附加防水卷材等与结构层连接。

2. 屋面细部构造防水施工

1) 在檐口、斜沟、泛水、屋面和突出屋面结构的连接处以及水落口四周,均应加铺一层卷材附加层;天沟宜加 1～2 层卷材附加层;内部排水的水落口四周,还宜再加铺一层沥青麻布油毡或再生胶油毡(图 6-7、图 6-8)。

2) 内部排水的水落口应用铸铁制品,水落口杯应牢固地固定在承重结构上,全部零件应预先除净铁锈,并涂刷防锈漆。

与水落口连接的各层卷材,均应粘贴在水落口杯上,并用漏斗罩。底盘压紧宽度至少为 100mm,底盘与卷材间应涂沥青胶结材料,底盘周围应用沥青胶结材料填平。

3) 水落口杯与竖管承口的连接处,用沥青麻丝堵塞,以防漏水。

4) 混凝土檐口宜留凹槽,卷材端部应固定在凹槽内,并用玛蹄脂或油膏封严。

5) 屋面与突出屋面结构的连接处,贴在立面上的卷材高度应≥250mm。

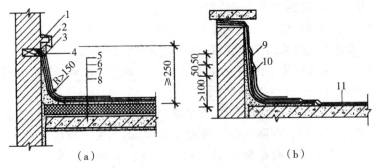

（a）　　　　　　　　　　　（b）

图 6-7　屋面与墙面连接处防水层的做法

1—防腐木砖　2—水泥砂浆或沥青砂浆封严

3—20mm×0.5mm 薄钢板压住油毡并钉牢　4—防腐木条

5—油毡附加层　6—油毡防水层　7—砂浆找平层

8—保温层及钢筋混凝土基层　9—油毡附加层

10—油毡搭接部分　11—油毡防水层

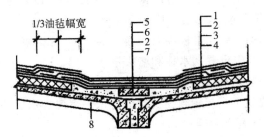

图 6-8　天沟与屋面连接处各层卷材的搭接方法

1—屋面油毡防水层　2—砂浆找平层　3—保温
层　4—预制钢筋混凝土屋面板　5—天沟油毡防水层
6—天沟油毡附加层　7—预制混凝土薄板　8—天沟
部分轻混凝土

如用薄钢板泛水覆盖时,应用钉子将泛水卷材层的上端钉在预埋的墙上木砖上,泛水上部与墙间的缝隙应用沥青砂浆填平,并将钉帽盖住。薄钢板泛水长向接缝处应焊牢。如用其他泛水时,卷材上端应用沥青砂浆或水泥砂浆封严。

6）在砌变形缝的附加墙以前,缝口应用伸缩片覆盖,并在墙砌好后,在缝内填沥青麻丝;上部应用钢筋混凝土盖板或可伸缩的镀锌薄钢板盖住。钢筋混凝土盖板的接缝,可用油膏嵌实封严。

◎ 业务要点 2：工程质量验收标准

1. 檐口

建筑屋面檐口的质量验收标准见表 6-48。

表 6-48　檐口的质量验收标准

类别	项　目	合格质量标准	检验方法	检验数量
主控项目	防水构造	檐口的防水构造应符合设计要求	观察检查	全数检验
	排水坡度	檐口的排水坡度应符合设计要求;檐口部位不得有渗漏和积水现象	坡度尺检查和雨后观察或淋水试验	
一般项目	满粘要求	檐口 800mm 范围内的卷材应满粘	观察检查	全数检验
	卷材收头	卷材收头应在找平层的凹槽内用金属压条钉压固定,并应用密封材料封严	观察检查	
	涂膜收头	涂膜收头应用防水涂料多遍涂刷	观察检查	
	檐口端部	檐口端部应抹聚合物水泥砂浆,其下端应做成鹰嘴和滴水槽	观察检查	

2.檐沟和天沟

建筑屋面檐沟和天沟的质量验收标准见表 6-49。

表 6-49　檐沟和天沟的质量验收标准

类别	项　目	合格质量标准	检验方法	检验数量
主控项目	防水构造	檐沟、天沟的防水构造应符合设计要求	观察检查	全数检验
	排水坡度	檐沟、天沟的排水坡度应符合设计要求;沟内不得有渗漏和积水现象	坡度尺检查和雨后观察或淋水、蓄水试验	
一般项目	附加层铺设	檐沟、天沟附加层铺设应符合设计要求	观察和尺量检查	
	防水层	檐沟防水层应由沟底翻上至外侧顶部,卷材收头应用金属压条钉压固定,并应用密封材料封严;涂膜收头应用防水涂料多遍涂刷	观察检查	
	外侧顶部及侧面要求	檐沟外侧顶部及侧面均应抹聚合物水泥砂浆,其下端应做成鹰嘴或滴水槽	观察检查	

3.女儿墙和山墙

建筑屋面女儿墙和山墙的质量验收标准见表 6-50。

表 6-50　女儿墙和山墙的质量验收标准

类别	项　目	合格质量标准	检验方法	检验数量
主控项目	防水构造	女儿墙和山墙的防水构造应符合设计要求	观察检查	全数检验
	压顶向内排水坡度	女儿墙和山墙的压顶向内排水坡度不应小于 5%,压顶内侧下端应做成鹰嘴或滴水槽	观察和坡度尺检查	
	渗漏和积水	女儿墙和山墙的根部不得有渗漏和积水现象	雨后观察或淋水试验	

续表

类别	项目	合格质量标准	检验方法	检验数量
一般项目	泛水高度及附加层铺设	女儿墙和山墙的泛水高度及附加层铺设应符合设计要求	观察检查	全数检验
	卷材要求	女儿墙和山墙的卷材应满粘,卷材收头应用金属压条钉压固定,并应用密封材料封严	观察检查	
	涂膜要求	女儿墙和山墙的涂膜应直接涂刷至压顶下,涂膜收头应用防水涂料多遍涂刷	观察检查	

4. 水落口

建筑屋面水落口的质量验收标准见表 6-51。

表 6-51　水落口的质量验收标准

类别	项目	合格质量标准	检验方法	检验数量
主控项目	防水构造	水落口的防水构造应符合设计要求	观察检查	全数检验
	上口的设置	水落口杯上口应设在沟底的最低处;水落口处不得有渗漏和积水现象	雨后观察或淋水、蓄水试验	
一般项目	数量和位置	水落口的数量和位置应符合设计要求;水落口杯应安装牢固	观察和手扳检查	
	周围坡度及附加层铺设	水落口周围直径 500mm 范围内坡度不应小于 5%,水落口周围的附加层铺设应符合设计要求	观察和尺量检查	
	质量要求	防水层及附加层伸入水落口杯内不应小于 50mm,并应结实牢固	观察和尺量检查	

5. 变形缝

建筑屋面变形缝的质量验收标准见表 6-52。

表 6-52　变形缝的质量验收标准

类别	项目	合格质量标准	检验方法	检验数量
主控项目	防水构造	变形缝的防水构造应符合设计要求	观察检查	全数检验
	渗漏和积水	变形缝处不得有渗漏和积水现象	雨后观察或淋水试验	
一般项目	泛水高度及附加层铺设	变形缝的泛水高度及附加层铺设应符合设计要求	观察和尺量检查	
	铺贴或涂刷要求	防水层应铺贴或涂刷至泛水墙的顶部	观察检查	

类别	项 目	合格质量标准	检验方法	检验数量
一般项目	铺设要求	等高变形缝顶部宜加扣混凝土或金属盖板。混凝土盖板的接缝应用密封材料封严;金属盖板应铺钉牢固,搭接应顺流水方向,并应做好防锈处理口	观察检查	全数检验
		高低跨变形缝在高跨墙面上的防水卷材封盖和金属盖板,应用金属压条钉压固定,并应用密封材料封严	观察检查	

6.伸出屋面管道

建筑屋面伸出屋面管道的质量验收标准见表 6-53。

表 6-53　伸出屋面管道的质量验收标准

类别	项 目	合格质量标准	检验方法	检验数量
主控项目	防水构造	伸出屋面管道的防水构造应符合设计要求	观察检查	
	渗漏和积水	伸出屋面管道根部不得有渗漏和积水现象	雨后观察或淋水试验	
一般项目	泛水高度及附加层铺设	伸出屋面管道的泛水高度及附加层铺设,应符合设计要求	观察和尺量检查	全数检验
	找平层要求	伸出屋面管道周围的找平层应抹出高度不小于3mm 的排水坡	观察和尺量检查	
	防水层收头	卷材防水层收头应用金属箍固定,并应用密封材料封严;涂膜防水层收头应用防水涂料多遍涂刷	观察检查	

7.屋面出入口

建筑屋面屋面出入口的质量验收标准见表 6-54。

表 6-54　屋面出入口的质量验收标准

类别	项 目	合格质量标准	检验方法	检验数量
主控项目	防水构造	屋面出入口的防水构造应符合设计要求	观察检查	
	渗漏和积水	屋面出入口处不得有渗漏和积水现象	雨后观察或淋水试验	全数检验
一般项目	屋面垂直出入口防水层收头	屋面垂直出入口防水层收头应压在压顶圈下,附加层铺设应符合设计要求	观察检查	

类别	项 目	合格质量标准	检验方法	检验数量
一般项目	屋面水平出入口防水层收头	屋面水平出入口防水层收头应压在混凝土踏步下,附加层铺设和护墙应符合设计要求	观察检查	全数检验
	泛水高度	屋面出入口的泛水高度不应小于250mm	观察和尺量检查	

8. 反梁过水孔

建筑屋面反梁过水孔的质量验收标准见表 6-55。

表 6-55 反梁过水孔的质量验收标准

类别	项 目	合格质量标准	检验方法	检验数量
主控项目	防水构造	反梁过水孔的防水构造应符合设计要求	观察检查	全数检验
	渗漏和积水	反梁过水孔处不得有渗漏和积水现象	雨后观察或淋水试验	
一般项目	外观质量	反梁过水孔的孔底标高、孔洞尺寸或预埋管管径,均应符合设计要求	尺量检查	
	孔洞要求	反梁过水孔的孔洞四周应涂刷防水涂料;预埋管道两端周围与混凝土接触处应留凹槽,并应用密封材料封严	观察检查	

9. 设施基座

建筑屋面设施基座的质量验收标准见表 6-56。

表 6-56 设施基座的质量验收标准

类别	项 目	合格质量标准	检验方法	检验数量
主控项目	防水构造	设施基座的防水构造应符合设计要求	观察检查	全数检验
	渗漏和积水	设施基座处不得有渗漏和积水现象	雨后观察或淋水试验	
一般项目	防水层设置	设施基座与结构层相连时,防水层应包裹设施基座的上部,并应在地脚螺栓周围做密封处理	观察检查	
		设施基座直接放置在防水层上时,设施基座下部应增设附加层,必要时应在其上浇筑细石混凝土,其厚度不应小于50mm	观察检查	

类别	项目	合格质量标准	检验方法	检验数量
一般项目	人行道铺设要求	需经常维护的设施基座周围和屋面出入口至设施之间的人行道应铺设块体材料或细石混凝土保护层	观察检查	全数检验

10. 屋脊

建筑屋面屋脊的质量验收标准见表 6-57。

表 6-57 屋脊的质量验收标准

类别	项目	合格质量标准	检验方法	检验数量
主控项目	防水构造	屋脊的防水构造应符合设计要求	观察检查	全数检验
	渗漏和积水	屋脊处不得有渗漏和积水现象	雨后观察或淋水试验	
一般项目	平脊和斜脊铺设	平脊和斜脊铺设应顺直,应无起伏现象	观察检查	
	脊瓦	脊瓦应搭盖正确,间距应均匀,封固应严密	观察和手扳检查	

11. 屋顶窗

建筑屋面屋顶窗的质量验收标准见表 6-58。

表 6-58 屋顶窗的质量验收标准

类别	项目	合格质量标准	检验方法	检验数量
主控项目	防水构造	屋顶窗的防水构造应符合设计要求	观察检查	全数检验
	渗漏和积水	屋顶窗及其周围不得有渗漏和积水现象	雨后观察或淋水试验	
一般项目	铺设要求	屋顶窗用金属排水板、窗框固定铁脚应与屋面连接牢固	观察检查	
		屋顶窗用窗口防水卷材应铺贴平整,黏结应牢固	观察检查	

第七章 建筑装饰装修工程质量控制

第一节 抹灰工程

本节导读

本节主要介绍了抹灰工程质量验收的一般规定、一般抹灰工程、装饰抹灰工程以及清水砌体勾缝工程的质量控制要点及质量验收标准,其内容关系图如图 7-1 所示。

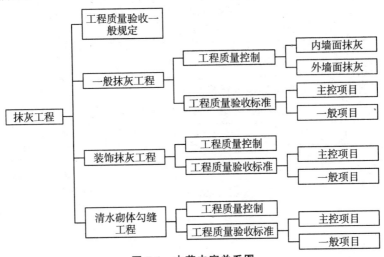

图 7-1 本节内容关系图

业务要点 1:工程质量验收一般规定

1) 抹灰工程验收时应检查下列文件和记录:

① 抹灰工程的施工图、设计说明及其他设计文件。

② 材料的产品合格证书、性能检测报告、进场验收记录和复验报告。

③ 隐蔽工程验收记录。

④ 施工记录。

2) 抹灰工程应对水泥的凝结时间和安定性进行复验。

3) 抹灰工程应对下列隐蔽工程项目进行验收:

① 抹灰总厚度大于或等于 35mm 时的加强措施。

② 不同材料基体交接处的加强措施。

4）各分项工程的检验批应按下列规定划分：

① 相同材料、工艺和施工条件的室外抹灰工程每 500～1000m² 应划分为一个检验批，不足 500m² 也应划分为一个检验批。

② 相同材料、工艺和施工条件的室内抹灰工程每 50 个自然间（大面积房间和走廊按抹灰面积 30m² 为一间）应划分为一个检验批，不足 50 间也应划分为一个检验批。

5）外墙抹灰工程施工前应先安装钢木门窗框、护栏等，并应将墙上的施工孔洞堵塞密实。

6）抹灰用的石灰膏的熟化期不应少于 15d；罩面用的磨细石灰粉的熟化期不应少于 3d。

7）室内墙面柱面和门洞口的阳角做法应符合设计要求。设计无要求时，应采用 1:2 水泥砂浆做暗护角，其高度不应低于 2m，每侧宽度不应小于 50mm。

8）当要求抹灰层具有防水、防潮功能时，应采用防水砂浆。

9）各种砂浆抹灰层，在凝结前应防止快干、水冲、撞击、振动和受冻，在凝结后应采取措施防止玷污和损坏。水泥砂浆抹灰层应在湿润条件下养护。

10）外墙和顶棚的抹灰层与基层之间及各抹灰层之间必须黏结牢固。

◎ 业务要点 2：一般抹灰工程

1. 工程质量控制

（1）内墙面抹灰

1）基层处理。

① 不同材料基体的交接处应采取防开裂措施，如铺钉金属网，金属网与各基体的搭接宽度不应小于 100mm。

② 砖墙基层处理：首先清理基层表面浮灰、砂浆、泥土等杂物，再进行墙面浇水湿润。浇水时应从墙上部缓慢浇下，防止墙面吸水处于饱和状态。

③ 混凝土墙基层处理：对光滑的混凝土表面进行凿毛处理，还可采用甩浆法，刷界面处理剂。

④ 轻质混凝土基层处理：钉铁丝网，网孔为 1cm×1cm，然后在网格上抹灰。也可以在基层刷上一道增强黏结力的封闭层，再抹灰。

2）找规矩。用一面墙做基准，先用方尺规方，如房间面积较大，在地面上先弹出十字中心线，再按墙面基层的平整度在地面弹出墙角线，随后在距墙阴角 100mm 处吊垂线并弹出垂直线，再按地上弹出的墙角线往墙上翻引，弹出阴角两面墙上的墙面抹灰层厚度控制线，以此确定标准灰饼厚度。

3）做灰饼。在墙面距地1.5m左右的高度,距墙面两边阴角100～200mm处,用1∶3水泥砂浆或1∶3∶9水泥石灰砂浆,各做一个50mm×50mm的灰饼,再用托线板或线锤以此饼面挂垂直线,在墙面的上下各补做两个灰饼,灰饼离顶棚及地面距离150～200mm,再用钉子钉在左右灰饼两头接缝里,用小线拴在钉子上拉横线,沿线每隔1.2～1.5m补做灰饼。

4）抹标筋。要求高出灰饼面5～10mm。然后用刮尺紧贴灰饼左上右下地来回搓刮,直到标筋面与灰饼面齐平为止。

5）护角。

① 在抹大面前进行,用1∶2水泥砂浆在室内的门窗洞口及墙面、柱子的阳角处做护角。

② 护角高度不低于2m,每侧宽度不小于50mm。

6）抹窗台、踢脚板。

① 应分层抹灰,窗台用1∶3水泥砂浆打底,表面划毛,养护1d。

② 刷素水泥浆一道,抹1∶2.5水泥砂浆罩面灰,原浆压光。

7）抹底灰、中灰。

① 待标筋有了一定强度后,洒水湿润墙面,然后在两筋之间用力抹上底灰,用木抹子压实搓毛。

② 底灰要略低于标筋。待底灰干至六七成后,即可抹中灰。抹灰厚度稍高于标筋,再用木杆按标筋刮平,紧接着用木抹子搓压,使表面平整密实。

③ 抹灰用的石膏熟化期不应少于15d。

8）抹罩面灰。底子灰终凝后,方可抹罩面灰。罩面用的磨细石灰粉常温下熟化期不应少于3d。

（2）外墙面抹灰

外墙面抹灰施工操作要点见表7-1。

表 7-1　一般抹灰工程外墙抹灰施工操作要点

工 序	操作要点
基层处理	砖墙凹凸处用1∶3水泥砂浆填平或剔凿平整,脚手架孔洞堵眼填实,清理墙面污物,混凝土墙面光滑处进行凿毛
弹分隔线、嵌分隔条	待中灰干至六七成时,按要求弹出分隔线,镶嵌分隔条。分隔条两侧用素水泥浆(最好掺107胶)与墙面抹成45°角,横平竖直,接头平直
做滴水线	窗台、雨篷、压顶、檐口等部位,应先抹立面,后抹顶面,再抹底面。顶面应抹出流水坡度,以便于排水,底面外沿边应做出滴水线槽,滴水线槽一般深度和宽度>10mm。窗台上面的抹灰层应伸入窗框下坎的裁口内,堵塞密实
拆除分隔条	拆除分隔条的时间可在面灰抹好之后。若采用"隔夜条"的罩面层,必须待面层砂浆达到适当强度后方可拆除

2. 工程质量验收标准

本部分适用于石灰砂浆、水泥砂浆、水泥混合砂浆、聚合物水泥砂浆和麻刀石灰、纸筋石灰、石膏灰等一般抹灰工程的质量验收。一般抹灰工程分为普通抹灰和高级抹灰,当设计无要求时,按普通抹灰验收。

由于普通抹灰和中级抹灰的主要工序和表面质量基本相同,故将原中级抹灰的主要工序和表面质量作为普通抹灰的要求。抹灰等级应由设计单位按照国家有关规定,根据技术、经济条件和装饰美观的需要来确定,并在施工图中注明。

（1）主控项目

一般抹灰工程质量验收标准的主控项目检验见表 7-2。

表 7-2 一般抹灰工程主控项目检验

序号	项 目	合格质量标准	检验方法	检验数量
1	基层表面	抹灰前基层表面的尘土、污垢、油渍等应清除干净,并应洒水润湿	检查施工记录	室内每个检验批应至少抽查 10%,并不得少于 3 间;不足 3 间时应全数检查;室外每个检验批每 100m² 应至少抽查 1 处,每处不得小于 10m²
2	材料的品种和性能	一般抹灰所用材料的品种和性能应符合设计要求。水泥的凝结时间和安定性复验应合格。砂浆的配合比应符合设计要求	检查产品合格证书、进场验收记录、复验报告和施工记录	
3	操作要求	抹灰工程应分层进行。当抹灰总厚度大于或等于 35mm 时,应采取加强措施。不同材料基体交接处表面的抹灰,应采取防止开裂的加强措施,当采用加强网时,加强网与各基体的搭接宽度不应小于 100mm	检查隐蔽工程验收记录和施工记录	
4	各层黏结及面层质量	抹灰层与基层之间及各抹灰层之间必须黏结牢固,抹灰层应无脱层、空鼓,面层应无爆灰和裂缝	观察、用小锤轻击检查;检查施工记录	

（2）一般项目

一般抹灰工程质量验收标准的一般项目检验见表 7-3。

表 7-3 一般抹灰工程一般项目检验

序号	项 目	合格质量标准	检验方法	检验数量
1	表面质量	一般抹灰工程的表面质量应符合下列规定: 1）普通抹灰表面应光滑、洁净、接槎平整,分隔缝应清晰 2）高级抹灰表面应光滑、洁净、颜色均匀、无抹纹,分隔缝和灰线应清晰美观	观察、手摸检查	

续表

序号	项目	合格质量标准	检验方法	检验数量
2	细部质量	护角、孔洞、槽、盒周围的抹灰表面应整齐、光滑,管道后面的抹灰表面应平整	观察	室内每个检验批应至少抽查10%,并不得少于3间;不足3间时应全数检查;室外每个检验批每100m²应至少抽查1处,每处不得小于10m²
3	层总厚度及层间材料	抹灰层的总厚度应符合设计要求;水泥砂浆不得抹在石灰砂浆层上;罩面石膏灰不得抹在水泥砂浆层上	检查施工记录	
4	分隔缝	抹灰分隔缝的设置应符合设计要求,宽度和深度应均匀,表面应光滑,棱角应整齐	观察、尺量检查	
5	滴水线(槽)	有排水要求的部位应做滴水线(槽)。滴水线(槽)应整齐顺直,滴水线应内高外低,滴水槽宽度和深度均不应小于10mm	观察、尺量检查	
6	允许偏差	一般抹灰工程质量的允许偏差和检验方法应符合表7-4的规定	见表7-4	

表 7-4　一般抹灰的允许偏差和检验方法

序号	项目	允许偏差/mm 普通抹灰	高级抹灰	检验方法
1	立面垂直度	4	3	用2m垂直检测尺检查
2	表面平整度	4	3	用2m靠尺和塞尺检查
3	阴阳角方正	4	3	用直角检测尺检查
4	分隔条(缝)直线度	4	3	拉5m线,不足5m拉通线,用钢直尺检查
5	墙裙、勒脚上口直线度	4	3	拉5m线,不足5m拉通线,用钢直尺检查

注:1. 普通抹灰,本表第3项阴角方正可不检查。

2. 顶棚抹灰,本表第2项表面平整度可不检查,但应平顺。

◉ 业务要点3:装饰抹灰工程

1. 工程质量控制

装饰抹灰与一般抹灰的主要操作程序和施工工艺基本相同,主要区别在于装饰面层不同。由于装饰面层可采用的材料及做法种类较多,此处仅介绍其共有的施工工艺。

1) 装饰抹面层应在已硬化、粗糙而平整的中层砂浆面上进行,涂抹前应洒水湿润。

2) 装饰抹面层的施工缝应留在分隔缝、墙面阴角、水落管背后或独立组成部分的边缘处。每个分块必须连续作业,不显接槎。

3) 装饰抹灰的周围墙面、窗口等部位,应采取有效措施进行遮挡,以防污染。

4）为使装饰抹灰的材料、配合比、面层颜色和图案符合设计要求,应预先做出样板(一个样品或标准间),经建设、设计、施工、监理四方共同鉴定合格后,方可大面积施工。

2.工程质量验收标准

本部分适用于水刷石、斩假石、干黏石、假面砖等装饰抹灰工程的质量验收。

（1）主控项目

装饰抹灰工程质量验收标准的主控项目检验见表7-5。

表 7-5 装饰抹灰工程主控项目检验

序号	项 目	合格质量标准	检验方法	检验数量
1	基层表面	抹灰前基层表面的尘土、污垢、油渍等应清除干净,并应洒水润湿	检查施工记录	室内每个检验批应至少抽查10%,并不得少于3间;不足3间时应全数检查;室外每个检验批每100m²应至少抽查1处,每处不得小于10m²
2	材料品种和性能	装饰抹灰工程所用材料的品种和性能应符合设计要求。水泥的凝结时间和安定性复验应合格。砂浆的配合比应符合设计要求	检查产品合格证书、进场验收记录、复验报告和施工记录	
3	操作要求	抹灰工程应分层进行。当抹灰总厚度大于或等于35mm时,应采取加强措施。不同材料基体交接处表面的抹灰,应采取防止开裂的加强措施,当采用加强网时,加强网与各基体的搭接宽度不应小于100mm	检查隐蔽工程验收记录和施工记录	
4	各层黏结及面层质量	各抹灰层之间及抹灰层与基体之间必须黏结牢固,抹灰层应无脱层、空鼓和裂缝	观察、用小锤轻击检查;检查施工记录	

（2）一般项目

装饰抹灰工程质量验收标准的一般项目检验见表7-6。

表 7-6 装饰抹灰工程一般项目检验

序号	项 目	合格质量标准	检验方法	检验数量
1	表面质量	装饰抹灰工程的表面质量应符合下列规定: 1）水刷石表面应石粒清晰、分布均匀、紧密平整、色泽一致,应无掉粒和接槎痕迹 2）斩假石表面剁纹应均匀顺直、深浅一致,应无漏剁处,阳角处应横剁并留出宽窄一致的不剁边条,棱角应无损坏 3）干黏石表面应色泽一致、不露浆、不漏黏,石粒应黏结牢固、分布均匀,阳角处应无明显黑边 4）假面砖表面应平整、沟纹清晰、留缝整齐、色泽一致,应无掉角、脱皮、起砂等缺陷	观察、手摸检查	室内每个检验批应至少抽查10%,并不得少于3间;不足3间时应全数检查;室外每个检验批每100m²应至少抽查1处,每处不得小于10m²

续表

序号	项 目	合格质量标准	检验方法	检验数量
2	分隔缝	装饰抹灰分隔条(缝)的设置应符合设计要求,宽度和深度应均匀,表面应平整光滑,棱角应整齐	观察	室内每个检验批应至少抽查10%,并不得少于3间;不足3间时应全数检查;室外每个检验批每100m²应至少抽查1处,每处不得小于10m²
3	滴水线(槽)	有排水要求的部位应做滴水线(槽)。滴水线(槽)应整齐顺直,滴水线内高外低,滴水槽的宽度和深度均不应小于10mm	观察、尺量检查	
4	允许偏差	装饰抹灰工程质量的允许偏差和检验方法应符合表7-7的规定	见表7-7	

表7-8 装饰抹灰的允许偏差和检验方法

项 目	允许偏差/mm				检验方法
	水刷石	斩假石	干粘石	假面砖	
立面垂直度	5	4	5	5	用2m垂直检测尺检查
表面平整度	3	3	5	4	用2m靠尺和塞尺检查
阴阳角方正	3	3	4	4	用直角检测尺检查
分隔条(缝)直线度	3	3	3	3	拉5m线,不足5m拉通线,用钢直尺检查
墙裙、勒脚上口直线度	3	3	—	—	拉5m线,不足5m拉通线,用钢直尺检查

业务要点4:清水砌体勾缝工程

1. 工程质量控制

1)在勾缝之前,先检查墙面的灰缝宽窄,水平度和垂直度是否符合要求,如果有缺陷,就应进行开缝和补缝。

2)对缺楞掉角的砖和游丁的立缝,应进行修补,修补前要浇水润湿,补缝砂浆的颜色必须与墙上砖面颜色近似。

3)勾缝所用砂浆的配合比必须准确。水泥:砂子=1:(1~1.5)。把水泥和砂拌和均匀后,再加水拌和,稠度为30~50mm,以勾缝溜子挑起不掉为宜。根据需要也可以在砂浆中掺加水泥用量10%~15%的磨细粉煤灰以调剂颜色,增加和易性。勾缝砂浆应随拌随用,下班前必须把砂浆用完,不能使用过夜砂浆。

4)为了防止砂浆早期脱水,在勾缝前1d应将砖墙浇水润湿,勾缝时再适量浇水,但不宜太湿。勾缝时用溜子把灰挑起来填嵌,俗称"叼缝",防止托灰板玷污墙面。外墙一般勾成平缝,凹进墙面3~5mm,从上而下、自右向左进行,先勾水平缝,后勾立缝,使阳角方正;阴角处不能上下直通和瞎缝;水平缝和竖缝要深浅一致,密实光滑,搭接处平顺。

5)勾完缝加强自检,检查有无丢缝现象。特别是勒脚、腰线,过梁上第一皮砖及门窗膀侧面,如发现漏勾的,应及时补勾好。

2. 工程质量验收

本部分适用于清水砌体砂浆勾缝和原浆勾缝工程的质量验收。

(1)主控项目

清水砌体勾缝工程质量验收标准的主控项目检验见表 7-8。

表 7-8　清水砌体勾缝工程主控项目检验

序号	项　目	合格质量标准	检验数量	检验方法
1	水泥及配合比	清水砌体勾缝所用水泥的凝结时间和安定性复验应合格。砂浆的配合比应符合设计要求	室内每个检验批应至少抽查 10%并不得少于 3 间,不足 3 间时应全数检查;室外每个检验批每100㎡应至少抽查 1 处,每处不得小于 10㎡	检查复验报告和施工记录
2	勾缝牢固性	清水砌体勾缝应无漏勾。勾缝材料应黏结牢固、无开裂		观察

(2)一般项目

清水砌体勾缝工程质量验收标准的一般项目检验见表 7-9。

表 7-9　清水砌体勾缝工程一般项目检验

序号	项目	合格质量标准	检验数量	检验方法
1	勾缝外观质量	清水砌体勾缝应横平竖直,交接处应平顺,宽度和深度应均匀,表面应压实抹平	室内每个检验批应至少抽查 10%并不得少于 3 间,不足 3 间时应全数检查;室外每个检验批每 100㎡ 应至少抽查 1 处,每处不得小于 10㎡	观察、尺量检查
2	灰缝及表面	灰缝应颜色一致,砌体表面应洁净		观察

第二节　门窗工程

本节导读

本节主要介绍了门窗工程质量验收的一般规定、木门窗制作与安装工程、金属门窗安装工程、塑料门窗安装工程、特种门窗安装工程以及门窗玻璃安装工程的质量控制要点及质量验收标准,其内容关系图如图 7-2 所示。

业务要点 1:工程质量验收一般规定

1)门窗工程验收时应检查下列文件和记录:

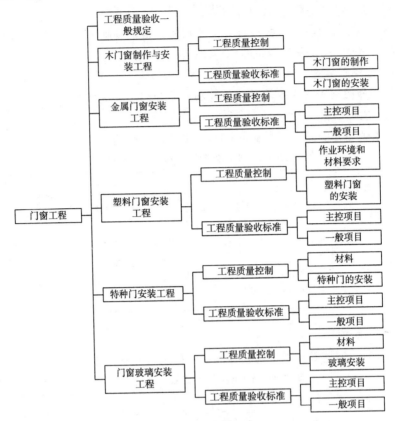

图 7-2　本节内容关系图

① 门窗工程的施工图、设计说明及其他设计文件。

② 材料的产品合格证书、性能检测报告、进场验收记录和复验报告。

③ 特种门及其附件的生产许可文件。

④ 隐蔽工程验收记录。

⑤ 施工记录。

2）门窗工程应对下列材料及其性能指标进行复验：

① 人造木板的甲醛含量。

② 建筑外墙金属窗、塑料窗的抗风压性能、空气渗透性能和雨水渗漏性能。

3）门窗工程应对下列隐蔽工程项目进行验收：

① 预埋件和锚固件。

② 隐蔽部位的防腐、填嵌处理。

4）各分项工程的检验批应按下列规定划分：

① 同一品种、类型和规格的木门窗、金属门窗、塑料门窗及门窗玻璃每100樘应划分为一个检验批，不足100樘也应划分为一个检验批。

② 同一品种、类型和规格的特种门每50樘应划分为一个检验批,不足50樘也应划分为一个检验批。

5) 门窗安装前,应对门窗洞口尺寸进行检验。

6) 金属门窗和塑料门窗安装应采用预留洞口的方法施工,不得采用边安装边砌口或先安装后砌口的方法施工。

7) 木门窗与砖石砌体、混凝土或抹灰层接触处应进行防腐处理并应设置防潮层;埋入砌体或混凝土中的木砖应进行防腐处理。

8) 当金属窗或塑料窗组合时,其拼樘料的尺寸、规格、壁厚应符合设计要求。

9) 建筑外门窗的安装必须牢固。在砌体上安装门窗严禁用射钉固定。

10) 特种门安装除应符合设计要求和本规范规定外,还应符合有关专业标准和主管部门的规定。

业务要点 2:木门窗制作与安装工程

1. 工程质量控制

1) 按设计要求配料,木材品种、材质等级、含水率和防腐、防虫、防水处理均应符合设计要求和规范的规定。

2) 设计未规定材质等级时.所用木材的质量应符合表 7-10 和表 7-11 的规定。

表 7-10 普通木门窗用木材的质量要求

木材缺陷		门窗的立梃、冒头、中冒头	窗棂、压条、门窗及气窗的线脚、通风窗立梃	门心板	门窗框
活节	不计个数,直径/mm	<15	<5	<15	<15
	计算个数,直径	≤材宽的1/3	≤材宽的1/3	≤30mm	≤材宽的1/3
	任一延米个数	≤3	≤2	≤3	≤5
死节		允许,计入活节总数	不允许	允许,计入活节总数	
髓心		不露出表面的、允许	不允许	不露出表面的,允许	
裂缝		深度及长度≤厚度及材长的1/5	不允许	允许可见裂缝	深度及长度≤厚度及材长的1/4
斜纹的斜率(%)		≤6	≤4	≤15	≤10
油眼		非正面,允许			
其他		浪形纹理、圆形纹理、偏心及化学变色、允许			

表 7-11　高级木门窗用木材的质量要求

木材缺陷		木门窗的立梃、冒头、中冒头	窗棂、压条、门窗及气窗的线脚、通风窗立梃	门心板	门窗框
活节	不计个数,直径/mm	＜10	＜5	＜10	＜10
	计算个数,直径	≤材宽的 1/4	≤材宽的 1/4	≤20mm	≤材宽的 1/3
	任一延米个数	≤2	≤0	≤2	≤3
死节		允许,包括活节总数中	不允许	允许,包括在活节总数中	不允许
髓心		不露出表面的、允许	不允许	不露出表面的,允许	
裂缝		深度及长度≤厚度及材长的 1/6	不允许	允许可见裂缝	深度及长度≤厚度及材长的 1/5
斜纹的斜率(%)		≤6	≤4	≤15	≤10
油眼		非正面,允许			
其他		浪形纹理、圆形纹理、偏心及化学变色、允许			

3) 木门窗及门窗五金从生产厂运到工地,必须做验收,按图纸检查框扇型号,检查产品防锈红丹无漏涂、薄刷现象,不合质量者严格退回。

4) 门窗框、扇进场后,框的靠墙、靠地的一面应刷防腐涂料,其他各面应刷清油一道。刷油后分类码放平整,底层应垫平、垫高,每层框间衬木板条通风,防止日晒雨淋。

5) 门窗框安装应安排在地面、墙面湿作业完成之后;窗扇安装应在室内抹灰施工前进行;门窗安装应在室内抹灰完成和水泥地面达到强度以后进行。

6) 木门窗安装宜采用预留洞口的方法施工。如果采用先安装后砌口的方法施工时,则应注意避免门窗框在施工中受损、受挤压变形或受到污染。

7) 木门窗与砖石砌体、混凝土或抹灰层接触处应进行防腐处理并应设置防潮层;埋入砌体或混凝土中的木砖应进行防腐处理。

8) 同一品种、类型和规格的木门窗及门窗玻璃每 100 樘划分为一个检验批,不足 100 樘也应划分为一个检验批。

2. 工程质量验收标准

本部分适用于木门窗制作与安装工程的质量验收。

(1) 木门窗的制作

1) 主控项目:木门窗制作工程质量验收标准的主控项目检验见表 7-12。

表 7-12　木门窗制作工程主控项目检验

序号	项　目	合格质量标准	检验方法	检验数量
1	材料质量	木门窗的木材品种、材质等级、规格、尺寸、框扇的线型及人造木板的甲醛含量应符合设计要求。设计未规定材质等级时,所用木材的质量应符合表 7-10、7-11 的规定	观察、检查材料进场验收记录和复验报告	每个检验批应至少抽查 5%,并不得少于 3 樘,不足 3 樘时应全数检查;高层建筑的外窗,每个检验批应至少抽查 10%,并不得少于 6 樘,不足 6 樘时应全数检查
2	木材含水率	木门窗应采用烘干的木材,含水率应符合《建筑木门、木窗》JG/T 122—2000 的规定	检查材料进场验收记录	
3	木材防护	木门窗的防火、防腐、防虫处理应符合设计要求	观察、检查材料进场验收记录	
4	木节及虫眼	门窗的结合处和安装配件处不得有木节或已填补的木节。木门窗如有允许限值以内的死节及直径较大的虫眼时,应用同一材质的木塞加胶填补。对于清漆制品,木塞的木纹和色泽应与制品一致	观察	
5	榫槽连接	门窗框和厚度大于 50mm 的门窗扇应用双榫连接。榫槽应采用胶料严密嵌合,并应用胶楔加紧	观察、手扳检查	
6	胶合板门、纤维板门和模压门质量	胶合板门、纤维板门和模压门不得脱胶。胶合板不得刨透表层单板,不得有戗槎。制作胶合板门、纤维板门时,边框和横楞应在同一平面上,面层、边框及横楞应加压胶结。横楞和上、下冒头应各钻两个以上的透气孔,透气孔应通畅	观察	

2) 一般项目:木门窗制作工程质量验收标准的一般项目检验见表 7-13。

表 7-13　木门窗制作工程一般项目检验

序号	项　目	合格质量标准	检验方法	检验数量
1	表面质量	木门窗表面应洁净,不得有刨痕、锤印	观察	每个检验批应至少抽查 5%,并不得少于 3 樘,不足 3 樘时应全数检查;高层建筑的外窗,每个检验批应至少抽查 10%,并不得少于 6 樘,不足 6 樘时应全数检查
2	割角拼缝	木门窗的割角、拼缝应严密平整。门窗框、扇裁口应顺直,刨面应平整	观察	
4	槽、孔质量	木门窗上的槽、孔应边缘整齐,无毛刺	观察	
5	允许偏差	木门窗制作的允许偏差和检验方法应符合表 7-14 的规定	见表 7-14	

表 7-14　木门窗制作木门窗安装的允许偏差和检验方法

项　目	构件名称	允许偏差/mm		检验方法
		普通	高级	
翘曲	框	3	2	将框、扇平放在检查平台上,用塞尺检查
	扇	2	2	
对角线长度差	框、扇	3	2	用钢尺检查,框量裁口里角,扇量外角
表面平整度	扇	2	2	用1m靠尺和塞尺检查
高度、宽度	框	0;-2	0;-1	用钢尺检查,框量裁口里角,扇量外角
	扇	+2;0	+1;0	
裁口、线条结合处高低差	框、扇	1	0.5	用钢直尺和塞尺检查
相邻棂子两端间距	扇	2	1	用钢直尺检查

注:表中允许偏差栏中所列数值,凡注明正负号的,表示《建筑装饰装修工程质量验收规范》GB 50210—2001对此偏差的不同方向有不同要求,应严格遵守。凡没有注明正负号的,即使其偏差可能具有方向性,但《建筑装饰装修工程质量验收规范》GB 50210—2001并未对这类偏差的方向性作出规定,故检查时对这些偏差可以不考虑方向性要求。

(2) 木门窗安装

1) 主控项目:木门窗安装工程质量验收标准的主控项目检验见表7-15。

表 7-15　木门窗安装工程主控项目检验

序号	项　目	合格质量标准	检验方法	检验数量
1	木门窗安装要求	木门窗的品种、类型、规格、开启方向、安装位置及连接方式应符合设计要求	观察、尺量检查、检查成品门的产品合格证书	每个检验批应至少抽查5%,并不得少于3樘,不足3樘时应全数检查;高层建筑的外窗,每个检验批应至少抽查10%,并不得少于6樘,不足6樘时应全数检查
2	安装牢固性	木门窗框的安装必须牢固。预埋木砖的防腐处理、木门窗框固定点的数量、位置及固定方法应符合设计要求	观察、手扳检查、检查隐蔽工程验收记录和施工记录	
3	木门窗扇安装	木门窗扇必须安装牢固,并应开关灵活,关闭严密,无倒翘	观察、开启和关闭检查、手扳检查	
4	门窗配件安装	木门窗配件的型号、规格、数量应符合设计要求,安装应牢固,位置应正确,功能应满足使用要求	观察、开启和关闭检查、手扳检查	

2) 一般项目:木门窗安装工程质量验收标准的一般项目检验见表 7-16。

表 7-16 木门窗安装工程一般项目检验

序号	项 目	合格质量标准	检验方法	检验数量
1	缝隙嵌填材料	木门窗与墙体间缝隙的填嵌材料应符合设计要求,填嵌应饱满。寒冷地区外门窗(或门窗框)与砌体间的空隙应填充保温材料	轻敲门窗框检查;检查隐蔽工程验收记录和施工记录	每个检验批应至少抽查5%,并不得少于3樘,不足3樘时应全数检查;高层建筑的外窗,每个检验批应至少抽查10%,并不得少于6樘,不足6樘时应全数检查
2	批口、盖口条等细部	木门窗批水、盖口条、压缝条、密封条安装应顺直,与门窗结合应牢固、严密	观察、手扳检查	
3	限值及允许偏差	木门窗安装的留缝限值、允许偏差和检验方法应符合表7-17的规定	见表7-17	

表 7-17 木门窗安装的留缝限值、允许偏差和检验方法

项 目		留缝限值/mm		允许偏差/mm		检验方法
		普通	高级	普通	高级	
门窗槽口对角线长度差		—	—	3	2	用钢尺检查
门窗框的正、侧面垂直度		—	—	2	1	用1m垂直检测尺检查
框与扇、扇与扇接缝高低差		—	—	2	1	用钢直尺和塞尺检查
门窗扇对口缝		1~2.5	1.5~2	—	—	用塞尺检查
工业厂房双扇大门对口缝		2~5	—	—	—	用塞尺检查
门窗扇与上框间留缝		1~2	1~1.5	—	—	
门窗扇与侧框间留缝		1~2.5	1~1.5	—	—	
窗扇与下框间留缝		2~3	2~2.5	—	—	
门扇与下框间留缝		3~5	3~4	—	—	
双层门窗内外框间距		—	—	4	3	用钢尺检查
无下框时门扇与地面间留缝	外门	4~7	5~6	—	—	用塞尺检查
	内门	5~8	6~7	—	—	
	卫生间门	8~12	8~10	—	—	
	厂房大门	10~20	—	—	—	

注:表中除给出允许偏差外,对留缝尺寸等给出了尺寸限值。考虑到所给尺寸值是一个范围,故不再给出允许偏差。

业务要点 3:金属门窗安装工程

1. 工程质量控制

1) 金属门窗安装应采用预留洞口的方法施工,不得采用边安装边砌口或先安装后砌口的方法施工。

2）金属门窗安装前,要求墙体预留门洞尺寸检查符合设计要求,铁脚洞孔或预埋铁件的位置正确,并已清扫干净。

3）钢门窗安装前,应在离地、楼面500mm高的墙面上弹一条水平控制线,再按门窗的安装标高、尺寸和开启方向,在墙体预留洞口四周弹出门窗落位线。

4）门窗安装就位后应暂时用木楔固定,木楔固定钢门窗的位置,应设置于门窗四角和框挺端部,否则易产生变形。

5）门窗附件安装,必须在墙面、顶棚等抹灰完成后,并在安装玻璃之前进行,且应检查门窗扇质量,对附件安装有影响的应先校正,然后再安装。

6）同一品种、类型和规格的金属门窗及门窗玻璃每100樘应划分为一个检验批,不足100樘也应划分为一个检验批。

2. 工程质量验收标准

本节适用于钢门窗、铝合金门窗、涂色镀锌钢板门窗等金属门窗安装工程的质量验收。

（1）主控项目

金属门窗安装工程质量验收标准的主控项目检验见表7-18。

表 7-18　金属门窗安装工程主控项目检验

序号	项　目	合格质量标准	检验方法	检验数量
1	门窗质量	金属门窗的品种、类型、规格、尺寸、性能、开启方向、安装位置、连接方式及铝合金门窗的型材壁厚应符合设计要求。金属门窗的防腐处理及填嵌、密封处理应符合设计要求	观察,尺量检查,检查产品合格证书、性能检测报告、进场验收记录和复验报告,检查隐蔽工程验收记录	每个检验批应至少抽查5%,并不得少于3樘,不足3樘时应全数检查;高层建筑的外窗,每个检验批应至少抽查10%,并不得少于6樘,不足6樘时应全数检查
2	框和副框安装及预埋件	金属门窗框和副框的安装必须牢固。预埋件的数量、位置、埋设方式、与框的连接方式必须符合设计要求	手扳检查、检查隐蔽工程验收记录	
3	门窗扇安装	金属门窗扇必须安装牢固,并应开关灵活、关闭严密,无倒翘。推拉门窗必须有防脱落措施	观察、开启和关闭检查、手扳检查	
4	配件质量及安装	金属门窗配件的型号、规格、数量应符合设计要求,安装应牢固,位置应正确,功能应满足使用要求		

（2）一般项目

金属门窗安装工程质量验收标准的一般项目检验见表7-19。

表 7-19　金属门窗安装工程一般项目检验

序号	项　目	合格质量标准	检验数量	检验方法
1	表面质量	金属门窗表面应洁净、平整、光滑、色泽一致，无锈蚀。大面应无划痕、碰伤。漆膜或保护层应连续	每个检验批应至少抽查 5%，并不得少于 3 樘，不足 3 樘时应全数检查；高层建筑的外窗，每个检验批应至少抽查 10%，并不得少于 6 樘，不足 6 樘时应全数检查	观察
2	门窗扇开关力	铝合金门窗推拉门窗扇开关力应不大于 100N		用弹簧秤检查
3	墙与框体间缝隙	金属门窗框与墙体之间的缝隙应填嵌饱满，并采用密封胶密封。密封胶表面应光滑、顺直，无裂纹		观察、轻敲门窗框检查、检查隐蔽工程验收记录
4	门窗密封胶条或毛毡密封条	金属门窗扇的橡胶密封条或毛毡密封条应安装完好，不得脱槽		观察、开启和关闭检查
5	排水孔	有排水孔的金属门窗，排水孔应畅通，位置和数量应符合设计要求		观察
6	允许偏差	钢门窗安装的留缝限值、允许偏差和检验方法应符合表 7-20 的规定；铝合金门窗安装的允许偏差和检验方法应符合表 7-21 的规定；涂色镀锌钢板门窗安装的允许偏差和检验方法应符合表 7-22 的规定		见表 7-20～表 7-22

表 7-20　钢门窗安装的留缝限值、允许偏差和检验方法

项　目		留缝限值/mm	允许偏差/mm	检验方法
门窗槽口宽度、高度	≤1500mm	—	2.5	用钢尺检查
	>1500mm	—	3.5	
门窗槽口对角线长度差	≤2000mm	—	5	用钢尺检查
	>2000mm	—	6	
门窗框的正、侧面垂直度		—	3	用 1m 垂直检测尺检查
门窗横框的水平度		—	3	用 1m 水平尺和塞尺检查
门窗横框标高		—	5	用钢尺检查
门窗竖向偏离中心		—	4	用钢尺检查
双层门窗内外框间距		—	5	用钢尺检查
门窗框、扇配合间隙		≤2	—	用塞尺检查
无下框时门扇与地面间留缝		4～8	—	用塞尺检查

表 7-21　铝合金门窗安装的允许偏差和检验方法

项　目		允许偏差/mm	检验方法
门窗槽口宽度、高度	≤1500mm	1.5	用钢尺检查
	>1500mm	2	
门窗槽口对角线长度差	≤2000mm	3	用钢尺检查
	>2000mm	4	
门窗框的正、侧面垂直度		2.5	用垂直检测尺检查
门窗横框的水平度		2	用1m水平尺和塞尺检查
门窗横框标高		5	用钢尺检查
门窗竖向偏离中心		5	用钢尺检查
双层门窗内外框间距		4	用钢尺检查
推拉门窗扇与框搭接量		1.5	用钢直尺检查

表 7-22　涂色镀锌钢板门窗安装的允许偏差和检验方法

项　目		允许偏差/mm	检验方法
门窗槽口宽度、高度	≤1500mm	2	用钢尺检查
	>1500mm	3	
门窗槽口对角线长度差	≤2000mm	4	用钢尺检查
	>2000mm	5	
门窗框的正、侧面垂直度		3	用垂直检测尺检查
门窗横框的水平度		3	用1m水平尺和塞尺检查
门窗横框标高		5	用钢尺检查
门窗竖向偏离中心		5	用钢尺检查
双层门窗内外框间距		4	用钢尺检查
推拉门窗扇与框搭接量		2	用钢直尺检查

◉ 业务要点 4：塑料门窗安装工程

1. 工程质量控制

（1）作业环境和材料要求

1）安装门窗时的环境温度不宜低于 5℃。在环境温度为 0℃ 的环境中存放门窗时，安装前在室温下放 24h。

2）进场前应对塑料门窗进行验收检查，不合格者不准进场。运到现场的塑料门窗应分型号，以不小于 70°的角度下衬垫木立放于整洁的仓库内，仓库内环境温度小于 50℃，门窗放置时距离火源 1m 以上，不得与腐蚀物接触。

3）门窗的规格、型号应符合设计要求，门窗质量及力学性能符合国家现行标准要求，并具有出场合格证。

4）门窗与洞口密封用密封胶应具有弹性和黏结性。

（2）塑料门窗的安装

1）将不同型号、规格的塑料门窗搬到相应的洞口旁竖放。补贴脱落的保护膜，在窗框上画中线，检查门窗框上下边的位置及内外朝向，安装固定片，固定片采用厚度大于 1.5mm、宽度≥15mm 的镀锌钢板。

固定片的位置应距离窗角、中竖框、中横框至少 150～200mm，固定片之间的距离小于或等于 600mm，不得将固定片直接装在中横框、中竖框档头上。

2）当门窗框装入洞口时，其上下框中线与洞口中线对齐，无上下框应使两边低于标高线 10mm。然后将门窗框用木楔临时固定，并调整门窗框的垂直度、水平度和直角度。

3）当门窗框与墙体固定时应按对称顺序，先固定上下框，然后固定边框，与墙体的连接固定方法应按照下列要求：

① 混凝土洞口采用射钉后塑料膨胀螺丝固定。

② 砖墙洞口应采用塑料膨胀螺钉后水泥钉固定，并不得固定在砖缝处。

4）门窗框与洞口之间的伸缩缝内腔应采用闭孔泡沫塑料、发泡聚苯乙烯等弹性材料分层填塞；用保温隔声材料填充。

5）门窗洞口内外侧与门窗框之间缝隙处理如下：

① 普通玻璃门窗：洞口内外侧与门窗框之间用水泥砂浆等抹平。靠近铰链一侧，灰浆压住门窗框的厚度以不影响门扇的开启为限，待抹灰硬化后，外侧用密封胶密封。

② 保温、隔声门窗：洞口内外侧水泥砂浆等抹平，外侧抹灰时应用片材将抹灰层与门窗框临时隔开，其厚度为 5mm，抹灰层应超出门窗框，其厚度以不影响的开启为限。待外抹灰层硬化后撤去片材，用密封胶密闭。

门窗框上若粘有水泥砂浆，应在其硬化前，用湿布擦拭干净，不得使用硬质材料刮铲门窗框表面。

2．工程质量验收标准

本节适用于塑料门窗安装工程的质量验收。

（1）主控项目

塑料门窗安装工程质量验收标准的主控项目检验见表 7-23。

表 7-23 塑料门窗安装工程主控项目检验

序号	项 目	合格质量标准	检验方法	检验数量
1	门窗质量	塑料门窗的品种、类型、规格、尺寸、开启方向、安装位置、连接方式及填嵌密封处理应符合设计要求,内衬增强型钢的壁厚及设置应符合国家现行产品标准的质量要求	观察,尺量检查,检查产品合格证书、性能检测报告、进场验收记录和复验报告,检查隐蔽工程验收记录	每个检验批应至少抽查5%,并不得少于3樘,不足3樘时应全数检查;高层建筑的外窗,每个检验批应至少抽查10%,并不得少于6樘,不足6樘时应全数检查
2	框、扇安装	塑料门窗框、副框和扇的安装必须牢固。固定片或膨胀螺栓的数量与位置应正确,连接方式应符合设计要求。固定点应距窗角、中横框、中竖框150～200mm,固定点间距应不大于600mm	观察、手扳检查、检查隐蔽工程验收记录	
3	拼樘与框连接	塑料门窗拼樘料内衬增加型钢的规格、壁厚必须符合设计要求,型钢应与型材内腔紧密吻合,其两端必须与洞口固定牢固。窗框必须与拼樘料连接紧密,固定点间距应不大于600mm	观察、手扳检查、尺量检查、检查进场验收记录	
4	门窗扇安装	塑料门窗扇应开关灵活、关闭严密,无倒翘。推拉门窗扇必须有防脱落措施	观察、开启和关闭检查、手扳检查	
5	配件质量及安装	塑料门窗配件的型号、规格、数量应符合设计要求,安装应牢固,位置应正确,功能应满足使用要求	观察、手扳检查、尺量检查	
6	框与墙体缝隙填嵌	塑料门窗框与墙体间缝隙应采用闭孔弹性材料填嵌饱满,表面应采用密封胶密封。密封胶应黏结牢固,表面应光滑、顺直、无裂纹	观察、检查隐蔽工程验收记录	

（2）一般项目

塑料门窗安装工程一般项目质量验收标准见表 7-24。

表 7-24 塑料门窗安装工程一般项目质量验收标准

序号	项 目	合格质量标准	检验方法	检验数量
1	表面质量	塑料门窗表面应洁净、平整、光滑,大面应无划痕、碰伤	观察	
2	密封条和旋转窗	塑料门窗扇的密封条不得脱槽。旋转窗间隙应基本均匀		

序号	项 目	合格质量标准	检验方法	检验数量
3	门窗扇开关力	塑料门窗扇的开关力应符合下列规定： 1) 平开门窗扇平铰链的开关力应不大于80N,滑撑铰链的开关力应不大于80N,并不小于30N 2) 推拉门窗扇的开关力应不大于100N	观察;用弹簧秤检查	每个检验批应至少抽查5%,并不得少于3樘,不足3樘时应全数检查;高层建筑的外窗,每个检验批应至少抽查10%,并不得少于6樘,不足6樘时应全数检查
4	玻璃密封条与玻璃槽口	玻璃密封条与玻璃槽口的接缝应平整,不得卷边、脱槽	观察	
5	排水孔	排水孔应畅通,位置和数量应符合设计要求	观察	
6	安装允许偏差	塑料门窗安装的允许偏差和检验方法应符合表7-25的规定	见表7-25	

表 7-25　塑料门窗安装的允许偏差和检验方法

项 目		允许偏差/mm	检验方法
门窗槽口宽度、高度	≤1500mm	2	用钢尺检查
	>1500mm	3	
门窗槽口对角线长度差	≤2000mm	3	用钢尺检查
	>2000mm	5	
门窗框的正、侧面垂直度		3	用1m垂直检测尺检查
门窗横框的水平度		3	用1m水平尺和塞尺检查
门窗横框标高		5	用钢尺检查
门窗竖向偏离中心		5	用钢直尺检查
双层门窗内外框间距		4	用钢尺检查
同樘平开门窗相邻扇高度差		2	用钢直尺检查
平开门窗铰链部位配合间隙		+2;−1	用塞尺检查
推拉门窗扇与框搭接量		+1.5;−2.5	用钢直尺检查
推拉门窗扇与竖框平行度		2	用1m水平尺和塞尺检查

业务要点 5：特种门安装工程

1. 工程质量控制

(1) 材料

1) 特种门的品种、规格、型号应符合设计要求和订货要求。

2) 门带有机械装置、自动装置或智能化装置的功能应符合设计要求和现行行业标准的有关规定。

3) 特种门的配件功能应满足使用要求和特种门的各项性能要求。

(2) 特种门的安装

1) 防火门。

① 防火门的耐火等级分甲、乙、丙三级，应按设计要求的位置、等级安装。

② 防火门有钢质防火门、复合玻璃防火门和木质防火门。钢质防火门的填充料应与防火等级相适应，木质门材料须经化学阻燃处理，玻璃为防火玻璃等，安装前应检查。

③ 防火门的门框安装，应保证与墙体结成一体。

④ 门框一般埋入地面下 20mm，需保证框口上下尺寸相同，允差小于 1.5mm，对角线允差小于 2mm，再将框与预埋件焊牢。然后在框两上角墙上开洞，向框内灌注水泥素浆，待其凝固后方可装配门扇。

⑤ 门框与门扇配合部位内侧宽度尺寸偏差不大于 2mm，高度尺寸偏差不大于 2mm，两对角线长度差小于 3mm。门扇关闭后其配合间隙须小于 3mm。门扇与门框表面要平整，无明显凹凸现象，焊点牢固，门体表面喷漆无喷花、斑点等。扇启闭自如，无阻滞、反弹等现象。

⑥ 门锁应采用防火门锁。

2) 微波自动门。有下轨道的自动门，在做地坪时，须埋入 50～70mm 方木，长为开启门宽的二倍。自动门安装时，撬出方木便可埋设轨道。上部支承横梁的支座必须安全可靠。混凝土结构埋入埋件，砖结构设置混凝土支座。

3) 金属转门。

① 金属转门有铝质与钢质两类型材结构。铝结构采用橡胶密封固定玻璃，活扇与转壁之间采用聚丙烯毛刷条。钢结构采用油面腻子固定玻璃。铝结构用 5～6mm 玻璃，钢结构用 6mm 玻璃，玻璃尺寸根据实体使用进行装配。

② 装转轴固定支座，不允许下沉，一般宜设基础。转轴安装要垂直于地面。

③ 旋转门要保证上下间隙，转壁位置要调整好与活扇之间的间隙。

④ 旋转门的安装允许偏差应符合施工质量验收规范的规定。

4) 全玻装饰门。

① 玻璃多为厚度在 12mm 以上的玻璃，依安装位置实测尺寸裁割，宽度宜比实测尺寸(上、中、下测得最小者)小 2～3mm，高度方向比实测尺寸小 3～

5mm。玻璃四周应作倒角处理(倒角宽2mm)应防止崩角崩边。

② 玻璃门固定部分的安装,活动门扇的安装,应符合生产厂设计要求和使用功能的要求。

③ 防盗门、金属卷帘门由制造厂及委托经销商负责,均应符合行业标准规定。

2. 工程质量验收标准

本部分适用于防火门、防盗门、自动门、全玻门、旋转门、金属卷帘门等特种门安装工程的质量验收。

(1) 主控项目

特种门安装工程质量验收标准的主控项目检验见表7-26。

表 7-26　特种门安装工程主控项目检验

序号	项目	合格质量标准	检验方法	检验数量
1	门质量和性能	特种门的质量和各项性能应符合设计要求	检查生产许可证、产品合格证书和性能检测报告	每个检验批应至少抽查50%,并不得少于10樘,不足10樘时应全数检查
2	门品种规格、方向位置	特种门的品种、类型、规格、尺寸、开启方向、安装位置及防腐处理应符合设计要求	观察、尺量检查、检查进场验收记录和隐蔽工程验收记录	
3	机械、自动和智能化装置	带有机械装置、自动装置或智能化装置的特种门,其机械装置、自动装置或智能化装置的功能应符合设计要求和有关标准的规定	启动机械装置、自动装置或智能化装置,观察	
4	安装及预埋件	特种门的安装必须牢固。预埋件的数量、位置、埋设方式、与框的连接方式必须符合设计要求	观察、手扳检查、检查隐蔽工程验收记录	
5	配件、安装及功能	特种门的配件应齐全,位置应正确,安装应牢固,功能应满足使用要求和特种门的各项性能要求	观察;手扳检查;检查产品合格证书、性能检测报告和进场验收记录	

(2) 一般项目

特种门安装工程质量验收标准的一般项目检验见表7-27。

表 7-27　特种门安装工程一般项目检验

序号	项目	合格质量标准	检验方法	检验数量
1	表面装饰	特种门的表面装饰应符合设计要求	观察	
2	表面质量	特种门的表面应洁净,无划痕、碰伤	观察	

续表

序号	项 目	合格质量标准	检验方法	检验数量
3	限值及允许偏差	推拉自动门安装的留缝限值、允许偏差和检验方法应符合表7-28的规定	见表7-28	每个检验批应至少抽查50%，并不得少于10樘，不足10樘时应全数检查
4	感应时间限制	推拉自动门的感应时间限值和检验方法应符合表7-29的规定	见表2-29	
5	安装允许偏差	旋转门安装的允许偏差和检验方法应符合表7-30的规定	见表7-30	

表 7-28　推拉自动门安装的留缝限值、允许偏差和检验方法

项　　目		留缝限值/mm	允许偏差/mm	检验方法
门窗槽口宽度、高度	≤1500mm	—	1.5	用钢尺检查
	>1500mm	—	2	
门窗槽口对角线长度差	≤2000mm	—	2	用钢尺检查
	>2000mm	—	2.5	
门框的正、侧面垂直度		—	1	用1m垂直检测尺检查
门构件装配间隙		—	0.3	用塞尺检查
门梁导轨水平度		—	1	用1m水平尺和塞尺检查
下导轨与门梁导轨平行度		—	1.5	用钢尺检查
门扇与侧框间留缝		1.2～1.8	—	用塞尺检查
门扇对口缝		1.2～1.8	—	用塞尺检查

表 7-29　推拉自动门的感应时间限值和检验方法

项　　目	感应时间限值/s	检验方法
开门响应时间	≤0.5	用秒表检查
堵门保护延时	16～20	用秒表检查
门扇全开启后保持时间	13～17	用秒表检查

表 7-30　旋转门安装的允许偏差和检验方法

项　　目	允许偏差/mm		检验方法
	金属框架玻璃旋转门	木质旋转门	
门扇正、侧面垂直度	1.5	1.5	用1m垂直检测尺检查

续表

项　目	允许偏差/mm		检验方法
	金属框架玻璃旋转门	木质旋转门	
门扇对角线长度差	1.5	1.5	用钢尺检查
相邻扇高度差	1	1	用钢尺检查
扇与圆弧边留缝	1.5	2	用塞尺检查
扇与上顶间留缝	2	2.5	用塞尺检查
扇与地面间留缝	2	2.5	用塞尺检查

业务要点 6：门窗玻璃安装工程

1. 工程质量控制

（1）材料

1）玻璃。平板、吸热、反射、中空、夹层、夹丝、磨砂、钢化、压花玻璃的品种、规格、质量标准，要符合设计及规范要求。

2）腻子（油灰）。有自行配制的和在市场购买成品两种。从外观看：具有塑性、不泛油、不粘手等特征，且柔软，有拉力、支撑力，为灰白色的稠塑性固体膏状物，常温下 20 个昼夜内硬化。

3）其他材料。红丹、铅油、玻璃钉、钢丝卡子、油绳、橡皮垫、木压条、煤油等，应满足设计及规范要求。

（2）玻璃安装

1）钢门窗在安装玻璃前，要求认真检查是否有扭曲变形等情况，应修整和挑选后，再进行玻璃安装。

2）安装玻璃时，使玻璃在框口内准确就位，玻璃安装在凹槽内，内外侧间隙应相等，间隙宽度一般为 2～5mm。

3）玻璃安装前应清理裁口。先在玻璃底面与裁口之间，沿裁口的全长均匀涂抹 1～3mm 厚的底油灰，接着把玻璃推铺平整、压实，然后收净底油灰。

4）木门窗玻璃推平、压实后，四边分别钉上钉子，钉子间距为 150～200mm，每边不少于 2 个钉子，钉完后用手轻敲玻璃，响声坚实，说明玻璃安装平实；如果响声拍拉拍拉，说明油灰不严，要重新取下玻璃，铺实底油灰后，再推压挤平，然后用油灰填实，将灰边压平压光，并不得将玻璃压得过紧。

5）木门窗固定扇（死扇）玻璃安装，应先用扁铲将木压条撬出，同时退出压条上小钉，并将裁口处抹上底油灰，把玻璃推铺平整，然后嵌好四边木压条将钉子钉牢,底灰修好、刮净。

6) 钢门窗安装玻璃,将玻璃装进框口内轻压使玻璃与底油灰粘住,然后沿裁口玻璃边外侧装上钢丝卡,钢丝卡要卡住玻璃,其钢丝卡不得大于300mm,且框口每边至少有两个。经检查玻璃无松动时,再沿裁口全长抹油灰,油灰应抹成斜坡,表面抹光平。如框口玻璃采用压条固定时,则不抹底油灰,先将橡胶垫嵌入裁口内,装上玻璃,随即装压条用螺丝钉固定。

7) 安装斜天窗的玻璃,如设计未做要求,应采用夹丝玻璃,并应从顺留方向盖叠安装。盖叠安装搭接长度应视天窗的坡度而定,当坡度为1/4或大于1/4时,不小于30m;坡度小于1/4时,不小于50mm,盖叠处用钢丝卡固定,并在缝隙中用密封膏嵌填密实;如果用平板或浮法玻璃时,要在玻璃下面加设一层镀锌铅丝网。

8) 门窗安装彩色玻璃和压花,应按照明设计图案仔细裁割,拼缝必须吻合,不允许出现错位、松动和斜曲等缺陷。

9) 安装窗中玻璃,按开启方向确定定位垫块宽度应大于玻璃的厚度,长度不宜小于25mm,并应按设计要求。

10) 铝合金框扇安装玻璃,安装前,应清除铝合金框的槽口内所有灰渣、杂物等,畅通排水孔。在框口下边槽口放入橡胶垫块,以免玻璃直接与铝合金框接触。

① 安装玻璃时,使玻璃在框口内准确就位,玻璃安装在凹槽内,内外侧间隙应相等,间隙宽度一般为2～5mm。

② 采用橡胶条固定玻璃时,先用10mm长的橡胶块断续地将玻璃挤住,再在胶条上注入密封胶,密封胶要连续注满在周边内,注得均匀。

③ 采用橡胶块固定玻璃时,先将橡胶压条嵌入玻璃两侧密封,然后将玻璃挤住,再在其上面注入密封胶。

④ 采用橡胶压条固定玻璃时,先将橡胶压条嵌入玻璃两侧密封,容纳后将玻璃挤紧,上面不再注密封胶。橡胶压条长度不得短于所需嵌入长度,并不得强行嵌入胶条。

2. 工程质量验收

本部分适用于平板、吸热、反射、中空、夹层、夹丝、磨砂、钢化、压花玻璃等玻璃安装工程的质量验收。

(1) 主控项目

门窗玻璃安装工程质量验收标准的主控项目检验见表7-31。

表 7-31　门窗玻璃安装工程主控项目检验

序号	项目	合格质量标准	检验方法	检验数量
1	玻璃质量	玻璃的品种、规格、尺寸、色彩、图案和涂膜朝向应符合设计要求。单块玻璃大于 1.5m² 时应使用安全玻璃	观察,检查产品合格证书、性能检测报告和进场验收记录	每个检验批应至少抽查 5%,并不得少于 3 樘,不足 3 樘时应全数检查;高层建筑的外窗,每个检验批应至少抽查 10%,并不得少于 6 樘,不足 6 樘时应全数检查
2	玻璃裁割、安装质量	门窗玻璃裁割尺寸应正确。安装后的玻璃应牢固,不得有裂纹、损伤和松动	观察、轻敲检查	
3	安装方法、钉子或钢丝卡	玻璃的安装方法应符合设计要求。固定玻璃的钉子或钢丝卡的数量、规格应保证玻璃安装牢固	观察、检查施工记录	
4	木压条	镶钉木压条接触玻璃处,应与裁口边缘平齐。木压条应互相紧密连接,并与裁口边缘紧贴,割角应整齐	观察	
5	密封条	密封条与玻璃、玻璃槽口的接触应紧密、平整。密封胶与玻璃、玻璃槽口的边缘应黏结牢固、接缝平齐	观察	
6	带密封条的玻璃压条	带密封条的玻璃压条,其密封条封必须与玻璃全部贴紧,压条与型材之间应无明显缝隙,压条接缝应不大于 0.5mm	观察、尺量检查	

（2）一般项目

门窗玻璃安装工程质量验收标准的一般项目检验见表 7-32。

表 7-32　门窗玻璃安装工程一般项目检验

序号	项目	合格质量标准	检验方法	检验数量
1	玻璃表面	玻璃表面应洁净,不得有腻子、密封胶、涂料等污渍。中空玻璃内外表面均应洁净,玻璃中空层内不得有灰尘和水蒸气	观察	每个检验批应至少抽查 5%,并不得少于 3 樘,不足 3 樘时应全数检查;高层建筑的外窗,每个检验批应至少抽查 10%,并不得少于 6 樘,不足 6 樘时应全数检查
2	玻璃安装方向	门窗玻璃不应直接接触型材。单面镀膜玻璃的镀膜层及磨砂玻璃的磨砂面应朝向室内。中空玻璃的单面镀膜玻璃应在最外层,镀膜层应朝向室内	观察	
3	腻子	腻子应填抹饱满、黏结牢固,腻子边缘与裁口应平齐。固定玻璃的卡子不应在腻子表面显露	观察	

第三节 吊顶工程

本节导读

本节主要介绍了吊顶工程质量验收一般规定,木质吊顶施工、轻金属龙骨吊顶施工、暗龙骨吊顶工程、明龙骨吊顶工程等分项工程的质量控制要点及质量验收标准,其内容关系图如图 7-3 所示。

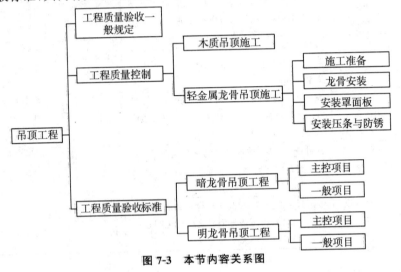

图 7-3 本节内容关系图

业务要点 1:工程质量验收一般规定

1)吊顶工程验收时应检查下列文件和记录:

① 吊顶工程的施工图、设计说明及其他设计文件。

② 材料的产品合格证书、性能检测报告、进场验收记录和复验报告。

③ 隐蔽工程验收记录。

④ 施工记录。

2)吊顶工程应对人造木板的甲醛含量进行复验。

3)吊顶工程应对下列隐蔽工程项目进行验收:

① 吊顶内管道、设备的安装及水管试压。

② 木龙骨防火、防腐处理。

③ 预埋件或拉结筋。

④ 吊杆安装。

⑤ 龙骨安装。

⑥ 填充材料的设置。

4）各分项工程的检验批应按下列规定划分：

同一品种的吊顶工程每 50 间（大面积房间和走廊按吊顶面积 30m² 为一间）应划分为一个检验批。不足 50 间也应划分为一个检验批。

5）安装龙骨前，应按设计要求对房间净高、洞口标高和吊顶内管道、设备及其支架的标高进行交接检验。

6）吊顶工程的木吊杆、木龙骨和木饰面板必须进行防火处理，并应符合有关设计防火规范的规定。

7）吊顶工程中的预埋件、钢筋吊杆和型钢吊杆应进行防锈处理。

8）安装饰面板前应完成吊顶内管道和设备的调试及验收。

9）吊杆距主龙骨端部距离不得大于 300mm，当大于 300mm 时，应增加吊杆。当吊杆长度大于 1.5m 时，应设置反支撑。当吊杆与设备相遇时，应调整并增设吊杆。

10）重型灯具、电扇及其他重型设备严禁安装在吊顶工程的龙骨上。

业务要点 2：吊顶工程质量控制

1. 木质吊顶施工

（1）准备

包括弹标高水平线、画龙骨分档线、顶棚内管线设施安装，安装完毕后需做打压试验和隐蔽验收等。

（2）龙骨安装

包括主龙骨和小龙骨的安装。一般而言，大龙骨固定应按设计标高起拱；设计无要求时，起拱一般为房间跨度的 1/300～1/200。

（3）安装罩面板

木骨架底面安装顶棚罩面板，一般采用固定方式。常用方式有圆钉钉固法、木螺丝拧固法、胶结粘固法三种。

（4）安装压条

待一间罩面板全部安装后，先进行压条位置弹线，按线进行压条安装。其固定方法，一般同罩面板，钉固间距为 300mm，也可采用胶结料黏结。

2. 轻金属龙骨吊顶施工

轻金属龙骨按材料分为轻钢龙骨和铝合金龙骨。这里主要介绍轻钢龙骨装配式吊顶施工。轻钢吊顶龙骨有 U 形和 T 形两种。

（1）施工准备

包括弹顶棚标高水平线；画龙骨分档线；安装主龙骨吊杆。

（2）龙骨安装

1）安装主龙骨：将组装好吊挂件的主龙骨，按分档线位置使吊挂件穿入相应的吊杆，拧好螺母。主龙骨相接处装好连接件，拉线调整标高、起拱和平直。

采用射钉,钉固边龙骨。设计无要求时,射钉间距为 1000mm。

2)安装次龙骨:按已弹好的次龙骨分档线,卡放次龙骨吊挂件。按设计规定的次龙骨间距,将次龙骨通过吊挂件吊挂在大龙骨上,设计无要求时,一般间距为 500～600mm。

(3)安装罩面板

罩面板与轻钢骨架固定的方式分为:罩面板自攻螺钉钉固法、罩面板胶结黏固法、罩面板托卡固定法三种。

(4)安装压条与防锈

罩面板顶棚如设计要求有压条,应按拉缝均匀,对缝平整的原则进行压条安装。其固定方法宜用自攻螺钉,螺钉间距 300mm;也可用胶结料粘贴。

业务要点 3:吊顶工程质量验收标准

1.暗龙骨吊顶工程

本部分适用于以轻钢龙骨、铝合金龙骨、木龙骨等为骨架,以石膏板、金属板、矿棉板、木板、塑料板或格栅等为饰面材料的暗龙骨吊顶工程的质量验收。

(1)主控项目

暗龙骨吊顶工程质量验收标准的主控项目检验见表 7-33。

表 7-33 暗龙骨吊顶工程主控项目检验

序号	项目	合格质量标准	检验方法	检验数量
1	标高、尺寸、起拱和造型	吊顶标高、尺寸、起拱和造型应符合设计要求	观察、尺量检查	每个检验批应至少抽查 10%,并不得少于 3 间,不足 3 间时应全数检查
2	饰面材料	饰面材料的材质、品种、规格、图案和颜色应符合设计要求	观察,检查产品合格证书、性能检测报告、进场验收记录和复验报告	
3	牢固性要求	暗龙骨吊顶工程的吊杆、龙骨和饰面材料的安装必须牢固	观察、手扳检查、检查隐蔽工程验收记录和施工记录	
4	吊杆、龙骨的安装	吊杆、龙骨的材质、规格、安装间距及连接方式应符合设计要求。金属吊杆、龙骨应经过表面防腐处理;木吊杆、龙骨应进行防腐、防火处理	观察、尺量检查,检查产品合格证书、性能检测报告、进场验收记录和隐蔽工程验收记录	
5	石膏板接缝	石膏板的接缝应按其施工工艺标准进行板缝防裂处理。安装双层石膏板时,面层板与基层板的接缝应错开,并不得在同一根龙骨上接缝	观察	

(2)一般项目

暗龙骨吊顶工程质量验收标准的一般项目检验见表 7-34。

2. 明龙骨吊顶工程

本部分适用于以轻钢龙骨、铝合金龙骨、木龙骨等为骨架,以石膏板、金属板、矿棉板、塑料板、玻璃板或格栅等饰面材料的明龙骨吊顶工程的质量验收。

(1) 主控项目

明龙骨吊顶工程质量验收标准的主控项目检验见表 7-36。

表 7-34　暗龙骨吊顶工程一般项目检验

序号	项　目	合格质量标准	检验方法	检验数量
1	材料表面质量	饰面材料表面应洁净、色泽一致,不得有翘曲、裂缝及缺损。压条应平直、宽窄一致	观察、尺量检查	每个检验批至少抽查10%,并不得少于3间,不足3间时应全数检查
2	灯具等设备	饰面板上的灯具、烟感器、喷淋头、风口篦子等设备的位置应合理、美观,与饰面板的交接应吻合、严密	观察	
3	龙骨、吊杆接缝	金属吊杆、龙骨的接缝应均匀一致,角缝应吻合,表面应平整,无翘曲、锤印。木质吊杆、龙骨应顺直,无劈裂、变形	检查隐蔽工程验收记录和施工记录	
4	填充材料	吊顶内填充吸声材料的品种和铺设厚度应符合设计要求,并应有防散落措施	检查隐蔽工程验收记录和施工记录	
5	允许偏差	暗龙骨吊顶工程安装的允许偏差和检验方法应符合表 7-35 的规定	见表 7-35	

表 7-35　暗龙骨吊顶工程安装的允许偏差和检验方法

项　目	允许偏差/mm				检验方法
	纸面石膏板	金属板	矿棉板	木板、塑料板、格栅	
表面平整度	3	2	2	2	用2m靠尺和塞尺检查
接缝直线度	3	1.5	3	3	拉5m线,不足5m拉通线,用钢直尺检查
接缝高低差	1	1	1.5	1	用钢直尺和塞尺检查

表 7-36　明龙骨吊顶工程主控项目检验

序号	项　目	合格质量标准	检验方法	检验数量
1	吊杆的形式	吊顶标高、尺寸、起拱和造型应符合设计要求	观察、尺量检查	每个检验批应至少抽查10%,并不得少于3间,不足3间时应全数检查
2	饰面材料质量	饰面材料的材质、品种、规格、图案和颜色应符合设计要求。当饰面材料为玻璃板时,应使用安全玻璃或采取可靠的安全措施	观察,检查产品合格证书、性能检测报告和进场验收记录	

续表

序号	项 目	合格质量标准	检验方法	检验数量
3	饰面材料安装	饰面材料的安装应稳固严密,饰面材料与龙骨的搭接宽度应大于龙骨受力面宽度的2/3	观察、手扳检查、尺量检查	每个检验批应至少抽查10%,并不得少于3间,不足3间时应全数检查
4	吊杆、龙骨材质	吊杆、龙骨的材质、规格、安装间距及连接方式应符合设计要求。金属吊杆、龙骨应进行表面防腐处理,木龙骨应进行防腐、防火处理	观察、尺量检查,检查产品合格证书、进场验收记录和隐蔽工程验收记录	
5	牢固性	明龙骨吊顶工程的吊杆和龙骨安装必须牢固	手扳检查、检查隐蔽工程验收记录和施工记录	

（2）一般项目

明龙骨吊顶工程质量验收标准的一般项目检验见表 7-37。

表 7-37　明龙骨吊顶工程一般项目检验

序号	项 目	合格质量标准	检验方法	检验数量
1	饰面材料表面质量	饰面材料表面应洁净、色泽一致,不得有翘曲、裂缝及缺损。饰面板与明龙骨的搭接应平整、吻合,压条应平直、宽窄一致	观察、尺量检查	每个检验批应至少抽查10%,并不得少于3间,不足3间时应全数检查
2	灯具等设备质量	饰面板上的灯具、烟感器、喷淋头、风口箅子等设备的位置应合理、美观,与饰面板的交接应吻合、严密	观察	
3	龙骨接缝	金属龙骨的接缝应平整、吻合、颜色一致,不得有划伤、擦伤等表面缺陷。木质龙骨应平整、顺直,无劈裂	观察	
4	填充材料	吊顶内填充吸声材料的品种和铺设厚度应符合设计要求,并应有防散落措施	观察	
5	允许偏差	明龙骨吊顶工程安装的允许偏差和检验方法应符合表 7-38 的规定	见表 7-38	

表 7-38　明龙骨吊顶工程安装的允许偏差和检验方法

项 目	允许偏差/mm				检验方法
	石膏板	金属板	矿棉板	塑料板、玻璃板	
表面平整度	3	2	3	2	用 2m 靠尺和塞尺检查

续表

项　目	允许偏差/mm				检验方法
	石膏板	金属板	矿棉板	塑料板、玻璃板	
接缝直线度	3	2	3	3	拉5m线，不足5m拉通线，用钢直尺检查
接缝高低差	1	1	2	1	用钢直尺和塞尺检查

第四节　轻质隔墙工程

本节导读

本节主要介绍了轻质隔墙工程质量验收一般规定，板材隔墙、骨架隔墙、活动隔墙、玻璃隔墙等分项工程的质量控制要点及质量验收标准。其内容关系图如图7-4所示。

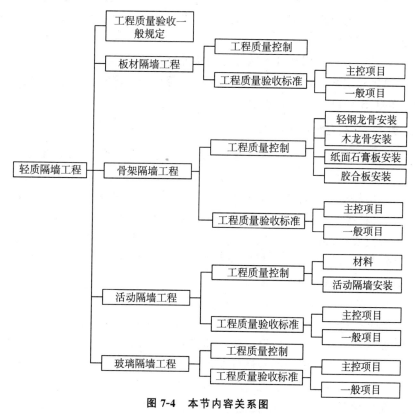

图7-4　本节内容关系图

业务要点 1：工程质量验收一般规定

1）轻质隔墙工程验收时应检查下列文件和记录：

① 轻质隔墙工程的施工图、设计说明及其他设计文件。

② 材料的产品合格证书、性能检测报告、进场验收记录和复验报告。

③ 隐蔽工程验收记录。

④ 施工记录。

2）轻质隔墙工程应对人造木板的甲醛含量进行复验。

3）轻质隔墙工程应对下列隐蔽工程项目进行验收：

① 骨架隔墙中设备管线的安装及水管试压。

② 木龙骨防火、防腐处理。

③ 预埋件或拉结筋。

④ 龙骨安装。

⑤ 填充材料的设置。

4）各分项工程的检验批应按同一品种的轻质隔墙工程每 50 间（大面积房间和走廊按轻质隔墙的墙面 30m² 为一间）应划分为一个检验批，不足 50 间也应划分为一个检验批。

5）轻质隔墙与顶棚和其他墙体的交接处应采取防开裂措施。

6）民用建筑轻质隔墙工程的隔声性能应符合现行国家标准《民用建筑隔声设计规范》GB 50118—2010 的规定。

业务要点 2：板材隔墙工程

板材隔墙是指不需设置隔墙龙骨，由隔墙板材自承重，将预制或现制的隔墙板材直接固定于建筑主体结构上的隔墙工程。目前这类轻质隔墙的应用范围很广，使用的隔墙板材通常分为复合板材、单一材料板材、空心板材等类型。常见的隔板材有金属夹芯板、预制或现制的钢丝网水泥板、石膏夹芯板、石膏水泥板、石膏空心板、泰柏板（舒乐舍板）、增强水泥聚苯板（GRC 板）、加气混凝土条板、水泥陶粒板等。随着建材行业的技术进步，这类轻质隔墙板材的性能会不断提高，板材的品种也会不断变化。

1. 工程质量控制

1）墙位放线应清晰，位置应准确。隔墙上下基层应平整、牢固。

2）板材隔墙安装拼接应符合设计和产品构造要求。

3）安装板材隔墙所用的金属件应进行防腐处理。

4）板材隔墙拼接用的芯材应符合防火要求。

5）在板材隔墙上开槽、打孔应用云石机切割或电钻钻孔，不得直接剔凿和用力敲击。

2. 工程质量验收标准

本部分适用于复合轻质墙板、石膏空心板、预制或现制的钢丝网水泥板等板材隔墙工程的质量验收。

（1）主控项目

板材隔墙工程质量验收标准的主控项目检验见表 7-39。

表 7-39　板材隔墙工程主控项目检验

序号	项　目	合格质量标准	检验方法	检验数量
1	板材质量	隔墙板材的品种、规格、性能、颜色应符合设计要求。有隔声、隔热、阻燃、防潮等特殊要求的工程,板材应有相应性能等级的检测报告	观察,检查产品合格证书、进场验收记录和性能检测报告	每个检验批应至少抽查 10%,并不得少于 3 间,不足 3 间时应全数检查
2	预埋件、连接件	安装隔墙板材所需预埋件、连接件的位置、数量及连接方法应符合设计要求	观察、尺量检查、检查隐蔽工程验收记录	
3	安装质量	隔墙板材安装必须牢固。现制钢丝网水泥隔墙与周边墙体的连接方法应符合设计要求,并应连接牢固	观察、手扳检查	
4	接缝材料、方法	隔墙板材所用接缝材料的品种及接缝方法应符合设计要求	观察、检查产品合格证书和施工记录	

（2）一般项目

板材隔墙工程质量验收标准的一般项目检验见表 7-40。

表 7-40　板材隔墙工程一般项目检验

序号	项　目	合格质量标准	检验方法	检验数量
1	安装位置	隔墙板材安装应垂直、平整、位置正确,板材不应有裂缝或缺损	观察、尺量检查	每个检验批应至少抽查 10%,并不得少于 3 间,不足 3 间时应全数检查
2	表面质量	板材隔墙表面应平整光滑、色泽一致、洁净,接缝应均匀、顺直	观察、手摸检查	
3	孔洞、槽、盒	隔墙上的孔洞、槽、盒应位置正确、套割方正、边缘整齐	观察	
4	允许偏差	板材隔墙安装的允许偏差和检验方法应符合表 7-41 的规定	见表 7-41	

表 7-41　板材隔墙安装的允许偏差和检验方法

项　目	允许偏差/mm				检验方法
	复合轻质墙板		石膏空心板	钢丝网水泥板	
	金属夹芯板	其他复合板			
立面垂直度	2	3	3	3	用 2m 垂直检测尺检查

续表

项　目	允许偏差/mm				检验方法
	复合轻质墙板		石膏空心板	钢丝网水泥板	
	金属夹芯板	其他复合板			
表面平整度	2	3	3	3	用 2m 靠尺和塞尺检查
阴阳角方正	3	3	3	4	用直角检测尺检查
接缝高低差	1	2	2	3	用钢直尺和塞尺检查

业务要点 3：骨架隔墙工程

骨架隔墙是指在隔墙龙骨两侧安装墙面板以形成墙体的轻质隔墙。这一类隔墙主要是由龙骨作为受力骨架固定于建筑主体结构上。目前大量应用的轻钢龙骨石膏板隔墙就是典型的骨架隔墙。龙骨骨架中根据隔声或保温设计要求可以设置填充材料，根据设备安装要求安装一些设备管线等。龙骨常见的有轻钢龙骨系列、其他金属龙骨以及木龙骨。墙面板常见的有纸面石膏板、人造木板、防火板、金属板、水泥纤维板以及塑料板等。

1. 工程质量控制

（1）轻钢龙骨安装

1）应按弹线位置固定，沿地、沿顶龙骨及边框龙骨，龙骨的边线应与弹线重合。龙骨的端部应安装牢固，龙骨与基体的固定点间距应不大于 1m。

2）安装竖向龙骨应垂直，龙骨间距应符合设计要求。潮湿房间的龙骨间距不宜大于 400mm。

3）安装支撑龙骨时，应先将支撑卡安装在竖向龙骨的开口方向，卡距宜为 400～600mm，距龙骨两端的距离宜为 20～25mm。

4）安装贯通系列龙骨时，低于 3m 的隔墙安装一道，3～5m 隔墙安装两道。

5）饰面板横向接缝处不在沿地、沿顶龙骨上时，应加横撑龙骨固定。

6）门窗或特殊接点处安装附加龙骨应符合设计要求。

（2）木龙骨安装

1）木龙骨的横截面积及纵、横向间距应符合设计要求。

2）横、竖龙骨宜采用开半榫、加胶、加钉连接。

3）安装墙面板前应对龙骨进行防火处理。

（3）纸面石膏板安装

1）石膏板宜竖向铺设、长边接缝应安装在竖向龙骨上。

2）龙骨两侧的石膏板及龙骨一侧的双层板的接缝应错开，不得在同一根龙骨上接缝。

3）纸面石膏板在轻钢龙骨上应用自攻螺钉固定；木龙骨上应用木螺钉固定。沿石膏板周边钉间距不得大于 200mm，板中钉间距不得大于 300mm，钉至板边距离应为 10～15mm。

4）安装纸面石膏板时应从板的中部向板的四边固定。钉头略埋入板内，但不得损坏纸面。钉眼应进行防锈处理。

5）石膏板的接缝应按设计要求进行板缝处理。石膏板与周围墙或柱应留有 3mm 的槽口，以便进行防开裂处理。

（4）胶合板安装

1）胶合板安装前应对板背面进行防火处理。

2）胶合板在轻钢龙骨上应采用自攻螺钉固定；在木龙骨上采用圆钉固定时，钉距宜为 80～150mm，钉帽应砸扁；采用钉枪固定时，钉距宜为 80～100mm。

3）阳角处宜作护角。

4）胶合板用木压条固定时，固定点间距不应大于 200mm。

2. 工程质量验收

本部分适用于以轻钢龙骨、木龙骨等为骨架，以纸面石膏板、人造木板、水泥纤维板等为墙面板的隔墙工程的质量验收。

（1）主控项目

骨架隔墙工程质量验收标准的主控项目检验见表 7-42。

表 7-42　骨架隔墙工程主控项目检验

序号	项　目	合格质量标准	检验方法	检验数量
1	材料质量	骨架隔墙所用龙骨、配件、墙面板、填充材料及嵌缝材料的品种、规格、性能和木材的含水率应符合设计要求。有隔声、隔热、阻燃、防潮等特殊要求的工程，材料应有相应性能等级的检测报告	观察，检查产品合格证书、进场验收记录、性能检测报告和复验报告	每个检验批应至少抽查 10%，并不得少于 3 间，不足 3 间时应全数检查
2	龙骨连接	骨架隔墙工程边框龙骨必须与基体结构连接牢固，并应平整、垂直、位置正确	手扳检查、尺量检查、检查隐蔽工程验收记录	
3	龙骨间距及构造连接	骨架隔墙中龙骨间距和构造连接方法应符合设计要求。骨架内设备管线的安装、门窗洞口等部位加强龙骨安装牢固、位置正确，填充材料的设置应符合设计要求	检查隐蔽工程验收记录	

序号	项 目	合格质量标准	检验方法	检验数量
4	防火、防腐	木龙骨及木墙面板的防火和防腐处理必须符合设计要求	检查隐蔽工程验收记录	每个检验批应至少抽查10%，并不得少于3间，不足3间时应全数检查
5	墙面板安装	骨架隔墙的墙面板应安装牢固，无脱层、翘曲、折裂及缺损	观察、手扳检查	
6	墙面板接缝材料及方法	墙面板所用接缝材料的接缝方法应符合设计要求	观察	

（2）一般项目

骨架隔墙工程质量验收标准一般项目检验见表7-43。

表 7-43　骨架隔墙工程一般项目检验

序号	项 目	合格质量标准	检验方法	检验数量
1	表面质量	骨架隔墙表面应平整光滑、色泽一致、洁净、无裂缝，接缝应均匀、顺直	观察、手摸检查	
2	孔洞、槽、盒要求	骨架隔墙上的孔洞、槽、盒应位置正确、套割吻合、边缘整齐	观察	每个检验批应至少抽查10%，并不得少于3间，不足3间时应全数检查
3	填充材料要求	骨架隔墙内的填充材料应干燥，填充应密实、均匀、无下坠	轻敲检查、检查隐蔽工程验收记录	
4	安装允许偏差	骨架隔墙安装的允许偏差和检验方法应符合表7-44的规定	见表7-44	

表 7-44　骨架隔墙安装的允许偏差和检验方法

项 目	允许偏差/mm		检验方法
	纸面石膏板	人造木板、水泥纤维板	
立面垂直度	3	4	用2m垂直检测尺检查
表面平整度	3	3	用2m靠尺和塞尺检查
阴阳角方正	3	3	用直角检测尺检查
接缝直线度	—	3	拉5m线，不足5m拉通线，用钢直尺检查
压条直线度	—	3	拉5m线，不足5m拉通线，用钢直尺检查
接缝高低差	1	1	用钢直尺和塞尺检查

业务要点 4:活动隔墙工程

活动隔墙是指推拉式活动隔墙、可拆装的活动隔墙等。这一类隔墙大多使用成品板材及其金属框架、附件在现场组装而成,金属框架及饰面板一般不需再作饰面层。也有一些活动隔墙不需要金属框架,完全是使用半成品板材现场加工制作成活动隔墙。

1. 工程质量控制

(1) 材料

1) 活动隔墙所用墙板、配件等材料的品种、规格、性能和木材的含水率应符合设计要求。材料应具有产品合格证书、进场验收记录、性能检测报告和复验报告。有隔声、隔热、阻燃、防潮等特殊要求的工程,材料应有相应性能的检测报告。

2) 活动隔墙导轨槽、滑轮及其他五金配件配套齐全,并具有出厂合格证。

3) 防腐材料、填缝材料、密封材料、防锈漆、水泥、砂、连接铁件、连接板等应符合设计要求和有关标准的规定。

(2) 活动隔墙安装

1) 弹线定位:根据施工图,在室内地面放出活动隔墙的位置控制线,并将隔墙位置线引至侧墙及顶板。弹线是应弹出固定件的安装位置线。

2) 轨道固定件安装:轨道的预埋件安装要牢固,轨道与主体结构之间应固定牢固,所有金属件应做防锈处理。

3) 预制隔扇:

① 活动隔墙的高度较高时,隔扇可以采用铝合金或型钢等金属骨架,防止由于高度过大引起变形。

② 有隔声要求的活动隔墙,在委托专业厂家加工时,应提出隔声要求。不但保证隔扇本身的隔声性能,而且还要保证隔扇四周缝隙也能密闭隔声。一般做法是在每块隔扇上安装一套可以伸出的活动密封片,在活动隔墙展开后,把活动密封片伸出,将隔扇与轨道、隔扇与地面、隔扇与隔扇、隔扇与边框之间的缝隙密封严密,起到完全隔声的效果。

4) 安装轨道:安装轨道时应根据轨道的具体情况,提前安装好滑轮或轨道预留开口(一般在靠墙边 1/2 隔扇附近)。地面支承式轨道和地面导向轨道安装时,必须认真调整、检查,确保轨道顶面与完成后的地面面层表面平齐。

5) 安装活动隔扇:根据安装方式在每块隔扇上准确划出滑轮安装位置线,然后将滑轮的固定架用螺钉固定在隔扇的上桄或下桄上。再把隔扇逐块装入轨道,调整各块隔扇,使其垂直于地面,且推拉转动灵活,最后进行各扇之间的连接固定。

2. 工程质量验收标准

（1）主控项目

活动隔墙工程质量验收标准的主控项目检验见表 7-45。

表 7-45　活动隔墙工程主控项目检验

序号	项　目	合格质量标准	检验方法	检验数量
1	材料质量	活动隔墙所用墙板、配件等材料的品种、规格、性能和木材的含水率应符合设计要求。有阻燃、防潮等特性要求的工程，材料应有相应性能等级的检测报告	观察，检查产品合格证书、进场验收记录、性能检测报告和复验报告	每个检验批应至少抽查20％，并不得少于6间，不足6间时应全数检查
2	轨道安装	活动隔墙轨道必须与基体结构连接牢固，并应位置正确	尺量检查、手扳检查	
3	构配件安装	活动隔墙用于组装、推拉和制动的构配件必须安装牢固、位置正确，推拉必须安全、平稳、灵活	尺量检查、手扳检查、推拉检查	
4	制作方法、组合方式	活动隔墙制作方法、组合方式应符合设计要求	观察	

（2）一般项目

活动隔墙工程质量验收标准的一般项目检验见表 7-46。

表 7-46　活动隔墙工程一般项目检验

序号	项目	合格质量标准	检验方法	检验数量
1	表面质量	活动隔墙表面应色泽一致、平整光滑、洁净，线条应顺直、清晰	观察、手摸检查	每个检验批应至少抽查20％，并不得少于6间，不足6间时应全数检查
2	孔洞、槽、盒要求	活动隔墙上的孔洞、槽、盒应位置正确，套割吻合、边缘整齐	观察、尺量检查	
3	隔墙推拉	活动隔墙推拉应无噪声	推拉检查	
4	安装允许偏差	活动隔墙安装的允许偏差和检验方法应符合表 7-47 的规定	见表 7-47	

表 7-47　活动隔墙安装的允许偏差和检验方法

项　目	允许偏差/mm	检验方法
立面垂直度	3	用2m垂直检测尺检查
表面平整度	2	用2m靠尺和塞尺检查
接缝直线度	3	拉5m线，不足5m拉通线，用钢直尺检查
接缝高低差	2	用钢直尺和塞尺检查
接缝宽度	2	用钢直尺检查

业务要点 5：玻璃隔墙工程

1. 工程质量控制

1）墙位放线清晰，位置应准确。隔墙基层应平整、牢固。

2）拼花彩色玻璃隔断在安装前，应按拼花要求计划好各玻璃和零配件的需要量。

3）把已裁好的玻璃按部位编号，并分别竖向堆放待用。安装玻璃前，应对骨架、边框的牢固程度进行检查，如有不牢固应予加固。

4）用木框安装玻璃时，在木框上要裁口或挖槽，其上镶玻璃，玻璃四周常用木压条固定。压条应与边框紧贴，不得弯棱、凸鼓。

5）用铝合金框时，玻璃镶嵌后应用橡胶带固定玻璃。

6）玻璃安装后，应随时清理玻璃面，特别是冰雪片彩色玻璃，要防止污垢积淤，影响美观。

7）空心玻璃砖隔墙应按下列要求进行控制。

① 固定金属型材框用的镀锌钢膨胀螺栓直径不得小于 8mm，间距不得大于 500mm。

用于 80mm 厚的空心玻璃砖的金属型材框，最小截面应为 90mm×50mm×3.0mm；用于 100mm 厚的空心玻璃砖的金属型材框，最小截面应为 108mm×50mm×3.0mm。

② 空心玻璃砖的砌筑砂浆等级应为 M5，一般宜使用白色硅酸盐水泥与粒径小于 3mm 的砂拌制。

③ 室内空心玻璃砖隔墙的高度和长度均超过 1.5m 时，应在垂直方向上每二层空心玻璃砖水平布 2 根 $\phi6$（或 $\phi8$）的钢筋（当只有隔墙的高度超过 1.5m 时，放一根钢筋），在水平方向上每 3 个缝至少垂直布一根钢筋（错缝砌筑时除外），钢筋每端伸入金属型材框的尺寸不得小于 35mm。最上层的空心玻璃砖应深入顶部的金属型材框中，深入尺寸不得小于 10mm，且不得大于 25mm。

④ 空心玻璃砖之间的接缝不得小于 10mm，且不得大于 30mm。

⑤ 空心玻璃砖与金属型材框两翼接触的部位应留有滑缝，且不得小于 4mm，腹面接触的部位应留有胀缝，且不得小于 10mm。滑缝和胀缝应用沥青毡和硬质泡沫塑料填充。金属型材框与建筑墙体和屋顶的结合部，以及空心玻璃砖砌体与金属型材框翼端的结合部应用弹性密封剂。

8）玻璃隔墙应按下列要求进行控制：

① 玻璃隔墙的固定框与接（地）面、两端墙体的固定，按设计要求先弹出隔墙位置线，固定方法与轻钢龙骨、木龙骨相同。固定框的顶框，通常在吊平顶

下,而无法与楼板顶(或梁)的下面直接固定,因此顶框的固定须按设计施工详图处理。固定框与连接基体的结合部应用弹性密封材料封闭。

②玻璃与固定框的结合不能太紧密,玻璃放入固定框时,应设置橡胶支承垫块和定位块,支承块的长度不得小于50mm,宽度应等于玻璃厚度加上前部余隙和后部余隙,厚度应等于边缘余隙。定位块的长度应不小于25mm,宽度、厚度同支承块相同。支承垫块与定位块的安装位置应距固定框槽角1/4边的位置处。

③固定压条通常用自攻螺钉固定,在压条与玻璃间(即前部余隙和后部余隙)注入密封胶或嵌密封条。如果压条为金属槽条,且为了表面美观不得直接用自攻螺钉固定时,可采用先将木压条用自攻螺钉固定,然后用万能胶将金属槽条卡在木压条外,以达到装饰目的。

④安装好的玻璃应平整、牢固,不得有松动现象;密封条与玻璃、玻璃槽口的接触应紧密、平整,并不得露在玻璃槽口外面。

⑤用橡胶垫镶嵌的玻璃,橡胶垫应与裁口、玻璃及压条紧贴,并不得露在压条外面;密封胶与玻璃、玻璃槽口的边缘应黏结牢固,接缝齐平。

⑥玻璃隔断安装完毕后,应在玻璃单侧或双侧设置护栏或摆放花盆等装饰物,或在玻璃表面、距地面1500～1700mm处设置醒目彩条或文字标志,以避免人体直接冲击玻璃。

2. 工程质量验收标准

本部分适用于玻璃砖、玻璃板隔墙工程的质量验收。

(1) 主控项目

玻璃隔墙工程质量验收标准的主控项目检验见表7-48。

表7-48　玻璃隔墙工程主控项目检验

序号	项目	合格质量标准	检验方法	检验数量
1	材料质量	玻璃隔墙工程所用材料的品种、规格、性能、图案和颜色应符合设计要求。玻璃板隔墙应使用安全玻璃	观察,检查产品合格证书、进场验收记录和性能检测报告	每个检验批应至少抽查20%,并不得少于6间,不足6间时应全数检查
2	砌筑或安装	玻璃砖隔墙的砌筑或玻璃板隔墙的安装方法应符合设计要求	观察	
3	砖隔墙拉结筋	玻璃砖隔墙砌筑中埋设的拉结筋必须与基体结构连接牢固,并应位置正确	手扳检查、尺量检查、检查隐蔽工程验收记录	
4	板隔墙安装	玻璃板隔墙的安装必须牢固。玻璃隔墙胶垫的安装应正确	观察、手推检查、检查施工记录	

（2）一般项目

玻璃隔墙工程质量验收标准的一般项目检验见表7-49。

表 7-49　玻璃隔墙工程一般项目检验

序号	项目	合格质量标准	检验方法	检验数量
1	表面质量	玻璃隔墙表面应色泽一致、平整洁净、清晰美观	观察	每个检验批应至少抽查20%，并不得少于6间，不足6间时应全数检查
2	接缝	玻璃隔墙接缝应横平竖直，玻璃应无裂痕、缺损和划痕	观察	
3	嵌缝及勾缝	玻璃板隔墙嵌缝及玻璃砖隔墙勾缝应密实平整、均匀顺直、深浅一致	观察	
4	安装允许偏差	玻璃隔墙安装的允许偏差和检验方法应符合表7-50的规定	见表7-50	

表 7-50　玻璃隔墙安装的允许偏差和检验方法

项目	允许偏差/mm		检验方法
	玻璃砖	玻璃板	
立面垂直度	3	2	用2m垂直检测尺检查
表面平整度	3	—	用2m靠尺和塞尺检查
阴阳角方正	—	2	用直角检测尺检查
接缝直线度	—	2	拉5m线，不足5m拉通线，用钢直尺检查
接缝高低差	3	2	用钢直尺和塞尺检查
接缝宽度	—	1	用钢直尺检查

第五节　饰面板（砖）工程

◎ 本节导读

本节主要介绍了饰面板安装、饰面砖粘贴等分项工程的质量控制要点及质量验收标准。其内容关系图如图7-5所示。

◎ 业务要点1：工程质量验收一般规定

1）饰面板（砖）工程验收时应检查下列文件和记录：

① 饰面板（砖）工程的施工图、设计说明及其他设计文件。

② 材料的产品合格证书、性能检测报告、进场验收记录和复验报告。

③ 后置埋件的现场拉拔检测报告。

④ 外墙饰面砖样板件的黏结强度检测报告。

⑤ 隐蔽工程验收记录。

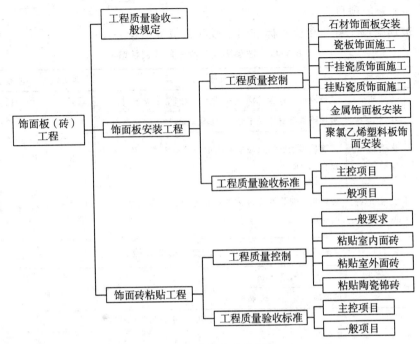

图 7-5 本节内容关系图

⑥ 施工记录。

2）饰面板（砖）工程应对下列材料及其性能指标进行复验：

① 室内用花岗石的放射性。

② 粘贴用水泥的凝结时间、安定性和抗压强度。

③ 外墙陶瓷面砖的吸水率。

④ 寒冷地区外墙陶瓷面砖的抗冻性。

3）饰面板（砖）工程应对下列隐蔽工程项目进行验收：

① 预埋件（或后置埋件）。

② 连接节点。

③ 防水层。

4）各分项工程的检验批应按下列规定划分：

① 相同材料、工艺和施工条件的室内饰面板（砖）工程每 50 间（大面积房间和走廊按施工面积 30m² 为一间）应划分为一个检验批，不足 50 间也应划分为一个检验批。

② 相同材料工艺和施工条件的室外饰面板（砖）工程，每 500～1000m² 应划分为一个检验批，不足 500m² 也应划分为一个检验批。

5）外墙饰面砖粘贴前和施工过程中均应在相同基层上做样板间，并对样板间的饰面砖黏结强度进行检验间其检验方法和结果判定应符合《建筑工程饰面砖黏结强度检验标准》JGJ 110—2008 的规定。

6）饰面板（砖）工程的抗震缝、伸缩缝、沉降缝等部位的处理，应保证缝的使用功能和饰面的完整性。

业务要点 2：饰面板安装工程

1. 工程质量控制

（1）石材饰面板安装

1）饰面板安装前，应按厂牌、品种、规格和颜色进行分类选配，并将其侧面和背面清扫干净，修边打眼，每块板的上、下边打眼数量不得少于 2 个，并用防锈金属丝穿入孔内，以作系固之用。

2）饰面板安装时，接缝宽度可垫木楔调整，并确保外表面平整、垂直及板的上沿平顺。

3）灌筑砂浆时，应先在竖缝内塞 15～20mm 深的麻丝或泡沫塑料条，以防漏浆，并将饰面板背面和基体表面湿润。砂浆灌筑应分层进行，每层灌筑高度为 150～200mm，且不得大于板高的 1/3，插捣密实。施工缝位置应留在饰面板水平接缝以下 50～100mm 处。待砂浆硬化后，将填缝材料清除。

4）室内安装天然石光面和镜面的饰面板，接缝应干接，接缝处宜用与饰面板相同颜色的水泥浆填抹；室外安装天然石光面和镜面饰面板，接缝可干接或用水泥细砂浆勾缝，干接缝应用与饰面板相同颜色水泥浆填平。安装天然石粗磨面、麻面、条纹面、天然面饰面板的接缝和勾缝应用水泥砂浆。

5）安装人造石饰面板，接缝宜用与饰面板相同颜色的水泥浆或水泥砂浆抹勾严实。

6）饰面板完工后，表面应清洗干净。光面和镜面饰面板经清洗晾干后，方可打蜡擦亮。

7）石材饰面板的接缝宽度，应符合表 7-51 的规定。

表 7-51 饰面板的接缝宽度

序号	名 称		接缝宽度/mm
1	天然石	光面、镜面	1
2		粗磨面、麻面、条纹面	5
3		天然面	10
4	人造石	水磨石	2
5		水刷石	10
6		大理石、花岗石	1

（2）瓷板饰面施工

1）瓷板装饰应在主体结构、穿过墙体的所有管道、线路等施工完毕并经验收合格后进行。

2）进场材料，按有关规定送检合格。并按不同品种、规格分类堆放在室内，若堆在室外时，应采取有效防雨防潮措施。吊运及施工过程中，严禁随意碰撞板材，不得划花、污损板材光泽面。

（3）干挂瓷质饰面施工

1）瓷板的安装顺序宜由下往上进行，避免交叉作业。

2）瓷板编号、开槽或钻孔；胀锚螺栓、窗墙螺栓安装；挂件安装应满足设计及相应规程的规定。

3）瓷板安装前，应修补施工中损坏的外墙防水层。

4）瓷板的拼缝应符合设计要求，瓷板的槽（孔）内及挂件表面的灰粉应清除。

5）扣齿板的长度应符合设计要求，当设计未作规定时，不锈钢扣齿板与瓷板支承边等长，铝合金扣齿板比瓷板支承边短 20～50mm。

6）扣齿或销钉插入瓷板深度应符合设计要求。

7）当为不锈钢挂件时，应将环氧树脂浆液抹入槽（孔）内，与瓷接合部位的挂件应满涂，然后插入扣齿或销钉。

8）瓷板中部加强点的连接件与基面连接应可靠，其位置及面积应符合设计要求。

9）灌缝的密封胶应符合设计要求，其颜色应与瓷板色彩相配，灌缝应饱满平直，宽窄一致，不得在潮湿时灌密封胶。灌缝时不得污损瓷板面。

10）底板的拼缝有排水孔设置要求时，其排水通道不得阻塞。

（4）挂贴瓷质饰面施工

1）瓷板应按作业流水编号，瓷板拉结点的竖孔应钻在板厚中心线上，孔径为 3.2～3.5mm，深度为 20～30mm，板背模孔应与竖孔连通；用防锈金属丝穿孔固定，金属丝直径大于瓷板拼缝宽度时，应凿槽埋置。

2）瓷板挂贴窗由下而上进行，出墙面勒脚的瓷板，应待上层饰面完成后进行。楼梯栏杆、栏板及墙裙的瓷板，应在楼梯踏步、地面面层完成后进行。

3）当基层用拉结钢筋网时，钢筋网应与锚固点焊接牢固。锚固点为螺栓时，其紧固力矩应取 40～45N·m。

4）挂装的瓷板、同幅墙的瓷板色彩应一致（特殊要求除外）。

5）瓷板挂装时，应找正吊直后用金属丝绑牢在拉结钢筋网上，挂装时可用木楔调整，瓷板的拼缝宽度应符合设计要求，并不宜大于 1mm。

6）灌筑填缝砂浆前，应将墙体及瓷板背面浇水润湿，并用石膏灰临时封闭瓷板竖缝,以防漏浆。用稠度为 $100\sim150mm$ 的 $1:2.5\sim1:3$ 水泥砂浆(体积比)分层灌筑,每层高度为 $150\sim200mm$,应插捣密实,待初凝后,应检查板面位置,合格后方可灌筑上层砂浆,否则应拆除重装。施工缝应留在瓷板水平接缝以下 $50\sim100mm$ 处,待填缝砂浆初凝后,方可拆除石膏及临时固定物。

7)瓷板的拼缝处理应符合设计要求,当设计无要求时,用瓷板颜色相配的水泥浆抹匀严密。

8)冬期施工应采取相应措施保护砂浆,以免受冻。

(5)金属饰面板安装

1)金属饰面板安装,当设计无要求时,宜采用抽芯铝铆钉,中间必须垫橡胶垫圈。抽芯铝铆钉间距以控制在 $100\sim150mm$ 为宜。

2)板材安装时严禁采用对接,搭接长度应符合设计要求,不得有透缝现象。

3)阴阳角宜采用预制角装饰板安装,角板与大面搭接方向应与主导风向一致,严禁逆向安装。

(6)聚氯乙烯塑料板饰面安装

1)水泥砂浆基体必须垂直,要坚硬、平整、不起壳,不应过光,也不宜过毛,应洁净,如有麻面,宜用乳胶腻子修补平整,再刷一遍乳胶水溶液,以增加黏结力。

2)粘贴前,在基层上分块弹线预排。

3)胶粘剂一般宜用脲醛树脂、聚酯酸乙酯、环氧树脂或氯丁胶粘剂。

4)调制胶粘剂不宜太稀或太稠,应在基层表面和罩面板背面同时均匀涂刷胶粘剂,待用手触试已涂胶液、感到黏性较大时,即可进行粘贴。

5)粘贴后应采取临时措施固定,同时及时清除板缝中多余的胶液,否则会污染板面。

6)硬聚氯乙烯装饰板,用木螺钉和垫圈或金属压条固定,金属压条时,应先用钉将装饰板临时固定,然后加盖金属压条。

7)储运时,应防止损坏板材。严禁曝晒或高温、撞击。凡缺楞少角或有裂缝者不宜使用。

8)完成后的产品,应及时做好产品保护工作。

2.工程质量验收标准

本部分适用于内墙饰面板安装工程和高度不大于 24m、抗震设防烈度不大于 7 度的外墙饰面板安装工程的质量验收。

(1)主控项目

饰面板安装工程质量验收标准的主控项目检验见表 7-52。

表 7-52　饰面板安装工程主控项目检验

序号	项　目	合格质量标准	检验方法	检验数量
1	材料质量	饰面板的品种、规格、颜色和性能应符合设计要求,木龙骨、木饰面板和塑料饰面板的燃烧性能等级应符合设计要求	观察,检查产品合格证书、进场验收记录和性能检测报告	室内每个检验批应至少抽查10%,并不得少于3间;不足3间时应全数检查;室外每个检验批每100m²应至少抽查1处,每处不得小于10m²
2	饰面板孔、槽	饰面板孔、槽的数量、位置和尺寸应符合设计要求	检查进场验收记录和施工记录	
3	饰面板安装	饰面板安装工程的预埋件(或后置埋件)、连接件的数量、规格、位置、连接方法和防腐处理必须符合设计要求。后置埋件的现场拉拔强度必须符合设计要求。饰面板安装必须牢固	手扳检查,检查进场验收记录、现场拉拔检测报告、隐蔽工程验收记录和施工记录	

（2）一般项目

饰面板安装工程质量验收标准的一般项目检验见表7-53。

表 7-53　饰面板安装工程一般项目检验

序号	项　目	合格质量标准	检验方法	检验数量
1	饰面板表面质量	饰面板表面应平整、洁净、色泽一致,无裂痕和缺损。石材表面应无泛碱等污染	观察	室内每个检验批应至少抽查10%,并不得少于3间;不足3间时应全数检查;室外每个检验批每100m²应至少抽查1处,每处不得小于10m²
2	饰面板嵌缝	饰面板嵌缝应密实、平直,宽度和深度应符合设计要求,嵌填材料色泽应一致	观察、尺量检查	
3	湿作业施工	采用湿作业法施工的饰面板工程,石材进行了防碱背涂处理。饰面板与基体之间的灌注材料应饱满、密实	用小锤轻击检查、检查施工记录	
4	饰面板孔洞套割	饰面板上的孔洞应套割吻合,边缘应整齐	观察	
5	安装允许偏差	饰面板安装的允许偏差和检验方法应符合表7-54的规定	见表7-54	

表 7-54　饰面板安装的允许偏差和检验方法

项　目	允许偏差/mm							检验方法
	石材			瓷板	木材	塑料	金属	
	光面	剁斧石	蘑菇石					
立面垂直度	2	3	3	2	1.5	2	2	用2m垂直检测尺检查

续表

| 项 目 | 允许偏差/mm | | | | | | | 检验方法 |
| | 石材 | | | 瓷板 | 木材 | 塑料 | 金属 | |
	光面	剁斧石	蘑菇石					
表面平整度	2	3	—	1.5	1	3	3	用 2m 靠尺和塞尺检查
阴阳角方正	2	4	4	2	1.5	3	3	用直角检测尺检查
接缝直线度	2	4	4	2	1	1	1	拉 5m 线,不足 5m 拉通线,用钢直尺检查
墙裙、勒脚上口直线度	2	3	3	2	2	2	2	拉 5m 线,不足 5m 拉通线,用钢直尺检查
接缝高低差	0.5	3	—	0.5	0.5	1	1	用钢直尺和塞尺检查
接缝宽度	1	2	2	1	1	1	1	用钢直尺检查

◉ 业务要点 3:饰面砖粘贴工程

1. 工程质量控制

(1) 一般要求

1) 饰面砖粘贴应预排,使接缝顺直、均匀。同一墙面上的横竖排列,不得有一项以上的非整砖。非整砖应排在次要部位或阴角处。

2) 基层表面如有管线、灯具、卫生设备等突出物,周围的砖应用整砖套割吻合,不得用非整砖拼凑镶贴。

3) 粘贴饰面砖横竖须按弹线标志进行。表面应平整,不显接槎,接缝平直、宽度一致。

4) 饰面砖的品种、规格、图案、颜色和性能应符合设计要求。进场后应派人进行挑选,并分类堆放备用。使用前,应在清水中浸泡 2h 以上,晾干后方可使用。

5) 饰面砖粘贴宜采用 1:2(体积比)水泥砂浆或在水泥砂浆中掺入≤15%的石灰膏或纸筋灰,以改善砂浆的和易性。亦可用聚合物水泥砂浆粘贴,黏结层可减薄到 2～3mm,108 胶的掺入量以水泥用量的 3%为宜。

(2) 粘贴室内面砖

1) 粘贴室内面砖时一般由下往上逐层粘贴,从阳角起贴,先贴大面,后贴阴阳角、凹槽等难度较大的部位。

2) 每皮砖上口平齐成一线,竖缝应单边按墙上控制线齐直,砖缝应横平竖直。

3) 粘贴室内面砖时,如设计无要求,接缝宽度为 1～1.5mm。

4）墙裙、浴盆、水池等处和阴阳角处应使用配件砖。

5）粘贴室内面砖的房间,阴阳角须找方,防止地面沿墙边出现宽窄不一现象。

6）如设计无特殊要求,砖缝用白水泥擦缝。

（3）粘贴室外面砖

1）粘贴室外面砖时,水平缝用嵌缝条控制（应根据设计要求排砖确定的缝宽做嵌缝木条）。使用前木条应先捆扎后用水浸泡,以保证缝格均匀。施工中每次重复使用木条前都要及时清除余灰。

2）粘贴室外面砖的竖缝用竖向弹线控制,其弹线密度可根据操作工人水平确定,可每块弹,也可5～10块弹一垂线,操作时,面砖下面座在嵌条上,一边与弹线齐平。然后依次向上粘贴。

3）外墙面砖不应并缝粘贴。完成后的外墙面砖,应用1:1水泥砂浆勾缝,先勾横缝,后勾竖缝,缝深宜凹进面砖2～3mm;宜用方板平底缝,不宜勾圆弧底缝,完成后用布或纱头擦净面砖。必要时可用浓度10％稀盐酸刷洗,但必须随即用水冲洗干净。

4）外墙饰面粘贴前和施工过程中,均应在相同基层上做样板件,并对样板件的饰面砖黏结强度进行检验。每300m² 同类墙体取1组试样,每组3个,每楼层不得少于1组;不足300m² 每二楼层取1组。每组试样的平均黏结强度不应小于0.4MPa;每组可有一个试样的黏结强度小于0.4MPa,但不应小于0.3MPa。

5）饰面板（砖）工程的抗震缝、伸缩缝、沉降缝等部位的处理应保证缝的使用功能和饰面的完整性。

（4）粘贴陶瓷锦砖

1）外墙粘贴陶瓷锦砖时,整幢房屋宜从上往下进行,但如上下分段施工时亦可从下往上进行粘贴,整间或独立部位应一次完成。

2）陶瓷锦砖宜采用水泥浆或聚合物水泥浆粘贴。在粘贴之前基层应湿润,并刷水泥浆一遍,同时将每联陶瓷锦砖铺在木垫板上（底面朝上）,清扫干净,缝中灌1:2干水泥砂。用软毛刷刷净底面砂,涂上2～3mm厚的一层水泥浆（水泥:石灰膏=1:0.3）,然后进行粘贴。

3）在陶瓷锦砖粘贴完后约20～30min,将纸面用水润湿,揭去纸面,再拨缝使达到横平竖直,并应仔细拍实、拍平,用水泥浆揩缝后擦净面层。

2.工程质量验收

本部分适用于内墙饰面砖粘贴工程和高度不大于100m、抗震设防烈度不大于8度、采用满粘法施工的外墙饰面砖粘贴工程的质量验收。

（1）主控项目

饰面砖粘贴工程质量验收标准的主控项目检验见表7-55。

表7-55 饰面砖粘贴工程主控项目检验

序号	项目	合格质量标准	检验方法	检验数量
1	饰面砖质量	饰面砖的品种、规格、图案颜色和性能应符合设计要求	观察,检查产品合格证书、进场验收记录、性能检测报告和复验报告	室内每个检验批应至少抽查10%,并不得少于3间;不足3间时应全数检查;室外每个检验批每100m²应至少抽查1处,每处不得小于10m²
2	饰面砖粘贴材料	饰面砖粘贴工程的找平、防水、黏结和勾缝材料及施工方法应符合设计要求及国家现行产品标准和工程技术标准的规定	检查产品合格证书、复验报告和隐蔽工程验收记录	
3	饰面砖粘贴	饰面砖粘贴必须牢固	检查样板件黏结强度检测报告和施工记录	
4	满粘法施工	满粘法施工的饰面砖工程应无空鼓、裂缝	观察、用小锤轻击检查	

（2）一般项目

饰面砖粘贴工程一般项目质量验收标准见表7-56。

表7-56 饰面砖粘贴工程一般项目质量验收标准

序号	项目	合格质量标准	检验方法	检验数量
1	饰面砖表面质量	饰面砖表面应平整、洁净、色泽一致,无裂痕和缺损	观察	室内每个检验批应至少抽查10%,并不得少于3间;不足3间时应全数检查;室外每个检验批每100m²应至少抽查1处,每处不得小于10m²
2	阴阳角及非整砖	阴阳角处搭接方式、非整砖使用部位应符合设计要求	观察	
3	墙面突出物	墙面突出物周围的饰面砖应整砖套割吻合,边缘应整齐。墙裙、贴脸突出墙面的厚度应一致	观察、尺量检查	
4	饰面砖接缝、填嵌、宽深	饰面砖接缝应平直、光滑,填嵌应连续、密实,宽度和深度应符合设计要求	观察、尺量检查	
5	滴水线	有排水要求的部位应做滴水线(槽)。滴水线(槽)应顺直,流水坡向应正确,坡度应符合设计要求	观察、用水平尺检查	
6	允许偏差	饰面砖粘贴的允许偏差和检验方法应符合表7-57的规定	见表7-57	

表 7-57　饰面砖粘贴的允许偏差和检验方法

项 目	允许偏差/mm		检验方法
	外墙面砖	内墙面砖	
立面垂直度	3	2	用 2m 垂直检测尺检查
表面平整度	4	3	用 2m 靠尺和塞尺检查
阴阳角方正	3	3	用直角检测尺检查
接缝直线度	3	2	拉 5m 线,不足 5m 拉通线,钢直尺检查
接缝高低差	1	0.5	用钢直尺和塞尺检查
接缝宽度	1	1	用钢直尺检查

第六节　幕墙工程

本节导读

建筑幕墙是指由金属构件与各种板材组成的悬挂在主体结构上、不承担主体结构荷载与作用的建筑物外围护结构。本节主要介绍了幕墙工程质量验收的一般规定、玻璃幕墙、金属幕墙、石材幕墙等分项工程的质量控制要点及质量验收标准。其内容关系图如图 7-6 所示。

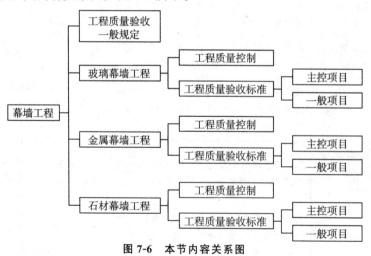

图 7-6　本节内容关系图

业务要点 1：工程质量验收一般规定

1）幕墙工程验收时应检查下列文件和记录：

① 幕墙工程的施工图、结构计算书、设计说明及其他设计文件。

②　建筑设计单位对幕墙工程设计的确认文件。

③　幕墙工程所用各种材料、五金配件、构件及组件的产品合格证书、性能检测报告、进场验收记录和复验报告。

④　幕墙工程所用硅酮结构胶的认定证书和抽查合格证明;进口硅酮结构胶的商检证;国家指定检测机构出具的硅酮结构胶相容性和剥离黏结性试验报告;石材用密封胶的耐污染性试验报告。

⑤　后置埋件的现场拉拔强度检测报告。

⑥　幕墙的抗风压性能、空气渗透性能、雨水渗漏性能及平面变形性能检测报告。

⑦　打胶、养护环境的温度、湿度记录;双组份硅酮结构胶的混匀性试验记录及拉断试验记录。

⑧　防雷装置测试记录;隐蔽工程验收记录。

⑨　幕墙构件和组件的加工制作记录;幕墙安装施工记录。

2)　幕墙工程应对下列材料及其性能指标进行复验:

①　铝塑复合板的剥离强度。

②　石材的弯曲度;寒冷地区石材的耐冻融性;室内用花岗石的放射性。

③　玻璃幕墙用结构胶的邵氏硬度、标准条件拉伸黏结强度、相容性试验;石材用结构胶的黏结强度;石材用密封胶的污染性。

3)　幕墙工程应对下列隐蔽工程项目进行验收:

①　预埋件(或后置埋件)。

②　构件的连接节点。

③　变形缝及墙面转角处的构造节点。

④　幕墙防雷装置。

⑤　幕墙防火构造。

4)　各分项工程的检验批应按下列规定划分:

①　相同设计、材料、工艺和施工条件的幕墙工程每 $500 \sim 1000 \, \mathrm{m}^2$ 应划分为一个检验批,不足 $500 \, \mathrm{m}^2$ 也应划分为一个检验批。

②　同一单位工程的不连续的幕墙工程应单独划分检验批。

③　对于异型或有特殊要求的幕墙,检验批的划分应根据幕墙的结构、工艺特点及幕墙工程规模,由监理单位(或建设单位)和施工单位协商确定。

5)　幕墙及其连接件应具有足够的承载力、刚度和相对于主体结构的位移能力。幕墙构架立柱的连接金属角码与其他连接件应采用螺栓连接,并应有防松动措施。

6)　隐框、半隐框幕墙所采用的结构黏结材料必须是中性硅酮结构密封胶,其性能必须符合《建筑用硅酮结构密封胶》GB 16776—2005 的规定;硅酮结构密封胶必须在有效期内使用。

7）立柱和横梁等主要受力构件，其截面受力部分的壁厚应经计算确定，且铝合金型材壁厚不应小于 3.0mm，钢型材壁厚不应小于 3.5mm。

8）隐框、半隐框幕墙构件中板材与金属框之间硅酮结构密封胶的黏结宽度，应分别计算风荷载标准值和板材自重标准值作用下硅酮结构密封胶的黏结宽度，并取其较大值，且不得小于 7.0mm。

9）硅酮结构密封胶应打注饱满，并应在温度为 15～30℃、相对湿度为 50% 以上的洁净的室内进行；不得在现场墙上打注。

10）幕墙的防火除应符合现行国家标准《建筑设计防火规范》GB 50016—2012 的有关规定外，还应符合下列规定：

① 应根据防火材料的耐火极限决定防火层的厚度和宽度，并应在楼板处形成防火带。

② 防火层应采取隔离措施。防火层的衬板应采用经防腐处理且厚度不小于 1.5mm 的钢板，不得采用铝板。

③ 防火层的密封材料应采用防火密封胶。

④ 防火层与玻璃不应直接接触，一块玻璃不应跨两个防火分区。

11）主体结构与幕墙连接的各种预埋件，其数量、规格、位置和防腐处理必须符合设计要求。

12）幕墙的金属框架与主体结构预埋件的连接、立柱与横梁的连接及幕墙面板的安装必须符合设计要求，安装必须牢固。

13）单元幕墙连接处和吊挂处的铝合金型材的壁厚应通过计算确定，并不得小于 5.0mm。

14）幕墙的金属框架与主体结构应通过预埋件连接，预埋件应在主体结构混凝土施工时埋入，预埋件的位置应准确。当没有条件采用预埋件连接时，应采用其他可靠的连接措施，并应通过试验确定其承载力。

15）主柱应采用螺栓与角码连接，螺栓直径应经过计算，并不应小于 10mm。不同金属材料接触时应采用绝缘垫片分隔。

16）幕墙的抗震缝、伸缩缝、沉降缝等部位的处理应保证缝的使用功能和饰面的完整性。

17）幕墙工程的设计应满足维护和清洁的要求。

业务要点 2：玻璃幕墙工程

1. 工程质量控制

1）玻璃幕墙分隔轴线的测量应与主体结构的测量配合，其误差应及时调整不得积累。

2）玻璃幕墙立柱的安装应符合下列要求：

① 应将立柱先与连接件连接，然后连接件再与主体预埋件连接，并应进行调整和固定。立柱安装标高偏差不应大于 3mm，轴线前后偏差不应大于 2mm，左右偏差不应大于 3mm。

② 相邻两根立柱安装标高偏差不应大于 3mm，同层立柱的最大标高偏差不应大于 5mm，相邻两根立柱的距离偏差不应大于 2mm。

3）玻璃幕墙横梁的安装应符合下列要求。

① 应将横梁两端的连接件及弹性胶垫安装在立柱的预定位置，并应安装牢固，其接缝应严密。

② 相邻两根横梁的水平标高偏差不应大于 1mm。同层标高偏差：当一幅幕墙宽度小于或等于 35m 时，不应大于 5mm；当一幅幕墙宽度大于 35m 时，不应大于 7mm。

③ 同一层的横梁安装应由下向上进行，并应逐层进行检查、调整、校正、固定。

4）幕墙及其连接件应具有足够的承载力、刚度和相对于主体结构的位移能力。幕墙构架立柱的连接金属角码与其他连接件应采用螺栓连接，并应有防松动措施。

5）玻璃幕墙其他主要附件安装应符合下列要求。

① 幕墙有热工要求的，其保温部分宜从内向外安装。当采用内衬板时，四周应套装弹性橡胶密封条，其接缝应严密；内衬板就位后，应进行密封处理。

② 固定防火保温材料应平整，拼接紧密，锚钉牢固。

③ 冷凝水排出管及附件应与水平构件预留孔连接严密，与内衬板出水孔连接处应设橡胶密封条。

④ 通气留槽孔及雨水排出口等应按设计施工。

⑤ 玻璃幕墙立柱安装就位，调整后应及时紧固。其他安装的临时螺栓应及时拆除。

⑥ 玻璃幕墙中与铝合金接触的螺栓及金属配件应采用不锈钢或轻金属制品。现场焊接或高强螺栓紧固的构件固定后，应及时进行防锈处理。

⑦ 不同金属的接触面应采用垫片作隔离处理。

5）玻璃在安装前应擦干净。热反射玻璃安装应将镀膜面朝向室内。

6）玻璃幕墙四周与主体结构之间的缝隙，应用防火的保温材料填塞，内外表面用密封胶封闭，确保严密不漏水。

7）玻璃幕墙施工过程中应分层进行抗雨水渗漏性能检查。

2.工程质量验收标准

本部分适用于建筑高度不大于 150m、抗震设防烈度不大于 8 度的隐框玻璃幕墙、半隐框玻璃幕墙、明框玻璃幕墙、全玻璃幕墙及点支承玻璃幕墙工程的质量验收。

（1）主控项目

板材隔墙工程质量验收标准的主控项目检验见表 7-58。

表 7-58　板材隔墙工程主控项目检验

序号	项　目	合格质量标准	检验方法	检验数量
1	各种材料、构件、组件	玻璃幕墙工程所使用的各种材料、构件和组件的质量,应符合设计要求及国家现行产品标准和工程技术规范的规定	检查材料、构件、组件的产品合格证书、进场验收记录、性能检测报告和材料的复验报告	每个检验批每 100m² 应至少抽查 1 处,每处不得小于 10m²;对于异型或有特殊要求的幕墙工程,应根据幕墙的结构和工艺特点,由监理单位(或建设单位)和施工单位协商确定
2	造型和立面分隔	玻璃幕墙的造型和立面分隔应符合设计要求	观察、尺量检查	
3	玻璃的要求	玻璃幕墙使用的玻璃应符合下列规定: 1) 幕墙应使用安全玻璃,玻璃的品种、规格、颜色、光学性能及安装方向应符合设计要求 2) 幕墙玻璃的厚度不应小于 6.0mm,全玻璃幕墙肋玻璃的厚度不应小于 12mm 3) 幕墙的中空玻璃应采用双道密封,明框幕墙的中空玻璃应采用聚硫密封胶及丁基密封胶,隐框和半隐框幕墙的中空玻璃应采用硅酮结构密封胶及丁基密封胶,镀膜面应在中空玻璃的第 2 或第 3 面上 4) 幕墙的夹层玻璃应采用聚乙烯醇缩丁醛(PVB)胶片干法加工夹层玻璃,点支承玻璃幕墙夹层胶片(PVB)厚度不应小于 0.76mm 5) 钢化玻璃表面不得有损伤,8.0mm 以下的钢化玻璃应进行引爆处理 6) 所有幕墙玻璃均应进行边缘处理	观察、尺量检查、检查施工记录	
4	与主体结构连接件	玻璃幕墙与主体结构连接的各种预埋件、连接件、紧固件必须安装牢固,其数量、规格、位置、连接方法和防腐处理应符合设计要求	观察、检查隐蔽工程验收记录和施工记录	
5	螺栓防松及焊接连接	各种连接件、紧固件的螺栓应有防松动措施,焊接连接应符合设计要求和焊接规范的规定	观察、检查施工记录	

序号	项　目	合格质量标准	检验方法	检验数量
6	玻璃下端托条	隐框或半隐框玻璃幕墙，每块玻璃下端应设置两个铝合金或不锈钢托条，其长度不应小于100mm，厚度不应小于2mm，托条外端应低于玻璃外表面2mm	观察、检查隐蔽工程验收记录和施工记录	每个检验批每100m²应至少抽查1处，每处不得小于10m²；对于异型或有特殊要求的幕墙工程，应根据幕墙的结构和工艺特点，由监理单位（或建设单位）和施工单位协商确定
7	明框幕墙玻璃安装	明框玻璃幕墙的玻璃安装应符合下列规定： 1）玻璃槽口与玻璃的配合尺寸应符合设计要求和技术标准的规定 2）玻璃与构件不得直接接触，玻璃四周与构件凹槽底部应保持一定的空隙，每块玻璃下部应至少放置两块宽度与槽口宽度相同、长度不小于100mm的弹性定位垫块，玻璃两边嵌入量及空隙应符合设计要求 3）玻璃四周橡胶条的材质、型号应符合设计要求，镶嵌应平整，橡胶条长度应比边框内槽长1.5%～2.0%，橡胶条在转角处应斜面断开，并应用黏结剂黏结牢固后嵌入槽内	观察、检查施工记录	
8	全玻璃幕墙安装	高度超过4m的全玻璃幕墙应吊挂在主体结构上，吊夹具应符合设计要求，玻璃与玻璃、玻璃与玻璃肋之间的缝隙，应采用硅酮结构密封胶填嵌严密	观察、检查隐蔽工程验收记录和施工记录	
9	点支承幕墙安装	支承玻璃幕墙应采用带万向头的活动不锈钢爪，其钢爪间的中心距离应大于250mm	观察、尺量检查	
10	细部	玻璃幕墙四周、玻璃幕墙内表面与主体结构之间的连接节点、各种变形缝、墙角的连接节点应符合设计要求和技术标准的规定	观察、检查隐蔽工程验收记录和施工记录	
11	幕墙防水	玻璃幕墙应无渗漏	在易渗漏部位进行淋水检查	
12	结构胶、密封胶打注	玻璃幕墙结构胶和密封胶的打注应饱满、密实、连续、均匀、无气泡，宽度和厚度应符合设计要求和技术标准的规定	观察、尺量检查、检查施工记录	
13	幕墙开启窗	玻璃幕墙开启窗的配件应齐全，安装应牢固，安装位置和开启方向、角度应正确，开启应灵活，关闭应严密	观察、手扳检查、开启和关闭检查	
14	防雷装置	玻璃幕墙的防雷装置必须与主体结构的防雷装置可靠连接	观察、检查隐蔽工程验收记录和施工记录	

（2）一般项目

板材隔墙工程质量验收标准的一般项目检验见表7-59。

表7-59　板材隔墙工程一般项目检验

序号	项　目	合格质量标准	检验方法	检验数量
1	表面质量	玻璃幕墙表面应平整、洁净；整幅玻璃的色泽应均匀一致；不得有污染和镀膜损坏	观察	每个检验批每100m²应至少抽查1处，每处不得小于10m²；对于异型或有特殊要求的幕墙工程，应根据幕墙的结构和工艺特点，由监理单位（或建设单位）和施工单位协商确定
2	玻璃表面质量	每平方米玻璃的表面质量和检验方法应符合表7-60的规定	见表7-60	
3	铝合金型材表面质量	一个分隔铝合金型材的表面质量和检验方法应符合表7-61的规定	见表7-61	
4	明框外露框或压条	明框玻璃幕墙的外露框或压条应横平竖直，颜色、规格应符合设计要求，压条安装应牢固。单元玻璃幕墙的单元拼缝或隐框玻璃幕墙的分隔玻璃拼缝应横平竖直、均匀一致	观察、手扳检查、检查进场验收记录	
5	密封胶缝	玻璃幕墙的密封胶缝应横平竖直、深浅一致、宽窄均匀、光滑顺直	观察、手摸检查	
6	防火、保温材料	防火、保温材料填充应饱满、均匀，表面应密实、平整	检查隐蔽工程验收记录	
7	隐蔽节点	玻璃幕墙隐蔽节点的遮封装修应牢固、整齐、美观	观察、手扳检查	
8	明框幕墙安装允许偏差	明框玻璃幕墙安装的允许偏差和检验方法应符合表7-62的规定	见表7-62	
9	隐框、半隐框玻璃幕墙安装允许偏差	隐框、半隐框玻璃幕墙安装的允许偏差和检验方法应符合表7-63的规定	见表7-63	

表7-60　每平方米玻璃的表面质量和检验方法

项　目	质量要求	检验方法
明显划伤和长度＞100mm的轻微划伤	不允许	观察
长度≤100mm的轻微划伤	≤8条	用钢尺检查
擦伤总面积	≤500mm²	用钢尺检查

表 7-61　一个分隔铝合金型材的表面质量和检验方法

项　目	质量要求	检验方法
明显划伤和长度＞100mm 的轻微划伤	不允许	观察
长度≤100mm 的轻微划伤	≤2 条	用钢尺检查
擦伤总面积	≤500mm²	用钢尺检查

表 7-62　明框玻璃幕墙安装的允许偏差和检验方法

项　目		允许偏差/mm	检验方法
幕墙垂直度	幕墙高度≤30m	10	用经纬仪检查
	30m＜幕墙高度≤60m	15	
	60m＜幕墙高度≤90m	20	
	幕墙高度＞90m	25	
幕墙水平度	幕墙幅宽≤35m	5	用水平仪检查
	幕墙幅宽＞35m	7	
构件直线度		2	用 2m 靠尺和塞尺检查
构件水平度	构件长度≤2m	2	用水平仪检查
	构件长度＞2m	3	
相邻构件错位		1	用钢直尺检查
分隔框对角线长度差	对角线长度≤2m	3	用钢尺检查
	对角线长度＞2m	4	

表 7-63　隐框、半隐框玻璃幕墙安装的允许偏差和检验方法

项　目		允许偏差/mm	检验方法
幕墙垂直度	幕墙高度≤30m	10	用经纬仪检查
	30m＜幕墙高度≤60m	15	
	60m＜幕墙高度≤90m	20	
	幕墙高度＞90m	25	
幕墙水平度	层高≤3m	3	用水平仪检查
	层高＞3m	5	
幕墙表面平整度		2	用 2m 靠尺和塞尺检查
板材立面垂直度		2	用垂直检测尺检查

项　目	允许偏差/mm	检验方法
板材上沿水平度	2	用 1m 水平尺和钢直尺检查
相邻板材板角错位	1	用钢直尺检查
阳角方正	2	用直角检测尺检查
接缝直线度	3	拉 5m 拉线,不足 5m 拉通线, 用钢直尺检查
接缝高低差	1	用钢直尺和塞尺检查
接缝宽度	1	用钢直尺检查

业务要点 3:金属幕墙工程

1. 工程质量控制

1)安装金属幕墙应在主体工程验收后进行。

2)构件安装前应检查制造合格证,不合格的构件不得安装。

3)金属幕墙与主体结构连接的预埋件,应在主体结构施工时按设计要求埋设。预埋件应牢固,位置准确,预埋件的位置误差应按设计要求进行复查。当设计无明确要求时,预埋件的标高偏差不应大于 10mm,预埋位置差不应大于20mm。后置埋件的拉拔力必须符合设计要求。

4)安装施工测量应与主体结构的测量配合,其误差应及时调整。

5)金属幕墙立柱的安装应符合下列规定。

① 立柱安装标高偏差不应大于 3mm,轴线前后偏差不应大于 2mm,左右偏差不应大于 3mm。

② 相邻两根立柱安装标高偏差不应大于 3mm,同层立柱的最大标高偏差不应大于 5mm,相邻两根立柱的距离偏差不应大于 2mm。

6)金属幕墙横梁的安装应符合下列规定。

① 应将横梁两端的连接件及垫片安装在立柱的预定位置,并应安装牢固,其接缝应严密。

② 相邻两根横梁的水平标高偏差不应大于 1mm。同层标高偏差:当一幅幕墙宽度小于或等于 35m 时,不应大于 5mm;当一幅幕墙宽度大于 35m 时,不应大于 7mm。

7)金属板安装应符合下列规定。

① 应对横竖连接件进行检查、测量、调整。

② 金属板、石板安装时,左右、上下的偏差不应大干 1.5mm。

③ 金属板、石板空缝安装时,必须有防水措施,并应有符合设计要求的排水

出口。

④ 填充硅酮耐候密封胶时,金属板、石板缝的宽度、厚度应根据硅酮耐候密封胶的技术参数,经计算后确定。

8) 幕墙钢构件施焊后,其表面应采取有效防腐措施。

9) 幕墙安装过程中宜进行接缝部位的雨水渗漏检验。

10) 对幕墙的构件、面板等。应采取保护措施,不得发生变形、变色、污染等现象。粘附物应清除,清洁剂不得产生腐蚀和污染。

2. 工程质量验收标准

本部分适用于建筑高度不大于 150m 的金属幕墙工程的质量验收。

(1) 主控项目

金属幕墙工程质量验收标准的主控项目检验见表 7-64。

表 7-64　金属幕墙工程主控项目检验

序号	项　目	合格质量标准	检验方法	检验数量
1	材料、配件质量	金属幕墙工程所使用的各种材料和配件,应符合设计要求及国家现行产品标准和工程技术规范的规定	检查产品合格证书、性能检测报告、材料进场验收记录和复验报告	每个检验批每 100m² 应至少抽查 1 处,每处不得小于 10m²;对于异型或有特殊要求的幕墙工程,应根据幕墙的结构和工艺特点,由监理单位(或建设单位)和施工单位协商确定
2	造型和立面分隔	金属幕墙的造型和立面分隔应符合设计要求	观察、尺量检查	
3	金属板质量	金属面板的品种、规格、颜色、光泽及安装方向应符合设计要求	观察、检查进场验收记录	
4	预埋件、后置理件	金属幕墙主体结构上的预埋件、后置埋件的数量、位置及后置埋件的拉拔力必须符合设计要求	检查拉拔力检测报告和隐蔽工程验收记录	
5	连接与安装	金属幕墙的金属框架立柱与主体结构预埋件的连接、立柱与横梁的连接、金属面板的安装必须符合设计要求,安装必须牢固	手扳检查、检查隐蔽工程验收记录	
6	防火、保温、防潮材料	金属幕墙的防火、保温、防潮材料的设置应符合设计要求,并应密实、均匀、厚度一致	检查隐蔽工程验收记录	
7	框架及连接件防腐	金属框架与连接件的防腐处理应符合设计要求	检查隐蔽工程验收记录和施工记录	
8	防雷装置	金属幕墙的防雷装置必须与主体结构的防雷装置可靠连接	检查隐蔽工程验收记录	

序号	项目	合格质量标准	检验方法	检验数量
9	连接节点	各种变形缝、墙角的连接节点应符合设计要求和技术标准的规定	观察、检查隐蔽工程验收记录	每个检验批每100m² 应至少抽查 1 处,每处不得小于10m²;对于异型或有特殊要求的幕墙工程,应根据幕墙的结构和工艺特点,由监理单位(或建设单位)和施工单位协商确定
10	板缝注胶	金属幕墙的板缝注胶应饱满、密实、连续、均匀、无气泡,宽度和厚度应符合设计要求和技术标准的规定	观察、尺量检查、检查施工记录	
11	防水	金属幕墙应无渗漏	在易渗漏部位进行淋水检查	

（2）一般项目

金属幕墙工程质量验收标准的一般项目检验见表 7-65。

表 7-65　金属幕墙工程一般项目检验

序号	项目	合格质量标准	检验方法	检验数量
1	表面质量	金属板表面应平整、洁净、色泽一致	观察	每个检验批每100m² 应至少抽查 1 处,每处不得小于10m²;对于异型或有特殊要求的幕墙工程,应根据幕墙的结构和工艺特点,由监理单位(或建设单位)和施工单位协商确定
2	压条安装	金属幕墙的压条应平直、洁净、接口严密、安装牢固	观察、手扳检查	
3	密封胶缝	金属幕墙的密封胶缝应横平竖直、深浅一致、宽窄均匀、光滑顺直	观察	
4	滴水线、流水坡	金属幕墙上的滴水线、流水坡向应正确、顺直	观察、用水平尺检查	
5	表面质量	每平方米金属板的表面质量和检验方法应符合表 7-66 的规定	见表 7-66	
6	安装允许偏差	金属幕墙安装的允许偏差和检验方法应符合表 7-67 的规定	见表 7-67	

表 7-66　每平方米金属板的表面质量和检验方法

项　目	质量要求	检验方法
明显划伤和长度＞100mm 的轻微划伤	不允许	观察
长度≤100mm 的轻微划伤	≤8 条	用钢尺检查

续表

项　目	质量要求	检验方法
擦伤总面积	≤500mm²	用钢尺检查

表 7-67　金属幕墙安装的允许偏差和检验方法

项　目		允许偏差/mm	检验方法
幕墙垂直度	幕墙高度≤30m	10	用经纬仪检查
	30m＜幕墙高度≤60m	15	
	60m＜幕墙高度≤90m	20	
	幕墙高度＞90m	25	
幕墙水平度	层高≤3m	3	用水平仪检查
	层高＞3m	5	
幕墙表面平整度		2	用2m靠尺和塞尺检查
板材立面垂直度		3	用垂直检测尺检查
板材上沿水平度		2	用1m水平尺和钢直尺检查
相邻板材板角错位		1	用钢直尺检查
阳角方正		2	用直角检测尺检查
接缝直线度		3	拉5m拉线,不足5m拉通线, 用钢直尺检查
接缝高低差		1	用钢直尺和塞尺检查
接缝宽度		1	用钢直尺检查

业务要点 4:石材幕墙工程

1. 工程质量控制

1)石材幕墙立柱的安装应符合下列规定。

①立柱安装标高偏差不应大于 3mm,轴线前后偏差不应大于 2mm,左右偏差不应大于 3mm。

②相邻两根立柱安装标高偏差不应大于 3mm,同层立柱的最大标高偏差不应大于 5mm,相邻两根立柱的距离偏差不应大于 2mm。

2)石材幕墙横梁的安装应符合下列规定。

①应将横梁两端的连接件及垫片安装在立柱的预定位置,并应安装牢固,其接缝应严密。

②相邻两根横梁的水平标高偏差不应大于 1mm。同层标高偏差:当一幅

幕墙宽度小于或等于 35m 时,不应大于 5mm;当一幅幕墙宽度大于 35mm 时,不应大于 7mm。

3)石板的安装应符合下列规定。

① 应对横竖连接件进行检查、测量、调整。

② 石板安装时,左右、上下的偏差不应大于 1.5mm。

③ 石板空缝安装时,必须有防水措施,并应有符合设计要求的排水出口。

④ 填充硅酮耐候密封胶时,石板缝的宽度、厚度应根据硅酮耐候密封胶的技术参数,经计算后确定。

2. 工程质量验收标准

本部分适用于建筑高度不大于 100m、抗震设防烈度不大于 8 度的石材幕墙工程的质量验收。

(1)主控项目

石材幕墙工程质量验收标准的主控项目检验见表 7-68。

表 7-68　石材幕墙工程主控项目检验

序号	项　目	合格质量标准	检验方法	检验数量
1	材料质量	石材幕墙工程所用材料的品种、规格、性能等级,应符合设计要求及国家现行产品标准和工程技术规范的规定。石材的弯曲强度不应小于 8.0MPa,吸水率应小于 0.8%。石材幕墙的铝合金挂件厚度不应小于 4.0mm,不锈钢挂件厚度不应小于 3.0mm	观察,尺量检查,检查产品合格证书、性能检测报告、材料进场验收记录和复验报告	每个检验批每 100m² 应至少抽查 1 处,每处不得小于 10m²;对于异型或有特殊要求的幕墙工程,应根据幕墙的结构和工艺特点,由监理单位(或建设单位)和施工单位协商确定
2	外观质量	石材幕墙的造型、立面分隔、颜色、光泽、花纹和图案应符合设计要求	观察	
3	石材孔、槽	石材孔、槽的数量、深度、位置、尺寸应符合设计要求	检查进场验收记录或施工记录	
4	预埋件和后置埋件	石材幕墙主体结构上的预埋件和后置埋件的位置、数量及后置埋件的拉拔力必须符合设计要求	检查拉拔力检测报告和隐蔽工程验收记录	
5	构建连接	石材幕墙的金属框架立柱与主体结构预埋件的连接、立柱与横梁的连接、连接件与金属框架的连接、连接件与石材面板的连接必须符合设计要求,安装必须牢固	手扳检查、检查隐蔽工程验收记录	
6	框架和连接件防腐	金属框架的连接件和防腐处理应符合设计要求	检查隐蔽工程验收记录	

续表

序号	项 目	合格质量标准	检验方法	检验数量
7	防腐装置	石材幕墙的防雷装置必须与主体结构防雷装置可靠连接	观察、检查隐蔽工程验收记录和施工记录	每个检验批每100m² 应至少抽查 1 处，每处不得小于 10m²；对于异型或有特殊要求的幕墙工程，应根据幕墙的结构和工艺特点，由监理单位(或建设单位)和施工单位协商确定
8	防火、保温、防潮材料	石材幕墙的防火、保温、防潮材料的设置应符合设计要求，填充应密实、均匀、厚度一致	检查隐蔽工程验收记录	
9	结构变形缝、墙角连接点	各种结构变形缝、墙角的连接节点应符合设计要求和技术标准的规定	检查隐蔽工程验收记录和施工记录	
10	表面和板缝处理	石材表面和板缝的处理应符合设计要求	观察	
11	板缝注胶	石材幕墙的板缝注胶应饱满、密实、连续、均匀、无气泡，板缝宽度和厚度应符合设计要求和技术标准的规定	观察、尺量检查、检查施工记录	
12	防水	石材幕墙应无渗漏	在易渗漏部位进行淋水检查	

（2）一般项目

石材幕墙工程质量验收标准的一般项目检验见表7-69。

表7-69 石材幕墙工程一般项目检验

序号	项 目	合格质量标准	检验方法	检验数量
1	材料质量	石材幕墙表面应平整、洁净，无污染、缺损和裂痕。颜色和花纹应协调一致，无明显色差，无明显修痕	观察	每个检验批每100m² 应至少抽查1 处，每处不得小于10m²；对于异型或有特殊要求的幕墙工程，应根据幕墙的结构和工艺特点，由监理单位(或建设单位)和施工单位协商确定
2	压条	石材幕墙的压条应平直、洁净、接口严密、安装牢固	观察、手扳检查	
3	细部质量	石材接缝应横平竖直、宽窄均匀，阴阳角板压向应正确，板边合缝应顺直；凸凹线出墙厚度应一致，上下口应平直；石材面板上洞口、槽边应套割吻合，边缘应整齐	观察、尺量检查	
4	密封胶缝	石材幕墙的密封胶缝应横平竖直、深浅一致、宽窄均匀、光滑顺直	观察	
5	滴水线	石材幕墙上的滴水线、流水坡向应正确、顺直	观察、用水平尺检查	

续表

序号	项 目	合格质量标准	检验方法	检验数量
6	石材表面质量	每平方米石材的表面质量和检验方法应符合表7-70的规定	见表7-70	每个检验批每100m²应至少抽查1处,每处不得小于10m²;对于异型或有特殊要求的幕墙工程,应根据幕墙的结构和工艺特点,由监理单位(或建设单位)和施工单位协商确定
7	安装允许偏差	石材幕墙安装的允许偏差和检验方法应符合表7-71的规定	见表7-71	

表 7-70　每平方米石材的表面质量和检验方法

项 目	质量要求	检验方法
明显划伤和长度>100mm的轻微划伤	不允许	观察
长度≤100mm的轻微划伤	≤8条	用钢尺检查
擦伤总面积	≤500mm²	用钢尺检查

表 7-71　石材幕墙安装的允许偏差和检验方法

项 目		允许偏差/mm		检验方法
		光面	麻面	
幕墙垂直度	幕墙高度≤30m	10		用经纬仪检查
	30<幕墙高度≤60m	15		
	60<幕墙高度≤90m	20		
	幕墙高度>90m	25		
幕墙水平度		3		用水平仪检查
板材立面垂直度		3		用水平仪检查
板材上沿水平度		2		用1m水平尺和钢直尺检查
相邻板材板角错位		1		用钢直尺检查
幕墙表面平整度		2	3	用垂直检测尺检查
阳角方正		2	4	用直角检测尺检查
接缝直线度		3	4	拉5m拉线,不足5m拉通线,用钢直尺检查

续表

项 目	允许偏差/mm		检验方法
	光面	麻面	
接缝高低差	1	—	用钢直尺和塞尺检查
接缝宽度	1	2	用钢直尺检查

第七节 涂饰工程

本节导读

本节主要介绍了涂饰工程质量验收一般规定、水性涂料涂饰、溶剂型涂料涂饰、美术涂饰等分项工程的质量控制要点及质量验收标准。其内容关系图如图 7-7 所示。

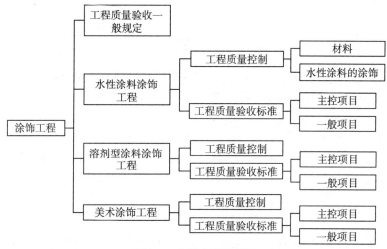

图 7-7　本节内容关系图

业务要点 1：工程质量验收一般规定

1）涂饰工程验收时应检查下列文件和记录：

① 涂饰工程的施工图、设计说明及其他设计文件。

② 材料的产品合格证书、性能检测报告和进场验收记录。

③ 施工记录。

2）各分项工程的检验批应按下列规定划分：

① 室外涂饰工程每一栋楼的同类涂料涂饰的墙面每 500～1000m² 应划分

为一个检验批,不足 500m² 也应划分为一个检验批。

② 室内涂饰工程同类涂料涂饰的墙面每 50 间(大面积房间和走廊按涂饰面积 30m² 为一间)应划分为一个检验批,不足 50 间也应划分为一个检验批。

3) 涂饰工程的基层处理应符合下列要求:

① 新建筑物的混凝土或抹灰基层在涂饰涂料前应涂刷抗碱封闭底漆。

② 旧墙面在涂饰涂料前应清除疏松的旧装修层,并涂刷界面剂。

③ 混凝土或抹灰基层涂刷溶剂型涂料时,含水率不得大于 8%;涂刷乳液型涂料时,含水率不得大于 10%。木材基层的含水率不得大于 12%。

④ 基层腻子应平整、坚实、牢固,无粉化、起皮和裂缝;内墙腻子的黏结强度应符合《建筑室内用腻子》JG/T 298—2010 的规定。

⑤ 厨房、卫生间墙面必须使用耐水腻子。

4) 水性涂料涂饰工程施工的环境温度应在 5～35℃ 之间。

5) 涂饰工程应在涂层养护期满后进行质量验收。

业务要点 2:水性涂料涂饰工程

1. 工程质量控制

(1) 材料

1) 水性涂料涂刷工程所用涂料的品种、型号和性能应符合设计要求。进场涂料应检查产品合格证书、性能检测报告,并做好进场验收记录。

2) 民用建筑工程室内用水性涂料,应测定总挥发性有机化合物(TVOC)和游离甲醛的含量,其限量应符合表 7-72 的规定。其测定方法应按《民用建筑工程室内环境污染控制规范》GB 50325—2001 的有关规定进行。

表 7-72　室内用水性涂料中总挥发性有机化合物(TVOC)和游离甲醛限量

测定项目	限量	测定项目	限量
TVOC/(g/L)	≤200	游离甲醛/(g/kg)	≤0.1

3) 民用建筑工程室内用水性胶粘剂,应测定其总挥发性有机化合物(TVOC)和游离甲醛的含量,其限量应符合表 7-73 的规定。其测定方法应按《民用建筑工程室内环境污染控制规范》GB 50325—2001 的有关规定进行。

表 7-73　室内用水性胶粘剂中总挥发性有机化合物(TVOC)和游离甲醛限量

测定项目	限量	测定项目	限量
TVOC/(g/L)	≤50	游离甲醛/(g/kg)	≤1

(2) 水性涂料的涂饰

1) 基层处理。旧墙面在涂饰料前应清除疏松的旧装修层,并涂刷界面剂。涂刷乳液型涂料时,含水率不得大于 10%。

2）修补腻子。用确定好的腻子配料配好腻子，将基层上磕碰的坑凹、缝隙等处分别找平，干燥后用 1 号砂纸浆将凸出处磨平，并将浮尘扫干净。

3）刮腻子。刮腻子的遍数可由基层或墙面的平整度来决定，一般情况为三遍。应注意不要漏磨或将腻子磨穿。

4）施涂第一遍涂料。涂料使用前应搅拌均匀，防止头遍涂料施涂不开，干燥后复补腻子，待复补腻子干燥后用砂纸磨光，并清扫干净。

5）施涂第二遍涂料。操作要求同第一遍，涂料使用前要充分搅拌，干燥后用细砂纸将墙面小疙瘩磨掉，磨光滑后再清扫干净。

6）施涂第三遍涂料。操作要求同第一遍，涂刷时从一头开始，逐渐涂刷向另一头，要注意上下顺刷互相衔接，后一排笔紧接前一排笔，避免出现干燥后再处理接头。

2. 工程质量验收标准

本部分适用于乳液型涂料、无机涂料、水溶性涂料等水性涂料涂饰工程的质量验收。

（1）主控项目

水性涂料涂饰工程质量验收标准的主控项目检验见表 7-74。

表 7-74　水性涂料涂饰工程主控项目检验

序号	项　目	合格质量标准	检验方法	检验数量
1	材料质量	水性涂料涂饰工程所用涂料的品种、型号和性能应符合设计要求	检查产品合格证书、性能检测报告和进场验收记录	室外涂饰工程每 100m² 应至少检查 1 处，每处不得小于 10m²；室内涂饰工程每个检验批应至少抽查 10%，并不得少于 3 间；不足 3 间时应全数检查
2	涂饰颜色、图案	水性涂料涂饰工程的颜色、图案应符合设计要求	观察	
3	涂饰综合质量	水性涂料涂饰工程应涂饰均匀、黏结牢固，不得漏涂、透底、起皮和掉粉	观察、手摸检查	
4	基层处理要求	水性涂料涂饰工程的基层处理应符合本节要点 1 中 3)的要求	观察、手摸检查、检查施工记录	

（2）一般项目

水性涂料涂饰工程一般项目质量验收标准见表 7-75。

表 7-75　水性涂料涂饰工程一般项目质量验收标准

序号	项　目	合格质量标准	检验方法	检验数量
1	薄涂料	薄涂料的涂饰质量和检验方法应符合表 7-76 的规定	见表 7-76	

序号	项 目	合格质量标准	检验方法	检验数量
2	厚涂料	厚涂料的涂饰质量和检验方法应符合表7-77的规定	见表7-77	室外涂饰工程每100m²应至少检查1处,每处不得小于10m²;室内涂饰工程每个检验批应至少抽查10%,并不得少于3间;不足3间时应全数检查
3	复合涂料	复合涂料的涂饰质量和检验方法应符合表7-78的规定	见表7-78	
4	与其他材料和设备衔接	涂层与其他装修材料和设备衔接处应吻合,界面应清晰	观察	

表 7-76　薄涂料的涂饰质量和检验方法

项 目	普通涂饰	高级涂饰	检验方法
颜色	均匀一致	均匀一致	观察
泛碱、咬色	允许少量轻微	不允许	
流坠、疙瘩	允许少量轻微	不允许	
砂眼、刷纹	允许少量轻微砂眼,刷纹通顺	无砂眼,无刷纹	
装饰线、分色线直线度允许偏差/mm	2	1	拉5m拉线,不足5m拉通线,用钢直尺检查

表 7-77　厚涂料的涂饰质量和检验方法

项 目	普通涂饰	高级涂饰	检验方法
颜色	均匀一致	均匀一致	观察
泛碱、咬色	允许少量轻微	不允许	
点状分布	—	疏密均匀	

表 7-78　复合涂料的涂饰质量和检验方法

项 目	质量要求	检验方法
颜色	均匀一致	观察
泛碱、咬色	允许少量轻微	
喷点疏密程度	均匀,不允许连片	

业务要点 3:溶剂型涂料涂饰工程

1. 工程质量控制

1) 一般溶剂型涂料涂饰工程施工时的环境温度不宜低于 10℃,相对湿度不宜大于 60%。遇有大风、雨、雾等情况时,不宜施工(特别是面层涂饰,更不宜施工)。

2)冬期施工室内溶剂型涂料涂饰工程时,应在采暖条件下进行,室温保持均衡。

3)溶剂型涂料涂饰工程施工前,应根据设计要求做样板件或样板间。经有关部门同意认可后,才准大面积施工。

4)木材表面涂饰溶剂型混色涂料应符合下列要求。

① 刷底涂料时,木料表面、橱柜、门窗等玻璃口四周须涂刷到位,不可遗漏。

② 木料表面的缝隙、毛刺、戗槎和脂囊修整后,应用腻子多次填补,并用砂纸磨光。较大的脂囊应用木纹相同的材料用胶镶嵌。

③ 抹腻子时,对于宽缝、深洞要填入压实,抹平刮光。

④ 打磨砂纸要光滑,不能磨穿油底,不可磨损棱角。

⑤ 橱柜、门窗扇的上冒头顶面和下冒头底面不得漏刷涂料。

⑥ 涂刷涂料时应横平竖直、纵横交错、均匀一致。涂刷顺序应先上后下,先内后外,先浅色后深色。按木纹方向理平理直。

⑦ 每遍涂料应涂刷均匀,各层必须结合牢固。每遍涂料施工时,应待前一遍涂料干燥后进行。

5)金属表面涂饰溶剂型涂料应符合下列要求:

① 涂饰前,金属面上的油污、鳞皮、锈斑、焊渣、毛刺、浮砂、尘土等,必须清除干净。

② 防锈涂料不得遗漏,且涂刷要均匀。在镀锌表面涂饰时,应选用 C53-33 锌黄醇酸防锈涂料,其面漆宜用 C04-45 灰醇酸磁涂料。

③ 防锈涂料和第一遍银粉涂料,应在设备、管道安装就位前涂刷,最后一遍银粉涂料应在刷浆工程完工后涂刷。

④ 薄钢板屋面、檐沟、水落管、泛水等涂刷涂料时,可不刮腻子,但涂刷防锈涂料不应少于两遍。

⑤ 金属构件和半成品安装前,应检查防锈有无损坏,损坏处应补刷。

⑥ 薄钢板制作的屋脊、檐沟和天沟等咬口处,应用防锈油腻子填抹密实。

⑦ 金属表面除锈后,应在 8h 内(湿度大时为 4h 内)尽快刷底涂料,待底涂料充分干燥后再涂刷后层涂料,其间隔时间视具体条件而定,一般不应少于 48h。第一和第二度防锈涂料涂刷间隔时间不应超过 7 天。当第二度防锈涂料干后,应尽快涂刷第一度涂料。

⑧ 高级涂料做磨退时,应用醇酸磁涂刷,并根据涂膜厚度增加 1~2 遍涂料和磨退、打砂蜡、打油蜡、擦亮的工作。

⑨ 金属构件在组装前应先涂刷一遍底子油(干性油、防锈涂料),安装后再

涂刷涂料。

6）混凝土表面和抹灰表面涂饰溶剂型涂料应符合下列要求：

① 在涂饰前，基层应充分干燥洁净，不得有起皮、松散等缺陷。粗糙处应磨光，缝隙、小洞及不平处应用油腻子补平。外墙在涂饰前先刷一遍封闭涂层，然后再刷底子涂料、中间层和面层。

② 涂刷乳胶漆时，稀释后的乳胶漆应在规定时间内用完，并不得加入催干剂；外墙表面的缝隙、孔洞和磨面，不得用大白纤维素等低强度的腻子填补，应用水泥乳胶腻子填补。

③ 外墙面油漆，应选用有防水性能的涂料。

7）木材表面涂刷清漆应符合下列要求。

① 应当注意色调均匀，拼色相互一致，表面不得显露节疤。

② 在涂刷清漆时，要做到均匀一致，理平理光，不可显露刷纹。

③ 对修拼色必须十分重视，在修色后，要求在距离 1m 内看不见修色痕迹为准。对颜色明显不一致的木材，要通过拼色达到颜色基本一致。

④ 有打蜡出光要求的工程，应当将砂蜡打匀，擦油蜡时要薄而匀、赶光一致。

2. 工程质量验收标准

本部分适用于丙烯酸酯涂料、聚氨酯丙烯酸涂料、有机硅丙烯酸涂料等溶剂型涂料涂饰工程的质量验收。

（1）主控项目

溶剂型涂料涂饰工程质量验收标准的主控项目检验见表 7-79。

表 7-79　溶剂型涂料涂饰工程主控项目检验

序号	项　目	合格质量标准	检验方法	检验数量
1	涂料质量	溶剂型涂料涂饰工程所选用涂料的品种、型号和性能应符合设计要求	检查产品合格证书、性能检测报告和进场验收记录	室外涂饰工程每 100m² 应至少检查 1 处，每处不得小于 10m²；室内涂饰工程每个检验批应至少抽查 10%，并不得少于 3 间；不足 3 间时应全数检查
2	颜色、光泽、图案	溶剂型涂料涂饰工程的颜色、光泽、图案应符合设计要求	观察	
3	涂饰综合质量	溶剂型涂料涂饰工程应涂饰均匀、黏结牢固，不得漏涂、透底、起皮和反锈	观察、手摸检查	
4	基层处理	溶剂型涂料涂饰工程的基层处理应符合业务要点 1 中 3)的要求	观察、手摸检查、检查施工记录	

（2）一般项目

溶剂型涂料涂饰工程一般项目质量验收标准见表7-80。

表 7-80　溶剂型涂料涂饰工程一般项目质量验收标准

序号	项　目	合格质量标准	检验数量	检验方法
1	色漆涂饰质量	色漆的涂饰质量和检验方法应符合表7-81的规定	室外涂饰工程每100m²应至少检查1处，每处不得小于10m²；室内涂饰工程每个检验批至少抽查10%，并不得少于3间；不足3间时应全数检查	观察
2	清漆涂饰质量	清漆的涂饰质量和检验方法应符合表7-82的规定		
3	与其他材料和设备衔接	涂层与其他装修材料和设备衔接处应吻合，界面应清晰		

表 7-81　色漆的涂饰质量和检验方法

项　目	普通涂饰	高级涂饰	检验方法
颜色	均匀一致	均匀一致	观察
光泽、光滑	光泽基本均匀光滑无挡手感	光泽均匀一致光滑	观察、手摸检查
刷纹	刷纹通顺	无刷纹	观察
裹棱、流坠、皱皮	明显处不允许	不允许	观察
装饰线、分色线直线度允许偏差/mm	2	1	拉5m拉线，不足5m拉通线，用钢直尺检查

注：无光色漆不检查光泽。

表 7-82　清漆的涂饰质量和检验方法

项　目	普通涂饰	高级涂饰	检验方法
颜色	基本一致	均匀一致	观察
木纹	棕眼刮平、木纹清楚	棕眼刮平、木纹清楚	观察
光泽、光滑	光泽基本均匀光滑无挡手感	光泽均匀一致光滑	观察、手摸检查
刷纹	无刷纹	无刷纹	观察
裹棱、流坠、皱皮	明显处不允许	不允许	观察

业务要点4：美术涂饰工程

1. 工程质量控制

（1）滚花

先在完成的涂饰表面弹垂直粉线，然后沿粉线自上而下滚涂，滚筒的轴必须垂直于粉线,不得歪斜。滚花完成后,周边应划色线或做边花、方格线。

（2）仿木纹、仿石纹

应在第一遍涂料表面上进行。待摹仿纹理或油色拍丝等完成后,表面应涂刷一遍罩面清漆。

（3）鸡皮皱

在油漆中需掺入 20％～30％ 的大白粉（重量比）,用松节油进行稀释。涂刷厚度一般为 2mm,表面拍打起粒应均匀、大小一致。

（4）拉毛

在油漆中需掺入石膏粉或滑石粉,其掺量和涂刷厚度,应根据波纹大小由试验确定。面层干燥后,宜用砂纸磨去毛尖。

（5）套色漏花

刻制花饰图案套漏板,宜用喷印方法进行,并按分色顺序进行喷印。前一套漏板喷印完,应待涂料稍干后,方可进行下一套漏板的喷印。

2．工程质量验收标准

本部分适用于套色涂饰、滚花涂饰、仿花纹涂饰等室内外美术涂饰工程的质量验收。

（1）主控项目

美术涂饰工程质量验收标准的主控项目检验见表 7-83。

表 7-83　美术涂饰工程主控项目检验

序号	项　目	合格质量标准	检验方法	检验数量
1	材料质量	美术涂饰所用材料的品种、型号和性能应符合设计要求	观察,检查产品合格证书、性能检测报告和进场验收记录	室外涂饰工程每 $100m^2$ 应至少检查 1 处,每处不得小于 $10m^2$;室内涂饰工程每个检验批应至少抽查 10％,并不得少于 3 间;不足 3 间时应全数检查
2	涂饰综合质量	美术涂饰工程应涂饰均匀、黏结牢固,不得有漏涂、透底、起皮、掉粉和反锈	观察、手摸检查	
3	基层处理	美术涂饰工程的基层处理应符合业务要点 1 中 3)的要求	观察、手摸检查、检查施工记录	
4	套色、花纹和图案	美术涂饰的套色、花纹和图案应符合设计要求	观察	

（2）一般项目

美术涂饰工程质量验收标准的一般项目检验见表 7-84。

表 7-84　美术涂饰工程一般项目检验

序号	项　目	合格质量标准	检验方法	检验数量
1	表面质量	美术涂饰表面应洁净,不得有流坠现象	观察	室外涂饰工程每 100m² 应至少检查 1 处,每处不得小于 10m²;室内涂饰工程每个检验批应至少抽查 10%,并不得少于 3 间;不足 3 间时应全数检查
2	仿花纹涂饰质量	仿花纹涂饰的饰面应具有被模仿材料的纹理	观察	
3	套色涂饰图案	套色涂饰的图案不得移位,纹理和轮廓应清晰	观察	

第八节　裱糊与软包工程

本节导读

本节主要介绍了裱糊与软包工程质量验收一般规定、裱糊、软包等分项工程的质量控制要点和质量验收标准。其内容关系图如图 7-8 所示。

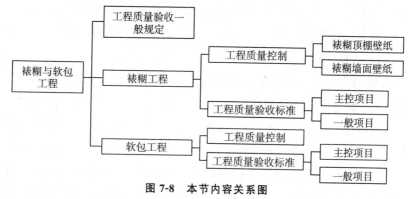

图 7-8　本节内容关系图

业务要点 1:工程质量验收一般规定

1)裱糊与软包工程验收时应检查下列文件和记录:

① 裱糊与软包工程的施工图、设计说明及其他设计文件。

② 饰面材料的样板及确认文件。

③ 材料的产品合格证书、性能检测报告、进场验收记录和复验报告。

④ 施工记录。

2)各分项工程的检验批应按同一品种的裱糊与软包工程每 50 间(大面积房和走廊按施工面积 30m² 为一间)应划分为一个检验批,不足 50 间也应划分为一个检验批。

3)裱糊前,基层处理质量应达到下列要求:

① 新建筑物的混凝土或抹灰基层墙面在刮腻子前应涂刷抗碱封闭底漆。

② 旧墙面在裱糊前应清除疏松的旧装修层,并涂刷界面剂。

③ 混凝土或抹灰基层含水率不得大于 8%;木材基层的含水率不得大于 12%。

④ 基层腻子应平整、坚实、牢固,无粉化、起皮和裂缝;腻子的黏结强度应符合《建筑室内用腻子》JG/T 2298—2010N 型的规定。

⑤ 基层表面平整度、立面垂直度阴阳角方正应达到高级抹灰的要求。

⑥ 基层表面颜色应一致。

⑦ 裱糊前应用封闭底胶涂刷基层。

业务要点 2:裱糊工程

1. 工程质量控制

(1)裱糊顶棚壁纸

1)应将顶子的对称中心线通过吊直、套方、找规矩的办法弹出中心线,以便从中间向两边对称控制。墙顶交接处的处理原则:凡有挂镜线的按挂镜线,没有挂镜线的按设计要求裱线。

2)在纸的背面和顶棚的粘贴部位刷胶,应注意按壁纸宽度刷胶,不宜过宽,铺贴时应从中间开始向两边铺粘。第一张一定要按已弹好的线找直粘牢,应注意纸的两边各甩出 1~2cm 不压死,以满足与第二张铺粘时的拼花压控对缝的要求。然后依上法铺粘第二张,两张纸搭接 1~2cm,用钢板尺比齐,两人将尺按紧,一人用裁纸刀裁切,随即将搭槎处两张纸条撕去,用刮板带胶将缝隙压实刮牢。随后将顶子两端阴角处用钢板尺比齐、拉直,用刮板及辊子压实,最后用湿温毛巾将接缝处辊压出的胶痕擦净,依次进行。

3)壁纸粘贴完后,应检查是否有空鼓不实之处,接槎是否平顺,有无翘进现象,胶痕是否擦净,有无小包,表面是否平整,多余的胶是否清擦干净等,直至符合要求为止。

(2)裱糊墙面壁纸

1)应将房间四角的阴阳角通过吊垂直、套方、找规矩,并确定从哪个阴角开始按照壁纸的尺寸进行分块弹线控制(习惯做法是进门左阴角处开始铺贴第一张。有挂镜线的按挂镜线,没有挂镜线的按设计要求弹线控制)。

2)分别在纸上及墙上刷胶,其刷胶宽度应相吻合,墙上刷胶一次不应过宽。

糊纸时从墙的阴角开始铺贴第一张,按已画好的垂直线吊直,并从上往下用手铺平,刮板刮实,并用小辊子将上、下阴角处压实。第一张粘好留1～2cm(应拐过阴角约2cm),然后粘铺第二张,依同法压平、压实,与第一张搭槎1～2cm,要自上而下对缝,拼花要端正,用刮板刮平,用钢板尺在第一、第二张搭槎处切割开,将纸边撕去,边槎处带胶压实,并及时将挤出的胶液用湿温毛巾擦净,然后用同法将接顶、接踢脚的边切割整齐,并带胶压实。墙面上遇有电门、插销盒时,应在其位置上破纸做为标记。在裱糊时,阳角不允许甩槎接缝,阴角处必须裁纸搭缝,不允许整张纸铺贴,避免产生空鼓与褶皱。

3)花纸拼接。

① 纸的拼缝处花形要对接拼搭好。

② 铺贴前应注意花形及纸的颜色力求一致。

③ 花形拼接如出现困难时,错槎应尽量甩到不显眼的阴角处,大面不应出现错槎和花形混乱的现象。

2. 工程质量验收标准

(1)主控项目

裱糊工程质量验收标准的主控项目检验见表7-85。

表7-85　裱糊工程主控项目检验

序号	项　目	合格质量标准	检验方法	检验数量
1	材料质量	壁纸、墙布的种类、规格、图案、颜色和燃烧性能等级必须符合设计要求及国家现行标准的有关规定	观察;检查产品合格证书、进场验收记录和性能检测报告	每个检验批应至少抽查10%,并不得少于3间,不足3间时应全数检查
2	基层处理	裱糊工程基层处理质量应符合要点1中3)的要求	观察;手摸检查;检查施工记录	
3	各幅拼接	裱糊后各幅拼接应横平竖直,拼接处花纹、图案应吻合,不离缝,不搭接,不显拼缝	观察;拼缝检查距离墙面1.5m,处正视	
4	壁纸、墙布粘贴	壁纸、墙布应粘贴牢固,不得有漏贴、补贴、脱层、空鼓和翘边	观察;手摸检查	

(2)一般项目

裱糊工程质量验收标准的一般项目检验见表7-86。

表 7-86　裱糊工程一般项目检验

序号	项　目	合格质量标准	检验方法	检验数量
1	裱糊表面质量	裱糊后的壁纸、墙布表面应平整,色泽应一致,不得有波纹起伏、气泡、裂缝、褶皱及斑污,斜视时应无胶痕	观察;手摸检查	每个检验批应至少抽查10%,并不得少于3间,不足3间时应全数检查
2	壁纸压痕及发泡层	复合压花壁纸的压痕及发泡壁纸的发泡层应无损坏	观察	
3	与装饰线、设备线盒交接	壁纸、墙布与各种装饰线、设备线盒应交接严密	观察	
4	壁纸、墙布边缘	壁纸、墙布边缘应平直整齐,不得有纸毛、飞刺	观察	
5	壁纸、墙布阴、阳角	壁纸、墙布阴角处搭接应顺光,阳角处应无接缝	观察	

业务要点 3:软包工程

1. 工程质量控制

1)软包面料、内衬材料及边框的材质、颜色、图案、燃烧性能等级和木材的含水率应符合设计要求及国家现行标准的有关规定。

检验方法:观察;检查产品合格证书、进场验收记录和性能检测报告。

2)同一房间的软包面料,应一次进足同批号货,以防色差。

3)当软包面料采用大的网格型或大花型时,使用时在其房间的对应部位应注意对格对花,确保软包装饰效果。

4)软包应尺寸准确,单块软包面料不应有接缝、毛边、四周应绷压严密。

5)软包在施工中不应污染,完成后应做好产品保护。

2. 工程质量验收标准

(1)主控项目

软包工程质量验收标准的主控项目检验见表 7-87。

(2)一般项目

软包工程质量验收标准的一般项目检验见表 7-88。

表 7-87　软包工程主控项目检验

序号	项　目	合格质量标准	检验方法	检验数量
1	安装位置、构造做法	软包工程的安装位置及构造做法应符合设计要求	观察；尺量检查；检查施工记录	每个检验批应至少抽查20%，并不得少于6间，不足6间时应全数检查
2	龙骨、衬板、边框安装	软包工程的龙骨、衬板、边框应安装牢固，无翘曲，拼缝应平直	观察；手扳检查	
3	单块面料	单块软包面料不应有接缝，四周应绷压严密	观察；手摸检查	

表 7-88　软包工程一般项目检验

序号	项　目	合格质量标准	检验方法	检验数量
1	软包表面质量	软包工程表面应平整、洁净，无凹凸不平及褶皱；图案应清晰、无色差，整体应协调美观	观察	每个检验批应至少抽查20%，并不得少于6间，不足6间时应全数检查
2	边框安装质量	软包边框应平整、顺直、接缝吻合。其表面涂饰质量应符合"涂饰工程"的有关规定	观察；手摸检查	
3	清漆涂饰	清漆涂饰木制边框的颜色、木纹应协调一致	观察	
4	安装允许偏差	软包工程安装的允许偏差和检验方法应符合表 7-89 的规定	见表 7-89	

表 7-89　软包工程安装的允许偏差和检验方法

项　目	允许偏差/mm	检验方法
垂直度	3	用1m垂直检测尺检查
边框宽度、高度	0；-2	用钢尺检查
对角线长度差	3	用钢尺检查
裁口、线条接缝高低差	1	用钢直尺和塞尺检查

第八章　建筑工程质量检查与验收

第一节　建筑工程施工质量验收

本节导读

本节主要介绍了建筑工程施工质量验收划分层次、施工质量验收程序和组织、检验批的质量验收、分项工程质量验收、分部工程质量验收及单位工程质量验收，其内容关系图如图 8-1 所示。

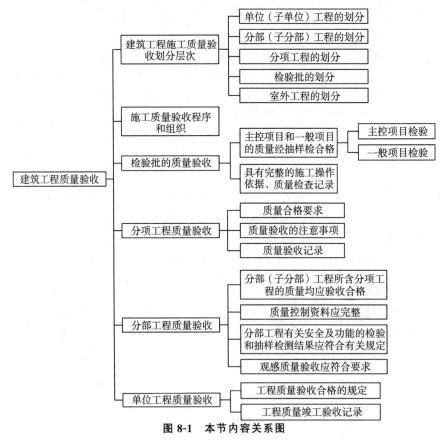

图 8-1　本节内容关系图

业务要点 1：建筑工程施工质量验收划分层次

根据《建筑工程施工质量验收统一标准》GB 50300—2001 的要求，建筑工程质量验收应划分为单位（子单位）工程、分部（子分部）工程、分项工程和检验批。现代化的办公环境，要求建筑物内部设施越来越多样，按建筑物的重要部位和安装专业划分的分部工程已不适应要求；为此，建筑工程的质量验收又增设了子分部工程。实践表明：工程质量验收划分愈加明细，愈有利于正确评价工程质量。

具体划分如下：

1. 单位（子单位）工程的划分

单位（子单位）工程的划分应按下列原则确定：

1）具备独立施工条件并能形成独立使用功能的建筑物及构筑物为一个单位工程。

单位工程通常由结构、建筑与建筑设备安装工程共同组成。如一栋住宅楼，一个商店、锅炉房、变电站，一所学校的一栋教学楼，一栋办公楼、传达室等均应单独为一个单位工程。

2）建筑规模较大的单位工程，可将其能形成独立使用功能的部分划分为一个子单位工程

子单位工程的划分一般可根据工程的建筑设计分区、结构缝的设置位置，使用功能显著差异等实际情况，在施工前由建设、监理、施工单位共同商定，并据此收集整理施工技术资料和验收。例如一个单位工程由塔楼与裙房共同组成，可根据建设单位的需要，将塔楼与裙房划分为两个子单位工程。

一个单位工程中，子单位工程不宜划分得过多，对于建设方没有分期投入使用要求的较大规模工程，不应划分子单位工程。

2. 分部（子分部）工程的划分

分部（子分部）工程的划分应按下列原则确定：

1）分部工程的划分应按专业性质、建筑部位确定。

建筑与结构工程划分为地基与基础、主体结构、建筑装饰装修和建筑屋面等 4 个分部。其中，地基与基础分部包括了房屋相对标高±0.000 以下的地基、基础、地下防水及基坑支护工程；在某些设计有地下室的工程中，在其首层地面以下的结构工程也属于地基与基础分部中。但地下室的砌体工程等可纳入主体结构分部。在《建筑工程施工质量验收统一标准》GB 50300—2001 中，将门窗、地面工程均划分在建筑装饰装修分部之中；因此，地下室的门窗、地面工程也应划分在建筑装饰装修分部。其他抹灰、吊顶、轻质隔墙等也应纳入建筑装饰装修分部。

建筑设备安装工程划分为建筑给水排水及采暖、建筑电气、智能建筑、通风与空调及电梯等 5 个分部。

2）当分部工程较大或较复杂时，可按材料种类、施工特点、施工程序、专业系统及类别等划分为若干子分部工程。

在建筑工程的分部工程中，将原建筑电气安装分部工程中的强电和弱电部分独立出来各为一个分部工程，称其为建筑电气分部和智能建筑（弱电）分部。

当分部工程量很大且较复杂时，可将其中相同部分的工程或能形成独立专业系统的工程划分为若干子分部工程，这样，愈划分明细，对工程施工质量的验收更能准确判定。

3. 分项工程的划分

分项工程应按主要工种、材料、施工工艺、设备类别等进行划分，如模板、钢筋、混凝土分项工程是按工种进行划分的。

根据《建筑工程施工质量验收统一标准》GB 50300—2001 的要求，建筑工程的分部（子分部）工程、分项工程可按表 8-1 划分。

表 8-1 建筑工程分部工程、分项工程划分

分部工程	子分部工程	分项工程
地基与基础	无支护土方	土方开挖、土方回填
	有支护土方	排桩、降水、排水、地下连续墙、锚杆、土钉墙、水泥土桩、沉井与沉箱，钢及混凝土支撑
	地基处理	灰土地基、砂和砂石地基、碎砖三合土地基、土工合成材料地基、粉煤灰地基、重锤夯实地基、强夯地基、振冲地基、砂桩地基、预压地基、高压喷射注浆地基、土和灰土挤密桩地基、注浆地基、水泥粉煤灰碎石桩地基、夯实水泥土桩地基
	桩基	锚杆静压桩及静力压桩，预应力离心管桩，钢筋混凝土预制桩，钢桩，混凝土灌注桩（成孔、钢筋笼、清孔、水下混凝土灌注）
	地下防水	防水混凝土，水泥砂浆防水层，卷材防水层，涂料防水层，金属板防水层，塑料板防水层，细部构造，喷锚支护，复合式衬砌，地下连续墙，盾构法隧道；渗排水、盲沟排水，隧道、坑道排水；预注浆、后注浆，衬砌裂缝注浆
	混凝土基础	模板、钢筋、混凝土，后浇带混凝土，混凝土结构缝处理
	砌体基础	砖砌体，混凝土砌块砌体，配筋砌体，石砌体
	劲钢（管）混凝	劲钢（管）焊接，劲钢（管）与钢筋的连接，混凝土
	钢结构	焊接钢结构、栓接钢结构，钢结构制作，钢结构安装，钢结构涂装

续表

分部工程	子分部工程	分项工程
主体结构	混凝土结构	模板,钢筋,混凝土,预应力,现浇结构,装配式结构
	劲钢(管)混凝土结构	劲钢(管)焊接,螺栓连接,劲钢(管)与钢筋的连接,劲钢(管)制作、安装,混凝土
主体结构	砌体结构	砖砌体,混凝土小型空心砌块砌体,石砌体,填充墙砌体,配筋砖砌体
	钢结构	钢结构焊接,紧固件连接,钢零部件加工,单层钢结构安装,多层及高层钢结构安装,钢结构涂装,钢构件组装,钢构件预拼装,钢网架结构安装,压型金属板
	木结构	方木和原木结构,胶合木结构,轻型木结构,木构件防护
	网架和索膜结构	网架制作,网架安装,索膜安装,网架防火,防腐涂料
建筑装饰装修	地面	整体面层:基层,水泥混凝土面层,水泥砂浆面层,水磨石面层,防油渗面层,水泥钢(铁)屑面层,不发火(防爆的)面层;板块面层:基层,砖面层(陶瓷锦砖、缸砖、陶瓷地砖和水泥花砖面层),大理石面层和花岗岩面层,预制板块面层(预制水泥混凝土、水磨石板块面层),料石面层(条石、块石面层),塑料板面层,活动地板面层,地毯面层;木竹面层:基层、实木地板面层(条材、块材面层),实木复合地板面层(条材、块材面层),中密度(强化)复合地板面层(条材面层),竹地板面层
	抹灰	一般抹灰,装饰抹灰,清水砌体勾缝
	门窗	木门窗制作与安装,金属门窗安装,塑料门窗安装,特种门安装,门窗玻璃安装
	吊顶	暗龙骨吊顶,明龙骨吊顶
	轻质隔墙	板材隔墙,骨架隔墙,活动隔墙,玻璃隔墙
	饰面板(砖)	饰面板安装,饰面砖粘贴
	幕墙	玻璃幕墙,金属幕墙,石材幕墙
	涂饰	水性涂料涂饰,溶剂型涂料涂饰,美术涂饰
	裱糊与软包	裱糊、软包
	细部	橱柜制作与安装,窗帘盒、窗台板和暖气罩制作与安装,门窗套制作与安装,护栏和扶手制作与安装,花饰制作与安装
建筑屋面	卷材防水屋面	保温层,找平层,卷材防水层,细部构造
	涂膜防水屋面	保温层,找平层,涂膜防水层,细部构造
	刚性防水屋面	细石混凝土防水层,密封材料嵌缝,细部构造
	瓦屋面	平瓦屋面,油毡瓦屋面,金属板屋面,细部构造
	隔热屋面	架空屋面,蓄水屋面,种植屋面

分部工程	子分部工程	分项工程
建筑给水、排水及采暖	室内给水系统	给水管道及配件安装,室内消火栓系统安装,给水设备安装,管道防腐,绝热
	室内排水系统	排水管道及配件安装,雨水管道及配件安装
建筑给水、排水及采暖	室内热水供应系统	管道及配件安装,辅助设备安装,防腐,绝热
	卫生器具安装	卫生器具安装,卫生器具给水配件安装,卫生器具排水管道安装
	室内采暖系统	管道及配件安装,辅助设备及散热器安装,金属辐射板安装,低温热水地板辐射采暖系统安装,系统水压试验及调试,防腐,绝热
	室外给水管网	给水管道安装,消防水泵接合器及室外消火栓安装,管沟及井室
	室外排水管网	排水管道安装,排水管沟与井池
	室外供热管网	管道及配件安装,系统水压试验及调试、防腐,绝热
	建筑中水系统及游泳池系统	建筑中水系统管道及辅助设备安装,游泳池水系统安装
	供热锅炉及辅助设备安装	锅炉安装,辅助设备及管道安装,安全附件安装,烘炉、煮炉和试运行,换热站安装,防腐,绝热
建筑电气	室外电气	架空线路及杆上电气设备安装,变压器、箱式变电所安装,成套配电柜、控制柜(屏、台)和动力、照明配电箱(盘)及控制柜安装,电线、电缆导管和线槽敷设,电线、电缆穿管和线槽敷设,电缆头制作、导线连接和线路电气试验,建筑物外部装饰灯具、航空障碍标志灯和庭院路灯安装,建筑照明通电试运行,接地装置安装
	变配电室	变压器、箱式变电所安装,成套配电柜、控制柜(屏、台)和动力、照明配电箱(盘)安装,裸母线、封闭母线、插接式母线安装,电缆沟内和电缆竖井内电缆敷设,电缆头制作、导线连接和线路电气试验,接地装置安装,避雷引下线和变配电室接地干线敷设
	供电干线	裸母线、封闭母线、插接式母线安装,桥架安装和桥架内电缆敷设,电缆沟内和电缆竖井内电缆敷设,电线、电缆导管和线槽敷设,电线、电缆穿管和线槽敷线,电缆头制作、导线连接和线路电气试验
	电气动力	成套配电柜、控制柜(屏、台)和动力、照明配电箱(盘)及控制柜安装,低压电动机、电加热器及电动执行机构检查、接线,低压电气动力设备检测、试验和空载试运行,桥架安装和桥架内电缆敷设,电线、电缆导管和线槽敷设,电线、电缆穿管和线槽敷线,电缆头制作、导线连接和线路电气试验,插座、开关、风扇安装

续表

分部工程	子分部工程	分项工程
建筑电气	电气照明安装	成套配电柜、控制柜(屏、台)和动力、照明配电箱(盘)安装,电线、电缆导管和线槽敷设,电缆电缆导管和线槽敷线,槽板配线,钢索配线,电缆头制作、导线连接和线路电气试验,普通灯具安装,专用灯具安装,插座、开关、风扇安装,建筑照明通电试运行
	备用和不间断电源安装	成套配电柜、控制柜(屏、台)和动力、照明配电箱(盘)安装,柴油发电机组安装,不间断电源的其他功能单元安装,裸母线、封闭母线、插接式母线安装,电线、电缆导管和线槽敷设,电线、电缆导管和槽敷线,电缆头制作、导线连接和线路电气试验,接地装置安装
	防雷及接地安装	接地装置安装,避雷引下线和变配电室接地干线敷设,建筑物等电位连接,接闪器安装
智能建筑	通信网络系统	通信系统,卫星及有线电视系统,公共广播系统
	办公自动化系统	计算机网络系统,信息平台及办公自动化应用软件,网络安全系统
	建筑设备监控系统	空调与通风系统,变配电系统,照明系统,给水排水系统,热源和热交换系统,冷冻和冷却系统,电梯和自动扶梯系统,中央管理工作站与操作分站,子系统通信接口
	火灾报警及消防联动系统	火灾和可燃气体探测系统,火灾报警控制系统,消防联动系统
	安全防范系统	电视监控系统,入侵报警系统,巡更系统,出入口控制(门禁)系统,停车管理系统
	综合布线系统	缆线敷设和终接,机柜、机架、配线架的安装,信息插座和光缆芯线终端的安装
	智能化集成系统	集成系统网络,实时数据库,信息安全,功能接口
	电源与接地	智能建筑电源,防雷及接地
	环境	空间环境,室内空调环境,视觉照明环境,电磁环境
	住宅(小区)智能化系统	火灾自动报警及消防联动系统,安全防范系统(含电视监控系统、入侵报警系统、巡更系统、门禁系统、楼宇对讲系统、住户对讲求救系统、停车管理系统),物业管理系统(多表现场计量及与远程传输系统、建筑设备监控系统、公共广播系统、小区网络及信息服务系统、物业办公自动化系统),智能家庭信息平台

分部工程	子分部工程	分项工程
通风与空调	送排风系统	风管与配件制作,部件制作,风管系统安装,空气处理设备安装,消声设备制作与安装,风管与设备防腐,风机安装,系统调试
	防排烟系统	风管与配件制作,部件制作,风管系统安装,防排烟风口、常闭正压风口与设备安装,风管与设备防腐,风机安装,系统调试
	除尘系统	风管与配件制作,部件制作,风管系统安装,除尘器与排污设备安装,风管与设备防腐,风机安装,系统调试
通风与空调	空调风系统	风管与配件制作,部件制作,风管系统安装,空气处理设备安装,消声设备制作与安装,风管与设备防腐,风机安装,风管与设备绝热,系统调试
	净化空调系统	风管与配件制作,部件制作,风管系统安装,空气处理设备安装,消声设备制作与安装,风管与设备防腐,风机安装,风管与设备绝热,高效过滤器安装,系统调试
	制冷设备系统	制冷机组安装,制冷剂管道及配件安装,制冷附属设备安装,管道及设备的防腐与绝热,系统调试
	空调水系统	管道冷热(媒)水系统安装,冷却水系统安装,冷凝水系统安装,阀门及部件安装,冷却塔安装,水泵及附属设备安装,管道与设备的防腐与绝热,系统调试
电梯	电力驱动的曳引式或强制式电梯安装	设备进场验收,土建交接检验,驱动主机,导轨,门系统,轿厢,对重(平衡重),安全部件,悬挂装置,随行电缆,补偿装置,电气装置,整机安装验收
	液压电梯安装	设备进场验收,土建交接检验,液压系统,导轨,门系统,轿厢,对重(平衡重),安全部件,悬挂装置,随行电缆,电气装置,整机安装验收
	自动扶梯、自动人行道安装	设备进场验收,土建交接检验,整机安装验收

4. 检验批的划分

分项工程可由一个或若干检验批组成,检验批可根据施工及质量控制和专业验收需要按楼层、(SHI)工段、变形缝等进行划分。

所谓检验批就是"按同一生产条件或按规定的方式汇总起来供检验用的,由一定数量样本组成的检验体"。分项工程划分成检验批进行验收有助于及时纠正施工中出现的质量问题,确保工程质量,也符合施工实际需要。多层及高层建筑工程中主体分部的分项工程可按楼层或施工段来划分检验批,单层建筑工程中的分项工程可按变形缝等划分检验批;地基基础分部工程中的分项工程一般划分为一个检验批,有地下层的基础工程可按不同地下层划分检验批;屋面分部工程中的分项工程不同楼层屋面可划分为不同的检验批,其他分部工程中的分项工程,一般按楼层划分检验批;对于工程量较少的分项工程可统一划为一个检验批。安装工程一般按一个设计系统或设备组别划分为一个检验批。室外工程统一划分为一个检验批。散水、台阶、明沟等含在地面检验批中。

对于地基基础中的土石方、基坑支护子分部工程及混凝土工程中的模板工程,虽不构成建筑工程实体,但它是建筑工程施工不可缺少的重要环节和必要条件,其施工质量如何,不仅关系到能否施工和施工安全,也关系到建筑工程的质量,因此将其列入施工验收内容是应该的。

5. 室外工程的划分

室外工程可根据专业类别和工程规模划分单位(子单位)工程。

根据《建筑工程施工质量验收统一标准》GB 50300—2001 的要求,室外单位(子单位)工程、分部工程可按表 8-2 采用。

表 8-2　室外工程划分

单位工程	子单位工程	分部(子分部)工程
室外建筑环境	附属建筑	车棚,围墙,大门,挡土墙,垃圾收集站
	室外环境	建筑小品,道路,亭台,连廊,花坛,场坪绿化
室外安装	给水排水与采暖	室外给水系统,室外排水系统,室外供热系统
	电气	室外供电系统,室外照明系统

业务要点 2:施工质量验收程序和组织

1) 检验批及分项工程应由监理工程师(建设单位项目技负责人)组织施工单位项目专业质量(技术)负责人等进行验收。

2) 分部工程应由总监理工师(建设单位项目负责人)组织施工单位项目负责人和技术、质量负责人等进行验收;地基与基础、主体结构分部工程的勘察、设计单位工程项目负责人和施工单位技术、质量部门负责人也应参加相关分部工程验收。

3) 单位工程完工后,施工单位应自行组织有关人员进行检查评定,并向建设单位提交工程验收报告。

4) 建设单位收到工程验收报告后,应由建设单位(项目)负责人组织施工(含分包单位)、设计、监理等单位(项目)负责人进行单位(子单位)工程验收。

5) 单位工程有分包单位施工时,分包单位对所承包的工程项目应按本标准规定的程序检查评定,总包单位应派人参加。分包工程完成后,应将工程有关资料交总包单位。

6)当参加验收各方对工程质量验收意见不一致时,可请当地建设行政主管部门或工程质量监督机构协调处理。

7)单位工程质量验收合格后,建设单位应在规定时间内将工程竣工验收报告和有关文件,报建设行政管理部门备案。

业务要点3:检验批的质量验收

检验批是工程验收的最小单位,是分项工程乃至整个建筑工程质量验收的基础。检验批是施工过程中条件相同并有一定数量的材料、构配件或安装项目,由于其质量基本均匀一致,因此可以作为检验的基础单位,并按批验收。

检验批质量合格的条件,共两个方面:资料检查、主控项目检验和一般项目检验。

质量控制资料反映了检验批从原材料到最终验收的各施工工序的操作依据,检查情况以及保证质量所必须的管理制度等。对其完整性的检查,实际是对过程控制的确认,这是检验批合格的前提。

为了使检验批的质量符合安全和功能的基本要求,达到保证建筑工程质量的目的,各专业工程质量验收规范应对各检验批的主控项目、一般项目的子项合格质量给予明确的规定。

检验批的合格质量主要取决于对主控项目和一般项目的检验结果。主控项目是对检验批的基本质量起决定性影响的检验项目,因此必须全部符合有关专业工程验收规范的规定。这意味着主控项目不允许有不符合要求的检验结果,即这种项目的检查具有否决权。鉴于主控项目对基本质量的决定性影响,从严要求是必须的。

检验批合格质量应符合下列规定:

1.主控项目和一般项目的质量经抽样检合格

(1)主控项目检验

1)主控项目验收内容:

① 建筑材料、构配件及建筑设备的技术性能与进场复验要求。如水泥、钢材的质量;预制楼板、墙板、门窗等构配件的质量;风机等设备的质量等。

② 涉及结构安全、使用功能的检测项目。如混凝土、砂浆的强度;钢结构的焊缝强度;管道的压力试验;风管的系统测定与调整;电气的绝缘、接地测试;电梯的安全保护、试运转结果等。

③ 一些重要的允许偏差项目,必须控制在允许偏差限值之内。

2)主控项目验收要求:主控项目的条文是必须达到的要求,是保证工程安全和使用功能的重要检验项目,是对安全、卫生、环境保护和公众利益起决定性作用的检验项目,是确定该检验批主要性能的。主控项目中所有子项必须全部符合各专业验收规范规定的质量指标,方能判定该主控项目质量合格。反之,只要其中某一子项甚至某一抽查样本检验后达不到要求,即可判定该检验批质量为不合格,则该检验批拒收。换言之,主控项目中某一子项甚至某一抽查样本的检查结果若为不合格时,即行使对检查批质量的否决权。

（2）一般项目检验

1）一般项目验收内容:一般项目是指除主控项目以外,对检验批质量有影响的检验项目,当其中缺陷(指超过规定质量指标的缺陷)的数量超过规定的比例,或样本的缺陷程度超过规定的限度后,对检验批质量会产生影响;包括的主要内容有:

① 允许有一定偏差的项目,而放在一般项目中,用数据规定的标准,可以有允许偏差范围,并有不到20%的检查点可以超过允许偏差值,但也不能超过允许值的150%。

② 对不能确定偏差值而又允许出现一定缺陷的项目,则以缺陷的数量来区分。

③ 其他一些无法定量的而采用定性的项目。如碎拼大理石地面颜色协调,无明显裂缝和坑洼等。

2）一般项目验收要求:一般项目也是应该达到检验要求的项目,只不过对少数条文也不影响工程安全和使用功能可以适当放宽一些,有些条文虽不像主控项目那样重要,但对工程安全、使用功能、重点的美观都是较大影响的。一般项目的合格判定条件:抽查样本的80%及以上(个别项目为90%以上,如混凝土规范中梁、板构件上部纵向受力钢筋保护层厚度等)符合各专业验收规范规定的质量指标,其余样本的缺陷通常不超过规定允许偏差值的1.5倍(个别规范规定为1.2倍,如钢结构验收规范等)。具体应根据各专业验收规范的规定执行。

检验批的合格质量主要取决于对主控项目和一般项目的检验结果。主控项目是对检验批的基本质量起决定性影响的检验项目,因此必须全部符合有关专业工程验收规范的规定。这意味着主控项目不允许有不符合要求的检验结果,即这种项目的检查具有否决权。鉴于主控项目对基本质量的决定性影响,从严要求是必需的。

2.具有完整的施工操作依据、质量检查记录

检验批合格质量的要求,除主控项目和一般项目的质量经抽样检验符合要求外,其施工操作依据的技术标准尚应符合设计、验收规范的要求。采用企业标准的不能低于国家、行业标准。质量控制资料反映了检验批从原材料到最终验收的各施工工序的操作依据,检查情况以及保证质量所必需的管理制度等。对其完整性的检查,实际是对过程控制的确认,这是检验批合格的前提。

只有上述两项均符合要求,该检验批质量方能判定合格。若其中一项不符合要求,该检验批质量则不得判定为合格。

有关质量检查的内容、数据、评定,由施工单位项目专业质量检查员填写,检验批验收记录及结论由监理单位监理工程师填写完整。

根据《建筑工程施工质量验收统一标准》GB 50300—2001 的规定,检验批质量验收记录应按表 8-3 的格式填写。

表 8-3 检验批质量验收记录

工程名称		分项工程名称			验收部位	
施工单位			专业工长		项目经理	
施工执行标准名称及编号						
分包单位		分包项目经理		施工班组长		

	质量验收规范的规定	施工单位检查评定记录					监理(建设)单位验收记录	
主控项目	1							
	2							
	3							
	4							
	5							
	6							
	7							
	8							
	9							
一般项目	1							
	2							
	3							
	4							

续表

施工单位检查评定结果	项目专业质量检查员：　年　　月　　日
监理（建设单位）验收结论	监理工程师 （建设单位项目专业技术负责人）　　年　月　日

业务要点 4：分项工程质量验收

分项工程的验收在检验批的基础上进行。一般情况下，两者具有相同或相近的性质，只是批量的大小不同而已。因此，将有关的检验批汇集构成分项工程。分项工程合格质量的条件比较简单，只要构成分项工程的各检验批的验收资料文件完整，并且均已验收合格，则分项工程验收合格。

1. 分项工程质量合格要求

1）分项工程所含的检验批均应符合合格质量的规定。

2）分项工程所含的检验批的质量验收记录应完整。

分项工程的验收在检验批的基础上进行。一般情况下，两者具有相同或相近的性质，只是批量的大小不同而已。因此，将有关的检验批汇集构成分项工程。分项工程合格质量的条件比较简单，只要构成分项工程的各检验批的验收资料文件完整，并且均已验收合格，则分项工程验收合格。

2. 分项工程质量验收的注意事项

1）核对检验批的部位、区段是否全部覆盖分项工程的范围，有没有缺漏的部位没有验收到。

2）一些在检验批中无法检验的项目，在分项工程中直接验收。如砖砌体工程中的全高垂直度、砂浆强度的评定等。

3）检验批验收记录的内容及签字人是否正确、齐全。

3. 分项工程质量验收记录

根据《建筑工程施工质量验收统一标准》GB 50300—2001 的要求，分项工程质量应由监理工程师（建设单位项目专业技术负责人）组织项目专业技术负责人等进行验收，并按表 8-4 记录。

表 8-4 _____ 分项工程质量验收记录

工程名称		结构类型		检验批数	
施工单位		项目经理		项目技术负责人	

分包单位		分包单位 负责人		分包项 目经理	
序 号	检验批部 位、区段	施工单位检查 评定结果	监理(建设)单位验收结论		
1					
2					
3					
4					
5					
6					
7					
8					
9					
10					
序 号	检验批部 位、区段	施工单位检查 评定结果	监理(建设)单位验收结论		
7					
8					
9					
10					
11					
12					
13					
14					
检 查 结 论	项目专业 技术负责人: 年　月　日		验 收 结 论	监理工程师: (建设单位项目专业技术负责人) 年　　月　　日	

业务要点 5:分部工程质量验收

分部工程的验收在其所含各分项工程验收的基础上进行。本条给出了分部工程验收合格的条件。

首先,分部工程的各分项工程必须已验收合格且相应的质量控制资料文件必须完整,这是验收的基本条件。此外,由于各分项工程的性质不尽相同,因此作为分部工程不能简单地组合而加以验收,尚须增加以下两类检查项目。

涉及安全和使用功能的地基基础、主体结构、有关安全及重要使用功能的安装分部工程应进行有关见证取样送样试验或抽样检测。关于观感质量验收,这类检查往往难以定量,只能以观察、触摸或简单量测的方式进行,并由各个人的主观印象判断,检查结果并不给出"合格"或"不合格"的结论,而是综合给出质量评价。对于"差"的检查点应通过返修处理等补救。

分部(子分部)工程质量验收合格应符合下列规定:

1. 分部(子分部)工程所含分项工程的质量均应验收合格

在工程实际验收中,这项内容也是项统计工作,在做这项工作时应注意以下三点:

1) 要求分部(子分部)工程所含各分项工程施工均已完成;核查每个分项工程验收是否正确。

2) 注意查对所含分项工程归纳整理有无漏缺,各分项工程划分是否正确,有无分项工程没有进行验收。

3) 注意检查各分项工程是否均按规定通过了合格质量验收;分项工程的资料是否完整,每个验收资料的内容是否有缺漏项,填写是否正确;以及分项验收人员的签字是否齐全等。

2. 质量控制资料应完整

质量控制资料完善是工程质量合格的重要条件,在分部工程质量验收时,应根据各专业工程质量验收规范的规定,对质量控制资料进行系统地检查,着重检查资料的齐全、项目的完整、内容的准确和签署的规范。

质量控制资料检查实际也是统计、归纳工作,主要包括三个方面资料:

1) 核查和归纳各检验批的验收记录资料,查对其是否完整。

有些龄期要求较长的检测资料,在分项工程验收时,尚不能及时提供,应在分部(子分部)工程验收时进行补查。

2) 检验批验收时,要求检验批资料准确完整后,方能对其开展验收。

对在施工中质量不符合要求的检验批、分项工程按有关规定进行处理后的资料归档审核。

3) 注意核对各种资料的内容、数据及验收人员签字的规范性。

对于建筑材料的复验范围,各专业验收规范都作了具体规定,检验时按产品标准规定的组批规则、抽样数量、检验项目进行,但有的规范另有不同要求,这一点在质量控制资料核查时需引起注意。

3. 地基与基础、主体结构和设备安装等分部工程有关安全及功能的检验和抽样检测结果应符合有关规定

这项验收内容,包括安全检测资料与功能检测资料两部分。有关对涉及结构安全及使用功能检验(检测)的要求,应按设计文件及各专业工程质量验收规范中所作的具体规定执行。抽测其检测项目在各专业质量验收规范中已有明确规定,在验收时应注意以下三个方面的工作:

1) 检查各规范中规定的检测的项目是否都进行了测试,不能进行测试的项目应该说明原因。

2) 查阅各项检验报告(记录),核查有关抽样方案、测试内容、检测结果等是否符合有关标准规定。

3) 核查有关检测机构的资质、取样与送样见证人员资格、报告出具单位责任人的签署情况是否符合要求。

4. 观感质量验收应符合要求

观感质量验收系指在分部工程所含的分项工程完成后,在前三项检查的基础上,对已完工部分工程的质量,采用目测、触摸和简单量测等方法,所进行的一种宏观检查方式。分部(子分部)工程观感质量评价是这次验收规范修订新增加的,原因在于:其一,现在的工程体积越来越大,越来越复杂,待单位工程全部完工后再检查,有些项目看不见了,发现问题要返修的修不了;其二,竣工后一并检查,由于工程的专业多,检查人员不可能将各专业工程中的问题一一全都看出来。而且有些项目完工以后,各工种人员纷纷撤离,即便检查出问题来,返修起来耗时较长。

分部(子分部)工程观感质量验收,其检查的内容和质量指标已包含在各个分项工程内,对分部工程进行观感质量检查和验收,并不增加新的项目,只不过是转换一下视角,采用一种更直观、便捷、快速的方法,对工程质量从外观上做一次重复的、扩大的、全面的检查,这是由建筑施工特点所决定的。在进行质量检查时,注意一定要在现场将工程的各个部位全部看到,能操作的应实地操作,观察其方便性、灵活性或有效性等;能打开观看的应打开观看,全面检查分部(子分部)工程的质量。

对分部(子分部)工程进行观感质量检查,有以下三方面作用:

1) 尽管分部(子分部)工程所包含的分项工程原来都经过检查与验收,但随着时间的推移,气候的变化,荷载的递增等,可能会出现质量变异情况,如材料收缩、结构裂缝、建筑物的渗漏、变形等;经过观感质量的检查后,能及时发现上述缺陷并进行处理,确保结构的安全和建筑的使用功能。

2) 弥补受抽样方案局限造成的检查数量不足,和后续施工部位(如施工洞、井架洞、脚手架洞等)原先检查不到的缺陷,扩大了检查面。

3）通过对专业分包工程的质量验收和评价，分清了质量责任，可减少质量纠纷，既促进了专业分包队伍技术素质的提高，又增强了后续施工对产品的保护意识。

观感质量验收并不给出"合格"或"不合格"的结论，而是给出"好、一般或差"的总体评价，所谓"一般"，是指经观感质量检验能符合验收规范的要求；所谓"好"，是指在质量符合验收规范的基础上，能达到精致、流畅、匀净的要求，精度控制好；所谓"差"，是指勉强达到验收规范的要求，但质量不够稳定，离散性较大，给人以粗疏的印象。

观感质量验收中若发现有影响安全、功能的缺陷，有超过偏差限值，或明显影响观感效果的缺陷，不能评价，应处理后再进行验收。

评价时，施工企业应先自行检查合格后，由监理单位来验收，参加评价的人员应具有相应的资格，由总监理工程师组织，不少于三位监理工程师来检查，在听取其他参加人员的意见后，共同做出评价，但总监理工程师的意见应为主导意见。在作评价时，可分项目逐点评价，也可按项目进行大的方面综合评价，最后对分部（子分部）做出评价。

分部工程的验收在其所含各分项工程验收的基础上进行。首先，分部工程的各分项工程必须已验收合格，且相应的质量控制资料文件必须完善，这是验收的基本条件。此外，由于各分项工程的性质不尽相同，因此作为分部工程不能简单地组合而加以验收，尚需增加以下两类检查项目。

涉及安全和使用功能的地基基础、主体结构、有关安全及重要使用功能的安装分部工程应进行有关见证取样、送样试验或抽样检测。关于观感质量验收，这类检查往往难以定量，只能以观察、触摸或简单量测的方式进行，并由各个人的主观印象判断，对于"差"的检查点应通过返修处理等补救。

业务要点6：单位工程质量验收

单位工程质量验收也称质量竣工验收，是建筑工程投入使用前的最后一次验收，也是最重要的一次验收。验收合格的条件有五个：除构成单位工程的各分部工程应该合格，并且有关的资料文件应完整以外，还须进行以下三个方面的检查。

涉及安全和使用功能的分部工程应进行检验资料的复查。不仅要全面检查其完整性（不得有漏检缺项），而且对分部工程验收时补充进行的见证抽样检验报告也要复核。这种强化验收的手段体现了对安全和主要使用功能的重视。

此外，对主要使用功能还须进行抽查。使用功能的检查是对建筑工程和设备安装工程最终质量的综合检验，也是用户最为关心的内容。因此，在分项、分部工程验收合格的基础上,竣工验收时再作全面检查。抽查项目是在检查资料文件的基础上由参加验收的各方人员商定,并用计量、计数的抽样方法确定检查部位。检查要求按有关专业工程施工质量验收标准的要求进行。

最后,还须由参加验收的各方人员共同进行观感质量检查。检查的方法、内容、结论等已在分部工程的相应部分中阐述,最后共同确定是否通过验收。

1. 单位(子单位)工程质量验收合格的规定

1) 单位(子单位)工程所含分部(子分部)工程的质量均应验收合格。

2) 质量控制资料应完整。

3) 单位(子单位)工程所含分部工程有关安全和功能的检测资料应完整。

4) 主要功能项目的抽查结果应符合相关专业质量验收规范的规定。

5) 观感质量验收应符合要求。

2. 单位(子单位)工程质量竣工验收记录

单位(子单位)工程质量竣工验收记录见表8-5。

表8-5 单位(子单位)工程质量竣工验收记录

工程名称		结构类型		层数/建筑面积	/
施工单位		技术负责人		开工日期	
项目经理		项目技术负责人		竣工日期	

序号	项目	验收记录	验收结论
1	分部工程	共 分部,经查 分部 符合标准及设计要求 分部	
2	质量控制资料核查	共项,经审查符合要求 项,经核定符合规范要求 项	
3	安全和主要使用功能核查及抽查结果	共核查 项,符合要求 项,共抽查 项,符合要求 项,经返工处理符合要求 项	
4	观感质量验收	共抽查 项,符合要求 项,不符合要求 项	
5	综合验收结论		

参加验收单位	建设单位	监理单位	施工单位	设计单位
	(公章)	(公章)	(公章)	(公章)
	单位(项目)负责人 年 月 日	总监理工程师 年 月 日	单位负责人 年 月 日	单位(项目)负责人 年 月 日

第二节　施工质量问题和质量事故处理

本节导读

　　本节主要介绍了施工质量问题和质量事故的原因与分析、施工质量问题的处理方式和程序、施工质量事故的处理以及施工质量事故处理鉴定验收。其内容关系框图如图 8-2 所示。

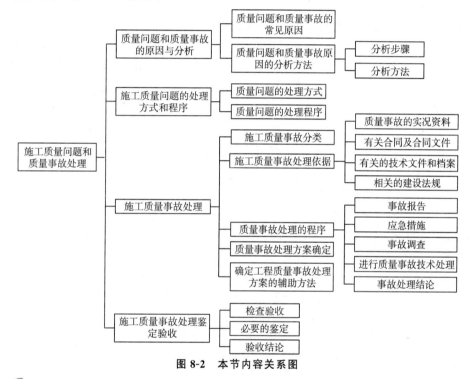

图 8-2　本节内容关系图

业务要点 1：质量问题和质量事故的原因与分析

　　1. 质量问题和质量事故的常见原因

　　工程质量问题或质量事故发生后，首先应该查明原因，落实措施，妥善处理，消除隐患，界定责任。其核心及关键是查明原因。

　　由于建筑工程工期较长，所用材料品种繁杂，在施工过程中，受社会环境和自然条件方面异常因素的影响，这使得引起工程质量问题的成因也错综复杂，往往一项质量问题是由于多种原因复合作用引起。质量问题表现的形式多种多样，即使是同一类质量事故其发生的原因也不相同。但可以归纳为以下几个方面：

（1）违背建设程序

不按建设程序办事，通常表现有：未搞清地质情况就仓促开工；边设计、边施工；无图施工；不经竣工验收就交付使用等，这些都是导致工程质量问题的重要原因。

（2）违反法规行为

例如，无证设计；无证施工；越级设计；越级施工；工程招、投标中的不公平竞争；超常的低价中标；非法分包、转包、挂靠；擅自修改设计等行为。

（3）地质勘察原因

未认真进行地质勘察或勘探时钻孔深度、间距、范围不符合规定要求，地质勘察报告不详细、不准确，导致采用不恰当或错误的基础方案，造成地基不均匀沉降、失稳，使上部结构或墙体开裂、破坏，或引发建筑物倾斜、倒塌等质量问题。

（4）设计差错

采用不正确的结构方案，计算简图与实际受力情况不符，荷载取值过小，内力分析有误，结构构造措施不合理，沉降缝或变形缝设置不当等都是引发质量问题的原因。

（5）施工与管理问题

施工与管理不到位是造成质量问题或质量事故最常见的原因。主要表现为：不按图施工或未经设计单位同意擅自修改设计。不按有关的施工规范和操作规程施工，施工组织管理紊乱，不熟悉图纸，盲目施工；无施工方案或施工方案考虑不周，施工顺序颠倒；图纸未经会审，仓促施工；技术交底不清，施工人员素质差，违章作业；疏于检查、验收等。

（6）使用不合格的原材料、制品及设备

在建筑材料及制品方面，诸如，采用不合格钢筋导致钢筋混凝土结构开裂或受荷后断裂；水泥安定性不合格造成混凝土爆裂；水泥受潮、过期、结块，砂石含泥量及有害物含量超标，外加剂掺量等不符合要求，影响混凝土强度、和易性、密实性、抗渗性，从而导致混凝土结构强度不足、裂缝、渗漏等质量问题。此外，预制构件截面尺寸不足，支承锚固长度不足，预应力构件未可靠地建立预应力值；构件漏放或少放钢筋。

在建筑设备方面，诸如，变配电设备质量缺陷导致自燃或火灾，电梯质量不合格危及人身安全，均可造成工程质量问题。

（7）自然环境因素

空气温度、湿度、暴雨、大风、洪水、雷电、日晒和浪潮等均可能成为出现质量问题的诱因。

（8）使用不当

对建筑物或设施使用不当也易造成质量问题。例如,未经校核验算就任意对建筑物加层;任意拆除承重结构部位;任意在结构物上开槽、打洞、削弱承重结构截面等也会引起质量问题。

2. 质量问题和质量事故原因的分析方法

（1）分析步骤

1）进行细致的现场调查研究,观察记录全部实况,充分了解与掌握引发质量问题的现象和特征。

2）收集调查与质量问题有关的全部设计和施工资料,分析摸清工程在施工或使用过程中所处的环境及面临的各种条件和情况。

3）找出可能产生质量问题的所有因素。

4）分析、比较和判断,找出最可能造成质量问题的原因。

5）进行必要的计算分析或模拟试验予以论证确认。

（2）分析方法

一般采用逻辑推理法:

1）确定质量问题的初始点,即所谓原点,它是一系列独立原因集合起来形成的爆发点。因其反映出质量问题的直接原因,在分析过程中具有关键性作用。

2）围绕原点对现场各种现象和特征进行分析,区别导致同类质量问题的不同原因,逐步揭示质量问题萌生、发展和最终形成的过程。

3）综合考虑原因复杂性,确定诱发质量问题的起源点即真正原因。工程质量问题原因分析是对一堆模糊不清的事物和现象客观属性和联系的反映,其结果不单是简单的信息描述,而是逻辑推理的产物。

⦿ 业务要点 2:施工质量问题的处理方式和程序

1. 质量问题的处理方式

工程的施工过程中或完工以后,现场质量员如发现工程项目存在不合格项或质量问题,应根据其性质和严重程度按如下方式处理:

1）当质量员在日常检查时发现施工引起的质量问题处在萌芽状态时,应及时制止。并根据实际情况,要求立即更换不合格材料、设备或不称职人员,或要求施工人员立即改变不正确的施工方法和操作工艺,并进行跟踪检查。

2）当因施工而引起的质量问题已出现时,或监理工程师已发出了《质量问题监理通知》,应立即采取足以保证施工质量的有效措施,填报《监理通知回复单》报监理单位。监理单位根据质量问题的程度按有关要求批复后执行。

3）当某道工序或分项工程完工以后,出现不合格项,由监理工程师填写《不合格项处置记录》，由施工单位及时采取措施予以整改。监理工程师应对其补救方案进行确认，跟踪处理过程，对处理结果进行验收，否则不允许进行下道工序或分项的施工。

4）在交工使用后的保修期内发现的施工质量问题，监理工程师及时签发《监理通知》，由施工单位进行修补、加固或返工处理。

2.质量问题的处理程序

工程的施工过程中或完工以后，发现工程质量问题，首先应判断其严重程度。一般按以下程序进行处理，如图8-3所示。

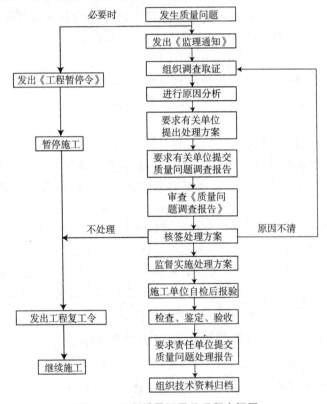

图8-3 工程质量问题处理程序框图

1）质量问题已经产生，但可以通过返修或返工弥补的，由监理工程师签发《监理通知》，由施工单位写出质量问题调查报告，提出处理方案，填写《监理通知回复单》报监理工程师审核后，批复施工单位处理，必要时应经建设单位和设计单位认可，处理结果应重新进行验收。

2）对需要加固补强的质量问题，或质量问题的存在影响下道工序和分项工程的质量时，由监理工程师签发《工程暂停令》，指令施工单位停止有质量问题部位和与其有关联部位及下道工序的施工。必要时,应采取防护措施,施工单位写出质量问题调查报告,由设计单位提出处理方案,并征得建设单位同意,批复施工单位处理。处理结果应重新进行验收。

3) 施工单位对质量问题开展调查及编写调查报告。

开展质量问题调查及编写调查报告应在监理工程师的组织参与下进行。调查的主要目的是明确质量问题的范围、程度、性质、影响和原因,为问题处理提供依据,调查应力求全面、详细、客观准确。调查报告主要内容应包括:

① 与质量问题相关的工程情况。

② 质量问题发生的时间、地点、部位、性质、现状及发展变化等详细情况。

③ 调查中的有关数据和资料。

④ 原因分析与判断。

⑤ 是否需要采取临时防护措施。

⑥ 质量问题处理补救的建议方案。

⑦ 涉及的有关人员和责任及预防该质量问题重复出现的措施。

4) 分析质量问题调查报告,判断和确认质量问题产生的原因。找出质量问题的真正起源点。必要时,由监理工程师组织设计、施工、供货和建设单位各方共同参加分析。

5) 由监理工程师审核签认质量问题处理方案。

质量问题处理方案一般由设计单位提出。但质量问题处理方案应以原因分析为基础,发现质量问题后,一般应及时分析处理,但并非所有问题的处理越早越好,有些问题,若一时认识不清,且通过分析判断其一时不致产生严重恶化,可以继续进行调查、观测,以便掌握更充分的资料和数据,做进一步分析,找出起源点,方可确认处理方案,避免急于求成造成反复处理的不良后果。处理方案应坚持:安全可靠,不留隐患,满足建筑物的功能和使用要求,技术可行,经济合理原则。针对确认不需专门处理的质量问题,应能保证它不构成对工程安全的危害,且满足安全和使用要求,并必须征得设计和建设单位的同意。

6) 施工单位按制定的处理方案实施处理。

发生的质量问题不论是否由于施工单位原因造成,通常都是先由施工单位负责实施处理。对因设计单位原因等非施工单位责任引起的质量问题,应通过建设单位要求设计单位或责任单位提出处理方案,处理质量问题所需的费用或延误的工期,由责任单位承担,若质量问题属施工单位责任,施工单位应承担各项费用损失和合同约定的处罚,工期不予顺延。

7) 质量问题处理完毕,由监理工程师组织有关人员对处理的结果进行严格的检查、鉴定和验收,写出质量问题处理报告,报建设单位和监理单位存档。

⚫ 业务要点 3:施工质量事故的处理

1.施工质量事故分类

国务院发布的《生产安全事故报告和调查处理条例》明确指出,该条例适用于生产经营活动中发生的造成人身伤亡或者直接经济损失的生产安全事故的报告和调查处理。根据生产安全事故(以下简称事故)造成的人员伤亡或者直接经济损失,事故一般分为以下等级:

1) 特别重大事故,是指造成 30 人以上死亡,或者 100 人以上重伤(包括急性工业中毒,下同),或者 1 亿元以上直接经济损失的事故。

2) 重大事故,是指造成 10 人以上 30 人以下死亡,或者 50 人以上 100 人以下重伤,或者 5000 万元以上 1 亿元以下直接经济损失的事故。

3) 较大事故,是指造成 3 人以上 10 人以下死亡,或者 10 人以上 50 人以下重伤,或者 1000 万元以上 5000 万元以下直接经济损失的事故。

4) 一般事故,是指造成 3 人以下死亡,或者 10 人以下重伤,或者 1000 万元以下直接经济损失的事故。

所称的"以上"包括本数,所称的"以下"不包括本数。

《生产安全事故报告和调查处理条例》还指出,国务院安全生产监督管理部门可以会同国务院有关部门,制定事故等级划分的补充性规定。

2.施工质量事故处理的依据

建筑施工项目发生质量事故后,无论是分析原因、界定责任,还是作出处理决定,都需要以切实可靠的客观依据为基础。概括起来,进行工程质量事故处理的主要依据有以下四个方面。

(1) 质量事故的实况资料

要搞清质量事故的原因和确定处理对策,首要的是要掌握质量事故的实际情况。有关质量事故实况的资料主要可来自以下几个方面。

1) 施工单位的质量事故调查报告:质量事故发生后,施工单位有责任就所发生的质量事故进行周密的调查、研究掌握情况,并在此基础上写出调查报告,提交监理工程师和业主。在调查报告中首先就与质量事故有关的实际情况做详尽的说明,其内容应包括:

① 质量事故发生的时间、地点。

② 质量事故状况的描述。例如,发生的事故类型(如混凝土裂缝、基础下沉等);发生的部位(如楼层、构件及所在的具体位置);分布状态及范围;严重程度(如裂缝长度、宽度、深度等)。

③ 质量事故发展变化的情况。如其范围是否继续扩大,程度是否已经稳定等。

④ 有关质量事故的观测记录、事故现场状态的照片或录像。

2) 监理单位调查研究所获得的第一手资料：其内容大致与施工单位调查报告中有关内容相似，可用来与施工单位所提供的情况对照、核实。

(2) 有关合同及合同文件

1) 所涉及的合同文件可以是：工程承包合同；设计委托合同；设备与器材购销合同；监理合同等。

2) 有关合同和合同文件在处理质量事故中的作用是：确定在施工过程中有关各方是否按照合同有关条款实施其活动。例如，施工单位是否在规定时间内通知监理单位进行隐蔽工程验收，监理单位是否按规定时间实施了检查验收；施工单位在材料进场时，是否按规定或约定进行了检验等。借以探寻产生事故的可能原因。此外，有关合同文件还是界定质量责任的重要依据。

(3) 有关的技术文件和档案

1) 有关的设计文件：有关的设计文件如施工图纸和技术说明等是施工的重要依据。在处理质量事故中。其作用一方面是可以对照设计文件，核查施工质量是否完全符合设计的规定和要求；另一方面是可以根据所发生的质量事故情况，核查设计中是否存在问题或缺陷，成为导致质量事故的一方面原因。

2) 与施工有关的技术文件、档案和资料：

① 施工组织设计或施工方案、施工计划。

② 施工记录、施工日志等。如：施工时的自然条件；施工人员的情况；施工工艺与操作过程的情况；使用的材料情况；施工环境等情况；借助这些资料可以追溯和探寻事故的发生原因。

③ 有关建筑材料的质量证明资料。例如，材料批次、出厂日期、出厂合格证或检验报告、施工单位抽检或试验报告等。

④ 现场制备材料的质量证明资料。例如，混凝土拌和料的级配、水灰比、坍落度记录；砂浆、混凝土试块强度试验报告等。

⑤ 对事故状况的观测记录、试验记录或试验报告等。

⑥ 其他有关资料。

上述各类技术资料对于分析质量事故原因，判断其发展变化趋势，推断事故影响及严重程度，考虑处理措施等都是不可缺少的，起着重要的作用。

(4) 相关的建设法规

建设法规是具有很高权威性、约束性、通用性和普遍性的依据，因而它在工程质量事故的处理事务中，也具有极其重要的、不容置疑的作用。

1) 勘察、设计、施工、监理等单位资质管理方面的法规：这类法规主要内容涉及勘察、设计、施工和监理等单位的等级划分；明确各级企业应具备的条件；确定各级企业所能承担的任务范围；以及其等级评定的申请、审查、批准、升降管理等方面。如《建筑业企业资质管理规定》中，明确规定建筑业企业经审查合格，"取得相应等级的资质证书，方可在其资质等级许可的范围内从事建筑活动"。

2）从业者资格管理方面的法规：这类法规主要涉及建筑活动的从业者应具有相应的执业资格；注册等级划分；考试和注册办法；执业范围；权利、义务及管理等。例如《建造师执业资格制度暂行规定》中明确注册二级建造师只能担任二级及以下建筑业企业资质的建设工程项目施工的项目经理。

3）建筑市场方面的法规：这类法律、法规主要涉及工程发包、承包活动，以及国家对建筑市场的管理活动。如《中华人民共和国合同法》和《中华人民共和国招标投标法》是国家对建筑市场管理的两个基本法律。以及与之相配套的国务院发布的《工程建设项目招标范围和规模标准的规定》和其他部委发布的相关办法、规定等。

4）建筑施工方面的法规：这类法律、法规文件涉及的内容十分广泛，其特点是大多与现场施工有直接关系。例如《建设工程监理规范》明确了现场监理工作的内容、深度、范围、程序、行为规范和工作制度；《建设工程施工现场管理规定》则要求有施工技术、安全岗位责任制度、组织措施制度，对施工准备，计划、技术、安全交底，施工组织设计编制，现场总平面布置等均做了明确规定。特别是国务院颁布的《建设工程质量管理条例》，以《建筑法》为基础，全面系统地对与建设工程有关的质量责任和管理问题，做了明确的规定，它不但对建设工程的质量管理具有指导作用，而且是全面保证工程质量和处理工程质量事故的重要依据。

5）关于标准化管理方面的法规。这类法规主要涉及技术标准（勘察、设计、施工、安装、验收等）、经济标准和管理标准（如建设程序、设计文件深度、企业生产组织和生产能力标准、质量管理与质量保证标准等）。如建设部发布《工程建设标准强制性条文》和《实施工程建设强制性标准监督规定》是典型的标准化管理类法规，是参与建设活动各方执行工程建设强制性标准和政府实施监督的依据，同时也是保证建设工程质量的必要条件，是分析处理工程质量事故，判定责任方的重要依据。

3. 质量事故处理的程序

按照国务院发布的《生产安全事故报告和调查处理条例》的规定，结合工程中对质量事故处理的实际做法惯例，质量事故处理依下列程序进行。

（1）事故报告

1）事故发生后，事故现场有关人员应当立即向本单位负责人报告；单位负责人接到报告后，应当于1小时内向事故发生地县级以上人民政府安全生产监督管理部门和负有安全生产监督管理职责的有关部门报告。情况紧急时，事故现场有关人员可以直接向事故发生地县级以上人民政府安全生产监督管理部门和负有安全生产监督管理职责的有关部门报告。安全生产监督管理部门和负有安全生产监督管理职责的有关部门逐级上报事故情况，每级上报的时间不得超过 2 小时。

2）报告事故应当包括下列内容：

① 事故发生单位概况。

② 事故发生的时间、地点以及事故现场情况。

③ 事故的简要经过。

④ 事故已经造成或者可能造成的伤亡人数（包括下落不明的人数）和初步估计的直接经济损失。

⑤ 已经采取的措施。

⑥ 其他应当报告的情况。

3）事故报告后出现新情况的应当及时补报。自事故发生之日起 30 日内，事故造成的伤亡人数发生变化的应当及时补报。

（2）应急措施

1）事故发生单位负责人接到事故报告后，应当立即启动事故相应应急预案，或者采取有效措施，组织抢救，防止事故扩大，减少人员伤亡和财产损失。

2）事故发生地有关地方人民政府、安全生产监督管理部门和负有安全生产监督管理职责的有关部门接到事故报告后，其负责人应当立即赶赴事故现场，组织事故救援。

3）事故发生后，有关单位和人员应当妥善保护事故现场以及相关证据，任何单位和个人不得破坏事故现场、毁灭相关证据。

4）因抢救人员、防止事故扩大以及疏通交通等原因，需要移动事故现场物件的，应当做出标志，绘制现场简图并作出书面记录，妥善保存现场重要痕迹、物证。

5）质量事故发生后，总监理工程师应立即签发"工程暂停令"，并要求停止质量缺陷部位和与其有关部位及下道工序施工。

（3）事故调查

1）成立事故调查组：

① 特别重大事故由国务院或者国务院授权有关部门组织事故调查组进行调查。

② 重大事故、较大事故、一般事故分别由事故发生地省级人民政府、设区的市级人民政府、县级人民政府负责调查。省级人民政府、设区的市级人民政府、县级人民政府可以直接组织事故调查组进行调查，也可以授权或者委托有关部门组织事故调查组进行调查。

③ 未造成人员伤亡的一般事故，县级人民政府也可以委托事故发生单位组织事故调查组进行调查。

④ 上级人民政府认为必要时，可以调查由下级人民政府负责调查的事故。

⑤ 自事故发生之日起 30 日内（道路交通事故、火灾事故自发生之日起 7 日内），因事故伤亡人数变化导致事故等级发生变化，依照本条例规定应当由上级人民政府负责调查的，上级人民政府可以另行组织事故调查组进行调查。

⑥ 特别重大事故以下等级事故，事故发生地与事故发生单位不在同一个县级以上行政区域的，由事故发生地人民政府负责调查，事故发生单位所在地人民政府应当派人参加。

2）事故调查组的成员组成：

① 根据事故的具体情况，事故调查组由有关人民政府、安全生产监督管理部门、负有安全生产监督管理职责的有关部门、监察机关、公安机关以及工会派人组成，并应当邀请人民检察院派人参加。

② 事故调查组成员应当具有事故调查所需要的知识和专长，可以聘请有关专家参与调查，事故调查组各成员与所调查的事故没有直接利害关系。

③ 事故调查组组长由负责事故调查的人民政府指定。事故调查组组长主持事故调查组的工作。

3）事故调查组的职责：

① 查明事故发生的经过、原因、人员伤亡情况及直接经济损失。

② 认定事故的性质和事故责任。

③ 提出对事故责任者的处理建议。

④ 总结事故教训，提出防范和整改措施。

⑤ 提交事故调查报告。

4）对事故调查组的工作要求：

① 事故调查组有权向有关单位和个人了解与事故有关的情况，并要求其提供相关文件、资料，有关单位和个人不得拒绝。

② 事故发生单位的负责人和有关人员在事故调查期间不得擅离职守，并应当随时接受事故调查组的询问，如实提供有关情况。

③ 事故调查中发现涉嫌犯罪的，事故调查组应当及时将有关材料或者其复印件移交司法机关处理。

④ 事故调查中需要进行技术鉴定的，事故调查组应当委托具有国家规定资质的单位进行技术鉴定。必要时，事故调查组可以直接组织专家进行技术鉴定。技术鉴定所需时间不计入事故调查期限。

⑤ 事故调查组成员在事故调查工作中应当诚信公正、恪尽职守，遵守事故调查组的纪律，保守事故调查的秘密。未经事故调查组组长允许，事故调查组

成员不得擅自发布有关事故的信息。

⑥ 事故调查组应当自事故发生之日起 60 日内提交事故调查报告;特殊情况下,经负责事故调查的人民政府批准,提交事故调查报告的期限可以适当延长,但延长的期限最长不超过 60 日。

5)事故调查报告:事故调查报告应当包括下列内容:

① 事故发生单位概况。

② 事故发生经过和事故救援情况。

③ 事故造成的人员伤亡和直接经济损失。

④ 事故发生的原因和事故性质。

⑤ 事故责任的认定以及对事故责任者的处理建议。

⑥ 事故防范和整改措施。

事故调查报告应当附具有关证据材料。事故调查组成员应当在事故调查报告上签名。

(4)进行质量事故技术处理

1)制定质量事故技术处理方案。工程项目一旦发生质量事故,在事故处理过程中一项重要的工作就是要制定质量事故技术处理方案。此处所指的质量事故技术处理方案,是在事故调查组提出的"事故防范和整改措施"的基础上制定的,由监理单位组织相关单位研究,并责成相关单位完成技术处理方案,并给予审核签字。质量事故技术处理方案,一般应委托原设计单位提出,由其他单位提供的技术处理方案,应经原设计单位同意签认。技术处理方案的制订,应征求建设单位意见。技术处理方案必须依据充分,应在质量事故的部位、原因全部查清的基础上,必要时,应委托法定工程质量检测单位进行质量鉴定或请专家论证,以确保技术处理方案可靠、可行、保证结构安全和使用功能。

2)技术处理方案核签后,施工单位制定详细的施工方案,有关各方签字确认后,方可实施技术处理。

3)对施工单位质量事故技术处理完工自检后的报验结果,由监理工程师组织各方进行检查和必要的鉴定。并审核签认事故单位整理编写的质量事故技术处理报告,将有关技术资料归档。验收合格后,总监理工程师下达复工令,工程可以重新开工。

(5)事故处理结论

对重大事故、较大事故、一般事故,负责事故调查的人民政府应当自收到事故调查报告之日起 15 日内作出批复;特别重大事故,30 日内作出批复,特殊情况下,批复时间可以适当延长,但延长的时间最长不超过 30 日。

4. 施工质量事故处理方案的确定

质量问题处理方案,应当在正确地分析和判断质量问题原因的基础上进行。对于工程质量问题,通常可以根据质量问题的情况,做出以下四类不同性质的处理方案。

(1) 修补处理

这是最常采用的一类处理方案。通常当工程的某些部分的质量虽未达到规定的规范、标准或设计要求,存在一定的缺陷,但经过修补后还可达到要求的标准,又不影响使用功能或外观要求,在此情况下,可以做出进行修补处理的决定。

属于修补这类方案的具体方案有很多,诸如封闭保护、复位纠偏、结构补强、表面处理等均是。例如,某些混凝土结构表面出现蜂窝麻面,经调查、分析,该部位经修补处理后,不会影响其使用及外观;某些结构混凝土发生表面裂缝,根据其受力情况,仅作表面封闭保护即可等。

(2) 返工处理

当工程质量未达到规定的标准或要求,有明显的严重质量问题,对结构的使用和安全有重大影响,而又无法通过修补的办法纠正所出现的缺陷情况下,可以做出返工处理的决定。例如,某防洪堤坝的填筑压实后,其压实土的干密度未达到规定的要求干密度值,核算将影响土体的稳定和抗渗要求,可以进行返工处理,即挖除不合格土,重新填筑。又如某工程预应力按混凝土规定张力系数为 1.3,但实际仅为 0.8,属于严重的质量缺陷,也无法修补,即需做出返工处理的决定。十分严重的质量事故甚至要做出整体拆除的决定。

(3) 限制使用

当工程质量问题按修补方案处理无法保证达到规定的使用要求和安全,而又无法返工处理的情况下,不得已时可以做出诸如结构卸荷或减荷以及限制使用的决定。

(4) 不做处理

某些工程质量问题虽然不符合规定的要求或标准,但如其情况不严重,对工程或结构的使用及安全影响不大,经过分析、论证和慎重考虑后,也可做出不作专门处理的决定。可以不做处理的情况一般有以下几种:

1) 不影响结构安全和使用要求者。例如,有的建筑物出现放线定位偏差,若要纠正则会造成重大经济损失,若其偏差不大,不影响使用要求,在外观上也无明显影响,经分析论证后,可不做处理;又如,某些隐蔽部位的混凝土表面裂缝,经检查分析,属于表面养护不够的干缩微裂,不影响使用及外观,也可不做处理。

2) 有些不严重的质量问题,经过后续工序可以弥补的,例如,混凝土的轻微蜂窝麻面,或墙面可通过后续的抹灰、喷涂或刷白等工序弥补,可以不对该缺陷进行专门处理。

3）出现的质量问题，经复核验算，仍能满足设计要求者。例如，某一结构断面做小了，但复核后仍能满足设计的承载能力，可考虑不再处理。这种做法实际上是挖掘设计潜力或降低设计的安全系数，因此需要慎重处理。

5. 确定工程质量事故处理方案的辅助方法

对质量问题处理的决策，是复杂而重要的工作，它直接关系到工程的质量、费用与工期。所以，要做出对质量问题处理的决定，特别是对需要返工或不做处理的决定，应当慎重对待。在对于某些复杂的质量问题做出处理决定前，可采取下述所列方法做进一步论证：

（1）实验验证

即对某些有严重质量缺陷的项目，可采取合同规定的常规试验以外的试验方法进一步进行验证，以便确定缺陷的严重程度。例如混凝土构件的试件强度低于要求的标准不太大（例如 10% 以下）时，可进行加载试验，以证明其是否满足使用要求；又如公路工程的沥青面层厚度误差超过了规范允许的范围，可采用弯沉试验，检查路面的整体强度等。根据对试验验证检查的分析、论证再研究处理决策。

（2）定期观测

有些工程，在发现其质量缺陷时，其状态可能尚未达到稳定，仍会继续发展，在这种情况下，一般不宜过早做出决定，可以对其进行一段时间的观测，然后再根据情况做出决定。属于这类的质量缺陷，如桥墩或其他工程的基础，在施工期间发生沉降超过预计的或规定的标准；混凝土或高填土发生裂缝，并处于发展状态等。有些有缺陷的工程，短期内其影响可能不十分明显，需要较长时间的观测才能得出结论。

（3）专家论证

对于某些工程缺陷，可能涉及的技术领域比较广泛，则可采取专家论证。采用这种办法时，应事先做好充分准备，尽早为专家提供尽可能详尽的情况和资料，以便使专家能够进行较充分的、全面和细致的分析、研究，提出切实的意见与建议。实践证明，采取这种方法，对重大的质量问题做出恰当处理的决定十分有益。

（4）方案比较

这种方法较为常用。同类型和同一性质的事故可先设计多种处理方案，然后结合当地的资源情况、施工条件等逐项给出权重，作出对比，从而选择具有较高处理效果又便于施工的处理方案。例如，结构构件承载力达不到设计要求，可采用改变结构构造来减少结构内力、结构卸荷或结构补强等不同处理方案，可将其每一方案按经济、工期、效果等指标列项并分配相应权重值，进行对比，辅助决策。

业务要点 4：施工质量事故处理鉴定验收

质量事故的技术处理是否达到了预期目的，消除了工程质量不合格和工程质量问题，是否仍留有隐患。应通过组织检查和必要的鉴定，进行验收并予以最终确认。

1. 检查验收

工程质量事故处理完成后的检查验收，应在施工单位自检合格报验的基础上，由监理工程师组织，严格按施工验收标准及有关规范的规定进行，结合监理人员的旁站、巡视和平行检验结果，依据质量事故技术处理方案设计要求，通过实际量测，检查各种资料数据进行验收，并应办理交工验收文件，组织各有关单位会签。

2. 必要的鉴定

凡涉及结构承载力等使用安全和其他重要性能的处理工作，或质量事故处理施工过程中建筑材料及构配件保证资料严重缺乏，或对检查验收结果各参与单位有争议时，常需做必要的试验和检验鉴定工作。常见的检验工作有：混凝土钻芯取样，用于检查密实性和裂缝修补效果，或检测实际强度；结构荷载试验；确定其实际承载力；超声波检测焊接或结构内部质量等。检测鉴定必须委托政府批准的有资质的法定检测单位进行。

3. 验收结论

对所有质量事故无论经过技术处理，通过检查鉴定验收还是不需专门处理的，均应有明确的书面结论。若对后续工程施工有特定要求，或对建筑物使用有一定限制条件，应在结论中提出。

验收结论通常有以下几种：

1）事故已排除，可以继续施工。

2）隐患已消除，结构安全有保证。

3）经修补处理后，完全能够满足使用要求。

4）基本上满足使用要求，但使用时应有附加限制条件，例如限制荷载等。

5）对耐久性的结论。

6）对建筑物外观影响的结论。

7）对短期内难以作出结论的，可提出进一步观测检验意见。

此外，对一时难以做出结论的事故，还应进一步提出观测检查的要求。

事故处理后，还必须提交完整的事故处理报告，其内容包括：事故调查的原始资料、测试数据；事故的原因分析、论证；事故处理的依据；事故处理方案、方法及技术措施；检查验收记录；事故无需处理的论证；事故处理结论等。

附　录

附录 A　紧固件连接工程检验项目

A.1　螺栓实物最小载荷检验

目的:测定螺栓实物的抗拉强度是否满足现行国家标准《紧固件机械性能螺栓、螺钉和螺柱》GB/T 3098.1—2010 的要求。

检验方法:用专用卡具将螺栓实物置于拉力试验机上进行拉力试验,以避免试件承受横向载荷,试验机的夹具应能自动调正中心,试验时夹头张拉的移动速度不应超过 25mm/min。

螺栓实物的抗拉强度需根据螺纹应力截面积(A_s)计算确定,其取值应按现行国家标准《紧固件机械性能螺栓、螺钉和螺柱》GB/T 3098.1—2010 的规定取值。

在进行试验时,承受拉力载荷的末旋合的螺纹长度应为 6 倍以上螺距;当试验拉力达到现行国家标准《紧固件机械性能螺栓、螺钉和螺柱》GB/T 3098.1—2010 中规定的最小拉力载荷($A_s \cdot \delta_b$)时不得断裂。当超过最小拉力载荷直至拉断时,断裂应发生在杆部或螺纹部分,而不应发生在螺头与杆部的交接处。

A.2　扭剪型高强度螺栓连接副预拉力复验

复验用的螺栓应在施工现场待安装的螺栓批中进行随机抽取,每批应抽取 8 套连接副进行复验。

连接副预拉力可采用经计量检定、校准合格的轴力计进行复验。

试验用的电测轴力计、油压轴力计、电阻应变仪、扭矩扳手等计量器具,应在试验前进行标定,其误差不应超过 2%。

采用轴力计方法复验连接副预拉力时,应将螺栓直接插入轴力计。紧固螺栓应分初拧、终拧两次进行,初拧应采用手动扭矩扳手或专用定扭电动扳手;初拧值应为预拉力标准值的 50% 左右。终拧应采用专用电动扳手,至尾部梅花头拧掉,读出预拉力值。

每套连接副只准做一次试验,不得重复使用。在紧固中垫圈发生转动时,应更换连接副,重新试验。

复验螺栓连接副的预拉力平均值和标准偏差应符合表 A-1 的规定。

表 A-1　复验螺栓连接副的预拉力平均值和标准偏差　（单位：kN）

螺栓直径/mm	16	20	22	24
紧固预拉力的平均值 $\overline{p}$	99～120	154～186	191～231	222～270
标准偏差 δ_p	10.1	15.7	19.5	22.7

A.3　高强度螺栓连接副施工扭矩检验

高强度螺栓连接副扭矩检验含初拧、复拧、终拧扭矩的现场无损检验。检验所用的扭矩扳手其扭矩精度误差应不大于3％。

高强度螺栓连接副扭矩检验分扭矩法检验和转角法检验两种，理论上检验法与施工法应相同。扭矩检验应在施拧1h后，48h内完成。

1.转角法检验

检验方法：

1）检查初拧后在螺母与相对位置所画的终拧起始线和终止线所夹的角度是否达到规定值。

2）在螺尾端头和螺母相对位置画线，然后全部卸松螺母，在按规定的初拧扭矩和终拧角度重新拧紧螺栓，观察与原画线是否重合。终拧转角偏差在10°以内。

终拧转角与螺栓的直径、长度等因素有关，应由试验确定。

2.扭剪型高强度螺栓施工扭矩检验

检验方法：观察尾部梅花头拧掉情况。若尾部梅花头被拧掉则其终拧扭矩达至合格质量标准；若尾部梅花头未被拧掉者，则应按扭矩法或转角法检验。

3.扭矩法检验

检验方法：在螺尾端头和螺母相对位置画线，将螺母退回60°左右，用扭矩扳手测定拧回至原来位置时的扭矩值。该扭矩值与施工扭矩值的偏差应在10％以内。

高强度螺栓连接副终拧扭矩值 T_c 可按下式计算：

$$T_c = K \cdot P_c \cdot d \tag{A-1}$$

式中：T_c——终拧扭矩值（N·m）；

P_c——施工预拉力值标准值（kN），见表 A-2；

d——螺栓公称直径（mm）。

K——扭矩系数，按式（A-3）确定。

高强度大六角头螺栓连接副初拧扭矩值 T_0 可按 $0.5T_c$ 取值。

表 A-2　高强度螺栓连接副施工预拉力标准值　（单位：kN）

螺栓性能等级	螺栓公称直径/mm						
	M12	M16	M20	M22	M24	M27	M30
8.8s	50	90	140	165	195	255	310
10.9s	60	110	170	210	250	320	390

扭剪型高强度螺栓连接副初拧扭矩值 T_0 可按下式计算：

$$T_0 = 0.065 P_c \cdot d \tag{A-2}$$

式中：T_0——初拧扭矩值（N·m）；

　　　P_c——施工预拉力值标准值（kN），见表 A-2；

　　　d——螺栓公称直径（mm）。

4.高强度大六角头螺栓连接副扭矩系数复验

复验用螺栓应在施工现场未安装的螺栓批中随机抽取，每批应抽取 8 套连接副进行复验。

连接副扭矩系数复验用的计量器具应在试验前进行标定，其误差不应超过 2%。

每套连接副只准做一次试验，不得重复使用。在紧固中垫圈发生转动时，应更换连接副，重新试验。

连接副扭矩系数的复验应将螺栓穿入轴力计，在测出螺栓预拉力 P 的同时，应测定施加于螺母上的施拧扭矩值 T，并应按式（A-3）计算扭矩系数 K。

$$K = \frac{T}{P \cdot d} \tag{A-3}$$

式中：T——旋拧扭矩（N·m）；

　　　d——高强度螺栓的公称直径（mm）；

　　　P——螺栓预拉力（kN）。

进行连接副扭矩系数试验时，螺栓预拉力值应符合表 A-3 的规定。

表 A-3　螺栓预拉力的范围　（单位：kN）

螺栓规格/mm		M16	M20	M22	M24	M27	M30
预拉力值 P	10.9s	93～113	142～177	175～215	206～250	265～324	325～390
	8.8s	62～78	100～120	125～150	140～170	185～225	230～275

每组 8 套连接副扭矩系数的平均值应为 0.110～0.150，标准偏差应小于或等于 0.010。

扭剪型高强度螺栓连接副当采用扭矩法施工时，其扭矩系数也应按此方法确定。

5. 高强度螺栓连接摩擦面的抗滑移系数检验

(1) 基本要求

制造厂和安装单位应分别以钢结构制造批为单位进行抗滑移系数试验。制造批可按分部(子分部)工程划分规定的工程量每2000t为一批,不足2000t的可视为一批。选用两种及两种以上表面处理工艺时,每种处理工艺应单独检验。每批选取三组试件。

抗滑移系数试验应采用双摩擦面的二栓拼接的拉力试件,如图 A-1 所示。

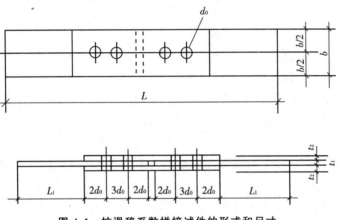

图 A-1   抗滑移系数拼接试件的形式和尺寸

抗滑移系数试验用的试件应由制造厂加工,试件与所代表的钢结构构件应为同样材质、同批制作、采用同一摩擦面处理工艺和具有相同的表面状态,并应用同批、同一性能等级的高强度螺栓连接副,在相同环境条件下存放。

试件钢板的厚度 t_1、t_2 应根据钢结构工程中有代表性的板材厚度来确定,同时应考虑在摩擦面滑移之前,试件钢板的净截面始终处于弹性状态;宽度 b 可参照表 A-4 规定取值。L_1 应根据试验机夹具的要求确定。

表 A-4   试件板的宽度　　　　　　　　　　　（单位:mm）

螺栓直径 d	16	20	22	24	27	30
板宽 b	100	100	105	110	120	120

试件板面应平整,无油污,孔和板的边缘无飞边、毛刺。

(2) 试验方法

1) 试验用的试验机误差应在1%以内。

2) 试验用的贴有电阻片的高强度螺栓、压力传感器和电阻应变仪应在试验前用试验机进行标定,其误差应在2%以内。

3) 试件的组装顺序应符合下述规定:

先将冲钉打入试件孔定位,然后逐个换成装有压力传感器或贴有电阻片的高强度螺栓,或换成同批经预拉力复验的扭剪型高强度螺栓。

4) 紧固高强度螺栓应分初拧、终拧。初拧应达到螺栓预拉力标准值的50%左右。终拧后,螺栓预拉力应符合下述规定:

① 对装有压力传感器或贴有电阻片的高强度螺栓,采用电阻应变仪实测控制试件每个螺栓的预拉力值应在 $0.95P \sim 1.05P$(P 为高强度螺栓设计预拉力值)之间。

② 进行实测时,扭剪型高强度螺栓的预拉力(紧固轴力)可按同批复验预拉力的平均值取用。

试件应在其侧面画出观察滑移的直线。

将组装好的试件置于拉力试验机上,试件的轴线应与试验机夹具中心严格对中。加荷时,应先加 10% 的抗滑移设计荷载值,停 1min 后,再平稳加荷,加荷速度为 $3 \sim 5kN/s$。直拉至滑动破坏,测得滑移荷载 N_v。

5) 在试验中若发生以下情况时,所对应的荷载可定为试件的滑移荷载:

① 试件突然发生"嘣"的响声。

② 试验机发生回针现象。

③ 试件侧面画线发生错动。

④ $X-Y$ 记录仪上变形曲线发生突变。

6) 抗滑移系数 μ,应根据试验所测得的滑移荷载 N_v 和螺栓预拉力 P 的实测值,按式(A-4)计算,应取小数点后两位有效数字。

$$\mu = \frac{N_v}{n_f \cdot \sum_{i=1}^{m} P_i} \tag{A-4}$$

式中:N_v——由试验测得的滑移荷载(kN);

n_f——摩擦面面数,取 $n_f = 2$;

$\sum_{i=1}^{m} P_i$——试件滑移一侧高强度螺栓预拉力实测值(或同批螺栓连接副的预拉力平均值)之和(取三位有效数字)(kN);

m——试件一侧螺栓数量,取 $m = 2$。

附录 B　钢结构涂层厚度检测

B.1　防腐涂层厚度检测

1. 一般规定

防腐涂层厚度的检测应在涂层干燥后进行。检测时构件的表面不应有结露。

同一构件应检测 5 处,每处应检测 3 个相距 50mm 的测点。测点部位的涂层应与钢材附着良好。

使用涂层测厚仪检测时,应避免电磁干扰。

防腐涂层厚度检测,应经外观检查合格后进行。

2. 检测设备

涂层测厚仪的最大量程不应小于 $1200\mu m$,最小分辨率不应大于 $2\mu m$,示值相对误差不应大于 3%。

测试构件的曲率半径应符合仪器的使用要求。在弯曲试件的表面上测量时,应考虑其对测试准确度的影响。

3. 检测步骤

确定的检测位置应有代表性,在检测区域内分布宜均匀。检测前应清除测试点表面的防火涂层、灰尘、油污等。

检测前对仪器应进行校准。校准宜采用二点校准,经校准后方可测试。

应使用与被测构件基体金属具有相同性质的标准片对仪器进行校准,也可用待涂覆构件进行校准。检测期间关机再开机后,应对仪器重新校准。

测试时,测点距构件边缘或内转角处的距离不宜小于 20mm。探头与测点表面应垂直接触,接触时间宜保持 $1\sim2s$,读取仪器显示的测量值,对测量值应进行打印或记录。

4. 检测结果的评价

每处 3 个测点的涂层厚度平均值不应小于设计厚度的 85%,同一构件上 15 个测点的涂层厚度平均值不应小于设计厚度。

当设计对涂层厚度无要求时,涂层干漆膜总厚度:室外应为 $150\mu m$,室内应为 $125\mu m$,其允许偏差应为 $-25\mu m$。

B.2 防火涂层厚度检测

1. 一般规定

防火涂层厚度的检测应在涂层干燥后进行。

楼板和墙体的防火涂层厚度检测,可选两相邻纵、横轴线相交的面积为一个构件,在其对角线上,按每米长度选 1 个测点,每个构件不应少于 5 个测点。

梁、柱构件的防火涂层厚度检测,在构件长度内每隔 3m 取一个截面,且每个构件不应少于 2 个截面。对梁、柱构件的检测截面宜按图 B-1 所示布置测点。

防火涂层厚度检测,应经外观检查合格后进行。

2. 检测量具

对防火涂层的厚度可采用探针和卡尺进行检测,用于检测的卡尺尾部应有

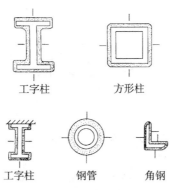

图 B-1 测点示意图

可外伸的窄片。测量设备的量程应大于被测的防火涂层厚度。

检测设备的分辨率不应低于 0.5mm。

3. 检测步骤

检测前应清除测试点表面的灰尘、附着物等,并应避开构件的连接部位。

在测点处,应将仪器的探针或窄片垂直插入防火涂层直至钢材防腐涂层表面,并记录标尺读数,测试值应精确到 0.5mm。

当探针不易插入防火涂层内部时,可采取防火涂层局部剥除的方法进行检测。剥除面积不宜大于 15mm×15mm。

4. 检测结果的评价

同一截面上各测点厚度的平均值不应小于设计厚度的 85%,构件上所有测点厚度的平均值不应小于设计厚度。

参考文献

[1] JGJ/T 250—2011 建筑与市政工程施工现场专业人员职业标准[S].北京:中国建筑工业出版社,2012.

[2] GB 50300—2001 建筑工程施工质量验收统一标准[S].北京:中国建筑工业出版社,2002.

[3] GB 50203—2011 砌体结构工程施工质量验收规范[S].北京:中国建筑工业出版社,2012.

[4] GB 50207—2012 屋面工程质量验收规范[S].北京:中国建筑工业出版社,2012.

[5] GB 50204—2002 混凝土结构工程施工质量验收规范(2010 版)[S].北京:中国建筑工业出版社,2002.

[6] GB 50164—2011 混凝土质量控制标准[S].北京:中国建筑工业出版社,2012.

[7] GB 50202—2002 建筑地基基础工程施工质量验收规范[S].北京:中国计划出版社,2004.

[8] GB 50205—2001 钢结构工程施工质量验收规范[S].北京:中国计划出版社,2002.

[9] GB 50210—2001 建筑装饰装修工程施工质量验收规范[S].北京:中国标准出版社,2001.

[10] JGJ 18—2012 钢筋焊接及验收规程[S].北京:中国建筑工业出版社,2012.

[11] JGJ 107—2010 钢筋机械连接通用技术规程[S].北京:中国建筑工业出版社,2010.

[12] 万东颖.质量员专业基础知识[M].北京:中国电力出版社,2012.

[13] 林文剑.质量员专业知识与实务(第二版)[M].北京:中国环境科学出版社,2010.

[14] 中国建设教育协会组织.质量员专业管理实务[M].北京:中国建筑工业出版社,2007.

[15] 瞿义勇.质量员上岗必读[M].北京:机械工业出版社,2010.